W0255991

GESELLSCHAFTSMORPHOLOGIE
(STRUKTURFORSCHUNG)

BERICHT

ÜBER DAS INTERNATIONALE SYMPOSION

DER INTERNATIONALEN

VEREINIGUNG FÜR VEGETATIONSKUNDE

IN RINTELN 4.–7. APRIL 1966

HERAUSGEGEBEN VON

REINHOLD TÜXEN

VERLAG Dr. W. JUNK N.V. — DEN HAAG — 1970

ISBN-13: 978-94-010-3354-1 e-ISBN-13: 978-94-010-3353-4
DOI: 10.1007/978-94-010-3353-4

DEM CÖNOLOGEN

KARL FRIEDERICHS

IN VEREHRUNG UND DANKBARKEIT
ZUM GEDÄCHTNIS

Die Teilnehmer am Internationalen Symposium für Gesellschaftsmorphologie

INHALT

Am Abend des 5. April hielt auf dem Empfang des Kreises Schaumburg-Lippe, der Stadt Rinteln und der Gebrüder STOEVESANDT, Herr Prof. Dr. G. FOLLMANN, Berlin zu Farbbildern einen öffentlichen Vortrag über „Die Atakama-Wüste".

TEILNEHMERVERZEICHNIS

Belgien

LEBRUN, Prof. Dr. Dr. h.c. J., Président de l'Association Internationale de Phytosociologie, Héverlé-Louvain, 72 Avenue Cardinal Mercier.

LEBRUN, Madame.

ČSSR

BALÁTOVÁ-TULÁČKOVÁ, Frau Dr. Emilie, Brno 16, Stara 18, Bot. Institut.

HEJNÝ, Dr. S., Direktor, Průhonice ů Prahy, Geobot. Institut.

MAGIC, Dr. D., Dozent, Bratislava, Sienkiewiczova 1, Bot. Institut.

MICHALKO, Dr. J., Dozent, Bratislava, Sienkiewiczova 1, Bot. Institut.

RUŽIČKA, Dr. M., Direktor, Bratislava, ČSAV Biologický ústav, Sienkiewiczova 1.

NEUHÄUSL, Dr. R., Průhonice ů Prahy, Geobot. Institut.

Deutschland

ALLGAIER, H., Dipl. hort., 7303 Neuhausen/F., Hardthäuserstr. 51.

BAUCH, Erika, cand. rer. nat., 33 Braunschweig, Gliesmaroderstr. 9.

BROCKHAUS, Prof. W., 56 Wuppertal-Vohwinkel, Blücherstr. 5.

BURRICHTER, Dr. E., Oberkustos, 44 Münster, Schloßgarten 3, Bot. Institut.

DEMBKE, K., Mittelschullehrer, 3053 Steinhude, Graf Wilhelmstr. 15.

DIERSCHKE, Dr. H., 34 Göttingen, Untere Karspüle 2.

DUTHWEILER, Dr. H., 3011 Hannover-Laatzen, Kronsbergerstr. 80 A.

DUTHWEILER, Frau.

ERNST, Dr. W., 44 Münster, Schloßgarten 3, Bot. Institut.

FARENHOLTZ, Frau Käte, Apothekerin, 4964 Kleinenbremen, Roland-Apotheke.

FEISE, Dr. J. Oberlandw.-Rat, 29 Oldenburg, Sodenstich 115.

FOLLMANN, Prof. Dr. G., 1 Berlin 33, Königin Luisestraße 6, Bot. Museum.

GRAČANIN, Dr. Z., 78 Freiburg, Bertoldstr. 17, Institut für Bodenkunde.

GRIES, Dr., Brunhild, 44 Münster, Himmelreichallee 50.

Haber, Prof. Dr. W., 805 Freising, Institut f. Landschaftspflege der TH München.
Hacker, Dipl. agr., E., 3 Hannover-Buchholz, Alfred Bentzhaus, Amt f. Bodenforschung.
Herms, R. Dipl. rer. hort., 242 Eutin, Plönerstr. 73.
Höll, Dr. K., 325 Hameln, Kreuzstr. 16.
Horst, Dr. K., 314 Lüneburg, Sültenweg 23.
Horstmeyer, D., Lehrer, 4811 Verl., Wiesenweg 31.
Jahn, Dr. Gisela, 351 Hann.-Münden, Questenbergweg 15.
Janiesch, P. cand. rer. nat., 326 Rinteln, Bäckerstr. 39.
Kersberg, Dr. H., 58 Hagen, Cunostr. 92.
Klapp, Prof. Dr. Dr. h.c., 53 Bonn, Katzenburgweg 5.
Kroesch, V., cand. phil., 66 Saarbrücken 15, Geographisches Institut.
Lötschert, Prof. Dr. W., 6 Frankfurt/M., Siesmayerstr. 70.
Luchterhandt, Dipl. Ing. Bundesbahn-Abt-Präs., 56 Wuppertal-Elberfeld, Müllerstr. 107.
Miess, Barbara, Dipl. Gärtn., 3 Hannover, Herrenhäuserstr. 3, Inst. f. Landschaftspflege.
Milbradt, Ilse, 3 Hannover-Buchholz, Sven Hedinstr., Amt für Bodenforschung.
Montag, A., Dipl. Gärtner, 3 Hannover, Guts-Muths-Str. 26.
Müller, G., Oberstudienrat, 326 Rinteln, Gymnasium Ernestinum.
Müller, Dr. Th., 714 Ludwigsburg, Favoriteschloß.
Muhle, H., cand. rer. nat., 34 Göttingen, Untere Karspüle 2.
Oberdorfer, Prof. Dr. E., 75 Karlsruhe, Erbprinzenstr. 13.
Oberdorfer, Frau Cläre.
Pfeiffer, Dr. H.-H., 28 Bremen, Pagentornerstr. 7.
Philippi, Dr. G., 75 Karlsruhe, Erbprinzenstr. 13.
Piontkowski, H.-U., cand. rer. hort., 23 Kiel, Hospitalstr. 20.
Preising, Prof. Dr. E., Baudirektor, 3 Hannover, Richard Wagner-str. 23.
Raabe, Prof. Dr. E.-W., 23 Kiel, Hospitalstr. 20.
Raabe, S., Dipl.-Landw., 213 Rotenburg i. H., Wittdorferstr. 73.
Rodi, Dr. D., 707 Schwäb.-Gmünd, Hochbergweg 8.
Rödel, H., Mittelschullehrer, 3 Hannover, Wöhlerstr. 43.
Runge, Dr. F., Kustos, 44 Münster, Vinzensweg 35.
Schäfer, B., Apotheker, 326 Rinteln, Neue Apotheke.
Schreitling, Dr. K., Dozent, 3011 Gehrden, Langrederstr. 1.
Seibert, Prof. Dr. P., 8 München, Höslstr. 9.
Stoevesandt, W., Fabrikant, 326 Rinteln, Hafenstr. 21.
Streitz, H. Forstassessor, 351 Hann.-Münden, Schloßplatz 2.
Sukopp, Prof. Dr. H., 1 Berlin, Rothenburgstr. 12.
Treter, Dr. U., 294 Wilhelmshaven, Herm. Ehlers-Str. 61.
Tüxen, Dr. J., 29 Oldenburg, Haarenfeld 26 A
Tüxen, Prof. Dr. Dr. h.c. R., 3261 Todenmann über Rinteln.
Ulrich, Prof. Dr. G., 58 Hagen, Pädagogische Hochschule.
Weber-Oldecop, Dr. D., 33 Braunschweig, Dresdenstr. 22.
Weber, Frau Ellen, stud. paed., 33 Braunschweig, Dresdenstr. 22.

Wilmanns, Prof. Dr. Ottilie, 78 Freiburg, Schänzlestr. 9–11. Bot. Institut der Universität.

Zeidler, Prof. Dr. H., 3 Hannover, Nienburgerstr. 17, Institut f. Vegetationskunde der TU.

England

Apinis, Prof. Dr. A., 15 Cumberland, Notts., Av. Chilwell.

John, Dr. M., cand. Ph. D., Durham, University of Durham, Science Blocks, Dept. of Botany.

Shimwell, Dr. D., Department of Botany, University of Hull, Hull.

Frankreich

Carbiener, Dr. R., Strasbourg, 2 Rue Saint Georges, Laboratoire de Botanique, Faculté de Pharmacie.

Garonne, B., Montpellier, 5 Rue Auguste Broussonet, Institut de Botanique.

Linder, Prof. Dr. R., Lille, Boite postale 36, Faculté des Sciences de l'Université.

Griechenland

Lavrentiades, Prof. Dr. G., Patras, Bot. Institut d. Universität.

Irland

Moore, Pater, Dr. J. J., Dublin 4, University College, Dept. of Botany, Belfield.

O'Sullivan, Dr. A., Wexford, Agricult. College, Johnston Castle.

Italien

Cristofolini, Dr. G., Trieste, Via A. Valerio 30, Istituto ed Orto Botanico.

Fenaroli, Prof. Dr. L., Bergamo, Casella Postale 164.

Lausi, Dr. D., Trieste, Via A. Valerio 30, Istituto ed Orto Botanico.

Pignatti, Prof. Dr. S., Trieste, Via A. Valerio 30, Istituto ed Orto Botanico.

Japan

Usui, Prof. Dr. H., Utsunomiya Universität, Tochigi-Pref. Higashimine machi 3456.

Jugoslavien

Košir, Z., Forst-Ing., Ljubljana, Cesta na loko 4.

Marinček, L., Forst-Ing., Ljubljana, Cesta na loko 4.

Wraber, Prof. Dr. M., Ljubljana, Ul. Pohorskega bataljona 181.

Niederlande

Barkman, Dr. J. J., Dozent, Wijster, Dr., Kampsweg 29.

Beeftink, Dr. W. G., Yerseke, Vierstraat 28, Hydrolog. Institut.

Buil, Leny, Zeist, Laan van Beek en Royen 40–41, RIVON.

Diemont, Dr. H., Landfm., Maastricht, Graf v. Waldeckstr. 41.

Freijsen, Drs. H. J., Oostvoorne, Biol. Station Weewers Duin.

KOP, L. G. Ir., Wageningen, J.P. Thysselaan 63.
LEEUWEN, Dr. Chr. van, Bilthoven, Grote Beer 99.
MAAREL, Dr. E. van der, Nijmegen, Bot. Inst. d. Kathol. Univers., Driehuizerweg 200.
SEGAL, Dr. S., Amsterdam-O., Plantage Middenlaan 2a, Hugo de Vries-Laboratorium.
SISSINGH, Dr. Ir. G., Ofm., Schaarsbergen, Kempersberger Weg 69a.
SLOET, Drs., Claartje, Oostvoorne, Biologisch Station Weewers Duin.
SMIDT, Drs. J. T. de, Utrecht, Lange Nieuwstr. 106.
STOFFERS, Dr. A. H., Nijmegen, Bot. Inst. d. Kathol. Univers., Driehuizerweg 200.
WESTHOFF, Prof. V., Nijmegen, Bot. Inst. d. Kathol. Univers., Driehuizerweg 200.
WOLTERSEN, J., Dipl. Ing., Direktor, Wageningen, Domeinweg 1, Stichting Bosbouwproefstation.

Norwegen

DAHL, Prof. Dr. E., Vollebekk, Inst. for Skogskjötsel, Norges Landbrukshögskole.
KIELLAND-LUND, J., Dozent, Vollebekk, Inst. for Skogskjötsel, Norges Landbrukshögskole.

Österreich

KUTSCHERA, Frau Dr. Lore, Dipl. Ing., Klagenfurt, Kempfstr. 12/XI.

Polen

PRUSINKIEWICZ, Prof. Dr. Z., Torún, Zakład Gleboznawstwa, Sienkiewicza 30/32.
WOLAK, Dr. J., Warszawa, ul. Wery kostrzewy 3.

Schweden

GILLNER, Dr. V., Dozent, Göteborg-S., Påksbergsgatan 9.
HALLBERG, P., Fil. lic. Bibliothekar, Uppsala, Växtbiologiska Institutionen.
JOHNSON, G., Dipl. rer. hort., Göteborg V, Haråsgaten 15.

Türkei

GENÇKAN, Dr. S., Dozent, Borneval-Izmir, Ege Üniversitesi Ziraat Fakültesi.

Ungarn

HORVÁT, Dr. A. O., Pécs, Janus Pannonius-u. 8.
KARPÁTI, Prof. Dr. I., Keszthely, Deák Ferenc u 16.
KARPÁTI, Frau Dr. Vera, Keszthely, Deák Ferenc u 16.

USA

WHITTAKER, Prof. Dr. R. H., Ithaca N.Y. 14850, Division of Biological Sciences, Cornell University.

ERÖFFNUNG DES SYMPOSION

von

REINHOLD TÜXEN

Monsieur le Président, liebe Kollegen und Freunde, meine sehr geehrten Damen und Herren!

Ich habe die Ehre, das 10. Internationale Symposion zu eröffnen und Sie alle, wie immer, herzlich willkommen zu heißen. Es ist mir unmöglich alle Erschienenen im einzelnen zu begrüßen, und ich weiß, daß Sie mir das nicht übel nehmen werden, ebenso wenig, hoffe ich, wie die Tatsache, daß ich deutsch spreche. Ich möchte aber doch einige Persönlichkeiten besonders willkommen heißen: das ist zuerst unser jüngster Gast aus Japan Prof. USUI, der gestern nachmittag zum ersten Mal nach Europa und nach Deutschland und nach Rinteln und nach Todenmann gekommen ist. Er wird zwei Jahre hier bleiben.

Ich möchte zweitens unseren verehrten Kollegen Prof. WHITTAKER herzlich begrüßen. Er ist von Amerika auch gestern eben schnell herübergekommen und muß leider schon am Donnerstag zurückfliegen. Es ist mir eine ganz besondere Freude mitteilen zu können, daß beide Herrn durch das Entgegenkommen der Deutschen Forschungsgemeinschaft hier sind, und ich möchte meinen Dank an diese Organisation hier ebenso herzlich aussprechen wie an den Deutschen Akademischen Austauschdienst, der die Anwesenheit zahlreicher Freunde aus anderen Ländern ermöglicht hat. Auch diese – ihre Namen sind zu zahlreich, um sie alle nennen zu können – seien herzlich begrüßt!

Es ist mir aber eine ganz besondere Ehre und Freude festzustellen, daß heute unser hochverehrter Präsident, Herr Professor LEBRUN in Begleitung von Madame LEBRUN von Belgien nach Rinteln gekommen ist.

Mit großem Bedauern muß ich mitteilen, daß eine Reihe von alten Freunden nicht kommen kann. So sind alle Freunde aus Polen, alle aus Ungarn, und alle aus dem östlichen Teil unseres Landes mit verschiedenen Gründen verhindert worden herzukommen. Es ist nicht unsere Sache Politik zu machen, sondern wir haben die Wissenschaft und die Freundschaft zu pflegen, und so können wir nur ihr Fernbleiben herzlich bedauern.

Wir vermissen auch schmerzlich unseren verehrten Senior, Herrn Prof. FRIEDERICHS aus Göttingen, der wegen eines gebrochenen Beines nicht kommen kann. Er schrieb, daß er immer gern in unserem Kreise geweilt habe, und ich weiß, daß das so ist.

Herzlichen Dank haben wir Herrn Oberstudiendirektor Dr. ROTH, dem Leiter dieses Gymnasiums zu sagen, der uns wieder so freundlich diesen Raum zur Verfügung gestellt hat. Wir haben auch Herrn Oberkreisdirektor DISCH und den Herren von der Stadtverwaltung zu danken für die Freundlichkeit, uns hier wieder aufzunehmen. Vor allem gilt unser Dank aber Herrn STOEVESANDT, der am Zustandekommen dieses Symposion entscheidend beteiligt war. Wir dürfen schon jetzt auch unseren Dank sagen für die Einladung zum Empfang im Ratskeller, den Kreis, Stadt und die Fa. STOEVESANDT uns geben werden.

Und endlich habe ich meinen jungen Freunden zu danken, die sich freiwillig zur Verfügung gestellt haben, um mir zu helfen, denn ich bin zur Zeit ein Ein-Mann-Institut.

Wir begehen im gewissen Sinne jetzt ein Jubiläum: Wir beginnen soeben das zehnte Internationale Symposion! So können wir auf eine gewisse Tradition zurückblicken, und ich sehe viele Freunde unter Ihnen, die alle oder doch fast alle Symposien mitgemacht haben. Von ganzem Herzen wünsche ich, daß auch dieses Symposion ebenso fruchtbar und so freundschaftlich und so fröhlich verlaufen möge, wie alle anderen neun bisher.

Mr. le Président! J'ai l'honneur de vous prier à prendre la parole. Nous sommes très heureux et reconnaissants que vous êtes venus à Rinteln.

ALLOCUTION

par

J. LEBRUN
Président de l'Association internationale de Phytosociologie

Mesdames, Messieurs, Mes Chers Collègues

C'est avec plaisir que je remplis cette charge présidentielle et ce m'est, en même temps, un grand honneur d'ouvrir les travaux de ce dizième Colloque de l'Association internationale de Phytosociologie.

Cette Association manifeste ainsi une grande vitalité qui se traduit non seulement par la publication régulière de son Organe ,,Vegetatio'' mais aussi par l'organisation et l'édition des comptes rendus de ces colloques internationaux si connus maintenant et si appréciés dans le monde entier. Si l'Association est en bonne santé et manifeste ainsi une vitalité toujours croissante, c'est, vous l'imaginez bien, qu'il est un moteur agissant, puissant, enthousiaste qui veille sans cesse à ce progrès. C'est que nous bénéficions d'un Secrétaire talentueux, persévérant, qui ne ménage ni son temps ni ses peines pour insuffler cette belle vitalité à notre Association. Il ne suffit pas encore que ce soit avec enthousiasme, constance et compétence, il faut encore que ce soit avec une intelligence particulière, avec une connaissance de tous les sujets, une valeur scientifique universellement reconnue. C'est bien ainsi que notre éminent Secrétaire que je vous invite à applaudir, entend veiller aux destinées de notre Association. Je suis donc sûr d'être l'interprète de tous pour adresser nos félicitations et nos vifs remerciements, si amplement mérités, à notre très distingué Secrétaire, le Professeur R. TÜXEN.

A vous voir si nombreux ce matin, témoignage de l'intérêt de plus en plus évident que suscite l'étude de la végétation, on peut se poser la question de savoir quelles sont les voies de développement et les buts actuels de la phytosociologie et des autres disciplines écologiques qui lui sont étroitement associées. Ce n'est certainement pas le hasard ni les préférences individuelles qui font ce prodigieux succès. C'est que, au sein de la biologie, l'étude de la végétation se présente de plus en plus comme une des disciplines dont l'exploitation approfondie est de nature à résoudre les grands problèmes que pose le développement de l'humanité. Et ce n'est pas une simple opportunité qu'un des thèmes les plus actifs de la coopération internationale soit actuellement fondé sur l'étude de la biosphère.

Je ne fais pas seulement allusion au Programme Biologique International mais encore à une série de projets élaborés par les instances internationales compétentes, à des niveaux divers. Or, tous ces projets, pacifiques et bienfaisants pour l'avenir du Monde, débouchent essentiellement sur des matières et des méthodes qui nous sont familières et qui, au fondement, ressortissent à la phytosociologie ou à la phytogéographie écologique au sens large. C'est, en effet, que l'étude du tapis végétal permettra de saisir les moyens à utiliser pour conserver et améliorer la production des ressources naturelles renouvelables à la surface du globe. Notre discipline peut grandement contribuer à résoudre cet angoissant problème de la production de matière organique que soulève une expansion sans cesse croissante de l'humanité.

Ainsi nos études, nos recherches, même si elles se voilent d'un propos académique ou que certains considèrent comme utopique, revêtent un intérêt fondamental et qui peut directement contribuer à la satisfaction du besoin des hommes...

Mesdames, Messieurs, mes Chers Collègues, vos travaux sont aujourd' hui placés sous le signe d'un intérêt scientifique d'une très grande actualité. Tout ce qui concerne l'analyse des communautés végétales se réfère directement aux buts si importants que je viens d'esquisser. La connaissance des végétations chlorophylliennes, des communautés que réalisent les producteurs primaires, est la base même de toute nouvelle perspective d'amélioration en ce domaine.

Ainsi, vous voyez combien les travaux que nous allons entreprendre et poursuivre au cours de ces prochaines journées se situent dans un cadre général beaucoup plus large qu'il n'apparaît de prime abord. Avais-je dès lors raison de souligner l'importance de notre Association et les mérites de son actif Secrétaire?

En fait, en militant en son sein, chacun de nous contribue à rapprocher les Nations dans une commune destinée de mieux-être.

Je vous propose maintenant d'entamer directement l'agenda de cette première journée du Xeme Colloque international et je vais directement donner la parole à Madame WILMANNS qui va nous parler de cette question toujours discutée: le rôle des cryptogames en tant que groupements autonomes ou synusies intégrées aux communautés de plantes supérieures.

KRYPTOGAMEN - GESELLSCHAFTEN ODER KRYPTOGAMEN - SYNUSIEN?

von

Otti Wilmanns, Freiburg/Br.

Vor sechs Jahren hat Du Rietz im Rahmen des Stolzenauer Symposion für Biosoziologie die Auffassungen seiner Schule zu einem dem meinen ganz ähnlichen Thema vorgetragen; unter dem Titel „Biocoenosen und Synusien" versuchte er, den nichtskandinavischen Soziologen die mit dem Synusialsystem verknüpfte Begrifflichkeit näher zu bringen. Dieses damalige Gespräch war zweifellos sehr wesentlich, doch scheint es mir zu wenig Nachhall gefunden zu haben; deshalb sei es hier noch einmal aufgenommen.

Es ist notwendig, einige Begriffserklärungen vorauszuschicken. – Zunächst eine – bewußt formal gehaltene – Definition des Begriffes Phyto - Synusie, wie sie dem Sinne nach den Beschlüssen des Amsterdamer Kongresses von 1935 (Du Rietz 1930, 1936) entspricht: Eine Phyto-Synusie ist eine Gesamtheit von Pflanzenbeständen, welche durch eine Artengruppe von hoher soziologischer Affinität, also durch Charakter- und Differentialarten, gekennzeichnet wird und – dies ist zur formalen Abgrenzung gegen Pflanzengesellschaften wichtig – deren Arten im einzelnen Bestande unter annähernd gleichen autökologischen Bedingungen stehen. Beispiele wären etwa Epiphyten-Synusien, Baumschicht-Synusien oder Moos-Synusien in Rasengesellschaften. Diesem konkreten Begriffsumfang läßt sich als abstrakter der Typus derartiger Pflanzenbestände zur Seite stellen.

Die nahe Verwandtschaft der Begriffe Synusie (im deutschen Sprachgebrauch sollte als Synonym für derartige Einheiten beliebigen Ranges der Ausdruck „Verein" benutzt werden) und Phytocoenose = Pflanzengesellschaft ist nach dieser Definition evident. Die von Tüxen auf dem Symposion 1960 als Wesenszüge der Phytocoenose herausgestellten Gesetze der exogenen und endogenen, der räumlichen, zeitlichen und funktionalen Ordnung gelten mit Ausnahme des Kriteriums der Schichtung auch für Synusien. Der Nachdruck bei der Unterscheidung liegt auf der ökologischen Einheitlichkeit der zu betrachtenden Artenkombination innerhalb des Einzelbestandes! Nehmen Sie die Umweltbedingungen innerhalb einer hochentwickelten Phytocoenose, eines Aceri - Fagetum etwa: in den einzelnen Schichten und an Spezialbiotopen, in den ökologischen Nischen, sind sie ja völlig verschieden: im Kronenraum mit einer aktiven Oberfläche 1. Ordnung, im Stammraum, an der aktiven Oberfläche 2. Ordnung der Feldschicht, an der mehrfach beschatteten Bodenoberfläche, an der Rinde junger und älterer Stämme und Äste und so fort, und für das Edaphon ist mit einer entsprechenden, wenn auch wohl begrenzteren Variabilität zu rechnen. Eine reiche Fülle von Synusial-Beständen kann also den komplexen Phytocoenosen-Bestand aufbauen. Im Falle sehr einfach strukturierter Gesellschaften, etwa jenen der Felsflechten, sind die Begriffe jedoch kongruent.

Natürliche Mannigfaltigkeit läßt sich nur durch ein strenges System einander neben- und übergeordneter Begriffe überschaubar machen. Die Hierarchie der Syntaxa des Synusialsystems ist dabei folgende: ranggleich der Assoziation ist die Union, dem Verbande die Federation, der Soziation die Sozietät. Für Ordnung und Klasse dürften keine besonderen Termini notwendig sein. Auch die Endungen der Namen sind die gleichen wie im System der Phytocoenosen. – Ist dies nicht eine unnötige „Begriffsinflation"? Man kann die dargestellte Auffassung natürlich grundsätzlich diskutieren; auf was es an dieser Stelle ankommt, ist folgendes: Man sollte auf jeden Fall die Parallelität der syntaxonomischen Begriffe aus beiden Systemen wahren und sie überdies formal auch parallel zu jenen der Idiotaxonomie, der Sippensystematik, behandeln. Denn zu den Begriffen Taxon = Sippe einerseits und Syntaxon = Phytocoenose und Synusie andererseits (ich will hierfür einmal den deutschen Verlegenheitsausdruck Pflanzengemeinschaft benutzen) führt der gleiche erkenntnistheoretische Weg: von der Analyse von Individuen bzw. Beständen als konkreten Gegebenheiten über die Typisierung zur Kategorienbildung. – NEUHÄUSL (1963) hat sich in jüngster Zeit ausführlich mit diesen theoretischen Fragen beschäftigt; ich möchte daher nicht näher auf sie eingehen, sondern auf mein zentrales Anliegen kommen.

Die These lautet: Es ist nicht nur möglich, sondern auch sinnvoll und zweckmäßig, die Begrifflichkeit des Synusialsystems neben jener des Phytocoenosensystems anzuwenden; sinnvoll vor allem dann, wenn es gilt, Beziehungen zwischen dem Kryptogamenanteil (genauer: Thallophytenanteil) verschiedener Phytocoenosen darzustellen. Dies soll durch Beispiele aus dem Bereich der Synchorologie und Syngenetik, der Synökologie und der Synsystematik belegt werden.

1. Die Flechtengemeinschaften der Windheiden. Zu den begeisternden Eindrücken unserer letztjährigen IVV – Exkursion nach Südnorwegen gehörten die gelben Landschaftsgürtel der unteren alpinen Stufe, geprägt durch Quadratkilometer von flechtenbeherrschter Vegetation. Es handelt sich um verschiedene Gesellschaften des Arctostaphylo – Cetrarion nivalis; ihr Flechtenanteil besteht aus bekannt kälteharten Arten: *Cetraria nivalis* und *C. cucullata, Thamnolia vermicularis, Alectoria ochroleuca* und, etwas weiter greifend, *Cladonia alpestris*. Er entspricht annähernd der Federation Cetrarion nivalis KLEMENTS (1955), wird bei diesem aber als eigener Verband bezeichnet. In den Alpen kommt nach Angaben u.a. von BRAUN-BLANQUET (1950) die gleiche Artengarnitur vor: im Loiseleurio – Cetrarietum der unteren alpinen Stufe, also innerhalb der Vaccinio – Piceetalia, aber auch als Differentialarten-Gruppe in windexponierten, hochalpinen Curvuleten. In den nordalpinen Elyneten ist sie spärlicher ver-

treten. Die Arten zeigen immer charakteristische ökologische Verhältnisse an: früh oder ganzjährig apere Flächen mit einer sauren, mindestens oberflächlichen Rohhumus- oder Detritusdecke. So wundert es nicht, daß sie im kontinentalen Südnorwegen mit rund 500 mm Niederschlag und mit Stürmen vom Atlantik her besonders reich entfaltet sind und zuweilen sogar unter lückigem Kiefernschirm auftreten. Die Ähnlichkeit der Artenkombination in Skandinavien und den Alpen läßt ferner darauf schließen, daß im Pleistozän gute Wandermöglichkeiten gegeben waren. Rezente Reste dieser alten Arealbrücke sind Reliktvorkommen solcher Arten in den Mittelgebirgen. *Cetraria cucullata* im Leontodo-Nardetum an einer einzigen Stelle im Schwarzwald ist ein instruktives Beispiel. Das Vorkommen dieser Flechte auf absterbenden *Calluna*-Trieben belegt zugleich ihre ökologische Abhängigkeit von der Feldschicht; den viele Hektar messenden Flächen der gleichen Hochweide-Gesellschaft mit konkurrenzstärkeren Phanerogamen fehlt sie.

2. Das Phascion wurde als eine aus kleinen akrokarpen Moosen aufgebaute Federation durch WALDHEIM (1947) aus Schonen beschrieben, vorkommend auf circumneutralen Böden oder auf sauren, sofern sie elektrolytreich sind. Es wurde gegliedert in zwei Subfederationen, von welchen die eine, das Phascion mitriformis, an ursprünglichen und diesen ähnlichen, anthropogenen Standorten gedeiht, die zweite, das Phascion cuspidatae, jedoch nur auf Äckern. Das Phascion mitriformis ist dort in drei Unionen entwickelt und bildet Bodenschicht-Synusien in Brometalia – Gesellschaften und auch – das zeigen die schonischen Listen – im Alysso – Sedion. Als reine Kryptogamen-Gesellschaft tritt es dort offenbar nicht auf. Anders in Südwestdeutschland: Auf Ton-Gips-Mergeln, auch an steilen Löß-Abbrüchen findet man als kurzlebige Piongemeinschaft einen hier einzuordnenden Moos-Flechten-Verein, das Didymodo – Endocarpetum pusilli. Es stellt einen thermophytischen Ast des Phascion mitriformis dar, gedeiht auf ton- oder schluffreichen, oberflächlich verkrustenden Böden. Den kontinentalen Anschluß vermittelt das 1964 durch GALLÉ aus Ungarn beschriebene Endocarpetum pusilli, eine Toninion – Union, in welcher Moose völlig zurücktreten, dafür aber in stärkerem Maße auch präferent epilithische Flechten hinzukommen. Die beiden letztgenannten Vereine, nicht aber die WALDHEIMS, lassen sich mit gleichem Recht als eigene Phytocoenosen fassen; die ökologische Verwandtschaft zu den schonischen Gemeinschaften und ihre Abwandlung werden aber nur dann deutlich, wenn die Bodenschichten formal getrennt betrachtet werden, also auf der Basis des Synusialsystems.

Vor der Betrachtung des dritten Beispiels möchte ich um eine Konzession bitten: Beziehen Sie mit mir wenigstens vorläufig die Epiphyten von Wäldern in deren Gesellschaften mit ein. Unter dieser Voraussetzung lassen sich diese Kryptogamen vielfach vorteilhaft zur systematischen Charakterisierung von Phytocoenosen heranziehen. Das Lescuraeetum mutabilis z.B. ist eine Moos-Union, welche im Schwarzwald die Basis säbelwüchsiger Bergahorn-Stämme in Hochstauden-Mischwäldern und im Aceri – Salicetum appendiculatae der Lawinen-Runsen besiedelt; auch aus dem Alnetum viridis der Alpen und dem orealen Fagion Kroatiens ist es bekannt geworden. Es kann folglich als regionale Charakter-Union des Acerion oder des Betulo – Adenostylion gelten.

Von besonderer Bedeutung für die Synsystematik werden die Kryptogamen in Gesellschaften sein, die arm an Phanerogamen sind. Das noch im System umherirrende Abieti – Piceion z.B. sollte auf Grund seiner Epiphyten zu den Piceetalia gestellt werden. – Über die soziologische Bindung von Bodenpilzen und -bakterien sind wir zwar erst wenig orientiert, doch darf man sich von ihnen in diesem Punkte manches erhoffen, ganz abgesehen von dem damit verknüpften Einblick in die endogene Dynamik der Gesellschaften. Wir haben ja bis heute noch keine einzige Gesellschaft floristisch vollständig erfaßt; in den Listen tauchen in der Regel nur die makroskopisch erkennbaren Arten auf, also eigentlich nur gewisse dreidimensionale Synusialkomplexe.

Da das Endziel der Pflanzensoziologie exakte Kenntnis und umfassendes Verständnis der ganzen Gesellschaften und nicht nur ihrer Bausteine ist, müssen wir fragen, ob und wie sich synusiale Einheiten in das Phytocoenosensystem einbauen lassen. Eine negative Antwort würde Verzicht auf das ganze System nahelegen. – Es sind hierbei grundsätzlich drei Fälle möglich:

a. Einfach liegt die Sache, wenn sämtliche Vereine einer Synusialklasse unabhängig sind, also zugleich einschichtige, monosynusielle Phytocoenosen darstellen. Die Überführung ist dann nur formaler Natur: So lassen sich etwa die Silikatflechten-Gemeinschaften der Rhizocarpetea ohne Änderung des Status der Charakterarten in beide Systeme einordnen.

b. Alle Synusien einer höchsten Synusialeinheit sind unselbständig. Dann treten nach der Transformation die Synusien nicht mehr als eigene Einheiten auf; ihre Arten werden Charakter-, Differential- oder sonstige Begleitarten in bestimmten Gesellschaften. Ein Beispiel für diesen zweiten Fall bieten die Moose des Camptothecion: *Camptothecium lutescens, Rhytidium rugosum* und andere von ähnlicher ökologischer Konstitution werden zu Charakterarten der Festuco – Brometea und wohl auch zu Differentialarten des Geranion sanguinei.

Der Fall c liegt dagegen nicht ganz so einfach; erfreulicherweise ist er recht selten; der Fall nämlich, wo der eine Teil einer höheren Synusialeinheit selbständig, der andere jedoch deutlich Glied einer oder mehrerer Phytocoenosen ist. Ein Beispiel dafür hatten wir im Phascion kennengelernt. Hier muß man das phanerogamenfreie Didymodo – Endocarpetum wohl zweckmäßigerweise als Assoziation den Festuco – Brometea zuordnen. Allgemein formuliert: Einzelne selbständige Synusien sind auf Grund der in Phanerogamen-Gemeinschaften übergreifenden Charakterarten höherer Ordnung an diese anzuschließen.

Umgekehrt lassen sich bereits beschriebene monosynusielle Phytocoenosen natürlich ohne jegliche formale Schwierigkeit auch mit der Terminologie des Synusialsystems erfassen.

Aus dem Beispiel des Lescuraeetum war zu ersehen, daß ich zu einer recht weiten Fassung der Phytocoenosen neige und manche Synusie einbeziehen möchte, die in Mitteleuropa als eigene Phytocoenose aufgefaßt zu werden pflegt. Und das aus folgendem Grunde: Zum Wesen einer Pflanzengesellschaft gehört die mindestens partielle ein- oder gegenseitige Abhängigkeit ihrer Glieder; man mag dies etwa als funktionales Gefüge oder als Konkurrenz bezeichnen. Die Komplexität dieses Gefüges sollte auch in der begrifflichen Fassung zum Ausdruck kommen, sodaß unsere heutige Konzeption deutlich und adäquat dargestellt wird.

Gibt es überhaupt ein formales, generell gültiges Kriterium für die Fassung einer Gemeinschaft als monosynusielle Phytocoenose oder als Synusie und Glied einer komplexen Phytocoenose? Ich meine, die Antwort lautet „nein". Auf den ohnedies schillernden Standortsbegriff läßt sie sich nicht gründen. In manchen Fällen bewährt sich der Vorschlag BORNKAMMS (1958) sehr gut: Als eigene Phytocoenose ist eine Gemeinschaft dann zu fassen, wenn ihre Bestände größer sind als ihr Minimalareal. Das Argument, viele Kryptogamengemeinschaften seien deshalb als eigene Phytocoenosen aufzufassen, weil sie mit mehreren Phanerogamengruppen korreliert seien, sticht natürlich nicht: eine Art ohne enge soziologische Bindung wird ja auch dennoch als Glied der Phytocoenose betrachtet. So sollte man, denke ich, bei der Entscheidung praktische Vernunft walten lassen.

Einige Beispiele aus Waldgesellschaften mögen an dieser Stelle diskutiert werden: Epiphyten zeigen eine ganz klare, oft enge Bindung an bestimmte Substrate, also Baumarten, und Mikroklimate, die eben nur im Wirkungsbereich des Waldes verwirklicht werden. Die Bewohner der Stümpfe sind ebenfalls eng an den Bestand gebunden und bilden ein Glied in der Dynamik seines Stoffkreislaufes. Ich würde es daher vorziehen, auch sie als Teile der Phytocoenose zu betrachten. Felsbewohner gehören nur dann hinzu, wenn auch ihr Spezialbiotop tatsächlich zum typischen Waldbilde gehört. So ist es z.B. im Phylliti – Aceretum der Schwäbischen Alb; dort gedeiht ja auch *Phyllitis scolopendrium* selbst bevorzugt zwischen Blöcken, und nur in solch lockerem Grobschutt bilden sich die gesellschaftsspezifischen Böden aus. Weiter möchte ich die Bewohner von Wegböschungen ausschließen, wenn auch eine Abhängigkeit vom Mikroklima der umgebenden Wälder unverkennbar ist; doch sind sie räumlich klar getrennt und nicht unmittelbar in die Dynamik des Waldes eingefügt. – Im übrigen sollte man ruhig pragmatisch denken: Wenn eine Artengruppe nur selten in den Aufnahmen erscheint, also nicht zum Typus gehört, so spielt sie ohnedies keine Rolle bei der Kategorienbildung.

ZUSAMMENFASSUNG

Unsere Begrifflichkeit sei möglichst klar und einfach, um überschaubar und praktikabel zu sein; sie soll aber auch einen so hohen Grad von

Komplexität besitzen, so reich gegliedert sein, daß wir unsere Konzeption vom Wesen der Phytocoenosen und weiter der Biocoenosen in jeweils adäquater Weise darin darstellen können. Die Kombination von Synusial- und Phytocoenosensystem ist dazu hervorragend geeignet. Um die im Thema gestellte Frage zu beantworten: nicht entweder Kryptogamen-Gesellschaften oder Kryptogamen-Synusien, sondern sowohl Kryptogamen-Gesellschaften, als auch Kryptogamen-Synusien.

SUMMARY

Synusia are one-layered communities; they may be parts of phytocoenoses (e.g. tree-layers, moss communities on bark) or independent ones (e.g. epilithic lichen communities). If we want to describe the synecology, syngenetics or distribution of these elements of phytocoenoses, it is necessary to have an own syntaxonomical synusial system (with the syntaxa society, union and federation corresponding to sociation, association and alliance as phytocoenoses). Some examples are given: *Cetrarion nivalis, Phascion, Lescuraeetum.* There are no principal theoretical difficulties to correlate and to transform the syntaxa of both systems.

LITERATUR

BORNKAMM, R.: Die Bunte Erdflechten-Gesellschaft im südwestlichen Harzvorland. – Ber. deutsch. bot. Ges. **71**: 253–270. Stuttgart 1958.

BRAUN-BLANQUET, J.: Übersicht der Pflanzengesellschaften Rätiens. IV: Vegetatio **2**: 20–37, 1950. V: Vegetatio **2**: 214–237. Den Haag 1950.

DU RIETZ, G. E.: Vegetationsforschung auf soziationsanalytischer Grundlage. 1930. In: Abderhaldens Handb. biolog. Arbeitsmethoden **11** (5): 293–480. Berlin u. Wien 1932.

— Classification and Nomenclature of Vegetation Units 1930–1935. – Sv. bot. Tidskr. **30**: 580–589. Stockholm 1936.

GALLE, L.: Uj löszlakó zuzmótársulás a tokaji Kopaszegyen: Endocarpetum pusilli. (Ungar. m. engl. summary.: A new lichen association favouring yellow soil to be found in the Tokaj bare mountain in Hungary: Endocarpetum pusilli.) – Bot. Közl. **51**: 81–85. Budapest 1964.

KLEMENT, O.: Prodromus der mitteleuropäischen Flechtengesellschaften. – Feddes Repert. Beih. **135**: 5–194. Berlin 1955.

NEUHÄUSL, R.: Allgemeine Fragen der phytozönologischen Terminologie. – Preslia **35**: 302–315. Praha 1963.

TÜXEN, R.: Entwurf einer Definition der Pflanzengesellschaft (Lebensgemeinschaft). – Mitt. flor.-soz. Arbeitsgem. N.F. **6/7**: 151. Stolzenau/Weser 1967.

WALDHEIM, S.: Kleinmoosgesellschaften und Bodenverhältnisse in Schonen. – Bot. Notiser **1** (1) 203 pp. Lund 1947.

WILMANNS, O.: Rindenbewohnende Epiphytengemeinschaften in Südwestdeutschland. – Beitr. naturkdl. Forsch. SW-Deutschl. **21**: 87–164. Karlsruhe 1962.

J. BARKMAN:
Ich wollte nur sagen, daß ich völlig einverstanden bin mit allem, was Sie gesagt haben.

Otti Wilmanns:
Da bin ich sehr froh, danke!

R. Tüxen:
Ich kann mich nur aus voller Überzeugung den Worten meines Freundes Barkman anschließen. Es ist wohl sehr schwer für uns, im Augenblick etwas zu sagen zu diesem außerordentlich wohl durchdachten und inhaltsreichen Vortrag, der eigentlich ein ganzes Symposion zusammenfaßte, wie wir es in unserer „Biosoziologie" vor einigen Jahren gehabt haben. Ich möchte sagen: Frau Wilmanns hat heute wirklich ihren Mann gestellt!

ÜBER STATISTISCHE EIGENSCHAFTEN DER CHARAKTERARTEN UND DEREN VERWERTUNG ZUR AUFSTELLUNG EINER EMPIRISCHEN SYSTEMATIK DER PFLANZENGESELLSCHAFTEN[1]

von

C. Cristofolini, D. Lausi und S. Pignatti, Trieste

Besitzen die Kennarten im allgemeinen irgend einen Charakter, der durch weitere statistische Bearbeitungen der üblichen pflanzensoziologischen Tabellen hervorgehoben werden kann und lassen sich die Charakterarten von den übrigen Arten durch ein objektives Unterscheidungsmerkmal abgrenzen? Um diesem Problem näher zu kommen, schien es uns der Mühe wert, durch statistische Methoden sämtliche Arten einer Vegetationsklasse zu testen.

Diese Bearbeitung ist aber für die meisten Vegetationstypen außerordentlich zeitraubend, da jede Art nicht nur in der gerade untersuchten Vegetationsklasse überprüft werden muß, sondern auch in allen anderen Vegetationsklassen, in denen sie noch vorkommt.

In diesem Hinsicht bildet die Halophytenvegetation Europas eine Ausnahme, weil die Halophyten auf salzfreien Standorten fehlen, was einen Vergleich mit anderen Vegetationstypen erübrigt.

In einer Sammeltabelle vereinigten wir alle bisher veröffentlichten Tabellen der Halophytenvegetation Europas, die uns zuverlässig schienen. Es handelte sich um 265 Tabellen mit insgesamt 4000 Aufnahmen mit etwa 100 Arten, für welche die Stetigkeitsklassen angegeben wurden. Es wurde ferner errechnet, wie oft jede Art in jeder Stetigkeitsklasse vorkommt, z.B.:

Klasse	I	II	III	IV	V
Aster tripolium	37	34	26	28	50
Artemisia maritima *	10	4	3	5	9
Aeluropus litoralis *	19	11	6	4	3
etc.					

* Die Werte dieser Arten sind in Fig. 1 u. Fig. 2 graphisch dargestellt.

Die Frequenzverteilung der Stetigkeitsklassen in der Sammeltabelle für die verschiedenen Arten ergibt die Zugehörigkeit einer Art zu einem der zwei folgenden Grundtypen u.zw.:

[1] Der vorliegende Text ist eine Zusammenfassung der drei Berichte, die während des Symposion vorgetragen wurden:

D. Lausi: Mathematisch-analytische Untersuchungen über die Charakterarten.

G. Cristofolini: Anwendungsmöglichkeiten der Probabilitätsrechnung zur Erkennung der Charakterarten.

S. Pignatti: Ein statistisches Verfahren zum Aufbau und zur Begrenzung der höheren Vegetationseinheiten.

1) Die Werte-Reihe der Frequenzen der fünf Stetigkeitsklassen ist nach exponentieller Art fallend und stellt eine Kurve mit einem einzigen Maximum in der Stetigkeitsklasse I dar (J-Typus, Fig. 1);
2) Die Werte-Reihe der Frequenzen stellt eine Kurve mit einem Maximum in der Klasse I und einem zweiten Maximum in der Klasse V dar (U-Typus, Fig. 2).

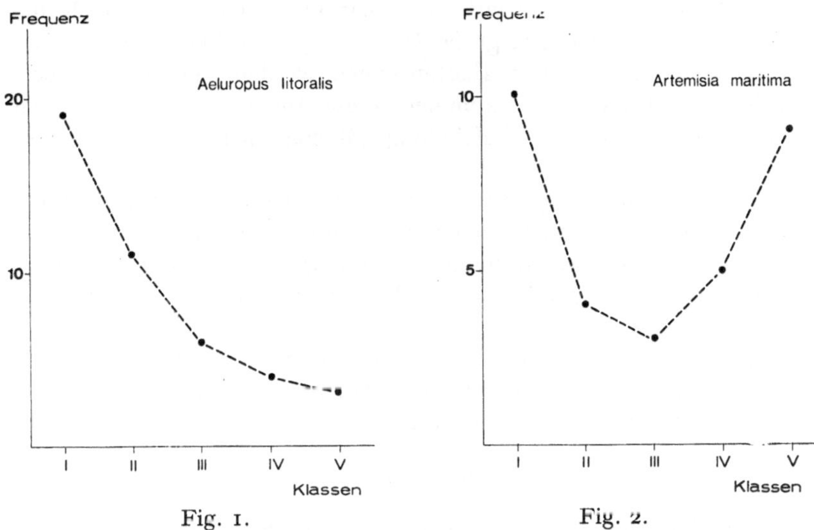

Fig. 1. Fig. 2.

Im ersten Typus finden wir die Arten, die schon von vielen Autoren als Begleiter, im zweiten jene, die als Charakterarten angesehen werden.

Wir haben versuchsweise die Gesetzmäßigkeit der ersten Frequenzverteilung ausgerechnet. Mit diesem gefundenen empirischen Verteilungsgesetz wurden die dieser Kurvenart entsprechenden theoretischen Werte ausgerechnet.

Wenn man nun den Wert von σ (standard deviation, mittlerer Fehler) für die Abweichungen zwischen den experimentellen und den theoretischen Werten der Klasse V der Begleiter ausrechnet, kann man damit die Abweichung aller Experimental-Daten dieser Klasse der verschiedenen Arten gegenüber der theoretischen Kurve der Begleiter vergleichen.

Wir erhalten also auf diese Weise einen objektiven Maßstab zur Feststellung, ob eine Art zu den Charakterarten oder zu den Begleitern gehört.

Wenn die Abweichung zwischen dem experimentellen und dem theoretischen Wert in der Klasse V höher als $2 \times \sigma$ ist (d.h. Sicherheitsgrenze von 95%), dann ist diese Abweichung bedeutsam und die in Betracht gezogene Art gehört zu den Charakterarten.

Ausserdem können wir für jede Art mittels des Verhältnisses:

$$\frac{\text{Abweichung}}{\sigma}$$

(das wir „indice di caratteristicità", „Treue-Index" nennen möchten) ihren spezifischen Wert als Charakterart schätzen.

Durch dieses Verfahren ist es möglich, zu einer Unterscheidung zwischen Charakter- und Begleitarten auf Grund objektiver Kriterien zu kommen, wobei nur die Verteilung der Frequenzen jeder einzelnen Art berücksichtigt wird.

Ein weiterer Versuch wurde hingegen auf Grund des gemeinsames Vorkommens zweier Arten unternommen.

Eine allgemeine Eigenschaft der Charakterarten ist nämlich die Tendenz, mehr oder weniger große Artengruppen zu bilden. Wenn zwei Arten dasselbe ökologische Verhalten zeigen, werden sie offenbar außerordentlich oft zusammen vorkommen; diese Eigenschaft wird von den Pflanzensoziologen bei der Aufstellung ,,ökologischer Gruppen" ausgenützt.

Die Tendenz zur ,,Gruppenbildung" kann verwendet werden, um die Charakterarten zu erkennen und einen Maßstab ihres Wertes als Charakterart zu geben, wenn sie in quantitativer Form ausgedrückt wird. Eine einfache Anwendung der Wahrscheinlichkeitsrechnung ermöglicht uns, dieses Ziel zu erreichen.

Einige Grundbegriffe seien erklärt. Wir nennen Frequenz einer Art ,,a" (f_a) die Anzahl der Präsenzen dieser Art in einer Tabellengruppe. Die Probabilität der Art in derselben Gruppe ist:

$$p_a = f_a/n \tag{1}$$

wobei ,,n" der Anzahl der Tabellen entspricht. Kommt eine Art in 60 von 120 Tabellen vor, so ist $f_a = 60$, $p_a = 60/120 = 0{,}5$.

Die Wahrscheinlichkeit, daß zwei Arten zusammen vorkommen, wird durch die Probabilität beider Arten bestimmt:

$$p_{ab} = p_a \cdot p_b = \frac{f_a \cdot f_b}{n^2} \tag{2}$$

$$f_{ab} = p_{ab} \cdot n = \frac{f_a \cdot f_b}{n} \tag{3}$$

Das Ergebnis von (3) ist die Zahl der Tabellen, in welchen die Arten zusammen vorkommen sollten, wenn ihre Verteilung zufällig wäre (theoretischer Wert). Der experimentelle Wert wird aus den Tabellen aufgenommen und ist die Zahl der Tabellen, in denen die Arten tatsächlich zusammen vorkommen. Beide Werte werden miteinander verglichen und die Bedeutung des eventuellen Unterschiedes wird durch χ^2 getestet.

Wir analysierten auf diese Weise 265 Tabellen aus europäischer Halophytenvegetation, die insgesamt aus 4000 Aufnahmen bestehen. Wir wählten etwa 100 Arten aus, die wenigstens in 4% der Tabellen vorkommen und für welche die Stetigkeitsklassen angegeben wurden.

Zur Bildung von ökologischen Gruppen wäre es notwendig, nicht nur die binären Assoziationen[1] zu berechnen, sondern auch diejenigen

[1] ,,Assoziation" ist der mathematische Fachausdruck; um Verwechslungen mit dem vegetationskundlichen Begriff von Assoziation zu vermeiden, werden wir aber diese binären Assoziationen ,,Paare" nennen.

höherer Klassen; zu diesem Ziel ist aber die Rechnung sehr lang und kompliziert, sodaß wir uns auf Artenpaare beschränken mußten.

Wir fanden trotzdem noch zwei große Schwierigkeiten: 1) die Tabellen stellen die Vegetation von verschieden Ländern Europas dar; viele Arten sind aus geographischen Gründen auf einen Teil dieses Gebietes beschränkt (z.B. *Limonium girardianum* auf die westmediterranen Küsten, *Cochlearia danica* auf die atlantische Küste, usw.): Sie können nicht miteinander verglichen werden, weil sie unmöglich zusammen vorkommen können. Auch die Rechnung der theoretischen Probabilität eines gemeinsamen Vorkommens solcher Arten mit anderen, die auch (aber nicht ausschließlich) in ihrem Gebiet vorkommen, führt zu falschen Ergebnissen. 2) Die möglichen Paare von 100 Arten sind ungefähr 5000.

Die Vergleiche wurden daher mit einer beschränkten Gruppe von 11 Arten durchgeführt, die gleichmäßig auf allen europäischen Salzböden verbreitet sind. Dadurch vermieden wir die beiden Schwierigkeiten: Die Rechnungen wurden auf etwa 1000 beschränkt und Arten unvergleichbarer geographischer Verbreitung wurden nicht miteinander verglichen. Für die Rechnungen wurde eine IBM-1620-Rechnungsanlage verwendet.

Eine weitere Schwierigkeit besteht darin, daß die fünf Stetigkeitsklassen (mit welchen jede Art in jeder Tabelle vorkommen kann), unterschiedlich bewertet werden sollen. Es sei hier betont, daß wir mit Tabellen und nicht mit einzelnen Aufnahmen arbeiten. Bei jedem Vergleich wurde ein Koeffizient verwendet, der den Klassen ein gleichmäßiges Gewicht gibt: 1 für Klasse I, 2 für Klasse II, usw. Dieser Koeffizient wurde durch einige Rechenkunstgriffe auf die theoretischen sowie auf die experimentellen Werte angewendet.

Der Vergleich beider Serien von Werten ergab im allgemeinen eine Übereinstimmung, die sogar sehr gut für einige Arten ausfiel, während andere die Tendenz zeigten, abweichende Werte zu ergeben. Diese Tendenz wurde quantitativ durch die Formel

$$\frac{(\text{theor.} - \text{exp.})^2}{\text{exp.}} \tag{4}$$

ausgedrückt. Die Ergebnisse wurden vorsichtshalber in 5 Klassen eingeteilt, sodaß der Wert der Charakterarten allmählich ansteigt. Dieses Verfahren stellt also eine zweite Möglichkeit dar, zu einer objektiven Definition der Charakter- und Begleitarten innerhalb eines Vegetationstypus zu gelangen.

Auf Grund der oben angeführten Kriterien ist es nun möglich, den Zeigerwert jeder Art quantitativ zu ermitteln, was uns die höheren Vegetationseinheiten aufzubauen und zu begrenzen erlaubt.

Unser Verfahren stützt sich auf die Definition Du Rietzs „Eine Assoziation ist ein Komplex von Artenkombinationen, die in der Natur besonders oft wiederkehren und einen gemeinsamen Grundstock von praktisch niemals fehlenden Arten (Konstanten) besitzen; dieser Komplex ist in der Regel gegen andere ähnliche Artenkombinationskomplexe scharf (d.h. durch Fehlen oder relative Seltenheit der intermediären Artenkombinationen) abgegrenzt". Es handelt sich also um einen Vergleich zwischen verschiedenen Charakteristischen Artenkombinationen.[1]

Die Frequenzwerte für jede Art werden in den üblichen Stetigkeitsklassen (I–V) zusammengefasst. Der Vergleich zwischen zwei Assoziationen geschieht durch den Vergleich ihrer Artenkombinationen und zwar wie folgt:

(1) Suaedeto–Kochietum

	18 Aufn. aus Venedig PIGNATTI 1967	18 Aufn. aus dem Languedoc BRAUN-BLANQUET 1952
Suaeda maritima	5 °	5 °
Salicornia herbacea (gr.)	4 °	4 °
Atriplex gr. triangulare	3 °	3 °
Halimione portulacoides	3 °	2 °
Aster tripolium	4 °	1
Kochia hirsuta	1	5 °

etc. – es wurden nur die Arten angegeben (und mit ° bezeichnet), die der Charakteristischen Artenkombination einer der beiden Tabellen angehören.

Bevor man aber zu einem Index kommt, ist es besser, zwei weitere Informationen in diese Rechnung einzuführen: Deckung und Treuegrad der Art. Das wird durch eine Umrechnung des Präsenzwertes erreicht, die am Ende alle Informationen über Präsenz, Deckung und Treuegrad zusammenfaßt.

Deckung: durchschnittliche Deckungswerte zwischen + und 3 werden als normal betrachtet und bringen keine Zunahme;
durchschnittliche Deckung 4: Zunahme 0,5 × die Präsenzklasse;
durchschnittliche Deckung 5: Zunahme 1 × die Präsenzklasse.

Treuegrad: Begleiter: keine Zunahme;
schwache Charakterarten: Zunahme 0,5 × die Präsenzklasse;
gute Charakterarten: Zunahme 1 × die Präsenzklasse.

Beispiel: *Suaeda maritima* gehört zur Präsenzklasse 5, hat einen durchschnittlichen Deckungswert 4, ist eine gute Charakterart.

Ihr Wert beträgt:

als Stetigkeit	5	
als Deckung	2,5	(5 × 0,5)
als Treuegrad	5	(5 × 1)
total	12,5	

[1] Für den Begriff der Charakteristischen Artenkombination vgl. PIGNATTI u. MENGARDA (1962). Sie umfaßt in einer Tabelle ebensoviele der häufigsten Arten wie die mittlere Artenzahl der Tabelle beträgt.

Mit dieser Umrechnung werden die Werte von (1) geändert, sodaß sie nicht mehr die bloße Stetigkeit darstellen, sondern den Zeigerwert jeder Art innerhalb der Charakteristischen Artenkombination. Die neu berechneten Werte sind:

(2)			
	Suaeda maritima	12,5 °	12,5 °
	Salicornia herbacea	8 °	8 °
	Atriplex triangulare	4,5 °	4,5 °
	Halimione portulacoides	6 °	4 °
	Aster tripolium	8 °	2 °
	Kochia hirsuta	1,5	7,5 °

Der Vergleich zwischen den beiden Artenkombinationen wird wie folgt durchgeführt: Alle Werte, die nur in einer der beiden Tabellen vorkommen, werden addiert und bilden eine „Summe der Unterschiede"; alle Werte, die in beiden Tabellen vorkommen, werden gleichfalls addiert und bilden eine „Summe der Übereinstimmungen"; die erste Summe wird dann durch die zweite dividiert. Es werden nur die Arten berücksichtigt, die der Charakteristischen Artenkombination wenigstens einer der beiden Tabellen angehören.
Beispiel:

			Beitrag zur Summe der Unterschiede	Beitrag zur Summe der Übereinstimmungen
Suaeda maritima	12,5	12,5	0,0	25,0
Aster tripolium	8,0	2,0	6,0	4,0
Aeluropus litoralis	0,0	1,5	1,5	0,0

Als Endergebnis haben wir für das Suaedeto–Kochietum:

(3) $$14:61{,}5 = 0{,}23$$

Der Index (3) steht in umgekehrtem Verhältnis zur Ähnlichkeit zwischen beiden Artenkombinationen. Im allgemeinen gelten folgende Regeln:

a) Artenkombinationen, die Index Null aufweisen, sind miteinander identisch;
b) Artenkombinationen, deren gegenseitiger Index Werte unter 0,5 beträgt, gehören einer einzigen Assoziation an;
c) Artenkombinationen, deren gegenseitiger Index zwischen 0,5 und 1,0 liegt, sind nahe verwandt und gehören öfters demselben Verband an;
d) Artenkombinationen mit Index ∞ (nichts gemeinsames) gehören verschiedenen Vegetationsklassen an.

Die gegenseitigen Beziehungen zwischen mehreren Pflanzengesellschaften werden durch tabellarische Darstellungen dieser Werte ermöglicht, wie z.B. bei (4).

(4)	Suae-deto-Koch-ietum	Salic. herb.	Limo-nietum	Scirpe-tum mari-timi	Arthroc-neme-tum	Puc-cin. marit.
Suaedeto-Kochietum	0.0	0.51	1.88	15.9	3.08	1.00
Salicornietum herbaceae		0.0	1.12	5.1	10.7	1.24
Limonietum venetum			0.0	5.9	2.0	1.47
Scirpetum maritimi				0.0	∞	3.18
Arthrocnemetum					0.0	5.53
Puccinellietum maritimae						0.0

ZUSAMMENFASSUNG

Eine statistische Bearbeitung der üblichen pflanzensoziologischen Tabellen wird durchgeführt, um objektive Unterscheidungsmerkmale zwischen Kennarten und Begleitern zu finden. Das untersuchte Material gehört zu der Halophyten-Vegetation Europas.

Die Resultate dieser Untersuchung ergeben, daß die Frequenzverteilungen der verschiedenen Arten zu zwei Grundtypen gehören, die dem statistischen Verhalten der Charakter- und Begleiterarten entsprechen. Durch das gefundene empirische Verteilungsgesetz der Begleiter ist es möglich, quantitativ den soziologischen Wert irgendeiner Art zu schätzen. Ein weiterer Versuch wurde unternommen, um die allgemeine Tendenz der Charakterarten zur Gruppenbildung quantitativ auszudrücken. Zu diesem Zweck wird die theoretische Probabilität des Zusammenvorkommens zweier Arten mit den entsprechenden Frequenzen mittels χ^2 verglichen.

Auf Grund dieser zwei Kriterien scheint es möglich, den Zeigerwert jeder Art innerhalb der charakteristischen Artenkombination quantitativ zu ermitteln, um verschiedene Assoziationen zu vergleichen.

SUMMARY

The authors have studied the frequency distribution of character and companion species of European halophytic associations in order to attempt to distinguish between them in an objective way.

The results show two characteristic distribution types which seem to characterize the statistical behaviour of character and companion species (the distribution types are represented in fig. 1 and 2). It is possible to use the standard deviation from the frequency distribution type of companion species as a measure of the characteristic value of any particular species.

A further quantitative study was based on the tendency of species to form groups (e.g. ecological groups). To simplify this type of research the theoretical probability of joint occurrence of pairs of species was calculated. The theoretical values of such pairs are then compared with the real frequency in the tables and subjected to a χ^2-test. The χ^2-values obtained could also be used as a measure of the diagnostic value of species.

These two criteria together offer the possibility of defining quantitatively both the characteristic and the companion species.

Besides, a tentative procedure of comparing different associations is proposed. This procedure combines the results of the criteria mentioned above in a „degree of fidelity" („Treuegrad" in text). The degree of fidelity together with the mean cover and constancy values are combined to form a comprehensive index, which characterizes each species in an association table. This index, calculated for the species of the „Charakteristische Artenkombination", permits a comparison between different associations.

J. J. BARKMAN:
An erster Stelle möchte ich sagen, daß, obwohl diese drei Themen meiner Ansicht nach mit Synmorphologie wenig zu tun haben, sie, wo sie jetzt als Probleme gestellt sind, auch einer Erwiderung wert sind. Ich glaube, daß, obwohl die drei Vorträge etwa dasselbe Thema behandeln, dieses doch so komplex ist und so viele Fragen darin erörtert worden sind, es besser wäre, sie nicht alle zugleich zu diskutieren. Ich hätte zwar zu allen dreien etwas zu sagen, möchte mich aber auf die beiden ersten Vorträge beschränken.

Nur eine Bemerkung zu dem, was Prof. PIGNATTI zuletzt gesagt hat: Ich glaube, er hat die Lage zu schwarz geschildert, wenn er sagt, es gab bis jetzt nur Vegetationskundler, die von Mathematik nichts wußten und Mathematiker, die von Vegetationskunde nichts wußten. Ich bin kein Mathematiker. Ich habe mich aber mit den Problemen der Affinitäten zwischen Gesellschaften beschäftigt, wie Sie vielleicht aus meinem Buch über die Epiphytengesellschaften wissen.

Prof. LAUSI spricht über eine große Anzahl Tabellen und dann errechnet er für jede Art in wievielen Tabellen diese Art mit einer bestimmten Präsenz vorkommt. Er sagt dann: wenn die Verteilung von Präsenz 1–5 eine J-Kurve ergibt, dann haben wir mit einem Begleiter zu tun; wenn es aber eine U-Kurve wird, die außerhalb des Wahrscheinlichkeitsbereichs fällt, dann nennen wir diese Art eine Charakterart. Ich möchte gerade das Umgekehrte behaupten. Ich dachte eine Art sei Charakterart (ich sage lieber Kennart nach HEIMANS und TÜXEN), wenn sie nur oder überwiegend in einer Gesellschaft vorkommt. Dann hat sie auch nur in einer Tabelle eine höhere Präsenz und nicht in vielen, wie bei der U-Kurve.

Was heißt das nun, daß Prof. LAUSI eine „Charakterart" in vielen Tabellen hochstet findet? Das kann meiner Ansicht nach nur bedeuten, daß seine Tabellen sich zum Teil auf die gleiche Assoziation beziehen. Dann haben wir aber eine Sammlung von Tabellen, die für diese Berechnungen ungeeignet ist. Dann hängt das Resultat völlig davon ab, ob ich nun innerhalb der Sammlung von, sagen wir, 200 Tabellen zufällig von einer Assoziation 30 Tabellen habe oder 100 oder 10 oder nur eine.

Das zweite ist an Prof. CRISTOFOLINI gerichtet. Es ist sehr wichtig, die soziologische Bindung zwischen Arten zu untersuchen. Aber das kann nur in einer Weise geschehen, indem man alle Einzelaufnahmen vergleicht. Man notiert, in wie vielen die Art A ohne die Art B vorkommt (und umgekehrt) und in wie vielen Aufnahmen sie zusammen vorkommen bezw. beide fehlen.

Nun weiß ich wohl, daß Dr. CRISTOFOLINI mit Tabellen arbeitet, was schon etwas Subjektives in sich birgt: er hat dann schon eine Ordnung vorgenommen. Ich glaube sagen zu müssen, daß diese Methode grundsätzlich falsch ist. Denn was machen wir, wenn eine Art A in der Tabelle mit Präsenz III und eine Art B auch mit Präsenz III vorkommt?

Erstens kann das einen Unterschiedsfaktor von 1,5 bedeuten (60% gegenüber 41%). Aber auch, wenn die zwei Arten die gleiche Präsenz besitzen, z.B. 50%, wer garantiert dann, daß in allen 50 von 100 Aufnahmen, in denen Art A vorkommt, auch Art B vorhanden ist? Sie können sich sogar gegenseitig völlig ausschließen (Gemeinschaftspräsenz Null)!

Die Arbeit von Dr. LAUSI hat gezeigt, daß die sehr seltenen Kennarten statistisch nicht signifikant sind. Ich habe einmal ein Populationsstudium gemacht von einer Schnecken-Art *Littorina obtusata*, die an den Küsten vorkommt. Ich habe ganz große Zahlen dieser Art gesammelt, und bei jeder Population habe ich die Verteilung auf die verschiedenen Varietäten (es gibt 14) untersucht. Dabei ergab sich, daß die Var. *rubens* in der Bretagne in 5 Exemplaren vertreten war auf 1000 Exemplaren der Art. In den anderen Gebieten fehlte sie (In Schottland 0 auf 800, in Narvik 0 auf 1000). Ich habe einen Mathematiker gefragt, ist dies signifikant? Kann man sagen die Art ist auf den südlichen Teil des atlantischen Gebietes beschränkt, oder ist es sehr gut möglich, daß ich sie auch in Schottland oder in Narvik finden würde, wenn ich nicht 1000, sondern 10 000 Tiere sammeln würde? Er sagte, die Gesamtzahl ist so groß, daß ich versichern kann, das ist signifikant. Es ist sicher, daß die Art entweder auf den südlichen Teil beschränkt ist oder jedenfalls dort eine signifikant höhere Frequenz hat. Und darum geht es ja bei Kennarten nur, nicht ob sie ausschließlich in einer Gesellschaft vorkommen. Solche Kennarten gibt es nämlich fast überhaupt nicht.

Das wäre nun, übersetzt in pflanzensoziologische Verhältnisse eine seltene Kennart, denn sie hat eine Präsenz von 5 pro mille. Eine Art kann eine sehr gute Kennart sein, auch wenn sie sehr selten ist. Dann muß sie aber in allen anderen Gesellschaften fehlen und zweitens muß man über sehr viele Aufnahmen pro Gesellschaft verfügen.

E. DAHL:

Our colleagues from Trieste have attacked a most fundamental problem in phytosociology, that of quantification of the concept of characteristic species. The problem of recognizing more or less characteristic species arises both, when we in a given area make relevés and arrange them to form association tables, and also by comparing material already tabulated from different areas. It is the later problem, which has concerned the phytosociologists from Trieste, but as so often happens in phytosociology the problems in the concrete analysis and in the later synthesis are related.

What is a characteristic species? A characteristic species in my mind is an indicator species for the vegetation taken as a whole. It is in some ways related to the indicator species concept as used in relation to ecological gradients.

An indicator species is a species which, if present, indicates a value of the gradiental factor within a relatively narrow range. Similarly a characteristic species, if present, suggests a relatively narrow species complement in the vegetation in which it grows. Or to say it in other words, stands in which the species grows are relatively similar in floristic composition.

An approach to the problems involved could be the following. Say we want to investigate to which extent species A is characteristic. We then visit a number of localities in which species A grows and in each of them we make a relevé. We then number our relevés consecutively from 1 to n and study the total number of species sampled as a function of number of relevés.

Suppose as one extreme that all relevés had totally different species complement (a part from species A). In this case total number of species would be approximately in proportion to total number of samples. In this case species A would be totally valueless as a characteristic species.

Suppose as the other extreme that all relevés in which A occurs had identical species complements, this would be the case of an absolutely characteristic species. In this case the curve of total number of species sampled as a function of number of relevés would be a straight line parallel to the n-axis.

With actual plants the curve must lie between the two curves, and the lower the curve the more characteristic the species. It is now a well documented fact that total number of species sampled as a function of area or number of samples tend to the linear on a logarithmic scale (the Fisher model). The curve is given if S_1, i.e. the mean number of species per sample, and the index of diversity, α, giving the increase in number of species with increasing number of samples, are known.

I have tried to show that the quantity S_1/α, the index of uniformity is also a reasonable index of the average similarity of the set of relevés included in the sampling. Thus the index of uniformity could be used also as an index of characteristicness of species A, to be compared with similar indices for other species.

There seems to be also a possibility to find the sampling properties of S_1/α thus enabling us to establish confidence limits to the values obtained.

S. Pignatti:
Ich möchte auf die Bemerkungen von Kollegen Barkman antworten. Wenn ich gut aufgeschrieben habe, sind folgende Punkte zwischen uns strittig: 1. Daß die Kennart nur innerhalb einer Tabelle als Kennart zu verwenden wäre.

J. J. Barkman:
Nein, eine Kennart ist dann Kennart, wenn sie in einer Gesellschaft ein deutliches signifikantes Optimum hat gegenüber allen anderen Gesellschaften des gleichen Gebietes.

S. Pignatti:

Aber wir haben auch Verbands-, Ordnungs- und Klassenkennarten, die nicht nur einer Gesellschaft angehören, sondern größeren Einheiten. Ich glaube nicht, daß es objektive Grenzen zwischen den verschiedenen Variationsbreiten der Charakterarten geben kann. Von der Assoziationskennart, die nur auf eine Gesellschaft beschränkt ist, bis zu den Klassen-Charakterarten, die sich über größere Einheiten ausbreiten, haben wir eine allmähliche Variation. Aber wir können diese Variation auch außerhalb der Klassen fortführen, und dann kommen wir zu den Begleitern.

Das war eines der Resultate, zu welchen wir gekommen sind, daß jede Art, auch der gewöhnlichste Begleiter, doch etwas bedeutet. Und das wissen wir alle! Wir verwenden Begleiter natürlich als Differentialarten. Zwischen den Begleitern und den besten Charakterarten gibt es alle möglichen Übergänge.

2. Das Resultat hängt von der Zahl der Tabellen ab, die berücksichtigt wurden. Das ist eine sehr wichtige Bemerkung, weil wir tatsächlich gerade mit den Holländern Schwierigkeiten hatten. Die Halophyten-Vegetation der Niederlande ist besonders durch die rezente Arbeit von Kollegen Beeftink sehr gut bekannt. Daher haben wir ein Überwiegen der holländischen Angaben über die Angaben der anderen Länder, die schlechter untersucht wurden. Das betrifft nicht das Problem von Lausi, sondern die vorläufigen Resultate von Cristofolini.

Wir werden nicht mehr mit einzelnen Tabellen, sondern mit Gesellschaften arbeiten. Wenn z.B. für das Puccinellietum der Niederlande 20 Tabellen vorhanden sind und für ein Puccinellietum von Norwegen eine Tabelle vorhanden ist, werden wir versuchen, daß die beiden Gebiete das gleiche Gewicht bekommen. Wir werden das also in Zukunft so organisieren. Wir haben auch einige Stichproben gemacht. Und schon jetzt ist zu sagen, daß keine wesentlichen Änderungen zu erwarten sind. Aber wir werden natürlich in dieser Hinsicht weiter arbeiten. Barkman hat gesagt, daß wir den Vergleich zwischen verschiedenen Tabellen machen, daß es aber fruchtbarer sei, den Vergleich zwischen verschiedenen Aufnahmen zu machen. Wir sind tatsächlich von diesem Vergleich ausgegangen.

Wir haben als ersten Versuch die 400 Aufnahmen, die ich aus Venedig hatte, in dieser Weise zu bearbeiten versucht. Aber wir sind auf eine Schwierigkeit gekommen, die nicht zu überwinden war. Bei einer größeren Zahl von Aufnahmen, z.B. 400, haben wir eine große Menge von Arten, die selten sind. Durch diese seltenen Arten werden alle Durchschnittswerte entstellt, weil immer die Quadratwerte gemacht werden. Also ein kleiner Unterschied bei einer seltenen Art verdeckt die viel bedeutenderen Unterschiede bei häufigen Arten.

Man könnte diese Schwierigkeit vielleicht mit sehr großen Zahlen von Aufnahmen überwinden, das haben wir aber nicht gemacht.

Für Gruppen von hunderten von Aufnahmen geht das nicht.

Sehr wichtig ist die Bemerkung von der Korrektion I–V. Natürlich haben wir das auch bedacht. Aber man muß nicht so pessimistisch sein. Barkman sagte, III umfaßt 41–60%. Nehmen wir an, wir haben 41%. Wir hatten aber 265 Tabellen miteinander vereinigt. Und das sind praktisch alle Tabellen, die mir aus der Literatur oder durch eigene Untersuchungen für ganz Europa bekannt waren. Also das ist eine statistische Stichprobe, die zufällig begrenzt war. Ausgenommen sind nur die wenigen Tabellen, die nicht mit der Methode von BRAUN-BLANQUET vergleichbar waren. Es kann vorkommen, daß eine Art in die Klasse III kommt, wenn sie nur 41% Präsenz hat. Aber in ebenso vielen Fällen wird es auch vorkommen, daß die Klasse III Arten besitzt, die 59% Präsenz, also mehr als den Durchschnitt haben. Und bei einer größeren Zahl, etwa 300 Tabellen, kommt sicher ein Ausgleich zustande. Wir haben also Durchschnittswerte, z.B. 10 für die Klasse I, 30 für die Klasse III usw. Die Durchschnittswerte haben wir willkürlich geschätzt nach der Methode, die uns CRISTOFOLINI gezeigt hat. Die gleiche Methode haben wir auch bei der Tabelle der Korrelationswerte verwendet. Das Resultat ist bedeutend, insofern, daß tatsächlich in mehreren Fällen theoretische und experimentelle Werte zusammenfielen. Das bedeutet, daß die gleiche Methodologie zu vergleichbaren Resultaten führte. Was endlich die ganz seltenen Arten betrifft, da haben wir beide recht. BARKMAN hat ein Beispiel gebracht von einer Art, die in der Bretagne mit 5 Fällen auf 1000, in Schotland und Narvik aber überhaupt nicht vorkommt. Es ist ganz richtig, was der Mathematiker sagte, daß es hoch bedeutsam ist, daß diese Art, die in der Bretagne vorkommt eine südliche ist. In den Tabellen sehen wir öfter als Charakterart eine Art angeführt, die nur ganz selten vorkommt; z.B. wir haben eine Art, die in einem gewissen Gebiet einmal auf 1000 Aufnahmen in irgendeiner Gesellschaft vorkommt. Wir können aber nicht sagen, daß sie in dieser Gesellschaft ist, weil sie tatsächlich an diese Gesellschaft gebunden ist, sondern nur, daß sie in dieser Gesellschaft vorkommt. Wir wissen nicht, ob sie eine Charakterart der Gesellschaft ist. Es ist hoch bedeutsam, daß sie dort vorkommt. Aber das betrifft nicht das Problem des Zeigerwertes dieser Art. Es betrifft ihre Verbreitung, aber nicht ihren Zeigerwert.

G. CRISTOFOLINI:
Answer to Prof. DAHL's observations: Prof. DAHL's method is highly interesting, however it is concerned with a slightly different problem. It can indicate homogeneity of a table, and perhaps good indications for minimum-area evaluation, but not for the characteristic species, we are concerned with.

V. WESTHOFF:
Obgleich ich der Ansicht bin, daß die Antwort von Herrn Prof. PIGNATTI Herrn BARKMAN gar nicht befriedigen konnte, indem seine Ausführungen eigentlich nicht widerlegt sind, will ich darauf nicht eingehen, obwohl ich die gleichen Gedanken habe. Ich habe noch ein anderes Problem zu den Ausführungen von Herrn Dr. LAUSI. Wenn man Aufnahmen oder Tabellen mathematisch bearbeiten will, ist es eine Voraussetzung, daß das Material eine gewisse Homogenität besitzt. Welche Homogenität erforderlich ist, hängt nur von der Fragestellung ab. Die Fragestellung in diesem Fall war also: Ist eine Art eine Charakterart (Kennart) oder ein Begleiter? Dann wird vorausgesetzt, daß die Art sich in jeder Tabelle, die

man zu der Bearbeitung heranzieht, gleich benimmt, daß also eine Art, wenn sie in Spanien eine Charakterart ist, es dann auch in Schweden sei. Wenn nicht, ist das Material in dieser Hinsicht inhomogen und nicht zur mathematischen Bearbeitung zu brauchen. Diese Voraussetzung trifft weder bei den Halophyten noch im allgemeinen zu. Die Arten verschmälern ja ihre ökologische Amplitudo, indem sie sich geographisch in ihrem Benehmen ändern. *Armeria maritima* hat zum Beispiel eine viel größere Amplitudo, und daher eine viel kleineren Treuegrad im Norden als im Süden, wo sie die Grenze ihres Areals erreicht. Sie könnte unter Umständen im Norden ein Begleiter, im Süden aber eine Kennart sein. Bei dem mediterran-atlantischen *Juncus maritimus* ist genau das Umgekehrte der Fall, weil die Art ja im Süden ihr Optimum hat. Ich verstehe also nicht gut, wie Herr LAUSI dieses Problem zu lösen versucht hat, indem er ja die Tabellen als Ganzes homogen zusammengenommen hat.

S. SEGAL:
Meine Kritik ist in der Hauptsache schon von Herrn Dr. WESTHOFF und Herrn Dr. BARKMAN geäußert worden, aber trotzdem gibt es noch einige Fragen, wenn sie auch nicht ganz so wichtig sind. Das ist zum Ersten die Auffassung von den Arten in diesen Vegetationen. Was muß z.B. mit Artengruppen wie *Salicornia* oder *Spergularia salina* machen? Die ist eine der 11 Arten, womit Sie gearbeitet haben. Ich glaube, das ist nicht möglich, denn *Spergularia salina* ist eine problematische Art, zwar nicht so wie *Salicornia*, aber dennoch eine problematische Art. Über die Interpretation von Tabellen gibt es sehr viel Kritik. Verschiedene Autoren begrenzen nicht immer auf die gleiche Art ihre Arbeit. Ich bin auch ganz sicher darüber, daß viele moderne Autoren eine ganz andere Auffassung haben von der Homogenität als z.B. Autoren, die vor 30 oder 40 Jahren gearbeitet haben. In der englischen Literatur sind übrigens schon viele Arbeiten erschienen über die Anwendung der Statistik beim vegetationskundlichen Verfahren, u.m. Affinitätsprobleme.

E. DAHL:
To the reply of Dr. CRISTOFOLINI I would say that I agree in his remarks. What I was concerned about in my first remark was about the problems arising in quantifying the concept of characteristicness in a set of relevés.

Similar problems arise however when starting with tabular material and investigating how far a species is characteristic judged from the tables. This again raises the question of what constitutes similarity between tables. Perhaps a similar technique as suggested for relevés can be used, but this is a problem so complex that I do not venture to say how the problem should be approached.

J. J. BARKMAN:
Ich bin da nicht ganz einverstanden, wie Herr WESTHOFF schon sagte. Prof. PIGNATTI hat von der Charakteristischen Artenkombination nach RAABE gesprochen als von etwas Objektivem. Das ist nicht wahr.

Ich habe in meinen eigenen Tabellen meiner Epiphyten-Gesellschaften versucht, die Charakteristische Artenkombination nach RAABE herauszuschälen: Man muß dazu die Arten einer Gesellschaft nach abnehmender Präsenz ordnen. Man berechnet die mittlere Artenzahl; sagen wir 8. Und dann nimmt man die 8 höchst-präsenten-Arten. Das ergibt dann nach RAABE die Charakteristische Artenkombination. Oft ist es mir aber dabei passiert, daß man das gar nicht auswählen kann. Ich habe z.B. eine Tabelle des Parmelietum acetabulae mit 31 Aufnahmen, mittlere Artenzahl 11. 10 Arten kommen in 11 oder mehr der 31 Aufnahmen vor. Die gehören also hinein. Es muß noch eine hinzukommen, denn die mittlere Artenzahl ist 11. Aber welche? Auf einmal folgen 5 Arten, die alle die gleiche Präsenz haben, nämlich 10 auf 31. Ich kann eine der fünf nehmen oder eine andere, aber das ist willkürlich. Das hat aber auf die Berechnung einen großen Einfluß. Ich bin dagegen, daß man, wenn man den Affinitäts-Index zwischen Gesellschaftstabellen zu bestimmen versucht, sich nur nach der Charakteristischen Artenkombinationen richtet. Die soziologische Bindung zwischen zwei Arten soll nicht auf Tabellen, sondern auf Einzelaufnahmen gegründet sein. Wenn zwei Arten in derselben Tabelle je eine Präsenz III haben, kann die Präsenz ihres kombinierten Vorkommens von 1–60% variieren. Wir achten doch in der BRAUN-BLANQUET-Schule auf alle Arten. Es ist gar nicht schlimm, wenn es einige Arten gibt, die dann vielleicht zufällige Arten sind. Gerade dadurch, daß sie zufällig sind und eine niedrige Präsenz haben, beeinflussen sie das Endergebnis viel weniger als die hochpräsenten. Wenn man nämlich die Präsenz mit hineinbezieht, bekommt man doch ein objektiveres Kriterium. Denn man vernachlässigt keine Art, auch nicht die selteneren, unter denen doch Charakterarten sein können. Natürlich nicht, wenn im ganzen Gebiet, sagen wir Nord-Italien, eine Art nur einmal gefunden worden ist.

Das muß in einer Gesellschaft sein, wenn wir Pech haben, nicht einmal in einer Gesellschaft, sondern auf der Grenze zweier Gesellschaften. Jedenfalls kann ein Fund nicht in zwei Gesellschaften sein. Aber wenn die Art fünfmal vorkommt auf hundert Aufnahmen, und in allen anderen Gesellschaften nicht, sagen wir mit einem Mittel auch von 100 Aufnahmen pro Tabelle nirgends, dann könnte das m.E. signifikant sein. Jedenfalls war mein Beispiel von der sehr niedrigen Präsenz von 5 auf 1000 signifikant, und es war eine seltene Art. Die charakteristische Artenkombination ist keine objektive Größe. Sie wird willkürlich, wenn eine Anzahl Arten die gleiche Präsenz besitzen. Außerdem soll der Affinitäts-Index von zwei Assoziationen sich auf alle Arten beider Gesellschaften gründen. Ich bin auch nicht einverstanden die Dominanzwerte zwischen 0 und 3 völlig zu vernachlässigen. Dann arbeiten wir eigentlich fast wie die Skandinavier, indem wir dann nur auf die dominanten Arten achten. Ich habe in meinem Buch eine Methode ausgearbeitet, die aber fast nicht berücksichtigt worden ist. Ich glaube, die meisten Leute haben das wohl nicht gelesen, weil man das nicht in einem Buch über Epiphyten-Gesellschaften erwartet. Und wenn man sich nicht mit Epiphyten beschäftigt, liest man das nicht. Aber es war allgemein. Ich finde es gar nicht schlimm, wenn man es ablehnt, wohl aber, wenn man es negiert. Wenn die Methode nicht gut ist, dann will ich das gern hören.

Ich habe versucht, zwei Assoziationstabellen zu vergleichen für die Affinität; PIGNATTI spricht von Index. Ein Index ist eigentlich kein Affinitäts-, sondern ein Diversitäts-Index. Denn umso größer der Index ist, um so weniger sind die zwei Assoziationen miteinander verwandt. Dann habe ich die Dominanz und die Präsenz aller Arten mit hineinbezogen und auch die Dominanzunterschiede von +, 1, 2 und 3. Hier ist bei dem Index immer die Rede von der Summe der Unterschiede gegenüber der Summe des Gemeinsamen. Aber die Summe der Unterschiede muß man in zwei Kategorien trennen. Wenn ich nämlich eine Assoziationstabelle habe, und ich stelle daneben eine Tabelle von nur Fragmenten dieser Assoziation, die keine einzige Art haben, die in der anderen Tabelle nicht vorkommt, in der also nur Arten fehlen, dann gibt es eine Differenz. Das ist aber etwas ganz anderes, als wenn die andere Tabelle eigene Arten, Differentialarten, hat. Man muß also nicht, sagen wir die positiven Unterschiede von Tabelle A gegenüber Tabelle B und die positiven von B gegenüber A gegeneinander aufzählen und sagen, das ist die Total-Differenz, sondern man muß diese beiden Differenzen miteinander multiplizieren.

Ältere Formeln der Affinitätsbestimmung (z.B. JACCARD, SÖRENSEN) haben übrigens den Nachteil, die positiven und negativen Unterschiede von Tabellc A gegenüber B zu addieren anstatt sie zu multiplizieren. Wenn nämlich B sich gar nicht von A unterscheidet, dann ist die Differenz von B gegen A = Null. Von A gegen B kann sie noch so groß sein, das Produkt bleibt Null. Und das entspricht mehr dem Wesen unserer BRAUN-BLANQUET-Systematik als eine einfache Aufzählung von Unterschieden auf der einen Seite und Unterschieden auf der anderen Seite.

Ich bin einverstanden, bei Bestimmung dieses Index die Dominanz und die Präsenz einzubeziehen. Ich möchte das noch weiterführen, aber nicht den Treuegrad. Denn dann kommen wir in einen vitiösen Kreis. Wir gebrauchen doch schließlich diese Affinitäts-Indizes – das ist doch unser Ziel – um objektiver zu erkennen, ob zwei Tabellen zu einer Assoziation oder einer Subassoziation oder zu einem Verband gehören. Und erst, wenn wir das hiermit bestimmt haben, dann können wir sagen: Offenbar ist das eine Assoziation. Denn sie hat einen großen Index-Unterschied zu einer anderen Tabelle, sagen wir mehr als 0,5. Nun wollen wir sehen, was hat sie denn für Kennarten? Vielleicht gar keine. Es gibt in der modernen BRAUN-BLANQUET-Schule ja doch ziemlich viele Leute, die sagen, eine Assoziation braucht nicht unbedingt Kennarten zu haben, sogar nicht einmal lokale, wenn sie sich gegenüber der meistverwandten Assoziation durch 10 gute Differentialarten unterscheidet, und gegenüber einer anderen durch 12. Aber wenn keine Art vorhanden ist, die nicht in einer von beiden vorkommt, kann man aus guten Gründen behaupten, es ist eine Assoziation. Ob man Kennarten hat und welche, muß man erst entscheiden, wenn man die Assoziation auf diese objektive Weise, wofür ich sehr bin, festgestellt hat. Aber dann nicht nach der Methode von PIGNATTI, sondern nach einer Methode, die ich vorgeschlagen habe, in der man alle Arten, alle Dominanz- und Präsenzzahlen und positive und negative Unterschiede gesondert berücksichtigt. Ich glaube, diese Werte, wir sagen die Indikationswerte, sind subjektiv. Das ist ein Gemisch von Dominanz, Präsenz und Treue, und es scheint mir auch ziemlich arbiträr, den Deckungsgrad 4 mit anderthalb zu multiplizieren, für 5 zweimal zu nehmen, dagegen aber 3 oder + oder r gar nicht zu berücksichtigen. Die größten Unterschiede liegen zwischen + bis 3. Das sind auch die Werte, die am meisten vorkommen, weil man am besten damit arbeiten kann.

Die Frequenzverteilung einer Art über die fünf Präsenzklassen bei einer Anzahl Tabellen ist kein guter Maßstab für den Treuegrad. Gerade wenn eine Art eine gute Kennart einer Gesellschaft ist, soll sie nur dort eine Präsenz V haben, es sei denn, daß diese Gesellschaft mit vielen Tabellen in der untersuchten Tabellengruppe vertreten ist. In dem Fall ist es reiner Zufall mit wievielen Tabellen jede Gesellschaft vertreten ist. Ich bin nicht damit einverstanden, daß seltene Arten keine Kennarten sein können. Sie können sogar sehr gute auch statistisch begründete Kennarten sein, falls sie in anderen Gesellschaften völlig fehlen.

S. PIGNATTI:
Zu Prof. DAHL: Ich bin nicht ganz der Meinung von Kollegen CRISTOFOLINI. Ich denke, es sind doch zwei verschiedene Arbeitsmethoden; aber vielleicht ist das Problem immer noch dasselbe. Wir haben zwei Wege versucht, um die Charakterarten quantitativ zu schätzen. Ich will nicht sagen, daß dies alle Wege sind. Es wäre sehr interessant, weitere Wege zu versuchen und zu überprüfen, ob diese anderen Wege das gleiche Resultat geben würden. Mit zwei parallelen unabhängigen Untersuchungen haben wir entweder dasselbe Resultat bekommen oder, was noch viel interessanter war, ergab sich in einigen Fällen mit der Methode LAUSI ein Begleiter, nach der Untersuchung von CRISTOFOLINI, daß es eine Charakterart sei. Das ist ganz richtig, weil *Phragmites communis* keine Charakterart der Halophyten-Vegetation, aber doch eine Charakterart einer anderen Vegetation ist. Also mit der einen Methode haben wir entdeckt, daß es bei den Halophyten nicht charakteristisch ist, was ja vorauszusehen war. Aber mit der anderen Methode fanden wir, daß es in einer anderen Vegetationsklasse charakteristisch sein kann. Und wenn wir noch eine weitere Methode hätten, würde dies die Summe unserer Informationen noch vergrößeren. Ich glaube also ein Vergleich zwischen unserer Methode und der, die Prof. DAHL vorgeschlagen hat, würde sich lohnen.

Was Prof. WESTHOFF sagte, ist ein wichtiges Problem, das uns auch große Sorgen bereitet. Bei der Auswahl der Tabellen haben wir versucht, homogene Tabellen zu sammeln. Ob man die ganzen Tabellen von ganz Europa als etwas homogenes betrachten kann, oder nicht, das ist wohl mehr eine Ansichtssache. Wir können ohne weiteres annehmen, daß *Armeria* in einem Gebiete eine größere, in einem anderen eine engere Amplitude hat. Aber wir versuchen *Armeria* als solche zu klassifizieren, und in unserer Rechnung werden die Fälle berücksichtigt, wo sie größere Amplitude und die Fälle, wo sie kleinere Amplitude hat. Also wir versuchen durch diese Methode ein allgemeines Urteil über die Art zu geben an allen Stellen, wo sie vorkommt. Und damit verbinde ich mich mit der Beobachtung von Kollegen SEGAL. Er sagt, es gibt Arten, die keine Probleme und andere, die taxonomische Probleme haben, z.B. *Salicornia herbacea*, die heute nichts mehr bedeutet, oder *Spergularia salina*. Ich würde noch weiter gehen und sagen, es gibt Arten, wo wir die interspezifische Variabilität kennen und andere, wo wir sie nicht kennen, aber ahnen können. Wahrscheinlich wird der Fall von *Armeria* auch eben auf Grund von kleineren Rassen, die vielleicht ökologisch spezialisiert sind, besser zu erklären sein. Dieses Problem ist für uns entscheidend, und darum haben wir beide Wege versucht: einerseits die Arten so weit wie möglich voneinander zu unterscheiden. In diesem Falle haben wir in der *Salicornia herbacea* – Verwandtschaft vielleicht ein Dutzend Arten in ganz Europa. Aber wir versuchen auch, die Arten ganz als Komplexe zu betrachten, und wir sehen, daß in beiden Fällen sehr wichtige Information zu gewinnen sind. Wir haben das Salicornietum herbaceae im Mittelmeer, die Ungarn das Salicornietum herbaceae im pannonischen Raum. Aber die Ungarn haben als Unterscheidungsmerkmal von ihrem Salicornietum herbaceae *Salicornia simonkajana*, das ist ein Klein-Endemit vom pannonischen Raum. Wir haben *Salicornia veneta*, das ist ein Klein-Endemit aus unserem Raum. Also wir können durch diese doppelte Verwendung der Angaben die Unterschiede und auch das Verbindende erkennen.

Jetzt zu den vielen Bemerkungen von Kollegen BARKMAN: Das Problem der Auswahl der letzten Arten hat sich natürlich auch bei uns ergeben. Es ist ganz klar, man kommt bis zu einem gewissen Grade, und dann kommen immer bei der letzten Grenze von der Präsenz z.B. 4 Arten. Und bei diesen 4 Arten wählen wir ganz willkürlich eine davon aus. Also durch Zufall wird die letzte Art bestimmt, wenn sich nicht alle Arten sicher bis zur letzten durch ihre Präsenz auswählen lassen.

Wir machen es ganz willkürlich. Das wäre natürlich eine Begrenzung unserer Methode. Aber ich muß dazu sagen, daß wir bei einem Vergleich nicht nur die Arten der Charakteristischen Kombinationen betrachten, sondern auch die Arten, die in der Charakteristischen Kombination der anderen verglichenen Gesellschaft oder Tabelle vorkommen. In dem Fall, der auf meiner Zusammenfassung steht, haben wir 5 Arten und 5 Arten, aber die Vergleiche sind 12. Also 2 Präsenzen die nicht zur charakteristischen Artenkombination gehören, werden auch berücksichtigt. Wenn sich die Artenzahl in der Tabelle erhöht, dann erhöhen sich immer mehr diese Werte. Also im Suaedeto–Kochietum, das in meiner Zusammenfassung steht, haben wir im ganzen 6 Arten. Aber wir hatten für das Suaedeto–Kochietum 7 Tabellen zum Vergleich. Darin sind insgesamt 11 Arten berücksichtigt worden. Und dabei sind schon alle möglichen, die auf der niedrigsten, dieser unsicheren Stufe der Charakteristischen Artenkombination vorgekommen wären. Aber wir gehen weiter mit dem Vergleich. Wir machen dann die Vergleiche zwischen den Assoziationen. Dabei werden immer mehr Arten berücksichtigt. Das haben wir ganz roh in eine Tabelle gebracht mit vielleicht einem Dutzend Assoziationen. Die Arten, die berücksichtigt wurden, füllen schon fast eine Seite. So kommt man bald dazu, daß praktisch alle Arten berücksichtigt werden, weil sie wenigstens in der Charakteristischen Artenkombination von einer Assoziation auf 20 oder 30 vorkommen. Und dadurch wird der Fehler eliminiert. Daß das Abflachen der Dominanzwerte zwischen + und 3 einen Verlust von Informationen mit sich bringt, ist ganz klar. Das gebe ich ohne weiteres zu. Aber das ist auch eine Ansichtsache. Ich würde die Dominanz betonen, nur wenn eine Art überwiegend wird. Und das geschieht beim Deckungsgrad von durchschnittlich 3 noch nicht. Natürlich könnte es ohne weiteres möglich sein, für eine weitere Bearbeitung auch die niedrigere Klasse von Dominanz zu berücksichtigen, obwohl ich bezweifele, daß das lohnen würde, weil es eine große rechnerische Arbeit verlangt.

Es bringt, wie BARKMAN gesagt hat, eine Überschätzung der Dominanz, so wie es manche nordischen Autoren gemacht haben. Aber das ist praktisch gesehen, keine große Gefahr, weil wir diese Dominanzkorrekturen doch nur selten verwendet haben. Denn es ist ein überaus seltener Fall, daß eine Art durchschnittlich 4 oder gar 5 erreicht.

Ob man die Unterschiede durch zwei dividieren muß, ist auch wieder ein Problem, das uns manches Kopfzerbrechen verursacht hat. Aber es lohnt sich nicht als allgemeine Methode durchzuführen. Wir sind von einer Methode ausgegangen, wo man versuchte A mit B und B mit A zu vergleichen, also immer zwei Werte zu haben. Aber das bringt sehr viel Arbeit mit sich, die nicht zu entsprechenden Resultaten führte. Es ist viel besser in den Fällen, wo die Charakteristische Artenverbindung einer Gesellschaft die Charakteristische Artenverbindung der zweiten Gesellschaft enthält. Das sieht man schon gleich. Und in diesen Fällen muß man eben nicht den Index als Evangelium akzeptieren, sondern richtig interpretieren und vielleicht überhaupt fallen lassen. Daß bei dem Treuegrade ein Circulus vitiosus besteht, das kann ich nicht akzeptieren, weil es nicht wahr ist, daß wir die Charakterarten auf Grund der Gesellschaft ausscheiden und dann wieder die Gesellschaft auf Grund der Charakterarten. Wir haben die Charakterarten, den Treuegrad bewertet durch die statistischen Untersuchungen von CRISTOFOLINI und LAUSI, die ganz von den Grenzen der Gesellschaften absehen. Dadurch haben wir einen anderen Weg verwendet. Das ist kein Circulus vitiosus.

Ob man die drei Charaktere in einer Summe vereinigen kann oder sie einzeln betrachten soll, das ist natürlich Meinungssache. Es würde sich lohnen, auch die Probe mit den drei Charakteren einzeln zu machen. Das wäre nicht schwer, weil in den meisten Fällen die Charaktere zwei sind, weil es fast nie im Frage kommt, daß eine Deckung so hoch ist. Das kann man machen. Aber die Summe zwischen den drei Werten ergibt auch Werte, die nach mir ohne weiteres möglich sind.

G. CRISTOFOLINI:

Answer to Dr. BARKMAN's observations: I agree that the coefficients we adopted to correct the class frequencies are not exact: we adopted a provisory approxímated series of values, that in the future shall be corrected for a better evaluation of the probabilities.

A COMPARISON BETWEEN THE RESULTS OF THE BRAUN-BLANQUET METHOD AND THOSE OF „CLUSTER ANALYSIS"

by

JOHN J. MOORE, S.J.,

and

AUSTIN O'SULLIVAN

Department of Botany, University College, Dublin 4
and
Agricultural Institute, Johnstown Castle, Wexford

In deciding on the most suitable method to use in a survey of Irish vegetation, the BRAUN-BLANQUET method was compared with a number of other methods using the same field data.[1] The BRAUN-BLANQUET method is basically a polythetic, sub-divisive method of classification: a set of relevés is divided into two sub-sets depending on the presence or absence of a group of differential species and this process is continued until the eventual sub-sets have an acceptable level of uniformity in their floristic composition. Cluster analysis, developed mainly by numerical taxonomists (SOKAL & SNEATH 1963) is a polythetic, agglomerative classification, whereby the relevés are grouped on the basis of their overall similarity, and each of these groups are in their turn fused until the whole set of relevés is accounted for.

It was expected that the results of such an agglomerative method would correspond closely with the results of the classical BRAUN-BLANQUET intuitive classification, especially since the overall similarity of relevés is considered to be the basic criterion in the erection of phytosociological units in the BRAUN-BLANQUET system.

O'SULLIVAN (1965) classified 580 relevés made in the lowland pastures and meadows of Ireland according to the classical BRAUN-BLANQUET procedure. 42 of these relevés with a total of 130 species, were selected at random for processing by cluster analysis. A matrix of similarity coefficients between all possible pairs of the 42 relevés (882 coefficients) was calculated. The coefficients calculated were (i) SÖRENSEN's

$$\frac{2a}{2a + b + c}$$

(twice the number of species held in common between the two relevés divided by the sum of the number of species' occurrences in each relevé); and (ii) PEARSON's „Phi' coefficient which is obtained by dividing the

[1] A more comprehensive account of these comparitive studies may be found in MOORE et al. (1970); an account of the use of data-processing and of a computer simulation of the classical BRAUN-BLANQUET procedure is given in MOORE & O'SULLIVAN (1970).

„chi-squared" statistic obtained from a 2 by 2 contingency table by the total number of species in the population.

A second programme (CLAN) subjected these matrices to the weighted pair-group method of SOKAL and SNEATH (1963): pairs of mutually most similar relevés are fused; the similarity of this fused pair or „synthetic relevé" with the other fused pairs or remaining unfused individual relevés is re-calculated by taking the simple arithmetic mean of the 2, 3 or 4 coefficients involved. This process is continued until the whole set of relevés is fused.

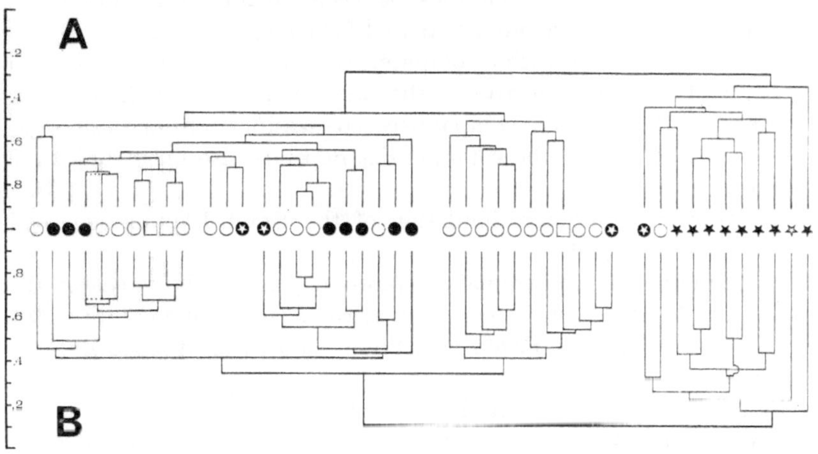

Fig. 1. Dendrogram showing the classification of 42 grassland relevés as produced by the weighted pair group method using A: SÖRENSEN's coefficient of similarity and B: PEARSON's „Phi"

The results of the comparison are displayed in Fig. 1 in the form of a dendrogram. The results from the two analyses are juxtaposed, thus reducing the ambiguity in regard to the ordination of the relevés. The symbols correspond to the BRAUN-BLANQUET classification: the round and square symbols referring to the Cynosurion communities and the star symbols to the Molinietalia communities – the circled star refers to the Juncus effusus sub-association of the Centaureo-Cynosuretum which tends to be transitional both floristically and edaphically towards the Molinietalia.

The major sub-division in both cases of cluster analysis lay between the two orders Arrhenatheretalia and Molinietalia. However, two relevés seem to be misplaced in the Molinietalia. A re-examination of the BRAUN-BLANQUET table showed that neither of these contained *Cynosurus* or *Lolium perenne*. One relevé had definitely been misclassified as belonging to the Centaureo-Cynosuretum in the original work and should have been placed in the Calthion alliance. The other should probably have been classified as Nardo-Galion, since it had high quantities of *Galium saxatile* and *Sieglingia decumbens*, and very few Molinio-Arrthenatheretea character species. At the association and sub-association level, the dendrogram bears only an approximate resemblance to the Braun-Blanquet classification.

The following conclusions may be drawn from the comparison of the two methods:

1. Purely mechanical procedures such as re-writing of tables are more rapidly and accurately performed by using modern data-processing machinery.
2. The objectivity of computer methods should not be over-estimated; the drawing of the boundaries between abstract communities in classical table work is often criticised for being ,,subjective''.
   Even when working with a computer, the choice of which method to use must remain subjective in the present state of our knowledge. Therefore the details of computer-based classifications and the exact boundaries between the communities depends also on a subjective choice.

The following computer simulation of the Braun-Blanquet method was found to be useful:

The computer is programmed to reproduce the early stages of the analysis of ,,Rohtabellen'' as practiced at the former ,,Bundesanstalt für Vegetationskartierung'' at Stolzenau/Weser, and outlined in Ellenberg (1956).

The first step is to convert the quantities for the species as follows: 5 = 15; 4 = 14; 3 = 13; 2 = 12; 1 = 11; + = 10. This would seem to correspond with the weighting given to the Braun-Blanquet symbols by experienced workers.

Then the potential differential species (i.e. those occurring in between 15% and 60% of the relevés) are selected. In the sub-routine ,,COR'' these are compared in all possible combinations of 2 and a pair of differential species is selected according to a simple quasi-statistical criterion which seems to correspond best with the actual practice of the Braun-Blanquet-School.

The simple test applied is as follows: during the scanning of all possible pairs of differential species, the following quantities are determined:

MD = MC – MS.

MC = Sum of correlated entries for the two spp. i.e. coded values for species are added if they occur in the same relevé, and these are summed across the table.

MS = Sum of the coded values which have only single occurrences.

The pair of species with the highest MD are taken to be the first set of differentials. This test is run twice, thus giving two contrasting sets of differentials. These should be a guide as to where the other differential species lie.

ZUSAMMENFASSUNG

O'SULLIVAN hat 580 Aufnahmen der irischen Wiesen und Weiden nach der klassischen BRAUN-BLANQUET-Methode klassifiziert. 42 dieser Aufnahmen sind willkürlich ausgewählt und mit mathematischen Verfahren (weighted pair-group method, SOKAL and SNEATH, 1963) nochmal klassifiziert worden. Die beiden Klassifikationen stimmen nur in den gröberen Zügen überein. Wenn man verschiedene Koeffizienten bei der gleichen Methode benutzt, bekommt man auch verschiedene Klassifikationen.

Ein Komputer-Programm, der die ersten Etappen der BRAUN-BLANQUET-Methode nachahmt, ist beschrieben worden.

Schlußfolgerungen:
Computer-Verfahren erleichtern die mühsame Tabellenarbeit. Letzte Verfeinerungen brauchen aber „pflanzensoziologisches Gefühl". Die „Objektivität" der Computer soll nicht vergöttert werden, denn persönliche Entscheidungen sind immer nötig, mindestens in der Frage:

„Welches mathematische Verfahren ist für mein Problem am besten geeignet?" Diese kann der Computer kaum beantworten.

REFERENCES

MOORE, J. J., FITZSIMONS, P., LAMBE, E., and WHITE, J.: A Comparison and evaluation of some phytosociological techniques. – Vegetatio **20**. Den Haag 1970.

MOORE, J. J., and O'SULLIVAN, A.: The Braun-Blanquet Method of vegetation survey. – Proc. Roy. Irish Acad. (in Press).

SOKAL, R. R. & SNEATH, P. H. A.: Principles of numerical taxonomy. – San Francisco and London 1963.

J. FEISE:
Der Computer ist nicht unbedingt objektiv, er ist nur eine Rechenhilfe, die kontrolliert werden muß. Nur bei großem Material ist vorherige Programmierung, Lochung der Karten und Sortieren mit Rechnen eine Zeitersparnis.

Intuition ist zu ergänzen durch das Experiment, etwa mit Hilfe von Bakterien oder Kristallisationsversuchen. Beispiel: Käsegewinnung führt nach verschiedener Heufütterung zu sehr abweichenden Qualitäten.

S. PIGNATTI:
Mit der Arbeitsweise von Pater MOORE werden alle Arten gleich bewertet worden. Ich glaube, es wäre ein weiterer Schritt, wenn man die verschiedenen Grade der Bedeutung im Vorhandensein der einen oder der anderen Art bewerten könnte. Natürlich kommt man dann wieder auf das Problem des Treuegrades von heute früh, das schon diskutiert worden ist.

G. Cristofolini:

1. The ratio between no. of relevés when two species occur together and those where only one of these two species occur, would be a more suitable parameter for defining the correlation between the two species, instead of the difference between the same two values.
2. Using a card per record (i.e. each species in each relevé) would permit the use of the same method in the same program, both for ordering species and relevés. This has already been attempted by me with fairly good results.

E. Dahl:

In closing the discussion after the paper by Dr. Moore the quotation „Never underrate the computer in a good scientists head" could be appropriate. Computers are good servants but bad masters. One thing is that the good observer refines a great deal more information than we ever will be able to feed into our computer.

APPLICATION DE LA THEORIE DE L'INFORMATION A L'ETUDE DE L'HOMOGENEITE ET DE LA STRUCTURE DE LA VEGETATION

par

MICHEL GODRON
Centre d'Etudes Phytosociologiques et Ecologiques du C.N.R.S.
Montpellier

INTRODUCTION

Depuis que les botanistes ont commencé à étudier l'ensemble de la végétation, et non plus seulement les espèces prises isolément, ils ont porté leur attention sur l'*homogénéité* et sur la *structure* du tapis végétal (WAHLENBERG) et plus de deux cent références pourraient être citées sur ce sujet. L'estimation quantitative de cette homogénéité a été tentée dès 1901 par JACCARD. De nos jours, il ne se passe guère de mois sans qu'une publication soit consacrée à ce problème, et NORDHAGEN (1927) a fait preuve d'une grande clairvoyance en écrivant: „Le problème de l'homogénéité est le problème central de la phytosociologie".

La diversité des solutions proposées est inquiétante, et il paraît urgent de chercher une méthode capable de mettre un peu d'ordre dans ce domaine. C'est pourquoi il est logique de se demander si la Théorie de l'Information qui est déjà utilisée dans d'autres domaines de la biologie, ne pourrait pas fournir un point de vue très général, susceptible d'établir un lien entre plusieurs des principales méthodes d'études de la structure et de l'homogénéité de la végétation.

Nous commencerons par voir comment la Théorie de l'Information peut s'appliquer à l'étude de la végétation avant de raisonner sur un cas simple, et de passer en revue quelques applications particulières.

PRINCIPES ET METHODES

L'homogénéité de la végétation est liée à la disposition des individus végétaux les uns par rapport aux autres. Cette répartition spatiale est le fondement de la structure de la végétation (GOUNOT 1956). Caractériser cette structure, revient à déterminer la place occupée par chacun des individus de chacune des espèces présentes.

En raisonnant sur des populations d'animaux où les individus sont dénombrables, MARGALEF (1957) a montré comment calculer l'information apportée par chacun de ces individus, en les considérant, en quelque sorte, comme des lettres d'un alphabet, dont l'ensemble constitue un message.

Mais les végétaux sont rarement tous dénombrables, et il faut chercher une autre méthode: une solution peut être obtenue en notant la présence ou l'absence de chaque espèce dans des carrés contigus, ou, beaucoup plus rapidement, le long de segments linéaires consécutifs ou encore par un dispositif de „point-quadrats". Des cubes adjacents et empilés permettraient d'étudier de la même manière la répartition verticale et horizontale des individus dans l'espace à trois dimensions.

En considérant ainsi des cubes, des carrés, ou des segments, suffisamment petits, on peut connaître, aussi précisément que l'on voudra, l'espace occupé par une espèce „A". Ceci revient à répondre, pour chacun des cubes, des carrés, ou des segments, à la question: "l'espèce „A" est-elle présente ou absente"? Chacune de ces réponses apporte, par définition, une unité d'information, unité appelée Hartley, ou binary digit, ou encore „bit", ou „nat", selon la base des logarithmes.

Plus généralement, examinons un système qui peut présenter K états possibles, également probables a priori. Si l'on observe, à un instant donné, que le système se trouve dans l'un de ces K états, on acquiert une quantité d'information égale, d'après la définition de BRILLOUIN (1959), à:

$$\mathrm{Log}_2\, K.$$

Cette information est souvent appelée „néguentropie", car elle est égale à la porte d'entropie du système considéré. Rappelons, à cette occasion, que l'entropie d'un système – souvent comparée, en thermodynamique, au „désordre" des molécules – est élevée quand le système peut se trouver dans un grand nombre d'états, c'est-à-dire quand il est très indéterminé. L'information apportée par une expérience est la différence entre l'entropie avant l'expérience, et l'entropie après l'expérience, un peu comme les „volts", en électricité, mesurent la différence entre les potentiels de deux points.

Ajoutons enfin que tout ceci résulte de conventions, et que d'autres modes de calculs, nettement plus compliqués, pourraient être adoptés, en tenant compte, par exemple, de la distribution de probabilités que l'on peut déduire du résultat observé, et en cherchant si la végétation peut être assimilée à une source „ergodique" et stationnaire. En conséquence, les formules que nous indiquerons ici ne peuvent donner que des indices relativement peu perfectionnés.

EXEMPLE SIMPLE

Prenons un exemple simple, en considérant une espèce „A", et quatre carrés consécutifs.

Si l'espèce „A" n'est présente qu'une seule fois, et si elle peut occuper 4 positions différentes (fig. 1), équiprobables, l'information correspondante est, par définition, (BRILLOUIN 1959) égale à:

$$\log_2 4 = 2 \text{ Hartley}.$$

Pour mieux comprendre ceci, il suffit de vérifier que, le cheminement logique le plus rapide pour savoir où est placée cette présence, est de répondre à deux questions:

a) L'espèce „A" est-elle dans la première moitié, ou dans la seconde moitié de l'ensemble considéré, c'est-à-dire dans les deux premiers carrés, ou bien dans les deux derniers?

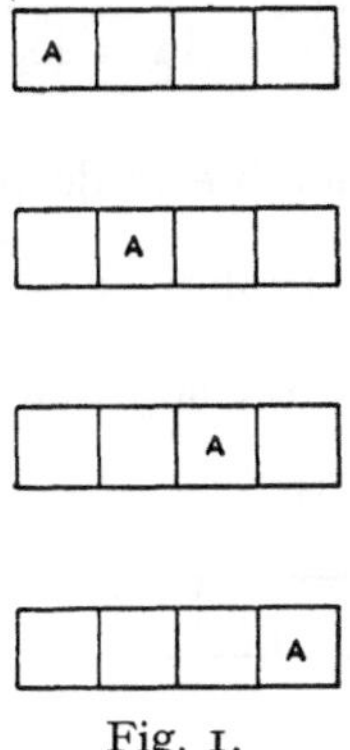

Fig. 1.

La réponse à cette première question apporte une information égale à 1 Hartley.

b) Sachant que l'éspèce est dans la première (ou dans la deuxième) moitié, l'espèce est-elle dans le premier, ou dans le second, des carrés qui constituent cette moitié?

La réponse à cette deuxième question apporte encore une information égale à 1 Hartley.

Au total, l'information acquise est bien égale à 2 Hartley.

Plus généralement, si une espèce „A" est présent *A* fois dans une séquence de *S* segments (ou de *S* carrés, ou de *S* cubes), le nombre de cas possibles est:

$$C_S^A = \frac{S!}{A!\,(S-A)!}$$

et l'information correspondante est avec les mèmes conventions.

$$I_A = \log_2 C_S^A$$

Pour l'ensemble des espèces présentes, „A", „B", „C" ... „J", l'information totale est:

$$I_R = I_A + I_B + \ldots + I_J$$

Cherchons maintenant le lien qui existe entre cette quantité, et l'homogénéité de l'ensemble des segments:

Si l'espèce „A" n'est pas présente du tout dans le „relevé" floristique constitué par l'ensemble des *S* segments, celui-ci est absolument homogène en ce qui concerne cette espèce, et l'on peut écrire:

$$C_S^0 = 1 \text{ et } I_A = 0$$

Si l'espèce est présente seulement dans un segment, on peut considérer que les segments sont „presque tous" identiques entre-eux, et que le relevé est „presque" homogène. Dans ce cas, on a:

$$C_S^1 = S \text{ et } I_A = \log_2 S$$

Si l'espèce „A" est présente dans deux segments, elle introduit un peu plus d'hétérogénéité. La connaissance de la position de ces 2 segments apporte un peu plus d'information, et l'on a:

$$C_S^2 = \frac{S(S-1)}{2} \quad \text{et} \quad I_A = \log_2 \frac{S(S-1)}{2}$$

Au fur et à mesure que le nombre A de présences augmente, $\log_2 C_S^A$ augmente aussi, tant que A est inférieur à $\frac{S}{2}$.

A partir du moment où A est supérieur à $\frac{S}{2}$, C_S^A et $\log_2 C_S^A$ vont diminuer, si A continue à croître.

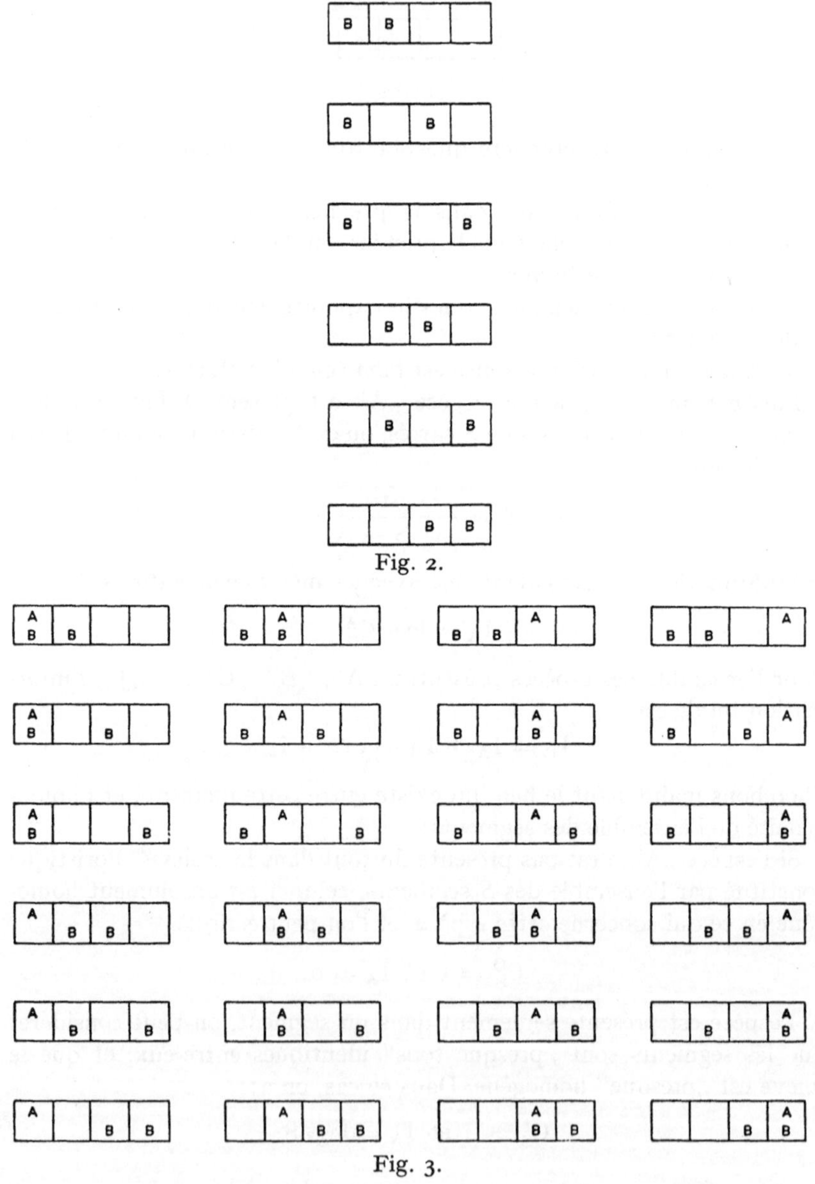

Fig. 2.

Fig. 3.

Si l'espèce „A" est présente partout, le relevé est à nouveau absolument homogène, en ce qui concerne cette espèce, et nous vérifions que:

$$C_S^S = 1 \text{ et } I_A = 0$$

En appliquant ce raisonnement à l'ensemble des espèces „A", „B", „C", ... „J", on voit que la moyenne des I_A, I_B, ... I_J, est d'autant plus élevée que la courbe de fréquences de RAUNKIAER (1913) aura une forme plus creuse, en „U", en „J", ou en „L".

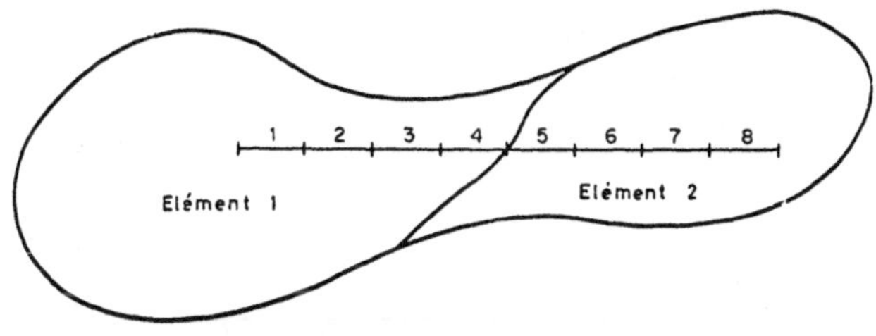

Fig. 4.

Ceci permet de dire, en adoptant les conventions admises par les phytosociologues relativement à la courbe de RAUNKIAER, que le relevé est d'autant plus „homogène" que la quantité $I_R = I_A + I_B + \ldots + I_J$, est plus petite.

Cet exemple schématique montre que, pour un ensemble de segments contigus placés en un endroit hétérogène, (fig. 4) $I_A + I_B + \ldots I_J$ croît quand la longueur des segments de base augmente. Un exemple concret de ce cas est le relevé 124 (fig. 5).

Si, au contraire, la courbe décroît régulièrement quand la longueur des segments de base augmente, cela signifie que la station présente une „micro-hétérogénéité" dans son détail, mais que l'ensemble de la station

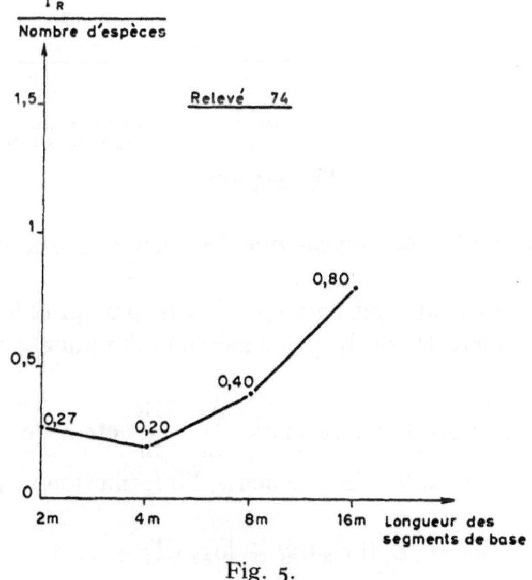

Fig. 5.

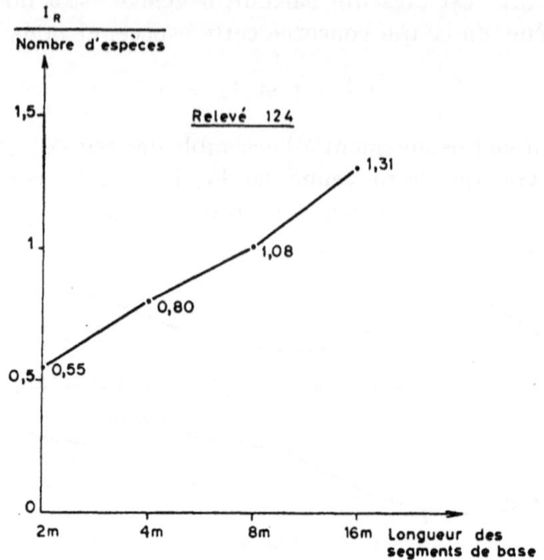

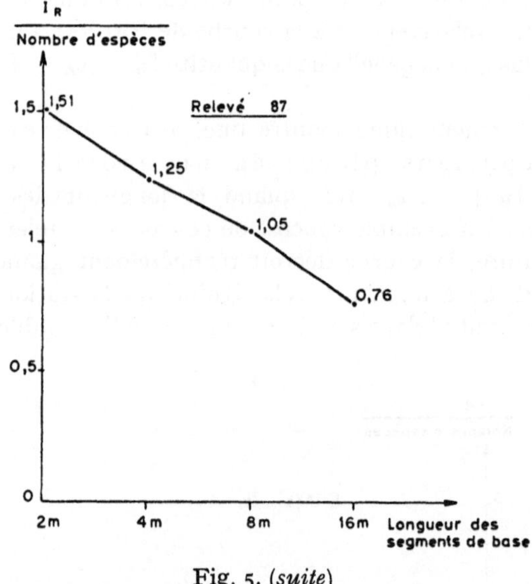

Fig. 5. (*suite*)

est relativement plus homogène que les éléments qui la composent. (Rel n° 87, fig. 5).

La taille de segments qui correspond à la plus grande homogénéité est celle pour laquelle la courbe passe par son minimum (4 mètres dans le cas du relevé 74, fig. 5).

c) En considérant les fréquences $\frac{Ai}{Si}$, $\frac{Bi}{Si}$ etc... de chaque espèce dans des sous-ensembles de segments, l'information acquise est:

$$I\varphi = \sum_{i=1}^{i=n} (\log_2 C_{Si}^{Ai} + \log_2 C_{Si}^{Bi} + \dots)$$

Si l'on n'a que deux segments, $I\varphi/E$ devient le complément à l'unité du coefficient de similitude de JACCARD (1908) Si les Si sont tous les segments pour lesquels un facteur écologique est dans l'état i, la formule précédente conduit à l'information fournie par un „profil écologique" (GOUNOT 1958).

d) En appelant „D" le nombre de segments que contient l'intervalle fermé défini par la première et la dernière présence d'une espèce dans une séquence linéaire de segments contigus, l'information acquise par l'observation de l'emplacement de cet intervalle – qui est la base des études chorologiques – est:

$$\log_2 \frac{2^S - 1}{2^{D-2}}$$

e) En tenant compte aussi de „*G*", nombre de groupes de présences de cette espèce, l'information relative à la connaissance de *G* est:

$$\log_2 C_{A-1}^{G-1} \times C_{D-A-2}^{G-2}$$

Cette quantité est d'autant plus élevée que la distribution de l'espèce considérée est plus „aléatoire", ou, autrement dit, que le relevé est plus homogène, relativement à la dispersion de cette espèce.
Ceci peut être généralisé en portant notre attention sur les „barycentres" des segments où l'espèce est présente.

f) Enfin, si „*Z*" est le nombre de segments où l'espèce „A" et l'espèce „B" coexistent, l'information correspondante est

$$\log_2 \frac{S!}{Z!\,(A-Z)!\,(B-Z)!\,(S-A-B+Z)!},$$

quantité d'autant plus grande que le relevé est plus homogène, relativement aux liaisons de l'espèce A et de l'espèce B.

Cette quantité est directement liée au test d'indépendance (GOUNOT 1958). Elle peut être généralisée, comme la précédente, en prenant en considération les „barycentres" des positions des espèces observées.

CONCLUSION

Cette simple ébauche ne peut constituer qu'une première étape car il serait bon de chercher des raisonnements plus élaborés, à partir d'autres conventions initiales, et, aussi, de traiter un grand nombre d'exemples, pour connaître les seuils d'application de chacune des formules proposées. Aussi, le but essentiel de cet exposé est seulement d'essayer de faire entrevoir la richesse et la généralité des applications possibles de la Théorie de l'Information à l'étude de la végétation.

J. Lebrun:
Le mode de raisonnement suivi par l'auteur est bien celui qui est utilisé fructueusement en Biologie fondamentale, notamment en vue de reconnaître l'information génétique des acides nucléiques. La Théorie de l'Information se voit de plus en plus utilisée dans les questions relatives à l'étude des populations. Ses applications en Biosociologie ne manqueront pas de devenir de plus en plus fréquentes et fructueuses.

BIBLIOGRAPHIE *

Brillouin (L.), 1959. – La Science et la Théorie de l'Information. *Masson*, 302 p.

Gounot (M.), 1956. – A propos de l'homogénéité et du choix des surfaces de relevé. – *Bull. Serv. Carte phytogéogr.*, Sér. B: Carte des Group. Vég. au 1/20 000, 1(1): 7–17, C.N.R.S., Paris.

Gounot (M.), 1958. – Cont. à l'étude des Groupements végétaux messicoles et rudéraux de la Tunisie. – *Ann. Serv. Bot. Agron. Tunisie*, 152 p.

Jaccard (P.), 1901. – Distribution de la flore alpine dans le bassin des Drances et dans quelques régions voisines. – *Bull. Soc. Vaudoise Sci. Nat.*, 37–140, 241–272.

Margalef, 1957. – La teoria de la informacion en ecologia. – *Mem. R. Acad. Cienc.* Barcelone, **32** (13): 373–449.

Nordhagen (R.), 1927. – Die Vegetation und Flora des Sylenegebietes. – *Skrift utg. det Korsk. Vid. Akad. i Oslo, I. Math. nature Kl.*, Oslo.

Raunkiaer (C.), 1918. – Recherches Statistiques sur les Formations Végétales. – *Det Kgl. Danske Videnskabernes Selskab. Biologiske Meddelser.* **I**, 3.

Wahlenberg, 1813. – De Climate et Vegetatione Helvetiae borealis.

* L'essentiel du présent texte reprend un mémoire actuellement épuisé.

THE POPULATION STRUCTURE OF VEGETATION*

by

R. H. WHITTAKER
Cornell University Ithaca, New York U.S.A.

INTRODUCTION

It is a pleasure to be able to discuss some recent developments in American plant ecology before European phytosociologists. I have only one regret – that the long, partially separate developments of English-language ecology and Continental phytosociology have led to the depth of difference that we observe, with scientists on the two continents often approaching the same phenomena through different techniques, concepts, and perspectives. I think, though, that the development of ecology as a science may have been enriched by these differences (WHITTAKER 1962), and that mutual understanding is now more important than agreement.

Toward this end I should like to discuss current work in two areas of plant ecology – gradient analysis and dominance-diversity studies – as they relate to one another, to problems of classifying plant communities, and to some concepts of phytosociology. My concern is with the population structure of plant communities – the manner in which plant populations are organized or related to one another within particular communities and along environmental gradients – and what this population structure implies for the interpretation and classification of communities.

DIRECT GRADIENT ANALYSIS

Gradient analysis seeks to understand vegetation by studying relationships among gradients or variables on three levels – environmental factors, species populations, and community characteristics (WHITTAKER 1951, 1956, 1967). When these variables are studied along a major environmental gradient which is accepted as given, as a basis for arranging and interpreting the data, the approach is direct gradient analysis. For example, elevation in mountains may be used as a basis for arranging samples from plant communities in sequence in transect tables that represent the way plant populations and community charac-

* Research carried out at Brookhaven National Laboratory under the auspices of the U.S. Atomic Energy Commission.

teristics change along the elevation gradient. Table I is such a transect; Fig. 1 shows curves of species populations and community characteristics along another elevation gradient.

Table 1.

Mean tree stratum coverage per cents for elevation belts, Santa Catalina Mountains, Arizona (WHITTAKER and NIERING 1965)

Transect steps Elevation in meters	Elev. Weights	I over 3000	II 2700- 3000	III 2400- 2700	IV 2100- 2400	V 1800- 2100	VI 1500- 1800	VII 1200- 1500	VIII 900- 1200	IX 750- 900	X below 750
Number of samples		10	32	50	50	50	50	50	50	50	15
Picea engelmanni	1	56	13								
Abies lasiocarpa	1	26	7	6							
Populus tremuloides	2	5	1	2	0.1						
Salix scouleriana	2	0.1	0.2	0.1	0.1						
Robinia neomexicana	3	0.1	0.3	2	0.7	0.1					
Pseudotsuga menziesii	3	3	35	28	20	7	0.1				
Pinus strobiformis	3	9	22	12	6	4	0.1				
Abies concolor	3		15	13	7	0.8					
Acerglabrum	3		1	1	0.1	0.1					
Quercus gambelli	4		0.1	0.1	0.5	0.1					
Pinus ponderosa	4		7	21	38	10	2				
Acer grandidentatum	4			1	4						
Arbutus arizonica	4			0.2	0.4	3					
Quercus rugosa	5			2	2	3	1				
Quercus hypoleucoides	5			5	13	19	1				
Quercus arizonica	5			0.1	1	3	4	2			
Alnus oblongifolia	5				2	3	6				
Juniperus deppeana	6				0.01	2	3	1	0.01		
Pinus chihuahuana	5					1	0.1				
Pinus cembroides	6					6	6	0.1			
Juglans major	6					0.1	0.4	0.2	0.2		
Quercus emoryi	6					0.8	1	1	0.2		
Cupressus arizonica	6						7	3			
Fraxinus velutina	7						0.5	0.5	2		
Platanus wrightii	7						1	1	3		
Quercus oblongifolia	7						0.2	2	0.2		
Vauquelinia californica	7						0.04	0.3	0.2		
Fouquieria splendens	8						0.1	0.6	1.2	0.2	0.6
Prosopis juliflora	8						.04	0.3	3	1.5	0.1
Cercidiumfloridum	8							0.1	0.3	.01	
Acacia greggii	8							.04	2	0.4	0.1
Carnegiea gigantea	8							0.1	1	0.2	0.4
Cercidium microphyllum	9							0.1	3	4	5
Acacia constricta	9								0.1	0.6	0.3
Olneya tesota	10										0.4
Total tree coverage		99.2	101.6	93.5	94.9	63.0	33.6	12.3	16.4	6.9	6.9
Weighted averages		1.30	2.64	3.24	3.83	4.55	5.56	6.35	7.69	8.67	8.88
Percentage similarity											
to sample 1		100	33.1	21.0	9.6	8.8	0.3	0	0	0	0
to sample 6		0.3	3.3	6.8	11.2	39.8	100	40.0	9.2	0.7	0.7
to sample 10		0	0	0	0	0	0.7	9.8	36.9	71.0	100

Results of interest from such work: (1) The curves formed when densities (or some other measurement of importance) of a species population are followed along an undisturbed and uninterrupted environmental gradient are generally bell-shaped, apparently binomial, in form. (2) The centers or modes and the limits of these curves along the gradient differ. The species do not form groups of associates with closely similar distributions; in general as would be predicted by the „principle of species individuality" of RAMENSKY (1925) and GLEASON (1926) no two species have the same distribution. (3) Because of this, and because species populations overlap broadly and taper gradually from maximum density to rarity and absence, plant communities in general intergrade continuously along uninterrupted environmental gradients (as also stated as the principle of community continuity by RAMENSKY and GLEASON).

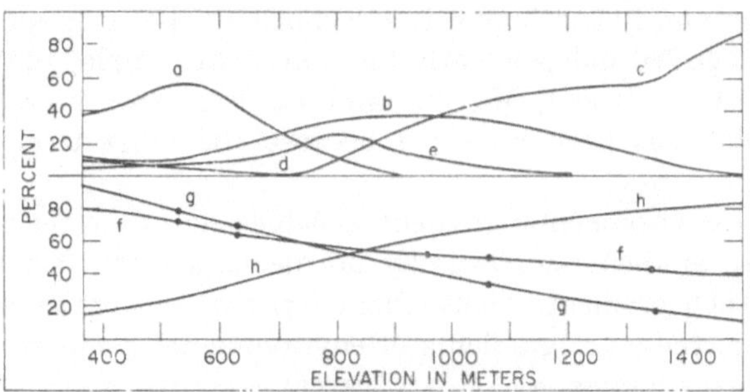

Fig. 1. Curves for species populations and community characteristics along the elevation gradient on south-facing slopes bearing pine forests in the Great Smoky Mountains, Tennessee. Above, major tree species populations in percentages of stems over 1 cm dbh: *a, Pinus virginiana; b, P. rigida; c, P. pungens; d, Quercus marilandica; e, Q. coccinea.* Below, trends in community characteristics: *f*, species diversity of vascular plants in sample quadrats (in per cent of a maximum of 44); *g*, tree-stratum above-ground net annual production (in per cent of a maximum of 1200 g/m^2/yr); *h*, shrub-stratum coverage per cents. (WHITTAKER 1956, 1965, 1966, 1967).

Three associations might well be recognized among the communities of Fig. 1 – one at low elevations with *Pinus virginiana, Quercus marilandica,* and others as characteristic species, one at middle elevations with *Pinus rigida* and *Quercus coccinea,* and one at high elevations with *P. pungens* and other species. The three associations form an ecological series in the sense of Finnish and Russian phytosociologists in relation to the elevation gradient. The point here is not merely that there are mixed or transitional communities between the associations of this series. One may, rather, regard the associations as parts we choose to distinguish within a single community-continuum (WHITTAKER 1951, 1956, 1967; CURTIS and MCINTOSH 1951; BROWN and CURTIS 1952). (4) Continuous change along the gradient appears not only in species distributions, but also in trends or gradients of community characteristics (Fig. 1).

These observations, and those we may draw from a transect including a larger number of species (Fig. 2), relate to a number of other concepts.

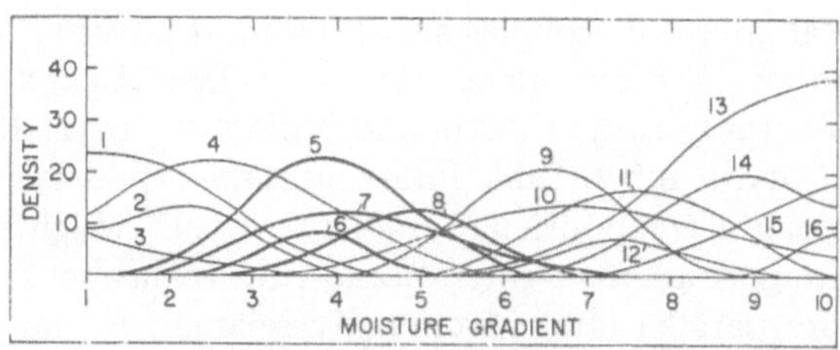

Fig. 2. Distributions of plant species populations along a topographic moisture gradient. (The curves are generalized; for actual data see WHITTAKER 1951, 1956, 1960; WHITTAKER and NIERING 1965, 1968). Species 5, 6, 7, and 8 form a commodal group which might be used as an ecological group, or as a character-species group for an association that extends from step 3 to step 6 along the moisture gradient. Within this association species 1 and 2, versus species 9 and 10, might serve as differential-species for subassociations of moister and drier environments.

1) The community continuum is a coenocline. (The concept and terms were suggested independently by WHITTAKER (1960, 1967) and VAN DER MAAREL (1960), MAAREL and LEERTOUWER (1967, syncline); coenocline has been preferred because the other term is used in geology.)
2) A major environmental gradient – such as elevation, the topographic moisture gradient, etc. – is by no means a single-factor gradient. Along such gradients many characteristics of environment change together; these are gradients of environmental complexes and may be termed complex-gradients (WHITTAKER 1956, 1967). A complex-gradient and its corresponding coenocline together form a gradient of ecosystems, in CLEMENTS' (1936) term, an ecocline.
3) Within the coenocline we may recognize one aspect of the continuous change, that of species composition, as a compositional gradient (BRAY and CURTIS 1957). We can measure relative distance of samples apart along the gradient, comparing the samples by coefficient of community, percentage similarity, or related measurements (Table I). Such measurements express ecological distance (WHITTAKER 1952, 1967), relative separation of samples along environmental (or successional or disturbance) gradients, as indicated by relative similarity of community composition.
4) If the distributions of species are individualistic, what do we mean when we say species are associated? Primarily that their distributional centers – the modes or peaks of the bell-shaped curves – are close together along an environmental gradient, and hence the species tend to occur together in the same communities. Species with their modes near one another may be termed commodal (WHITTAKER 1956, Fig. 2). Character-species groupings, and ecological groups in the sense of ELLENBERG (1948, 1950, 1952), are commodal groupings (which may correspond to one another) used for different purposes of classification of communities and indication of environment.
5) Positions along an ecocline may be defined by various means, including commodal groups, groups of differential-species with their limits close together (Fig. 2), and measurements of ecological distance in a compositional gradient. Weighted averages of the representation of ecological groups in samples are also a most effective approach to recognition of positions along the coenocline (ELLENBERG 1948; WHITTAKER 1951, 1954; CURTIS and MCINTOSH 1951; ROWE 1956; GOFF and COTTAM 1967). Table I illustrates the expression of changing position along a compositional gradient in both weighted averages and percentage similarity values. Because the coenocline and complex-gradient are parallel (and functionally related), we may use these measurements to indicate position along the environmental complex-gradient. Such is the basis of ELLENBERG'S (1948, 1950, 1952) indicator applications, and the basis of arranging samples into transects in some work on gradient analysis (WHITTAKER 1951, 1956, 1960; CURTIS and MCINTOSH 1951; WHITTAKER and NIERING 1965; BROWN and CURTIS 1952; CURTIS 1955; WARING and MAJOR 1964).

We may carry work in direct gradient analysis on to study relations of species and communities to two environmental gradients – elevation and topographic moisture in mountains, say. These gradients become the axes of a chart, and vegetation samples are plotted on the chart in relation to them. When the samples have been classified, and boundaries between the community-types are drawn on the chart, the result is a mosaic diagram (WHITTAKER 1951, 1956, 1960; WHITTAKER and NIERING 1965, 1968) such as the background chart of Figs. 3 and 4. Similar charts relating European plant communities to one another and major gradients have been used by ELLENBERG (1963) and others. These charts permit us to relate to one another environmental complex-gradients (the axes), species populations (Fig. 3), community trends (Fig. 4), and community-types.

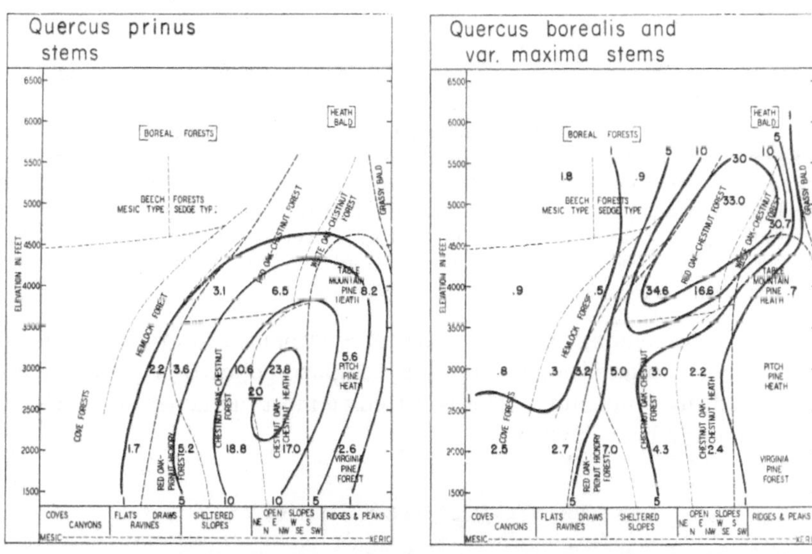

Fig. 3. Population charts for two tree species in the Great Smoky Mountains, plotted on a ,,mosaic diagram'' of the vegetation pattern (WHITTAKER 1956). Data are percentages of tree stems over 1 cm dbh. The population contours for *Quercus prinus*, left, outline a typical binominal solid, those for *Q. borealis* on the right a more complex pattern with two ecotypes, var. *borealis* at high elevations and var. *maxima* at low.

Densities or other importance values for species populations may be plotted on such charts, and the values bounded with population contour lines (Fig. 3). The figure for *Quercus prinus* is typical of such figures, which may be visualized as population hills, binomial solids. A transect through one of these in any direction produces one of the bell-shaped curves shown in Figs. 1 and 2. Some of these population solids are more complex in form, consisting of partially or wholly separate subpopulations or ecotypes (for example *Q. borealis* in Fig. 3). A vegetation pattern may be conceived in terms of many of these population solids, their centers scattered in the environmental ,,space'' that the figure represents, each with its boundaries differently outlined, broadly overlapping with one another. These many species form a complex and continuous population

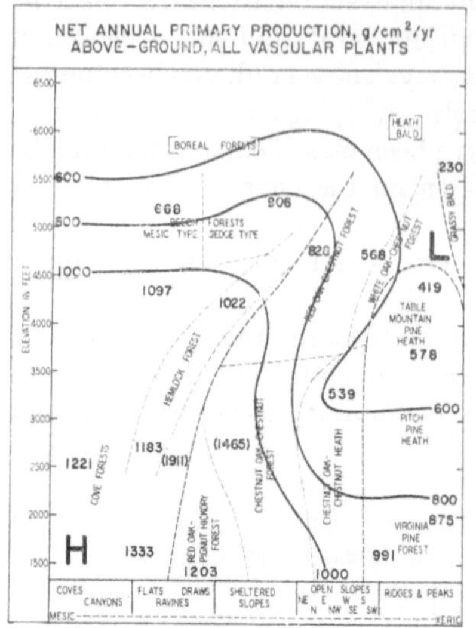

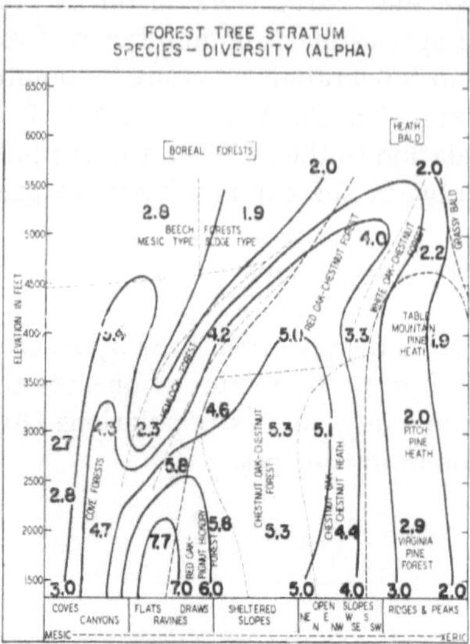

Fig. 4. Patterns of community characteristics in the Great Smoky Mountains, plotted on a „mosaic diagram'' of the vegetation pattern. Left, net primary production, decreasing from low-elevation moist environments toward high elevations and dry environments (WHITTAKER 1966); right, species diversities (*alpha* value of FISHER et al. 1943), decreasing from low-elevation submesic environments toward high elevations, dry, and very moist environments (WHITTAKER 1956).

pattern corresponding to the pattern of environmental gradients. This concept, of communities as forming complex population patterns in relation to environmental patterns, I think a most fundamental development from gradient analysis.

INDIRECT GRADIENT ANALYSIS

In direct gradient analysis, major environmental gradients are accepted as given, as axes on the basis of which we arrange samples into transects or patterns and study the relations of populations and communities to environments. Suppose, however, that we approach the problem without prior assumptions about major environmental gradients. Vegetation samples are taken and compared with one another in such ways as to cause the major directions of community variation to emerge from the data. This procedure, in which the approach to environmental gradients is indirect, may be termed indirect gradient analysis (WHITTAKER 1967).

Some work of the Wisconsin school and others (BRAY and CURTIS 1957; MAYCOCK and CURTIS 1960; BEALS and COTTAM 1960; LOUCKS 1962; AYYAD and DIX 1964; AUSTIN and ORLOCI 1966; ORLOCI 1966) illustrates the approach. A set of samples are taken from the vegetation of a landscape. These samples are compared with one another in all possible combinations by percentage similarity or some comparable measurement. A triangular table, a matrix of sample similarity values results; Table II illustrates such, for a simple case with only ten samples (each of which, in this case, is actually an average of a number of relevés

Table 2.

Coefficients of community for ten forest associations (see Fig. 5) in Poland (FRYDMAN and WHITTAKER 1968).

Association	1	2	3	4	5	6	7	8	9	10
1	-	38.6	13.3	10.3	7.1	6.3	4.9	5.1	6.0	0
2			19.4	20.0	22.2	10.1	6.9	12.2	7.6	2.1
3				28.4	8.5	4.8	15.8	27.8	26.9	7.8
4					13.4	19.5	22.6	42.3	24.6	9.2
5						32.4	17.2	12.4	7.5	3.2
6							21.5	23.8	16.5	3.7
7								46.6	39.8	13.4
8									39.0	15.4
9										32.9
Mean	9.2	13.9	15.3	19.0	12.4	13.9	18.9	22.5	20.1	8.8

representing an association). For each sample we obtain also the sum of its similarity values with all other samples. The sample which has the lowest similarity sum is „most extreme" in our set, most distant from other samples along some direction of community variation; in Table 2 this is sample 10. This sample, and another which is lowest in similarity to it (sample 1) may be used as the two end-points of our first axis of vegetational variation. The similarity values of other samples to these two permit us to arrange all other samples in sequence, from those like the first end-point sample through those with almost equal similarity values to both end-points to those most like the second end-point. The manner in which similarity values change along a gradient is illustrated in Table 1, especially by parts of the transect (steps 1 to 6, and steps 6 to 10) since zero similarities result from comparing more distant samples along this long gradient. We have, at this point, arranged or ordinated our samples into something like a transect, but on the basis of difference and similarity in their species composition, not of a known environmental gradient.

Among the samples which lie near the middle of this first axis, we may choose two which are least like one another and use these as end-points for a second axis (samples 3 and 6 in Fig. 5). All the samples may again be arranged in relation to this second axis; and in some cases we may seek a third pair of end-point samples and a third arrangement. Fig. 5 represents the result of arranging the ten samples of Table 1 in relation to two axes. This arrangement or ordination (GOODALL 1954b) represents the samples as located by relative positions in a range, or field, of vegetational variation as expressed in our two axes. The axes are directions of change in composition of vegetation samples; they are consequently compositional gradients. Samples are arranged by ecological distances along these axes. We have stated that a compositional gradient is one aspect of a coenocline or community-gradient, and that the coenocline parallels a complex-gradient of environment, as part of an ecocline. We would expect then, that Fig. 5 would represent an arrangement of our samples in relation to a pattern of major environmental gradients. If is a different approach to the same end as Figs. 3 and 4 – recognizing a pattern of plant communities in relation to a pattern of environments.

We may study the environmental pattern by plotting data for environmental measurements at the points for samples in Fig. 5. When we

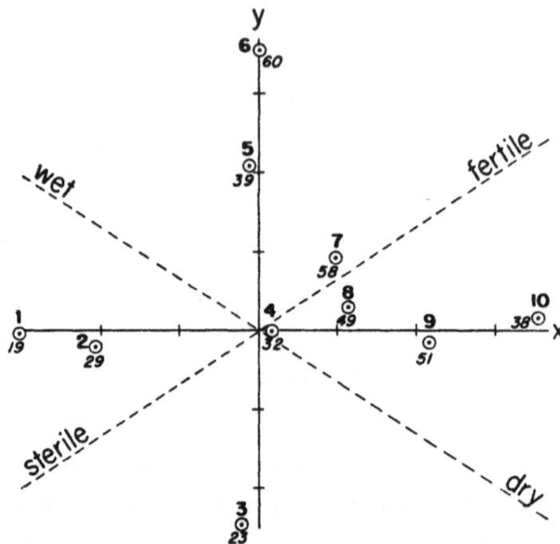

Fig. 5. An ordination in two axes of ten samples representing forest associations in Poland (data of FRYDMAN and WHITTAKER 1968). Samples are ordinated by coefficients of community (Table 2); unit distances of ten per cent change in coefficient of community are marked on the axes. Numbers for associations are above the points; numbers below the points are species diversities (mean numbers of plant species in relevés. Associations represented: 1, Sphagnetum medii; 2, Pineto–Vaccinietum uliginosi; 3, Pineto–Vaccinietum myrtilli; 4, Abietum polonicum; 5, Cariceto elongatae–Alnetum; 6, Circaeo–Alnetum; 7, Querceto–Carpinetum medioeuropaeum; 8, Fagetum carpaticum; 9, Querceto–Potentilletum albae; 10, Coryleto–Peucedanetum cervariae.

do this, we find that soil moisture and soil fertility change across the pattern in the directions indicated. Our axes do in fact represent compositional gradients corresponding to environmental complex-gradients, but the axes are oblique in relation to the major soils gradients as we usually think of these. We can also plot population data for species at the points, and obtain population distributions suggestive of those in Fig. 3. We can plot community characteristics, such as the numbers of species in samples entered in Fig. 5. Richness in species increases toward the more fertile soils, though it is lower in the dry site of sample 10. Fig. 5 thus, like Figs. 3 and 4, represents a pattern of communities and ecosystems, a pattern in which we may relate to one another gradients and patterns of environmental factors, species populations, and community characteristics.

We can also think of Fig. 5 as representing a hyperspace – an abstract space defined by our compositional gradients as abstract axes (GOODALL 1963; WHITTAKER 1967). In terms of this hyperspace we can now rephrase some of the questions which have been approached by direct gradient analysis: (1) Are species clustered or dispersed in the hyperspace? Do we observe groups of species in which, because associated species are closely similar in distribution, form clusters with fewer species between these clusters? Or are the species scattered through the hyperspace, as the principle of species individuality might suggest? (2) Are samples clustered or dispersed in the hyperspace? We may plot a much larger number of samples into the hyperspace than were used for Fig. 5. (The samples must be chosen in a way which avoids subjective preference for samples typical of associations and against samples which are intermediate or transitional). Do these samples then fall into natural clusters representing associations, with relatively few transitional samples lying between these clusters? Or are the samples scattered in the hyperspace as we might expect from the principle of community continuity?

Results from research in indirect gradient analysis in general support the scattering of both species and samples in the hyperspace (WHITTAKER 1967; MCINTOSH 1967). An effective study of direct interest to Europeans was carried out by DAGNELIE (1960, 1962) using factor analysis. Factor analysis and principal component analysis are mathematically more advanced ways of deriving (from a table of distributional similarities or correlations of species, rather than of sample similarities) „extracted factors" of community variation, corresponding to the axes of the Wisconsin ordination (GOODALL 1954a; AUSTIN and ORLOCI 1966;

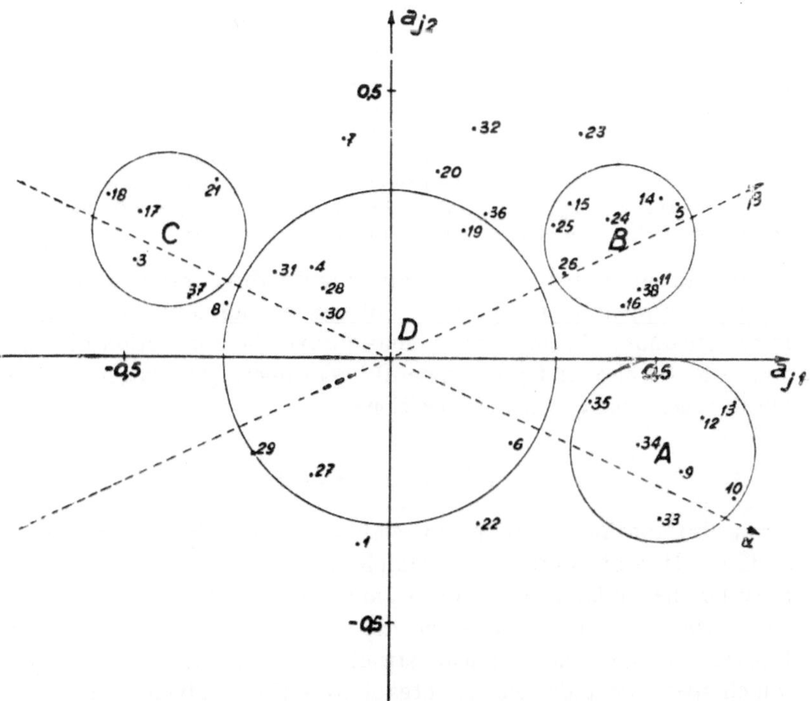

Fig. 6. An ordination of species (numbered points) in a loading hyperspace, from factor analysis of French beech forests (DAGNELIE 1962). Circles enclose four ecological groups of species; dashed lines are axes rotated to correspond to environmental factors affecting these groups.

GREIG-SMITH et. al. 1967; WHITTAKER 1967). Species may be located or ordinated in the hyperspace defined by the extracted factors, and samples may be located or ordinated in a closely related hyperspace. Fig. 6 arranges species from French beech forests. The species are primarily scattered, not clustered; nevertheless it is possible to recognize ecological groups of species which tend to occur together in the same communities in response to the same environmental factors. Circles A, B, and C enclose three ecological groups; circle D encloses a number of more widespread companion species. As in Fig. 5, the axes are oblique in relation to the environmental gradients to which these ecological groups seem most closely related. Fig. 7 represents an ordination of samples. The types of communities (which are defined by representation of the ecological groups in the new classification on the right) occupy different areas of the hyperspace, as the community-types do in relation to the environmental gradients in Figs. 3 and 4. The samples in Fig. 7 are, however, scattered, not clustered.

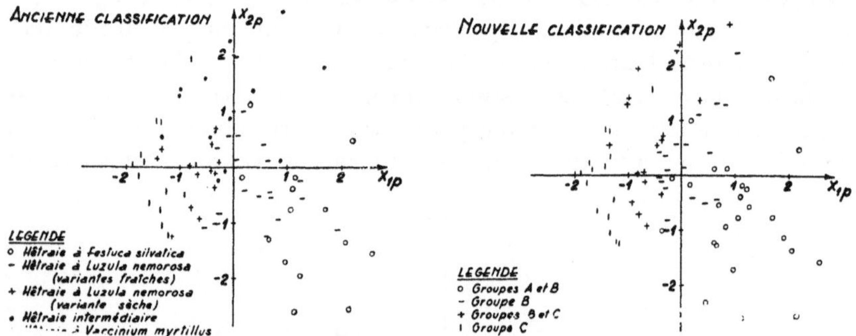

Fig. 7. An ordination of samples in a factor-value hyperspace, from factor analysis of French beech forests (DAGNELIE 1962). Samples have been classified into community-types by undergrowth dominants, on the left, by representation of the ecological groups of Fig. 6, on the right.

It thus appears that results from direct and indirect gradient analysis converge in support of the principles of species individuality and community continuity. From both we may derive the conception of vegetation as a complex and predominantly continuous population pattern in which species have scattered positions.

DOMINANCE AND DIVERSITY

We can also „ordinate" species in relation to quite different gradients from these. It is of interest, for example, to rank the species in a community by their relative importances and ask what this ranking shows about relations between species and the nature of communities. We are in this case studying the „vertical" structure of vegetation – the manner in which species populations are organized within a given community. This organization, expressed in relative importance values or in dominance and diversity relations is related to, though different from, the more familiar vertical organization expressed in stratification and synusial relations.

There are a number of measurements expressing the relative importances of species in a community. Among these measurements coverage is easily obtained and widely useful, but productivity measurements may be most significant. Productivity values have the virtues of expressing directly the biological activity of different species, and of permitting comparison on a single scale of species widely different in size and form. For a series of plant communities in the southern Appalachian mountains I have worked out measurements or estimates of the net primary productions by their vascular plant species (WHITTAKER 1965, 1966). The species can be arranged in sequence from most productive to least productive, and plotted on a graph by this sequence and their productivities on a logarithmic scale. Seven such curves (the first of which superimposes data from three different cove forest communities) are illustrated in Fig. 8. A range of forms in these curves will

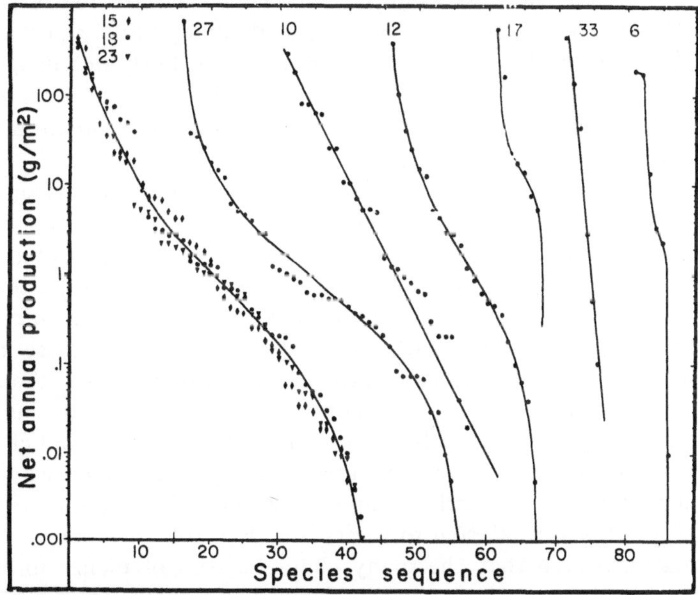

Fig. 8. Importance-value curves for vascular plant communities in the Great Smoky Mountains (WHITTAKER 1965). Points represent species, plotted by production (logarithmic vertical scale) against the species' number in the sequence from most productive to least productive. To avoid overlap, six of the curves have been displaced to the right; zero positions for the species sequences of these are indicated by the vertical lines on the top border. Communities represented are: first three curves (15, 18, 23), superimposed, cove (valley) forests; 27, *Quercus borealis* forest; 10, *Pinus virginiana-Pinus strobus* forest; 12, *Pinus pungens* heath; 17, *Picea rubens-Rhododendron catawbiense* forest; 33, *Abies fraseri* forest; 6, mixed heath bald.

be observed – from community 33, with strong dominance by its most important species, low species diversity, and the steep, straight slope of a geometric curve, to communities 15, 18, and 23, with more mixed canopy dominance, higher species diversity, and less steep curves of sigmoid form. When such sigmoid curves are differently plotted they form lognormal distributions (PRESTON 1948; BESCHEL and WEBBER

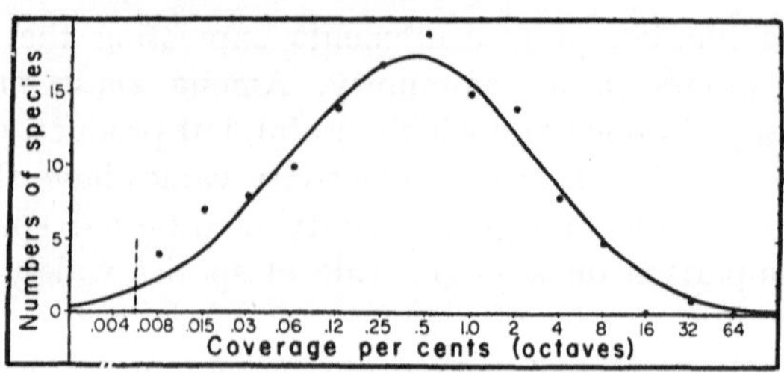

Fig. 9. A lognormal distribution for species of rich, north-slope, Sonoran desert communities of the Santa Catalina Mountains, Arizona (WHITTAKER 1965). Points are numbers of plant species, plotted for octaves or doubling-units of plant coverage, on a logarithmic scale.

1963; WHITTAKER 1965; WHITTAKER and WOODWELL 1969). Fig. 9 illustrates a lognormal distribution – a bell-shaped frequency distribution of numbers of species in octaves, or doubling units, of coverage. Such a distribution shows that a community, if it is fairly rich in species, consists of a large number of species of intermediate importances in the community, and smaller numbers of very important or dominant species and of rare species.

One may approach the interpretation of such curves through the concept of the species niche. By niche we refer to the position of the species within the community – its position in vertical (above-ground and below-ground) space, horizontal space (internal mosaic or patterning within the community), seasonal and diurnal time, community functional relations, and interactions with other species. Some of these niche characteristics form gradients by which we can arrange species. We may, for example, arrange species of a Sonoran desert community in southern Arizona by two niche axes – above-ground vertical position, and character of seasonal relations from evergreen through deciduous leaves to transitory leaves and succulence and leaflessness. The species occupy scattered positions in relation to these axes (Fig. 10).

We may conceive that the many characteristics of niches form, as axes, an abstract niche hyperspace (HUTCHINSON 1957). In this hyperspace the species of a given community occupy different positions; hence no two use the same resources, in the same vertical and horizontal position, at the same time, in full and direct competition with one another. We thus state the principle of GAUSE (1934) or of competitive exclusion (HARDIN 1960), the assertion that: (1) If two species are in full and direct competition in the same habitat and niche for an extended period, one must become extinct, hence (2) No two species in a given stable natural community occupy the same niche, in full competition with one another.

Niche space for a given species is related to, though not identical with, resource use by that species, and consequently to the level of productivity the species is able to achieve in the community. For understanding of the importance value curves of Fig. 8 we may ask how niche space and resources may be divided among species, to produce the distributions of relative productivity that we observe. There are a number of hypotheses

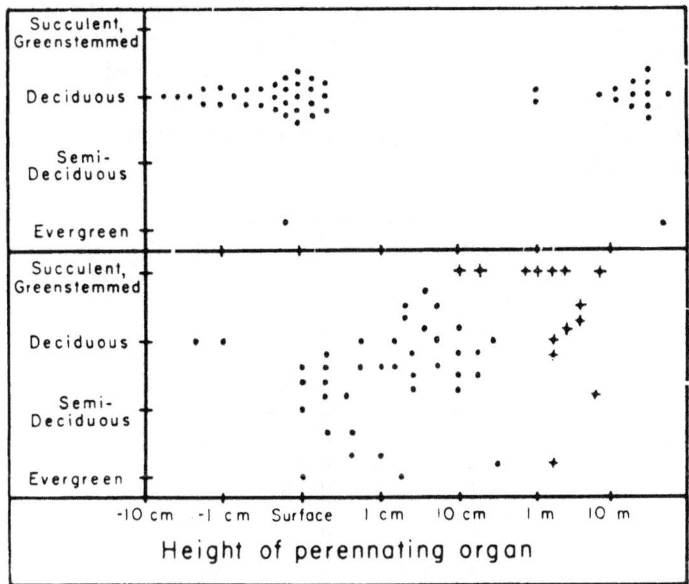

Fig. 10. Below: Perennial plant species of the Sonoran desert, Santa Catalina Mountains, Arizona, plotted against gradients of leaf persistance, vertical axis, and perennating bud height, horizontal axis (WHITTAKER and NIERING 1965). The larger woody plants of the desert are spiny, as indicated by crossed points. Above: Species of a southern Appalachian cove forest plotted in the same way. Since these species have evolved toward clustering around two life-forms (broadleaf-deciduous trees, and hemicryptophytes), niche differentiation must be assumed to affect other plant characteristics.

on division of niche space and form of importance-value curves (MOTOMURA 1932; FISHER et. al. 1943; PRESTON 1948; MACARTHUR 1960), but two interpretations may be most appropriate for communities of vascular plants (WHITTAKER 1965; WHITTAKER and WOODWELL 1969):

1) Geometric series. When the number of species in the community is small, there may be a tendency for the first or dominant species to occupy some fraction, say k, of niche space, and the second species to occupy a similar fraction k, of niche space that has not been taken or pre-empted by the first, and the third species to occupy a similar fraction of the space not occupied by either of the two preceding species. The fraction k need not be a constant; but if the k values and the ratios of importance values for successive species $(1 - k)$ do not vary too widely, the importance values will approach a geometric series (Fig. 11A).
2) Lognormal distribution. If the number of species is larger, and the manner in which they relate to niche space is more complex, more complex curves of importance values will be formed (Fig. 11B and C). Such curves will include (a) a few dominants which occupy much of the niche space and use most of the community resources, (b) a larger number of species of intermediate importances, variously fitting themselves into the community by different patterns of niche re-

lationships and resource use, and (c) a smaller number of rare species, mostly rather narrow specialists utilizing restricted, distinctive, niche positions and resources. These curves will be of sigmoid form and, when the numbers of species and of factors affecting their relative importances are large, the importance values of these species will approach the lognormal distribution.

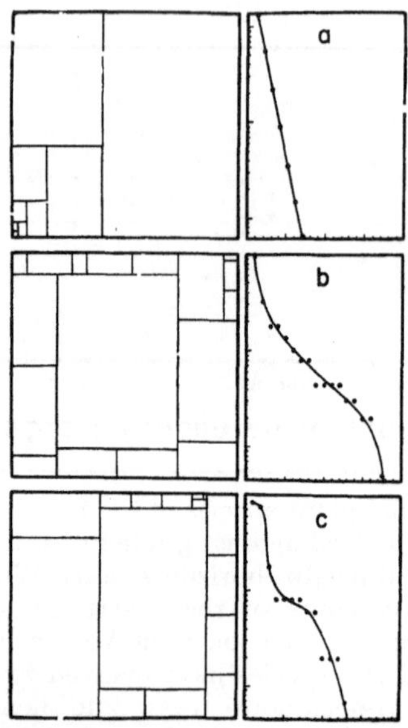

Fig. 11. Models for species and niche relations which may underlie importance-value curves (WHITTAKER 1965). The squares in each case represent a niche space which is divided among species in the community, represented by rectangles. Sizes of the rectangles for species represent their shares of niche space and environmental resources, as expressed in their productivities. In the curve to the right of each square, the areas of the species are plotted in the manner of Fig. 8. In the top square, *a*, each species occupies 0.6 of the niche space not already occupied by more successful species. In squares *b* and *c* the species occupy, by more complex rules, niche spaces around those occupied by the most important species or dominants.

We judge that importance-value curves for vascular plants in communities (Fig. 8) are of a range of intergrading forms from geometric series to lognormal distributions. We judge further that the species in a given community evolve away from direct competition and toward difference in niche. Since all the vascular plants in a community require some of the same resources – light, water, above-ground and soil space, and nutrients – they are to some degree in competition. But they evolve toward partial competition, toward niche positions and resource uses that differ in part. It is because of this partial differentiation of niche that many vascular plant species are able to co-exist in the same community. The number of species in the community, its species diversity, is affected by relative favorableness vs. severity of environment, and by evolutionary time during which niche differentiation has evolved among the species in that environment (WHITTAKER 1965). The importance-value curves we have illustrated express the consequence of that evolution as environmental favorableness and evolutionary time affect the richness in species of the community and the manner in which niche space and resources for production are divided among the species.

CONCLUSION

We have observed species populations to be twice-scattered – in relation to environmental gradients and patterns, and in relation to niche characteristics and hyperspaces. This may be a most significant dual observation and convergence of results from gradient analysis and dominance-diversity studies. I would draw these conclusions on this observation, its meaning as I would interpret it, and its implications:

1) A common theme – evolution toward reduction of competition – underlies the scattering of adaptive centers of species in relation to both habitats and niches. Species which are in competition within a given community evolve toward niche differentiation; by this differentiation they become partial competitors and are able to survive in one another's presence. Species which are in partial competition along an environmental gradient evolve toward different locations of their population centers along the gradient. By this habitat differentiation also competition is reduced; the species utilize (in their population centers or modes, at least) the resources of different parts of the environmental gradient.
2) The latter process implies that species do not evolve toward the formation of groups of associates with closely similar distributions. A first judgment on evolution would suggest that species should evolve toward the formation of natural groups, with the species in each adapted to occurrence together by niche differentiation and other accomodations. These natural groups would appear as distinct clusters of species, separate from other clusters, in the results of gradient analysis. But the logic of evolution in response to competition supports the observations from gradient analysis: Vascular plant species evolve away from the formation of clusters of associates, toward scattering of their population centers in relation to environmental gradients, by which the intensity of competition in their distributional centers is reduced (WHITTAKER 1967).
3) We may thus state a conception of the population structure of vegetation. A plant community is a system of interacting, niche differentiated, partially competitive species. These species have evolved toward scattering of their population centers along environmental gradients. Because the species are only partial competitors, their bell-shaped distributions may overlap broadly, as observed in gradient analysis. Along environmental gradients undisturbed communities consequently, in most areas, intergrade continously. In relation to patterns of environmental gradients, communities form complex and largely continuous population patterns. Relative discontinuities may occur in some undisturbed vegetation, par-

ticularly in some communities of more rigorous environments, steeper environmental gradients, and strong single-species dominance (WHITTAKER 1956, 1967; DAHL 1957; BEALS 1969). Discontinuities in vegetation may also result from parent material and topographic discontinuity and from disturbance. In general, however, when disturbance is not too extensive, the flora of a landscape is organized into a complex and largely continuous population pattern corresponding to the pattern of environments; such is the population structure of the vegetational mantles that we observe.

4) Associations and other community-types are man-made class concepts, abstractions from the intergrading complexities of vegetation in the field (WHITTAKER 1962). This comment on the nature of classification is not a criticism of the process of classification.

The implication of gradient analysis is not that plant communities cannot be classified, only that the classification of intergrading communities, in which species are differently distributed from one another, encounters difficulties in practice – as we all know. The relation between gradient analysis and classification is not one of antagonism, but one of complementarity and potential partnership. Many, in fact most, studies in gradient analysis use some community classification to present their results. Results of community classification, on the other hand, can often be used for gradient analysis with the community-types arranged in ecological series or community patterns. I think of classification and gradient analysis as alternative modes of abstraction, which may often be used together in a given research project in a way which enhances the effectiveness of each. Such work as that of HANSEN (1930, 1932); ELLENBERG (1950, 1952, 1963); POORE (1956, 1962); GROENEWOUD (1965); and VAN DER MAAREL (1966, VAN DER MAAREL and LEERTOUWER 1967) represents this synthesis, as does that of CURTIS (1959 and myself (WHITTAKER 1956, 1960; WHITTAKER and FAIRBANKS 1958; WHITTAKER and NIERING 1965, 1968; FRYDMAN and WHITTAKER 1968).

Gradient analysis clarifies some of the practical difficulties of classification. It may also show reason for the success of detailed floristic analysis of vegetation as applied by BRAUN-BLANQUET (1964) and TÜXEN (1955) and others of my audience in the intensively occupied and intensively studied landscape of Europe. The system of BRAUN-BLANQUET makes maximum use for purposes of classification, and environmental indication based on classification, of the information available from the distributional relations of species. It permits classifications finer in detail and expression of environmental difference, than many English-language classifications by physiognomy and dominance. Understanding from gradient analysis gives altered perspective on the meaning of such concepts as the association and other units, fidelity and character-species, differential species, ecological group, ecological series, typical and mixed or transitional community, and community complex and pattern, without reducing the value of these concepts.

I thus feel that results from gradient analysis in English-language ecology and classification in Continental phytosociology will to some extent converge in the end, and I hope for the reduction by mutual understanding of the „ecological distance" between our traditions.

SUMMARY

My purpose is to discuss certain relations between three areas of study – gradient analysis, dominance-diversity, and classification.

Species evolve toward niche differentiation, toward different positions and kinds of function, within a given plant community. The community is a system of interacting, niche-differentiated species. These species are only partial competitors, and their population distributions along gradients consequently can overlap broadly. They do not generally exclude one another at sharp boundaries.

Species evolve also toward habitat differentiation, toward having their population centers at different positions along environmental gradients. By this means also they reduce competition in their centers of distribution. The result of this is the kind of population distribution we see in gradient analysis. Species populations form bell-shaped curves, whose centers are scattered along the gradient and which overlap broadly. All the species together along the gradient form a complex, flowing continuum of populations. The communities we see mostly intergrade along such continua. In some areas the continuity is much interrupted by disturbance, but the vegetation of a landscape may be conceived as a complex and largely continuous population pattern corresponding to the pattern of environmental gradients.

Direct and indirect gradient analysis seek to deal with this population pattern by means of transects of gradients and coordinate systems. Direct gradient analysis studies population distributions along known environmental gradients. Indirect gradient analysis, such as the school of Wisconsin approach and factor analysis, seeks to arrange or ordinate samples and species in an abstract hyperspace, the axes of which represent directions of compositional variation in the vegetation pattern. Samples and species in most cases have scattered positions in the hyperspace; this scattering expresses community continuity and species individuality.

Classification, as an alternative approach, groups samples into community-types on the basis of physiognomy, dominance, species composition, or other criteria. The most widely successful system is that of BRAUN-BLANQUET, which uses various criteria but is based primarily on groups of character- and differential-species. The system represents a most effective use for classification of those complex distributional relations among species which are shown by gradient analysis.

Gradient analysis and classification are not antagonistic, but complementary approaches. Gradient analysis provides the means of understanding some of the problems of classification. Classification provides an essential means of presenting some of the results of gradient analysis. Vegetation units derived from classification can often be related to one another through gradient analysis. In many cases the two approaches can be combined in a given study, to the increased effectiveness of both. It is thus to be hoped that understanding of the population structure of vegetation may contribute to convergences of interest and method between ecologists and phytosociologists.

ZUSAMMENFASSUNG

Meine Absicht ist, gewisse Beziehungen zwischen drei Forschungsbereichen zu diskutieren: Gradient-Analyse, Dominanz-Unterschiede und Klassifikation.

Die Arten entfalten in einer gegebenen Pflanzengesellschaft Nischen-Unterschiede, verschiedene Stellungen und Wirkweisen. Die Gesellschaft ist ein System von sich gegenseitig beeinflussenden, nach Nischen unterschiedenen Arten. Diese Arten sind nur teilweise Konkurrenten und ihre Populations-Verteilung kann sich infolgedessen an Gradienten breit überlappen. Sie schließen einander im allgemeinen nicht mit scharfen Grenzen aus.

Die Arten entwickeln auch eine Standorts-(habitat)Unterscheidung, in dem ihre Populationen Zentren in verschiedenen Lagen entlang der Standortsgradienten besitzen. Durch diese Mittel verringern sie auch den Wettbewerb in ihren Verbreitungszentren. Das Ergebnis davon ist die Art der Populations-Verteilung, die wir in der Gradienten-Analyse sehen. Die Arten-Populationen bilden glockenförmige Kurven, deren Scheitelpunkte mit breiten Überlappungen entlang des Gradienten verstreut sind. Alle Arten bilden längs dem Gradienten ein komplexes, fließendes Kontinuum von Populationen. Die Gesellschaften sehen wir meist entlang solcher Kontinua angeordnet. In einigen Gebieten ist das Kontinuum durch Störungen unterbrochen, aber die Vegetation einer Landschaft kann als ein komplex und ausgedehntes ununterbrochenes Populations-Muster (pattern) aufgefaßt werden, das dem Muster des Standorts-Gradienten entspricht.

Direkte und indirekte Gradient-Analysen versuchen diese Populations-Muster mit Hilfe von Gradienten-Transekten und Koordinaten-Systemen zu behandeln. Die direkte Gradienten-Analyse studiert die Populations-Verteilung entlang bekannter Standorts-Gradienten. Die indirekte Gradienten-Analyse sucht wie die Wisconsin-Schule mit Annäherungs- und Faktoren-Analyse, Probeflächen und Arten in einem abstrakten Überraum (hyperspace) zu gruppieren oder zu ordnen, dessen Achsen Richtungen der Anordnungs-Unterschiede im Vegetations-Muster darstellen. Probebestände und -Arten haben in den meisten Fällen zerstreute Stellungen in dem Überraum (hyperspace). Diese Streuung ist der Ausdruck für die Kontinua der Gesellschaft und die Individualität der Arten.

Die Klassifikation gruppiert als die andere Möglichkeit der Forschung Probebestände zu Gesellschaftstypen auf der Grundlage der Physiognomie, der Dominanz, der Artenkombination oder anderer Kriterien. Das bei weitem erfolgreichste System ist das von Braun-Blanquet, das verschiedene Kriterien verwendet, aber ursprünglich auf Gruppen von

Charakter- und Differentialarten begründet ist. Das System ist von größtem Nutzen für die Klassifikation der komplexen Verteilungsbeziehungen unter den Arten, die von der Gradient-Analyse gezeigt werden.

Gradient-Analyse und Klassifikation sind keine gegensätzlichen sondern sich ergänzende Forschungszweige. Die Gradient-Analyse liefert Möglichkeiten einige Probleme der Klassifikation zu verstehen. Die Klassifikation gibt wesentliche Mittel um einige Ergebnisse der Gradient-Analyse darzustellen. Durch die Klassifikation gewonnene Vegetations-Einheiten können oft durch Gradient-Analyse zueinander in Beziehung gesetzt werden. In vielen Fällen können die beiden Forschungsrichtungen in einer gegebenen Untersuchung zu größerer Wirksamkeit beider vereinigt werden. So dürfen wir hoffen, daß das Verständnis der Gesellschaftstruktur der Vegetation dazu beitragen möge, Interessen und Methoden zwischen Ökologen und Pflanzensoziologen einander näher zu bringen.

LITERATURE

Austin, M. P. and Orloci, L.: Geometric models in ecology. II. An evaluation of some ordination techniques. – J. Ecol. **54**: 217–227. 1966.

Ayyad, M. A. G. and Dix, R. L.: An analysis of a vegetation-microenvironmental complex on prairie slopes in Saskatchewan. – Ecol. Monogr. **34**: 421–442. 1964.

Beals, E. W.: Vegetational change along altitudinal gradients. – Science, N.Y. **165**: 981–985. 1969.

—, and Cottam, G.: The forest vegetation of the Apostle Islands, Wisconsin. – Ecology **41**: 743–751. 1960.

Beschel, R. E. and Webber, P. J.: Bemerkungen zur log-normalen Struktur der Vegetation. – Ber. Naturwiss.-Med. Vereins Innsbruck **53** (Festschr. Gams): 9–22. 1963.

Braun-Blanquet, J.: – Pflanzensoziologie: Grundzüge der Vegetationskunde. 3rd. ed. – Wien. 865 pp. 1964.

Bray, J. R. and Curtis, J. T.: An ordination of the upland forest communities of southern Wisconsin. – Ecol. Monogr. **27**: 325–349. 1957.

Brown, R. T. and Curtis, J. T.: The upland conifer-hardwood forests of northern Wisconsin. – Ecol. Monogr. **22**: 217–234. 1952.

Clements, F. E.: Nature and structure of the climax. – J. Ecol. **24**: 252–284. 1936.

Curtis, J. T.: A prairie continuum in Wisconsin. – Ecology **36**: 558–566. 1955.

— The vegetation of Wisconsin: An ordination of plant communities. – University of Wisconsin Press, Madison. 657 pp. 1959.

— and McIntosh, R. P.: An upland forest continuum in the prairie-forest border region of Wisconsin. – Ecology **32**: 476–496. 1951.

Dagnelie, P.: Contribution a l'étude des communautés végétales par l'analyse factorielle. (Engl. summ.) – Bull. Serv. Carte Phytogéogr., Sér. B, **5**: 7–71, 93–195. 1960.

— L'étude des communautés végétales par l'analyse des liaisons entre les espèces et les variables écologiques. – Inst. Agron. de l'État, Gembloux. 135 pp. 1962.

Dahl, E.: Rondane: Mountain vegetation in South Norway and its relation to the environment. – Skr. Norske Vidensk-Akad., Mat.-Naturv. Kl., 1956, (3): 1–374. 1957.

Ellenberg, H.: Unkrautgesellschaften als Maß für den Säuregrad, die Verdichtung und andere Eigenschaften des Ackerbodens. - Ber. Landtechn. **4**: 130–146. 1948.

— Landwirtschaftliche Pflanzensoziologie. I. Unkrautgemeinschaften als Zeiger für Klima und Boden. – Stuttgart. 1950. 141 pp.
— Landwirtschaftliche Pflanzensoziologie. II. Wiesen und Weiden und ihre standörtliche Bewertung. – Stuttgart. 143 pp. 1952.
— Vegetation Mitteleuropas mit den Alpen in kausaler, dynamischer und historischer Sicht. *In*: Einführung in die Phytologie, by H. Walter, *IV*. Grundlagen der Vegetationsgliederung, Pt. 2. – Stuttgart. 943 pp. 1963.
FISHER, R. A., CORBET, A. S. and WILLIAMS, C. B.: The relation between the number of species and the number of individuals in a random sample of an animal population. – J. Anim. Ecol. **12**: 42–58. 1943.
FRYDMAN, I. and WHITTAKER, R. H.: Forest associations of southeast Lublin Province, Poland. (Germ. summ.) – Ecology **49**: 896–908. 1968.
GAUSE, G. F.: The struggle for existence. – Williams and Wilkins, Baltimore. 163 pp. 1934.
GLEASON, H. A.: The individualistic concept of the plant association. – Bull. Torrey. Bot. Club **53**: 7–26. 1926.
GOFF, F. G. and COTTAM, G.: Gradient analysis: the use of species and synthetic indices. – Ecology **48**: 793–806. 1967.
GOODALL, D. W.: Objective methods for the classification of vegetation. III. An essay in the use of factor analysis. – Austral. J. Bot. **2**: 304–324. 1954a.
— Vegetational classification and vegetational continua. (Germ. summ.) – Angew. Pflanzensoziologie (Wien), Festschr. Aichinger **1**: 168–182. 1954b.
— The continuum and the individualistic association. (French summ.) – Vegetatio **11**: 297–316. 1963.
GREIG-SMITH, P., AUSTIN, M. P. and WHITMORE, T. C.: The application of quantitative methods to vegetation survey. I. Association-analysis and principal component ordination of rain forest. – J. Ecol. **55**: 483–503. 1967.
GROENEWOUD, H. VAN: Ordination and classification of Swiss and Canadian coniferous forests by various biometric and other methods. (Germ. summ.) – Ber. Geobot. Inst. ETH, Stiftg. Rübel, Zürich 1964, **36**: 28–102. 1965.
HANSEN, H. MØLHOLM: Studies on the vegetation of Iceland. *In*: The Botany of Iceland, ed. L. K. Rosenvinge and E. Warming **III**, Pt. 1, No. 10. Copenhagen. 186 pp. 1930.
— Nørholm Hede, en formationsstatistisk Vegetationsmonografi. (Engl. summ.) – K. Danske Vidensk. Selsk. Skr., Naturv. Math. Afd., Ser. **9**, 3 (3): 99–196. 1932.
HARDIN, G.: The competitive exclusion principle. – Science, N.Y. **131**: 1292–1297. 1960.
HUTCHINSON, G. E.: Concluding remarks. – Cold Spring Harbor Symp. Quant. Biol. **22**: 415–427. 1957.
LOUCKS, O. L.: Ordinating forest communities by means of environmental scalars and phytosociological indices. – Ecol. Monogr. **32**: 137–166. 1962.
MAAREL, E. VAN DER: Rapport inzake de vegetatie van het duingebied van de Stichting „Het Zuid-Hollands Landschap" bij Oostvoorne. – Report ZHL Delft. 1960.
— Over vegetatiestructuren, -relaties en -systemen in het bijzonder in de duingraslanden van Voorne (Engl. summ.) – Thesis, Utrecht. 1966.
— and LEERTOUWER, J.: Variation in vegetation and species diversity along a local environmental gradient. – Acta Bot. Neerl. **16**: 211–221. 1967.
MACARTHUR, R. H.: On the relative abundance of species. – Am. Nat. **94**: 25–36. 1960.
MAYCOCK, P. F. and CURTIS, J. T.: The phytosociology of boreal conifer-hardwood forests of the Great Lakes region. – Ecol. Monogr. **30**: 1–35. 1960.
MCINTOSH, R. P.: The continuum concept of vegetation. – Bot. Rev. **33**: 130–187. 1967.
MOTOMURA, I.: A statistical treatment of associations. (Japanese). – Japan. J. Zool. **44**: 379–383. 1932.
ORLOCI, L.: Geometric models in ecology. I. The theory and application of some ordination methods. – J. Ecol. **54**: 193–215. 1966.
POORE, M. E. D.: The use of phytosociological methods in ecological investi-

gations. IV. General discussion of phytosociological problems. – J. Ecol. **44**: 28–50. 1956.
— The method of successive approximation in descriptive ecology. – Adv. Ecol. Res. **1**: 35–68. 1962.
PRESTON, F. W.: The commonness, and rarity, of species. – Ecology **29**: 254–283. 1948.
RAMENSKY, L. G.: Die Grundgesetzmäßigkeiten im Aufbau der Vegetationsdecke. (Russian). – Woronesh. Wjestn. opytn. djela 1924. 37 pp. 1925. – Bot. Cbl. N.F. **7**: 453–455, 1926.
ROWE, J. S.: Uses of undergrowth plant species in forestry. – Ecology **37**: 461–473. 1956.
TÜXEN, R.: Das System der nordwestdeutschen Pflanzengesellschaften. – Mitt. Flor.-soz. Arbeitsgemeinsch. (Stolzenau/Weser), N.F. **5**: 155–176. 1955.
WARING, R. H. and MAJOR, J.: Some vegetation of the California coastal redwood region in relation to gradients of moisture, nutrients, light, and temperature. – Ecol. Monogr. **34**: 167–215. 1964.
WHITTAKER, R. H.: A criticism of the plant association and climatic climax concepts. – Northwest Sci. **25**: 17–31. 1951.
— A study of summer foliage insect communities in the Great Smoky Mountains. – Ecol. Monogr. **22**: 1–44. 1952.
— Plant populations and the basis of plant indication. (Germ. summ.) – Angew. Pflanzensoziol. (Wien), Festschr. Aichinger, **1**: 183–206. 1954.
— Vegetation of the Great Smoky Mountains. – Ecol. Monogr. **26**: 1–80. 1956.
— Vegetation of the Siskiyou Mountains, Oregon and California. – Ecol. Monogr. **30**: 279–338. 1960.
— Classification of natural communities. – Bot. Rev. **28**: 1–239. 1962.
— Dominance and diversity in land plant communities. – Science, N.Y. **147**: 250–260. 1965.
— Forest dimensions and production in the Great Smoky Mountains. – Ecology **47**: 103–121. 1966.
— Gradient analysis of vegetation. – Biol. Rev. **42**: 207–264. 1967.
— and FAIRBANKS, C. W.: A study of plankton copepod communities in the Columbia Basin, southeastern Washington. – Ecology **39**: 46–65. 1958.
— and NIERING, W. A.: Vegetation of the Santa Catalina Mountains, Arizona. (II). A gradient analysis of the south slope. – Ecology **46**: 429–452. 1965.
— — Vegetation of the Santa Catalina Mountains, Arizona. IV. Limestone and acid soils. – J. Ecol. **56**: 523–544. 1968.
— and WOODWELL, G. M.: Structure, production and diversity of the oak-pine forest at Brookhaven, New York. – J. Ecol. **57**: 155–174. 1969.

G. LAVRENTIADES:

Although it is probably true that such a method as these suggested by Professor WHITTAKER based especially on the ecological groups and to some extent on the plant communities of the BRAUN-BLANQUET system, is very important for the solution of many problems, however many questions are to be answered yet. I should like as an example to put the following three questions:

1. Is there any dependence of the ecological types on the size of the samples taken?

2. Do the ecological types depend on the homogeneity of the relevés? If so, I think, that in these cases, this method should be applied only on that places where the vegetation is homogenous.

3. Are they dependent on the number of samples taken?

R. WHITTAKER:
Dr. LAVRENTIADES has raised some quite fundamental questions about the dependence on sample procedure, of the apparent continuity or discontinuity of vegetation and the kinds of community-types we recognize. The Wisconsin school and myself have been interested in testing the continuity of the vegetation with which we deal, and the validity of the test can in fact be dependent on the sample procedure and analysis. To answer the second question first – both the Wisconsin school and myself try to exclude heterogeneous samples from the analysis. If numbers of heterogeneous samples were included in transect tables, those samples could of course blur the natural boundaries between associations, if such natural boundaries were present. As regards sample size – it is necessary that the samples be large enough to represent the vegetation effectively and not to affect the test of continuity by the error inherent in small samples. I use intensively studied tenth-hectare plots, the Wisconsin school uses much larger forest areas, measured by different techniques. I think, finally, that the results are not a product of the number of samples taken. I have used both field transects, with a small number of samples taken in sequence along a particular environmental gradient, and composite transects, with many samples grouped and averaged by steps along the gradient. The results, as regards vegetational continuity and the relations of community-types to one another, are the same.

S. SEGAL:
The ecological characteristics of vegetation types in most ecological studies are thought to be static. But life in reality is dynamic. Ecological features are fluctuating in time, and the dimension of time is often neglected. In stable communities this dimension is of less importance than in unstable conditions and more rapidly changing vegetation (including succession types). In what way have these fluctuations to be involved in the techniques? It might be possible that the minimum and/or maximum rates of certain ecological characters are, in some cases, of more importance than the mean values or values measured on one occasion. In that case they determine the „ecological niche".

R. WHITTAKER:
I quite agree with the importance of considering vegetational change. Most of my work is with mountain vegetation that is considered relatively stable, climax. Successional communities are sampled; but the samples are not used in the transects, in order to exclude vegetational change as an additional complication from the test of continuity. I think it would be most interesting to apply these same procedures to successional vegetation. I think the manner in which populations rise and fall along successional gradients may be much the same as that along environmental gradients, and that successions too may be community continua.

J. J. BARKMAN:
I was greatly impressed by the clear and objective way in which you

exposed the fundamentals of gradient analysis and compared ordination with classification of vegetation. When showing a diagram, based on the gradients of two environmental factors, however, you remarked that the clustering of the samples might disappear and become continuous when a third factor would be introduced. With the same right we might say, that in other cases continua might thus become discontinuous!

Further I do not agree with the theoretical argumentation *a posteriori* of the continuum concept, particularly the thought that, owing to competition, all species occupy different niches. Competition is not so universal a phenomenon as is often thought. In the vegetation cooperation and mutualism are perhaps equally important. Moreover recent studies in population dynamics have shown that periodical catastrophes brought about by external factors (fire, dry summers, flooding, severe frosts etc.) tend to reduce populations of species before they have time to crowd out weaker competitors of the same niche completely.

R. WHITTAKER:
I havn't said that discontinuity was not present in vegetation and an important consideration in field work, especially where vegetation has been much modified by man. But the continuity is also present, is profoundly significant from a theoretical point of view, and makes possible gradient analysis as a productive research alternative, or complement, to classification. Likewise one should not argue that competition is the only force guiding the manner in which species relate to one another in terms of niches and along environmental gradients. I do feel, though, that competition is a most important evolutionary force in producing the kinds of community structure we observe.

R. TÜXEN:
I beg your pardon that I speak German, but it is not more difficult for you to understand me, than for us to understand you.

Die Erwartungen, die wir an den Vortrag von Prof. WHITTAKER gestellt haben, die großen Erwartungen, sind nicht nur erfüllt, sondern bei weitem noch übertroffen worden! Ich glaube, wir haben etwas außerordentliches eben erlebt, als wir diesen Vortrag gehört haben. Es war seit langem unser Bestreben in Europa die Differenzen zwischen der sogenannten „nordischen" Schule und der mitteleuropäischen zu verstehen und auszugleichen. Dieses Bestreben ist seit längerer Zeit gelungen, und die Differenzen sind nicht mehr vorhanden. Wir haben aber immer wieder beträchtliche Unterschiede in den Auffassungen der Amerikaner und der Europäer gefunden. (Wir kennen leider zu wenig die russischen Auffassungen). Ich habe jetzt den Eindruck gewonnen, daß es nicht so leicht sein wird für uns, die Unterschiede in der Betrachtungsweise eines WHITTAKER und eines normalen Europäers zu überwinden, und zwar aus diesem Grunde: Wir durchschnittlichen Pflanzensoziologen – ecologists of Europe – sind Praktiker, wir sind Feld-Botaniker. Wir haben heute den Theoretiker, den vielleicht besten Theoretiker unserer Wissenschaft gehört. Und diese Unterschiede zu begreifen und zu überwinden, diese Forderung ist für den Praktiker außerordentlich schwer.

We understood very well your clear English, (American English), but it is very, very difficult for us, fieldmen, to follow you in your theoretical ideas. Ich kann nur sagen, ich bewundere Herrn WHITTAKER und danke herzlich, daß er gekommen ist um uns seine Ideen hier so klar vorzutragen. Thank you very much! (Beifall).

RAUM-ZEITLICHE BEZIEHUNGEN IN DER VEGETATION

von

CHR. G. VAN LEEUWEN
Reichsinstitut für Grundlagenforschung des Naturschutzes, Zeist, Niederlande

Mededeling no. 8 Rijksinstituut voor Natuurbeheer

Jeder Pflanzenökologe ist vertraut mit der Tatsache, daß eine bestimmte Pflanzenart nicht überall gedeihen kann. Es scheint ihm ebenso wenig bemerkenswert, daß die Umweltverhältnisse nicht überall gleichartig sind. Dennoch stellt dieses „negative" Merkmal der räumlichen Differenz, Auswahl oder Beschränkung eine der beiden Grundsäulen dar, auf welche die Ökologie und die Vegetationskunde sich stützen. Die Pflanzen können ja nur kraft räumlicher Beschränkungen geographischer und ökologischer Art das Gefüge ihrer Areale und anderer Verbreitungsstrukturen aufbauen.

Vielleicht kaum weniger trivial wird dem Ökologen die Feststellung erscheinen, daß, obwohl eben heutzutage Änderung und Veränderlichkeit gar keine seltene Naturerscheinungen darstellen, das Verhalten der Pflanzen und ihrer Kombinationen sich nicht ändert, wenigstens während der Zeit seiner Beobachtungen. Trotzdem bildet dieses „positive" Element der zeitbedingten „Unveränderlichkeit" oder Stabilität den zweiten Stützpunkt unserer Wissenschaft.

Die Alltäglichkeit dieser zum Teil räumlichen, teils zeitbedingten Grundlagen wird wohl als die Hauptursache der Erscheinung zu betrachten sein, daß man sich in der Pflanzenökologie bisher meistens nur unvollständig und andeutungsweise mit ihnen beschäftigt hat. Daneben werden diese Grundlagen öfters in unsere vegetationskundlichen Aufgaben eingeflochten, ohne daß ihr Grundwert uns bewußt wird. So verwendet man zum Beispiel den räumlichen Begriff „Struktur" gewöhnlich in einem mehr allgemeinen, nur wenig bestimmten Sinne. Ähnliches gilt für den auf die Zeit bezogenen Begriff „Stabilität". Auch die zeitgebundenen Strukturen brauchen wohl eine schärfere Definition.

Die Fragestellung in der Ökologie hat sich im Laufe der Zeit mehr oder weniger parallel mit derjenigen der Landwirtschaftskunde entwickelt. Diese gemeinschaftliche Entfaltung hat immer in enger Beziehung mit den zwei Grundbegriffen „Materie und Kraft" gestanden, Begriffe welche besonders während des vorigen Jahrhunderts das wissenschaftliche Interesse erregten. Die hauptsächlich kausal-analytische Methodik der mit diesem Begriffspaar arbeitenden Philosophie hat sich vor allem als fruchtbar herausgestellt in der Erforschung verhältnismäßig einfacher Systeme physikalischer oder chemischer Beschaffenheit.

Zu dieser Kategorie gehören zum Beispiel die schon seit langem vorgenommenen Untersuchungen über die Beziehung zwischen dem Pflanzenwuchs und der chemischen Zusammensetzung des Bodens. In einer neu-modischen Form finden wir die zwei Begriffe „Stoff und Kraft" in den heutzutage von vielen Ökologen angestellten Forschungen über „Biomass and Energyflow" wieder.

Allerdings hat man, neben diesem auf „Materie und Kraft" gerichteten Interesse, auch schon seit dem Anfang der Wissenschaft denjenigen Problemkreis erörtert, der mit den Begriffen „Gefüge und Vorgang" oder, wie es in der englischen Sprache heißt: „Pattern and Process" zusammengefaßt werden kann. Zwar hat man auch in früheren Zeiten manchmal auf die Wichtigkeit dieser beiden Begriffe hingewiesen, aber bis vor kurzem haben Stoff und Kraft doch immer ihre zentrale Stellung behalten. Erst seit ungefähr zwanzig Jahren haben Struktur und Prozeß eine stärker hervorragende Stellung bekommen, besonders infolge der Entwicklung der modernen Kybernetik, sei es bisher auch hauptsächlich in den angelsächsischen Ländern.

In dieser Wissenschaft ist man völlig beschäftigt mit der Analyse und Synthese der mit diesen beiden Begriffen verbundenen raum-zeitlichen Beziehungen. Dazu werden einerseits mehr oder weniger determinierte Elemente im Verhalten von Organismen und Maschinen erforscht, während man anderseits Untersuchungen vornimmt über die Frage, wie man solchen Strukturen ein determiniertes oder Stabilität hervorrufendes Verhalten auftragen kann. Die Verhaltenslehre bringt also die Grundlagenforschung in der Kybernetik mit sich, wobei die vielseitige Steuer- oder Regelkunde die angewandte Kybernetik darstellt.

Die Kybernetik kann, nicht nur mit der Technik, sondern auch mit einer ganzen Reihe von Wissenschaften in Verbindung gebracht werden, vor allem mit der Biologie und mit den Humaniora. Daraus geht hervor, daß eben innerhalb unseres Alltagslebens viele Vorgänge stattfinden, die im Rahmen der Kybernetik erforscht werden können. Alle Regulierung, Verwaltung, Korrektion und ähnliche Vorgänge gehören in den Kreis der Steuerkunde. Wir sind in diesem Sinne schon aktiv, wenn wir eben nur mit unserem Augenlid blinzeln; und wenn die deutschen Zuhörer meine mangelhafte Verwendung ihrer Sprache in Gedanken verbessern, dann sind die ebenfalls steuerkundlich beschäftigt. Es ist auch in diesem Falle die Alltäglichkeit, die uns durchaus verhindert Verrichtungen dieser Art als wertvolle Gegenstände einer wissenschaftlicher Forschung zu bewerten.

Innerhalb der Kombination „Pattern and Process" werden wir „Pattern" als die räumliche und „Process" als die zeitbedingte Komponente betrachten. Die Analyse der Beziehung zwischen diesen beiden Komponenten bildet meiner Ansicht nach die wichtigste Aufgabe der Kybernetik.

Man hat schon mehrere Theorien über diese Beziehung entworfen, unter denen meines Erachtens vor allem die sogenannte „Allgemeine Systemtheorie" für die Ökologie eine große Bedeutung hat. In dieser von dem englischen Physiologen W. Ross Ashby und dem österreichischen Biologen L. von Bertalanffy entwickelten Theorie wird der Begriff

„Differenz" oder „Unterschied" (Variation, Variety) als der fundamentale Ausgangspunkt aufgefaßt, als eben der Begriff, den wir schon am Anfang unserer Erörterung als wesentlich für die Ökologie betont haben.

Ross Ashby hat nachgewiesen, daß „Ungleichheit" im räumlichen Sinne der Struktur und „Veränderung" im zeitbedingten Sinne eines Vorganges selbständige Einheiten darstellen. Sie sind nicht ohne weiteres mit den von „Materie" und „Kraft" bedingten Erscheinungen abhängig. Genau wie letztere können auch jene in abstrakter Betrachtungsweise geprüft und gefaßt werden.

Der elementare und grundlegende Charakter der Differenz zeigt sich auch darin, daß der räumliche Begriff der „Gleichheit" als ein Grenzwert betrachtet werden kann, in welchem die Differenz bis o abfällt. In derselben Weise kann Stabilität aus Veränderung abgeleitet werden.

Wir haben in einer demnächst erscheinenden Veröffentlichung auf Grund unserer Erfahrungen an Dauerquadraten eine kurze Ergänzung zu der Allgemeinen Systemtheorie gegeben. Diese Ergänzung beschäftigt sich vor allem mit der sehr engen wechselseitigen Beziehung zwischen den Begriffen „Differenz", „Trennung" und „Abgeschlossenheit" einerseits und „Gleichheit", „Verbindung" und „Offenheit" anderseits. Diese sehr enge Beziehung bedeutet, daß Trennung und Absperrung zu Differenz führen wird, während umgekehrt Differenz Trennung und Absperrung induziert. Verbindung und Eröffnung werden dagegen die Gleichheit fördern, gerade so wie Gleichheit die Verbindung verstärkt.

Räumliche Strukturen und Gefüge zeigen nach dieser Theorie sowohl Aspekte der Ungleichheit oder der Isolation als solche der Gleichheit oder der Kommunikation. Das Verhältnis zwischen diesen zwei Elementen der Isolation und der Kommunikation bestimmt den Reichtum der Struktur. Dieser Reichtum wird umso größer sein, je mehr die Aspekte der Isolation, also diejenigen der Differenz, vorherrschen.

In ähnlicher Weise können auch innerhalb zeitbedingter Prozesse zwei Hauptelemente unterschieden werden. Erstens gibt er das Element der Veränderung und der zeitbedingten Diskontinuität, zweitens das Element der Stabilität, oder, wie man auch sagen kann, das Element der stetigen und ununterbrochenen Verbindung mit der Vergangenheit einerseits und mit der Zukunft anderseits.

Wir haben schon darauf hingewiesen, daß die Beziehung zwischen Struktur und Prozeß durchaus als die wichtigste zu betrachten ist. In dieser Hinsicht konnten wir nun rein theoretisch ableiten, daß ein hoher Grad räumlicher Differenz oder Isolation, also ein großer Reichtum an Struktur, immer zusammen geht mit einem niedrigen Grad zeitbedingter Differenz, oder, was genau dasselbe darstellt, mit einem hohen Grad der Stabilität.

Diese grundlegende raum-zeitliche Beziehung zeigt sich in einfacher Weise in dem Zusammenhang zwischen artenreichen Pflanzengesellschaften und stabilen Umweltverhältnissen. Ein niedriger Grad räumlicher Differenz ist dagegen mit einem hohen Grad der Veränderung verbunden: Artenarme Vegetationen wachsen also in Gebieten wo die Umwelt starke Veränderungen zeigt.

Der nächste Schritt bringt uns zu die Wirkungen der Konzentration und deren Pendant, der Dispersion. Diese beiden, einander entgegengesetzten Prozesse spielen eine ganz bedeutende Rolle in unserer Fragestellung, genau so wie in vielen anderen Zweigen der Wissenschaft.

Falls Konzentration oder Anhäufung sich in einem System manifestiert, so wird, in bezug auf die innere Lage, das Element der räumlichen Verbindung und Gleichheit, neben dem zeitbedingten Element der Veränderung zunehmen. Bezüglich der äußeren Lage ist dagegen eine stärkere Differenz zu beobachten, gleich wie ein höherer Grad der Stabilität.

Betrachten wir nun die Wirkung der Dispersion, dann zeigt sich das umgekehrte Verhalten. In diesem Fall vergrößern sich die innere räumliche Differenz und Stabilität, während die externen Beziehungen mehr Verbindung und deswegen eine verringerte Stabilität hervorrufen. Diese Behauptung kann auch im thermodynamischen Sinne formuliert werden. Dann lautet sie: In extern abgeschlossenen Systemen nimmt die innere Entropie zu, in extern offenen Systemen wird die innere Entropie dagegen herabgesetzt werden.

Diese, mit Anhäufungs- und Streuungsvorgängen verbundenen raumzeitlichen Beziehungen können nun sehr gut im Rahmen der Ökologie und der Vegetationskunde aufgezeigt werden, am deutlichsten, wenn wir Struktur und Dynamik der Vegetation in ökologischen Grenzbereichen betrachten.

In der Landschaft gibt es ja viele Gebiete, wo stark unterschiedliche Umweltverhältnisse sich einander begegnen. Ich erwähne hier solche Kontraste wie naß – trocken, salzig – süß, nährstoffarm – nährstoffreich, azidoklin – basiklin, beweidet – unbeweidet, beschattet – unbeschattet, usw. Diese Kontraste können einander noch verstärken, wenn zwei oder mehrere derselben zusammentreffen.

An Stellen, wo solche Kontraste sich zeigen, können wir zwei Haupttypen ökologischer Grenzbereiche unterscheiden:

1. Der allmähliche Übergang (Gradient, ecocline), wobei im Grenzgebiet ein hoher Grad räumlicher Differenz vorhanden ist, verbunden mit einem niedrigen Grad zeitbedingter Variation. Die Struktur ist gekennzeichnet durch externe Kontinuität (unscharfe Grenze), und zugleich durch innere Diskontinuität (Reichtum an Mikrogrenzen, feinkörnige Textur).

In diesem Bereich der Dispersions-Grenzen, der von Prof. V. WESTHOFF Limes divergens genannt wurde, wachsen Pflanzengesellschaften, die relativ artenreich und daneben verhältnismäßig individuenarm sind. Ein extrem artenreiches Beispiel bildet der Saum – Mantel – Komplex der Trifolio – Geranietea und der Prunetalia spinosae. Viele Pflanzenarten, unter ihnen fast alle *Orchidaceae*, sind wohl kennzeichnend für den Dispersions-Grenzbereich.

2. Der sprungartige Übergang (ecotone), wobei im Grenzgebiet ein niedriger Grad räumlicher Variation vorhanden ist, verbunden mit einem hohen Grad zeitbedingter Differenz, also mit Änderung. In diesem Fall charakterisiert sich die Struktur durch starke externe Diskontinuität (scharfe Grenze), und daneben durch sterke interne Kontinuität (Armut an Mikrogrenzen, grobkörnige Textur).

In diesem Limes convergens (Konzentrations-Grenzbereich) leben Pflanzengesellschaften, die verhältnismäßig artenarm und zugleich individuenreich sind. Hier zeigt sich der Zusammenhang zwischen Massenproduktion und Veränderlichkeit. Auch in dem Limes convergens gibt es kennzeichnende Arten und Artengefüge, z.B. im Agropyro – Rumicion crispi – Verband.

Ein sehr wichtiges Merkmal der Umweltverhältnisse in Konzentrations-Grenzbereichen ist die Verdichtung des Bodens, die unter dem Einfluß der Veränderungsprozesse entsteht. Diese Bodenverdichtung ist an sich eine konvergente Lage, indem sich hier eine scharfe Grenze zwischen der Atmosphäre und der Lithosphäre kombiniert mit einem hohen Grad innerer Homogenität. Die konvergente Struktur des Bodens wird – umgekehrt – die Stabilität der lokalen Umweltverhältnisse herabsetzen, z.B. in bezug auf den Wasserhaushalt. Solche konvergenten Böden zeigen eine ähnliche Wirkung wie ein aus Plastik hergestellter Regenmantel. Divergente Böden verhalten zich dagegen wie stabilisierende Wollstoffe.

Es wird wohl klar sein, daß die heutige, vom technischen Menschen geordnete Kulturlandschaft alle Merkmale des Limes convergens zeigt, und daß in dieser Hinsicht ziemlich leicht Beziehungen zwischen bestimmten natürlichen und anthropogenen Vegetationen aufgezeigt werden können, wie schon vor einigen Jahren von Herrn Prof. V. WESTHOFF und mir in Stolzenau erörtet worden ist.

Viele hochkomplizierte Probleme der Vegetationskunde können mit Hilfe dieser systemtheoretischen Methodik wahrscheinlich klarer gefaßt werden, wie z.B. die Sukzessionsvorgänge. Die relative Steigerung der Stabilität in den Umweltverhältnissen führt dabei nicht nur zu einer Steigerung des Artenreichtums, sondern auch die Pflanzenarten an sich steuern zur Stabilität bei, indem sie wie Regulatoren in bezug auf die Änderungen ihrer Umgebung funktionieren. Unter Berücksichtigung dieser Regulationsfähigkeit haben wir die Hypothese aufgestellt, daß für jede Pflanzenart ein ihr passendes Ausmaß der Veränderlichkeit der Umwelt nachgewiesen werden kann. Diese „erforderliche Veränderlichkeit" oder „dynamische Epharmonie", relativ groß im Bereich des Limes convergens und relativ klein in dem des Limes divergens, möchte der entscheidende Faktor der Umweltverhältnisse sein.

Bisher haben diese neueren Einsichten in die raum-zeitlichen Beziehungen in der Vegetation schon viele gute Dienste geleistet bei unserer Arbeit für die Auswahl und die Pflege der Naturschutzgebiete in den Niederlanden. Es ist auch ganz deutlich, warum wir die Richtung der Kybernetik eingeschlagen haben. Unsere Arbeit im Naturschutz ist doch fast nur der Konservierung gewidmet. Dabei ist es unser Auftrag, diejenige Differenz, die bisher der heutigen Nivellierung noch nicht zum Opfer gefallen ist, zu schützen, und zwar mittels Isolation und mittels Erhaltung der Stabilität. Nur insoweit wir diese Erhaltung erreichen, wird es in der Zukunft möglich bleiben auch auf längere Frist die Geländeökologie als botanische Wissenschaft auszuüben.

SUMMARY

Just as in many other branches of science two main types of ecological interest can be discerned. Firstly the older study of „Matter and Energy" (in ecology: biomass and energy flow) and secondly the study of „Pattern and Process", which is much younger.

Modern cybernetics is stressed here as to be very important with regard to the second type of ecology and its application to the control of nature reserves. This importance is based upon the many possibilities of cybernetics used in a fundamental way (study of behaviour in organisms and machines) as well as in an applied form (regulation and control). In this respect the General System Theory, designed by L. von BERTALANFFY and W. ROSS ASHBY, is seen as the provisionally most valuable part of cybernetics.

With special regard to ecology the author has developed a supplement to ASHBY's theory in which his basic concept of „difference" in both spatial and temporal meaning has been further worked out and brought into reference with the elements of „isolation" and „communication" which are playing a dominant part in every system dealing with „Pattern and Process".

The relation between „pattern" and „process" could be derived in this way that a high degree of spatial difference is joined to a low degree of temporal variety (more stability) while, conversely, a low degree of spatial difference goes together with a high amount of temporal variety (more instability).

This relation is demonstrated here through the ecological situation in border areas which are divided into those showing effects of concentration (Limes convergens) and those based on dispersion (Limes divergens).

MOSAIKKOMPLEXE UND FRAGMENTKOMPLEXE

von

THEO MÜLLER, Ludwigsburg

Aus der Landesstelle für Naturschutz und Landschaftspflege Baden-Württemberg

Pflanzengesellschaften kommen in der Natur immer nebeneinander vor. Dabei treten unter entsprechenden Umweltsverhältnissen regelmäßig immer wieder bestimmte Pflanzengesellschaften zu einer Gruppe zusammen. Eine solche Gruppe von selbständigen, von einander unabhängigen, ungleichwertigen, d.h. in ihrer Soziologie, Struktur und Ökologie unterschiedlichen, nebeneinander vorkommenden Pflanzengesellschaften oder Assoziationen wird als Vegetationskomplex bezeichnet. Vegetationskomplexe sind Ordnungsprinzipien höheren Ranges ohne allgemein gültig definierte inhaltliche Begrenzung, die aber mit den Ordnungskategorien der pflanzensoziologischen Systematik nichts zu tun haben. Sie sind in vielen Fällen identisch mit Formationen wie Flachmoor, Hochmoor, Steppenheide usw.

Je nach Anordnung der einzelnen Vegetationseinheiten kann man folgende Vegetationskomplexe unterscheiden:

1. Den Gürtel- oder Zonationskomplex bei meist in einer Richtung sich fortlaufend änderndem wichtigen ökologischen Faktor, z.B. Wasserstand bei Verlandungsgesellschaften.
2. Den Überlagerungs- oder Durchdringungskomplex, z.B. Lemnetea – Gesellschaften in Röhrichten.
3. Den Mosaikkomplex beim unregelmäßigen Wechsel von Standorten auf kleinem Raum, z.B. Hochmoor, Steppenheide.

Durch die verfeinerte Analyse der Vegetationskomplexe konnten erst in jüngerer Zeit manche Vegetationseinheiten klar erkannt und herausgearbeitet und deren Beziehungen untereinander geklärt werden.

Ich möchte hier nur auf den Mosaikkomplex näher eingehen. Man kann hier bei den alten Formationsbegriffen wie Steppenheide, Hochmoor usw. verbleiben und sich auf den Standpunkt stellen, daß die Mosaiksteine des Mosaikkomplexes „keinesfalls als selbständige Assoziationen gelten können, da sie, obwohl physiognomisch an manchen Stellen gut trennbar, miteinander ökologisch, genetisch, zönologisch, physiognomisch und auch dynamisch derart verflochten sind, daß ihre Trennung vom zönologischen Gesichtspunkt jedenfalls unmotiviert erscheint und zu einer übertriebenen Zerstückelung führen würde", wie es JAKUCZ (1961) formulierte. Damit verbauen wir uns aber jeden Zugang zu neuen Erkenntnissen und Einsichten in soziologische und ökologische Zusammenhänge. Wir müssen hier klar und sauber analysieren, auch wenn es noch so viele fast nicht zu entwirrende Durchdringungen und Übergänge gibt, auch wenn uns der Komplex noch so vertraut und liebgeworden ist wie die Steppenheide.

Wir haben immer dann im Mosaikkomplex verschiedene selbständige pflanzensoziologische Grundeinheiten, d.h. Assoziationen vor uns, wenn diese voneinander unabhängig und ungleichwertig sind, d.h., wenn sie

1. in ihrer Soziologie (vollständige Charakterartenkombination, übrige Artenzusammensetzung)
2. in ihrer Struktur (Schichtung, Lebens- und Wuchsformzusammensetzung, Vitalität)
3. in ihrer Ökologie

verschieden sind. Wichtig ist vor allem, daß die Einzelsteine des Mosaiks vollständig ausgebildet sind, also die einzelnen Assoziationen des Mosaikkomplexes ihre volle Charakterartenkombination (= Garnitur der Charakterarten der Assoziation und des Verbandes, soweit vorhanden auch der Assoziationsgruppe und des Unterverbandes) aufweisen. Es gibt nämlich zahlreiche Fälle, in denen diese Voraussetzung nicht erfüllt ist, wie im Folgenden dargelegt werden soll.

Nehmen wir einmal einen Mosaikkomplex an, der sehr einfach aufgebaut ist, nämlich aus zwei Assoziationen A und B mit jeweils vollständiger Charakterartenkombination. Lassen wir nun in Gedanken das Areal der Assoziation A wachsen, das der Assoziation B schrumpfen, so kommen wir irgendwann an den Punkt, wo das Minimumareal der Assoziation B unterschritten wird. Ab diesem Punkt besitzt normalerweise die Assoziation B keine volle Charakterartenkombination mehr, sondern es bleiben von ihr nur noch einzelne Arten übrig. Es ist unsinnig hier noch von einem Mosaikkomplex zweier Assoziationen zu reden, da von der einen Assoziation nur noch ein Fragment vorhanden ist. Ich möchte deshalb solche Komplexe, die in der Natur ziemlich häufig, u.U. sogar häufiger als echte Mosaikkomplexe vorkommen, als Fragmentkomplexe bezeichnen.

Ökologisch können wir solche Fragmentkomplexe so auffassen, daß die mehr oder weniger große Siedlungsfläche einer Assoziation kein ökologisches Kontinuum darstellt, sondern immer gewisse Störungen im Sinne WESTHOFFS aufweist, d.h. ökologische Nischen, die von Arten einer anderen Assoziation besetzt werden können.

Solche Fragmentkomplexe sind z.B. verschiedene Bromion- und Festucion vallesiacae – Gesellschaften. Diese Trockenrasen sind nie dicht geschlossen, sondern weisen durch den Störungsfaktor Trockenheit immer kleinere oder größere Lücken auf, in denen sich Fragmente von Sedo-Scleranthetea – Gesellschaften, im wesentlichen *Sedum*-Arten und bestimmte Therophyten ansiedeln können, ohne daß es zu einer vollen Charakterartenkombination irgendwelcher Sedo – Scleranthetea – Gesellschaften kommt. Ähnliche Verhältnisse haben wir beim Arrhenatheretum medioeuropaeum der süddeutschen warmen Tieflagen, in dessen ökologischen Nischen sich Dauco – Melilotion – Arten aus der Ordnung Onopordetalia wie *Daucus carota, Pastinaca sativa, Picris hieracioides* und *Crepis capillaris* ansiedeln können, die hier aber weder eine volle Charakterartenkombination aufbauen können noch die Vitalität erreichen wie in Dauco–

Melilotion-Gesellschaften. Zahlreiche weitere Beispiele könnten hier angeführt werden, doch ist dafür die Zeit zu knapp.

So verständlich es ist, daß sich in ökologischen Nischen einer Assoziation Fragmente einer anderen einstellen, so ist die soziologische Behandlung solcher Fragmentkomplexe oftmals schwierig. Vor allem deshalb, weil wir in vielen Fällen die zu den Fragmenten gehörenden „Vollassoziationen" nocht nicht kennen. Hat es sehr lange gedauert, bis man manche Mosaikkomplexe, wie z.B. die Steppenheide, klar fassen konnte, so sind wir jetzt erst daran, auch solche Assoziationen herauszuarbeiten, deren Fragmente in anderen Assoziationen stecken. Ich darf hier nur an das Dauco-Picrietum Görs 1966 erinnern, dessen Fragmente u.a. im Arrhenatheretum medioeuropaeum stekken oder an die ruderalen Halbtrockenrasen der Klasse Agropyretea repentis, die in den verschiedensten Assoziationen als Fragmente enthalten sind und deshalb bis jetzt kaum als eigene Vegetationseinheiten erkannt worden sind.

Im Gegensatz zu den Mosaikkomplexen, deren Einzelbestandteile voll ausgebildete Assoziationen mit eigener Charakterartenkombination, Struktur und Ökologie sind, können wir meines Erachtens die Fragmentkomplexe systematisch nicht aufgliedern, da die Fragmente eben keine volle Charakterartenkombination aufweisen. Wir können nur feststellen, daß es für einzelne Assoziationen bezeichnend ist, daß sie ökologische Nischen aufweisen, die von Fragmenten bestimmter anderer Gesellschaften besiedelt werden. Die Arten der Fragmente können damit als Differentialarten einzelner Assoziationen oder anderer Vegetationseinheiten angesehen werden, da sie hier jeweils nicht Charakterarten sind, sondern nur in Beziehung zu systematisch benachbarten Vegetationseinheiten bezeichnend sind. Da wir heute aber bei manchen Vegetationseinheiten Differentialarten kennen, müssen wir auch den umgekehrten Weg gehen und prüfen, woher diese kommen und ob diese nicht Fragmente anderer Vegetationseinheiten darstellen, die wir bis jetzt als solche noch gar nicht erkannt haben.

ZUSAMMENFASSUNG

Ein Mosaik-Komplex ist ein Vegetationskomplex von selbständigen, pflanzensoziologischen Grundeinheiten (Assoziationen) die auf verhältnismäßig kleinem Raume wechseln und die voneinander unabhängig und ungleichwertig, d.h. die in ihrer Soziologie, Struktur und Ökologie verschieden sind; die Assoziationen müssen vollständig ausgebildet und eine volle Charakterartenkombination (= Garnitur der Charakterarten der Assoziation und des Verbandes, soweit vorhanden auch der Assoziationsgruppe und des Unterverbandes) aufweisen. Mosaikkomplexe sind oft identisch mit Formationen wie Flachmoor, Hochmoor, Steppenheide usw. Sie müssen klar analysiert und ihre Grundelemente, die Assoziationen herausgearbeitet werden.

Ein Fragment-Komplex dagegen besteht nicht aus mehreren, im einfachsten Falle aus zwei nebeneinander vorkommenden selbständigen

Assoziationen, sondern nur aus einer selbständigen Assoziation in der Fragmente anderer Assoziationen enthalten sind, die keine volle Charakterartenkombination ausbilden können, da ihre Minimumareale unterschritten sind. Ökologisch können solche Fragmentkomplexe so aufgefaßt werden, daß die mehr oder weniger große Siedlungsfläche einer Assoziation kein ökologisches Kontinuum darstellt, sondern immer gewisse Störungen aufweist, d.h. ökologische Nischen, die von Arten einer anderen Assoziation besetzt werden können. Soziologisch-systematisch können Fragmentkomplexe nicht weiter aufgegliedert werden, da die Fragmente keine volle Charakterartenkombination aufweisen. Die Arten der Fragmente können deshalb nur Differentialarten einzelner Assoziationen oder anderer Vegetationseinheiten sein. Da bei manchen Vegetationseinheiten Differentialarten bekannt sind, muß geprüft werden, woher diese kommen, und ob es sich dabei nicht um Fragmente bisher noch nicht erkannter Vegetationseinheiten handelt.

SUMMARY

A mosaic-complex is a vegetation-complex occupying a comparatively small area and composed of changing, independent, phytosociological units (Associations), which are unconnected and disimilar from each other, that is to say, that they differ in their sociology, structure and ecology. These associations must be fully developed and display a complete character-species combination, that is, the set of character-species of the Association and Alliance and, as far as they are present, of the Association Group and the Sub-Alliance. Mosaic complexes are often identical with Formations such as low bog, high bog, heath etc. They must be clearly analysed and their basic elements, the Associations, sorted out.

A fragment-complex on the other hand consists of an independent Association in which fragments of other associations are included but which cannot build a complete character-species combination since their minimum areas are not attained. These fragment-complexes can be interpreted ecologically since the more or less larger occupation site of an Association does not display a continuum but rather always definite disturbances, that is ecological niches which can be occupied by species of other Associations. The fragment-complexes cannot be further arranged sociologically or systematically since the fragments display an incomplete character-species combination. The species of the fragments can therefore only be differential-species of individual Associations or other vegetation units.

With many vegetation units where the differential-species are known their origin must be examined and a check made to see if one is dealing with fragments of as yet unknown vegetation.

R. Tüxen:

Ich begrüße den Vortrag unseres Freundes Theo Müller aus zwei Gründen:

1. Weil er eine Rückkehr zum irdischen Dasein bedeutet. Wir stehen wieder mit den Beinen auf dem Boden nach den theoretischen Fragen von gestern.
2. Weil er genau in die Richtung trifft, in der unsere analytischen Arbeiten in den nächsten Jahren äußerst fruchtbar werden dürften.

Er hat von Fragment-Gesellschaften gesprochen, die bisher nicht erkannt wurden, wie die von *Daucus carota* und *Picris*, deren Namen ich eben zum ersten Mal gehört habe, sogar von einem Verband, und es ist ohne weiteres einzusehen, daß hier etwas Neues greifbar wird, sobald wir mehr davon wissen. Ich möchte ein Beispiel dazu geben, das ich hier oben im Wesergebirge seit Jahren verfolge. OBERDORFER sagt, *Agropyron caninum* sei eine Kennart des Alno-Padion, eine Auwaldpflanze. Und das habe ich lange auch geglaubt. Ich habe aber im Harz, auf dem Burgberg bei Harzburg, die größten Bestände von *Agropyron caninum* gesehen, die ich überhaupt kenne, auf dem Burgberg fast 500 m über dem Meer, nur auf den Ruinen eines alten Schloßes.

Und wenn man hier in Rinteln *Agropyron caninum* sucht, dann wird man diese Pflanze nicht im Auwald, sondern man wird sie auf den Klippen im Wesergebirge finden. *Agropyron caninum* bildet dort eine Saum-Gesellschaft und ist eine Kennart derselben. Diese Fragmentgesellschaft – um mit THEO MÜLLER zu reden – enthält außerdem *Inula squarrosa, Campanula rapunculoides, Geranium robertianum, Geum urbanum, Epilobium montanum* und noch einige Arten. Auch *Dactylis aschersoniana* geht hinein. Sie ist ganz klar auf die kleinen Kalkfelsen beschränkt, oft nur ½ oder 1 qm breit, und dort ist ein typischer Standort von *Agropyron caninum*, ein nährstoffreiches, kalkreiches, wenn auch flachgründiges Substrat. Darum steht dieses Gras auf den Mauern alter Burgruinen, wo Kalk vorhanden ist. Andererseits finden wir *Agropyron caninum* auch bei uns im Bereich des Auwaldes, des Fraxino-Ulmetum. Allerdings nicht eigentlich im Wald, sondern in einer Saumgesellschaft vor dem Prunetalia-Mantel in Gesellschaft von *Urtica dioica, Aegopodium podagraria* und ähnlichen Arten. Diese *Agropyron caninum*-Gesellschaften aus der Gruppe der nitrophilen Saumgesellschaften haben viele gemeinsame Züge, sowohl soziologisch als auch ökologisch. Ich glaube, daß die Ideen, die uns Herr MÜLLER eben gezeigt hat, für die Untersuchung dieser Gesellschaften und auch für ihre Systematisierung fruchtbar werden können, und ich freue mich sehr über diese Mitteilung, zu der ich herzlich gratulieren möchte.

R. NEUHÄUSL:
Die in Mitteleuropa bestehende klare Trennung zwischen Trockenrasen-, Saum- und Mantelgesellschaften in einer „Waldsteppe" kann man nicht für das kontinentale (pannonische) Gebiet bestätigen. In zonalen Quercetalia pubescentis-Gesellschaften kommen manche Steppenarten auch in mehr oder weniger geschlossenen Waldgesellschaften, die west-mittel-europäischen Saumarten fast ausschließlich im Schatten von Bäumen vor. Diese Komponenten stellen daher strukturelle Bestandteile der Wald-Phytocoenosen, nicht nur Gesellschaftsfragmente einer dem Walde fremden Formation dar.

Th. Müller:
Das ist genau das Problem, was ich in meinem Referat darlegen wollte. Das sind nicht Mosaik-Komplexe, sondern das ist ein Fragment-Komplex. Hier muß ich analysieren und die Assoziationen auseinanderhalten. Hier sind zwar im Wald Elemente des Mantels und des Saumes enthalten, aber man findet in der Regel nicht deren volle Charakterarten-Kombinationen. Infolgedessen bezeichne ich diese Erscheinung als Fragment-Komplex. Ich sagte ausdrücklich, hier kann ich in der Regel die Fragmente dieser anderen Gesellschaften nur als Differentialarten verwenden. D.h. also, hier können an lichteren Stellen *Geranium sanguineum* oder *Dictamnus* oder auch Berberidion-Arten genau unter den Bäumen vorkommen. Dieselbe Erscheinung haben wir auch bei den Bromion- und Festucion vallesiacae-Gesellschaften in denen Gras-Horste sind, die mehr oder weniger dicht schließen und dazwischen Lücken lassen, in denen Sedo-Scleranthetea-Arten siedeln können, ohne daß wir sagen können, hier sei irgend eine voll ausgebildete Sedo-Scleranthetea-Gesellschaft entwickelt. Wir können nur sagen, es ist bezeichnend für diese Trockenrasen-Gesellschaft, daß sie Lücken hat, in denen Sedo-Scleranthetea-Arten siedeln können, und dieses sind Differentialarten dieses Trockenrasens, sagen wir gegenüber Meso-brometen.

R. Tüxen:
Ich möchte zu den Ausführungen von Herrn Neuhäusl ein Wort hinzufügen. Ich weiß gut, daß die mediterranen Kollegen ebenso wie die Ungarn, unsere Auffassung von den Saumgesellschaften, der Klasse der Trifolio-Geranietea von Th. Müller, ablehnen. Es kommt hier aber doch wohl auf den Blickpunkt an. Mir hat W. Lohmeyer gesagt, daß in geschlossenen Eichen-Hochwäldern in Rußland keine Saumpflanzen wachsen. Wir hören eben von Herrn Neuhäusl – und vor zwei Jahren habe ich das mit ihm in Mähren gesehen – daß es dort nicht so sei. Und jetzt erhebt sich hier die Frage, wer hat hier das letzte Wort zu sprechen? Wir hier im atlantischen Bereich oder die Kollegen im kontinentalen Südosten oder Süden? Sind diese Pflanzen mit anderen Worten eigentliche Waldpflanzen, die in unserem lichtarmen Klima nur noch am Saum sich halten können, und dann hier allerdings klar definierte lokale oder regionale Assoziationen bilden, oder sind sie Saum-Pflanzen, die hier ihr Optimum haben, und die dann in günstigeren Gegenden sich überall breitmachen? Diese Fragen haben auch für die Systematik gewisse Bedeutung. Im einen Fall wären sie gute Kenn- und Differentialarten der Wälder, im anderen Falle wären sie eben nur Vertreter solcher Fragment-Komplexe, wie sie eben Herr Müller gekennzeichnet hat.

S. Hejný:
Die Frage der Bedeutung von Fragment-Komplexen ist nicht nur vom pflanzensoziologischen sondern auch vom biosoziologischen Standpunkt wichtig. Vor einigen Jahren verfolgten wir die Beziehungen zwischen einigen Viruskrankheiten an *Alliaria officinalis* in verschiedenen Pflan-

zengesellschaften. Es hat sich gezeigt, daß *Alliaria officinalis*, die im Querco-Carpinetum oder im Fraxino-Ulmetum wuchs, nur ausnahmsweise von Viruskrankheiten befallen war, im Chaerophyllo temuli-Alliarietum officinalis mäßig, aber in ruderalen Fragmenten außerhalb von Waldbeständen und Gebüschen sehr intensiv.

H. SUKOPP:
Das vorgetragene Konzept der Fragment-Komplexe hat eine sehr große heuristische Bedeutung, wie wir ja auch an den Beispielen gesehen haben. Ich möchte nur eine kleine Anmerkung machen zu den Begriffen. Hier in der Diskussion ist schon aus Fragment-Komplex Fragment-Gesellschaft geworden. Wir haben vor einigen Jahren von Rest- und Rumpfgesellschaften gehört. Und die Anmerkung wäre nur die, daß man möglichst solche Begriffe in dem Sinne benutzt, in dem sie ursprünglich gegeben sind, und es nicht zu einer Inflation kommen läßt, indem für dasselbe Phänomen, wenn es in verschiedenen Bereichen auftritt, jeweils ein neuer Begriff eingeführt wird. Sondern man sollte versuchen zu einer einheitlichen Terminologie für alle Vegetationstypen zu kommen und sie nicht auf einzelne Vegetationstypen beschränken.

R. NEUHÄUSL:
Ich möchte nicht sagen, daß wir in den kontinentalen Gebieten die Saum- und Mantelgesellschaften ablehnen. Nein, in keinem Fall. Aber die Arten, welche im Westen den Saum bilden, haben eine andere Funktion in den kontinentalen Gesellschaften und umgekehrt. Verschiedene andere Arten bilden den Saum. Es sind in den kontinentalen *Quercus pubescens*-Wäldern meistens die Gräser, nicht die Hochstauden, so z.B. *Festuca pseudo-dalmatica* oder andere *Festuca*-Arten, die in kontinentalen Gebieten eine analoge Gesellschaft wie diejenige der Stauden *Geranium* und *Dictamnus* bilden.

TH. MÜLLER:
Aus dieser Bemerkung von Dr. NEUHÄUSL geht besonders klar hervor, daß man ökologische und soziologische Artengruppen nicht von einem Klimagebiet in das andere übertragen kann.

EINIGE BESTANDES- UND TYPENMERKMALE IN DER STRUKTUR DER PFLANZENGESELLSCHAFTEN

von

REINHOLD TÜXEN, Todenmann
Arbeiten aus der Arbeitsstelle für Theoretische und Angewandte Pflanzensoziologie (51)

EINLEITUNG

Chemische Substanzen charakterisiert man durch Konstanten wie Schmelzpunkt, Siedepunkt, Farbe, spezifisches Gewicht, Kristallform, Geruch, Geschmack usw.

Auch Pflanzengesellschaften haben bestimmte Eigenschaften: solche, die wir analytisch aus den Einzelbeständen entnehmen, und dann mitteln, um typische (Mittel-) Werte zu haben, andere, die wir nur vom Typus ableiten, d.h. aus einer Tabelle gewinnen können; wir sprechen dann von synthetischen Merkmalen.

Die Voraussetzung für die genaue Bestimmung dieser Merkmale, dieser „Konstanten", ist in der Chemie die Reinheit der Substanz. Den Schmelzpunkt irgendeiner organischen Verbindung kann man so lange steigern, als es gelingt, sie durch Umkristallisieren, d.h. Auflösen, Filtrieren, Kristallisieren reiner zu machen.

Wenn der Schmelzpunkt konstant bleibt, ist die Substanz rein. Ein entsprechendes Verfahren muß der Feststellung der synthetischen Merkmale der Pflanzengesellschaften vorausgehen. Wir müssen unsere Tabellen – bildlich gesprochen – so lange „umkristallisieren", also bereinigen und umordnen, bis ihre Homogenität nicht mehr zu steigern ist. Damit wird der Zustand erreicht, in dem durch weitere Manipulationen die Tabelle nicht mehr zu reinigen und der Typus nicht schärfer zu fassen ist.

Zu den theoretisch abgeleiteten und praktisch angewandten mathematischen Ergebnissen zahlreicher Bearbeiter aus Skandinavien, England, Amerika, Neu-Seeland und anderen Ländern (vgl. z.B. DAHL 1956) kann ich weder neues hinzufügen, noch mich kritisch damit auseinandersetzen. Ich möchte vielmehr nur einige einfache Beobachtungen mitteilen, die sich bei der Bearbeitung unserer pflanzensoziologischen Aufnahmen und Tabellen seit langem ohne Anwendung größerer mathematischer Hilfsmittel immer wieder ergeben haben. Keineswegs ist dabei beabsichtigt, alle Strukturmerkmale der Pflanzengesellschaften hier darzustellen.

In mehreren Teilfragen kann ich auf ein älteres Manuskript zurückgreifen, das aus gemeinsamen Überlegungen mit meinen damaligen

Mitarbeitern entstand (TÜXEN, R., RAABE, E.-W. u. v. ROCHOW, MARGITA 1944) und später in weiteren Aussprachen und Geländeuntersuchungen mit Prof. J. BRUN-HOOL, Luzern; Prof. A. MIYAWAKI, Yokohama; Prof. EMILIA MARCHESE-POLI, Catania und Pater RAMBO †, St. Catarina (Brasilien) erweitert wurde. Frau MARCHESE-POLI und Prof. MIYAWAKI stellten Minimi-Arealbestimmungen vom Ätna und aus Japan; Prof. PREISING eine nicht publizierte Tabelle (Caricetum limosae) aus dem Baltikum zur Verfügung. Allen Genannten gilt noch einmal mein herzlicher Dank!

Meinen Mitarbeitern, den Diplomgärtnern H. BÖTTCHER und K. H. HÜLBUSCH, danke ich herzlich für anregende Diskussionen und dem ersten für die sorgfältige Anfertigung der Reinzeichnungen für die Abbildungen.

Zunächst sei an einige qualitative Merkmale Struktur-Spektren erinnert, bei wie wir überhaupt im Gegensatz zu den mathematischen Vorträgen dieses Symposions mehr auf die Qualitäten Wert legen wollen als auf die Quantitäten. Eine mathematische Behandlung vieler Fragen hat m.E. erst dann einen Sinn, wenn die Gegenstände dieser Behandlung qualitativ so rein und typisch gefaßt werden können, wie das möglich ist. So lange wir nicht von rein gefaßten und klar reproduzierbaren Typen ausgehen, ist die mathematische Behandlung eigentlich verfrüht, weil eine Verallgemeinerung der Resultate unmöglich ist.

Ein analytisch zu gewinnendes morphologisches Gesellschaftsmerkmal qualitativer Art ist, das allbekannte Diagramm der Schichtung, in dem man die verschiedenen Schichten nach ihrem Deckungsgrad aufträgt. Man kann das auch in einer Formel mit Zahlen ausdrücken (TÜXEN 1957). Merkwürdigerweise wird beides wenig gebraucht.

Ein zweiter Diagramm-Typus, denken wir z.B. an die Arbeiten von MEUSEL u.a., ist die Darstellung der Areal-Typen der Arten in einer Gesellschaft.

Wir kennen ferner seit langem das Lebensform-Spektrum der Pflanzengesellschaften: das Spektrum der Therophyten, der Hemikryptophyten, der Geophyten, der Chamaephyten, der Phanerophyten und ihrer Unterabteilungen.

Als vierter Typ wäre auch das Spektrum der phänologischen Aspekte ein Struktur-Merkmal. Ich möchte zu den beiden Referaten von Frau BALÁTOVÁ und KÁRPÁTI über diese Fragen (p. 108 u. p. 122) eine Ergänzung geben: Insekten unterscheiden nicht die Blüten von *Ranunculus acer* und *Ranunculus repens* als Arten, sondern sehen nur gelbe Farbtöne, (allerdings wohl deren verschiedene Werte), und fliegen diese Farbe an. Unter diesem Gesichtspunkt ist es aufschlußreich, für die Aspekte verschiedener Pflanzengesellschaften in einem Diagramm auf der Ordinate die Farben und ihre Mengen und auf der Abzisse die Zeit aufzutragen. In einem solchen Diagramm zeigen etwa unsere Fett-Wiesen zunächst einen ganz schwachen weißen Aspekt von *Bellis perennis*, nach einer gewissen Zeit werden sie einen gelben Aspekt haben von *Taraxacum* und *Ranunculus*, dann wieder einen weißen von den *Umbelliferen*, der ganz scharf aufhört mit dem ersten Schnitt. Dann folgt noch einmal vielleicht ein schwach gelber Aspekt von *Pastinaca* oder in anderen Gesellschaften ein blauer oder ein roter Aspekt, die ja gewöhnlich im Spätsommer stärker erscheinen. Zwei früher angeregte Arbeiten dieser Art sind zwar ausgeführt, aber leider nicht publiziert worden.[1]

Und endlich möchte ich noch ein fünftes Spektrum vorschlagen, das soviel ich sehe, merkwürdigerweise kaum bekannt ist: nämlich die Zugehörigkeit der Arten zu den verschiedenen Sippen, also ein taxonomisches Spektrum[2]. Es ist sicher wissenswert – wir haben solche Rechnungen durchgeführt – wieviele *Cyperaceen*, wieviele *Gramineen*, *Rosaceen*, *Umbelliferen*, *Papilionaceen* usf. sich am Aufbau einer bestimmten Pflanzengesellschaft beteiligen, um die verschiedenen Gesellschaften zu vergleichen. Man kann dabei viele aufschlußreiche Beziehungen biozönologischer, verbreitungsbiologischer, geographischer, ökologischer Art usw. finden. Es gibt reine Gras-Gesellschaften (Corynephoretum oder Ammophiletum), es gibt *Rosaceen*-Gesellschaften wie die Prunetalia-Mantelgesellschaften, in denen die *Rosaceen* den Aufbau bestimmen, *Cyperaceen*-Gesellschaften wie das Caricetum gracilis, wo *Carex*-Arten durchaus dominieren usw.

Alle diese Spektren (Arealtypen-, phänologische, Lebensform- und Sippenspektren) können rein analytisch an einem einzigen Bestand gewonnen werden. Sie sind aber weit aufschlußreicher für den Typus der Gesellschaft, wenn sie aus der Tabelle abgeleitet und damit zu synthetischen Merkmalen werden. In diesem Fall sollten nicht einfach die Arten, ihr Vorhandensein und ihr prozentualer Anteil an der Gesamtzusammensetzung der Tabelle verwendet werden, sondern diese Berechnungen sollten nach dem Gruppenwert (TÜXEN und ELLENBERG 1937) geschehen, d.h. Stetigkeit und Menge der Arten müssen in diese Berechnung eingehen. Erst dann bekommt man sinnvolle, der Natur entsprechende Werte.

Betrachten wir auch ein paar rein quantitative Merkmale zunächst analytischer Art: Wir haben schon seit langem bei unserer Tabellenarbeit eingeführt, für jede Aufnahme die Anzahl der Arten einzutragen. Das hatte zunächst den technischen Grund der Selbstkontrolle für den Tabellen-Schreiber. Aber es zeigt sich, daß man damit auch die Homogenität einer Tabelle beurteilen, wenn auch nicht messen kann: Je mehr eine Aufnahme in ihrer Artenzahl von der mittleren Artenzahl der Tabelle abweicht, um so weiter entfernt sie sich vom Typ der Gesellschaft und verwässert so das Gesamtbild der Tabelle. Wir lassen daher in unseren Tabellen nur solche Aufnahmen zu, deren Artenzahl nicht zu weit über oder unter der mittleren Artenzahl liegen, die wir aus den vorhandenen Aufnahmen ermitteln[3].

[1] Inzwischen hat E. FÜLLEKRUG in zwei weiteren eindrucksvollen Arbeiten solche phänologische Farb-Diagramme von verschiedenen Gesellschaften vorgelegt (Mitt. Flor.-soz. Arbeitsgem. 11/12 u. 14. Todenmann 1967 u. 1969).

[2] Erst nachträglich fiel mir der Hinweis von H. BOJKO (1934, p. 726) auf den „Familienkoeffizienten" in die Hand.

[3] Wir bedienen uns dabei neuerdings der von H. BÖTTCHER eingeführten Strichlisten-Technik. (Mitt. Flor.-soz. Arbeitsgem. 13; 225. Todenmann 1968).

Ein zweites analytisches Merkmal ist ein räumliches, die altbekannte und viel diskutierte Größe des Minimal-Raumes oder des Minimi-Areals. Nach den üblichen Anweisungen wird es so bestimmt, daß man eine kleine Fläche (etwa 1 m² oder weniger) eines Bestandes sorgfältig auswählt und floristisch analysiert, eine zweite von gleicher Größe anschließt, dann das Ganze verdoppelt usw. und die Zahl der jeweils hinzukommenden Arten in ein Koordinatensystem einträgt. Die entstehende Kurve soll sich nach der Literatur asymptotisch der Waagerechten nähern. Eine Tangente wird an die Krümmung angelegt, mit deren Hilfe der Minimal-Raum und die Zahl der Arten, die in diesem Raum wachsen, gefunden werden. (Vergl. z.B. CAIN 1938, BRAUN-BLANQUET 1964, VANDEN BERGHEN 1966 u.A.).

Bis in allerjüngste Zeit haben wir in verschiedenen französischen und nordwestdeutschen Pflanzengesellschaften weitere Bestimmungen von Minimi-Arealen durchgeführt.

Wir haben bei diesem Verfahren gewisse Überraschungen erlebt. Die erste war, daß wir auf diese Weise im Gelände mehr Arten fanden, als wenn wir einfach eine normale Aufnahme auf einer Fläche von 25 oder 50 m² machten. Die Vollständigkeit z.B. der schwedischen, norwegischen oder der finnischen Analysen, die in kleinen Quadraten gemacht worden sind, ist wohl größer, als wir sie mit unseren großen Quadraten erreichen (vgl. dazu ILVESSALO 1922, p. 71!). Diese Einsicht läßt vermuten, daß die Stetigkeit der Arten in manchen unserer Tabellen hie und da etwas unter den wahren Werten liegen dürfte.

Die zweite Überraschung zeigen die Kurven selbst: Keine der von uns gewonnenen verläuft so, wie sie es nach der Literatur sollte. Sondern unsere Kurven zeigen alle drei verschiedene Abschnitte: einen stark gekrümmten am Beginn, dann eine ansteigende und endlich eine waagerechte Gerade. Daß diese Kurven der Minimi-Areal-Bestimmung bisher fast immer asymptotisch gezeichnet wurden, kommt wohl daher, daß man meist auf einer zu kleinen Gesamtfläche nur wenige Teilflächen, besonders der größeren, analysierte und dann einfach die Kurve durchzog. Wenn man aber viele Teilflächen in einem genügend großen homogenen Bestand untersucht, so bekommt man immer nach der anfänglich gekrümmten Kurve die ansteigende Gerade und dann eine Horizontale (Fig. 1 u. 2, 3).

Diese Erkenntnis, die wir zunächst nur zögernd gewannen, die aber inzwischen zur Gewißheit wurde und sich immer von neuem bestätigte, wo nur genau genug gearbeitet und der untersuchte Bestand genügend homogen und von ausreichender Größe war, ist aber gar nicht neu, wie sich inzwischen beim vergleichenden Studium der Literatur ergeben hat. Schon DU RIETZ (1921) zeichnete zahlreiche den unseren entsprechende Kurven von Flechten-Assoziationen und -Soziationen. Die von ILVESSALO (1922) untersuchten Art-Areal-Kurven finnischer Waldtypen laufen sämtlich „entweder ganz oder doch wohl wenigstens annähernd der Abzissenachse parallel ... zuletzt hört jede Zunahme auf" (p. 60).

Die nach seinen Angaben gezeichnete Kurve des Myrtillus-Typ

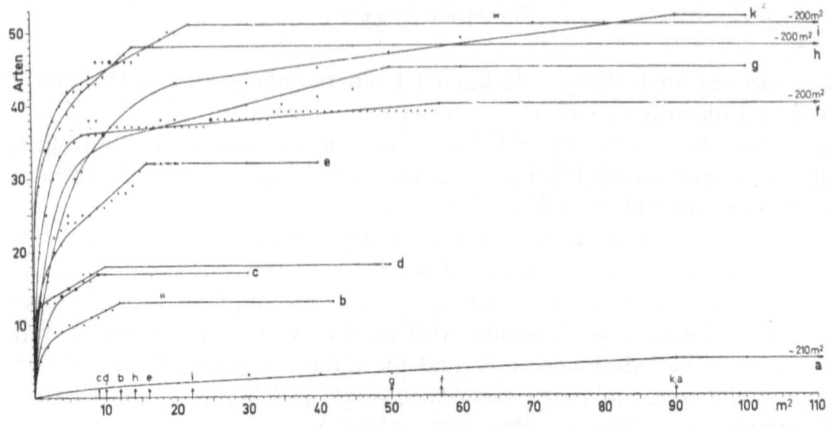

Fig. 1. Art-Areal-(Minimi-Areal-)Kurven.
(Im Gegensatz zu Moosen und Flechten wurden Pilze nicht berücksichtigt, weil die sichere Bestimmung aller Arten zu schwierig und ihr Auftreten zu unregelmäßig ist).

Kurve	Vollständige Artenzahl	Minimi-Areal (m^2)	Gesellschaften
a	5	100	Melico–Fagetum typicum, Mercurialis–Fazies. Weser-Gebirge bei Todenmann/Rinteln. 24.6.1964.
b	13	10	Eleocharetum acicularis. Clausthal-Zellerfeld (Oberharz). 5.10.1969.
c	18	9	Illecebretum verticillati. Clausthal-Zellerfeld (Oberharz). 5.10.1969.
d	19	10	Juncetum gerardii. W Zumhusen, Eiderstedt (Schleswig Holstein). 29.5.1961.
e	32	16	Koelerio–Gentianetum ciliatae, Typ. Subass. Giesener Teiche nw Hildesheim. 13.7.1966 (mit H. DIERSCHKE).
f	40	57	Koelerio–Gentianetum ciliatae, Subass. v. Sieglingia decumbens. Galgenberg w Hildesheim. 14.9.1969.
g	45	50	Nardus stricta–Gesellschaft. Wasserkuppe (Rhön). 1.6.1966.
h	48	14	Ephedra distachya–Helichrysum stoechas–Gesellschaft. Sö La Turballe, W-Frankreich. 26.9.1960.
i	47(48)	21	Koelerio–Gentianetum ciliatae, Typ. Subass. Galgenberg w Hildesheim. 14.9.1969.
k	52	90	*Betula*-Bestand des Myrtillus–Typ (nach Aufnahmen von ILVESSALO 1922, p. 68) aus Finnland. (Die schräge Gerade dieser Kurve könnte auch genau durch die Punkte bei 30–70 m^2 gezogen werden).

zeigt von 30 bis 70 m^2 einen absolut gradlinigen (schwachen) Anstieg, der dem zweiten Teil unserer Kurven genau entspricht (Fig. 1, k). DU RIETZ (1930, p. 455) gibt an, daß die Zunahme der Artenanzahl bei sehr spe-

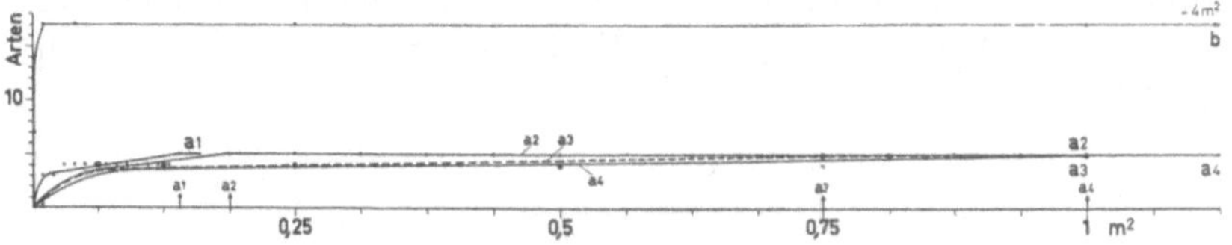

Fig. 2. Art-Areal-(Minimi-Areal-)Kurven.

Kurve	Vollständige Artenzahl	Minimi-Areal (m^2)	Gesellschaften
a_1	5	0,1400	Obionetum portulacoidis.
a_2	5	0,1875	Mt. St. Michel, N-Frankreich. 21.9.1960.
a_3	5	0,7500	(Die 4 Bestimmungen liegen in geringer Ent-
ar	5	1,000	fernung voneinander auf dem von Schafen beweideten Deichvorland. Das Minimi-Areal wechselt zwischen 0,14–1.0 m^2. Grün-Algen sind als Ganzes gewertet).
b	17	0,0100	Lecanora deusta–Soziation. Jungfrun, SO-Schweden. Du Rietz 1919 aus Du Rietz 1930, p. 411. (Vgl. dazu Lippmaa 1931, p. 15).

zialisierten Soziationen (z.B. nach Th. Fries 1925 bei Mangrove-Gesellschaften) schon bei ganz geringen Arealen aufhört, daß der vollständig horizontale Verlauf bei weniger spezialisierten Soziationen erst bei viel größeren Arealen auftritt. Aber Lippmaa (1931, p. 16–21) fand, allerdings mit etwas veränderter Methodik, dieselbe Erscheinung in subalpin-alpinen Gesellschaften des Lautaret, die z.T. sehr artenreich sind. Er folgerte daraus, „daß in einer homogenen Vegetation – in einer Assoziation – die Artenzahl bei der Vergrößerung der Probeflächen sehr bald konstant wird". Feekes lieferte (1936, p. 112 in Kurve 1 und 5) zwei Beispiele mit Waagerechten von Salz-Gesellschaften der niederländischen Küste.

Man könnte hier einwenden, daß diese Kurvenform, vor allem der horizontale Verlauf, ein Merkmal von artenarmen Spezialisten-Gesellschaften sei. Dem kann aber entgegen gehalten werden, daß gerade solche artenarmen Gesellschaften viel klarer die Strukturgesetze erkennen lassen könnten als hochentwickelte artenreiche, die rein zu fassen viel weniger leicht möglich ist. Couteaux (1962, p. 212, 233) zeigte denn auch in der Tat der gleichen Kurvenverlauf von belgischen Waldgesellschaften, die keineswegs zu den Spezialisten-Gesellschaften gehören (Fagetalia, Quercion robori–petraeae). Auch unsere in artenreichen Gesellschaften erneut aufgenommenen Kurven, von denen wir nur einzelne Beispiele geben können (Fig. 1, e–i), zeigen den gleichen Typus, wenn nur die Probefläche in genügender Ausdehnung wirklich homogen, d.h. in der gleichen Gesellschaft bleibt.

Dieser Befund wurde übrigens schon vor 40 Jahren von A. Frey (1928, p. 212) unter Hinweis auf die Formel von Kylin (1923, p. 161 u. 451) so gedeutet: „Untersuchen wir die Artarealbeziehung innerhalb einer Assoziation, so ist eine Sättigungskurve zu erwarten, denn es liegt im Wesen der Assoziation, daß sich bei gegebenen ökologischen Bedingungen nur eine bestimmte Gruppe von Pflanzen miteinander vergesellschaftet, deren Zahl begrenzt ist". Diesem Satz können wir durchaus zustimmen.

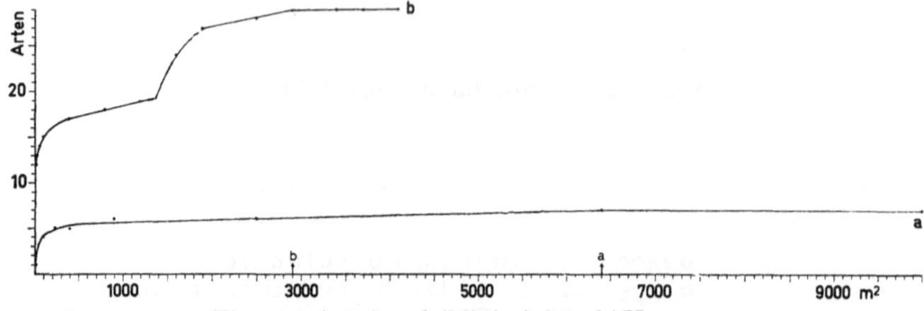

Fig. 3. Art-Areal-(Minimi-Areal-)Kurven.

Kurve	Vollständige Artenzahl	Minimi-Areal (m^2)	Gesellschaften
a	7	6400 m^2	Rumici-Anthemidetum aetnensis (Frei 1940) em. E. Poli 1965. Ätna, 2600 m NN. Emilia Poli et A. Miyawaki 23.10.1960. (Vgl. Poli 1965).
b	29	2900 m^2	Reisfeld 1 Monat nach der Ernte. Ofuna, Kamakura (Japan). 20 m NN. A. Miyawaki 2.12.1960. Hier liegen gewiß zwei Gesellschaften Subass. oder Var.) vor, wie der erneute Anstieg der Kurve zeigt.

Wenn dieser Befund aber allgemein gilt, so würde das vielleicht besagen, daß in artenarmen Spezialisten-Gesellschaften die exogenen, in artenreichen Gesellschaften auf ausgeglichenen Standorten mehr die endogenen Faktoren für die „Sättigung" d.h. die begrenzte Artenzahl des Bestandes verantwortlich sind.

Es ist leicht verständlich, daß in erster Linie Spezialisten-Gesellschaften gesättigte Art-Areal-Kurven zeigen, weil eben nur eine sehr beschränkte Anzahl von Arten aus exogenen Gründen auf den Standorten dieser Gesellschaften sich halten können. Aber auch weniger spezialisierte Gesellschaften zeigen die gleichen gesättigten Kurven (Fig. 1). Allerdings sind solche Fälle nicht überall zu finden, weil eben hier die exogenen (Standorts-)Faktoren so vielseitig sind, daß die dadurch bedingte Auslese von fremden Arten nicht scharf wirkt. Wenn dazu die endogene Abwehr gegen neue Eindringlinge nicht stark genug ist – sie wechselt offenbar sehr von Gesellschaft zu Gesellschaft – können leicht, vor allem an den Grenzen, wo die Standortseigenschaften sich zu ändern beginnen, einzelne neue Arten auftreten.

Dies spricht aber keineswegs gegen die Grundregel der gesättigten Art-Areal-Kurve für reine, homogene Gesellschaften.

Damit treten die Probleme der gesättigten und ungesättigten Gesellschaften, die Einbürgerungs- und Wander-Möglichkeit von Arten, die beginnende Degenerationsphase von Gesellschaften, d.h. die zeitliche Begrenzung ihrer Sättigung in ein neues Licht. Offene Initial-Gesellschaften auf nicht extremen Böden (z.B. Bidentetea) wären besonders zu betrachten.

Ein weiterer möglicher Einwand sei noch kurz abgewehrt. Es ist durchaus denkbar, daß auf einer sehr großen Fläche des untersuchten Bestandes eine oder die andere gesellschaftsfremde Art in einem oder wenigen Individuen zu den vorhandenen in ihrer Zahl konstanten Arten hinzukommt. Aber sollte man sich durch solche ausgesprochenen Zufälligen in der Bewertung der normalen Struktur-Gesetze beirren lassen? Vergessen wir doch nicht, daß die Bestände unserer Pflanzengesellschaften keine Kristalle oder Moleküle, sondern soziologische Organisationen sind, die weder räumlich noch zeitlich frei von Unvollkommenheiten oder Störungen bleiben. Vergessen wir auch nicht, daß es gar nicht auszuschließen ist, daß eine seltene und vielleicht nur sterile unscheinbare Art bei der Aufnahme trotz aller Sorgfalt zunächst übersehen und erst weiterhin in einem voll entwickelten Individuum erkannt wird. Wir haben uns denn auch durch solche Ausnahmen nicht stören lassen, sondern sie bei den Kurven vermerkt (Fig. 1, i).

Ein neu auftretendes Individuum einer Art kann um so eher vernachlässigt werden – selbst dann, wenn es keine fremde Art ist – je höher die gesamte Artenzahl des Bestandes ist. Bei der Bildung der Mittelwerte wird es ohnehin keine Rolle spielen. Wenn allerdings etwa ein Strauch- oder Baum-Keimling die Degenerationsphase einer Rasengesellschaft einleitet, so wird er von Jahr zu Jahr mehr Bedeutung gewinnen und das Gleichgewicht der Fläche stören. In solchen dynamisch bewegten Phasen ist aber von vornherein weder zeitliche noch räumliche Homogenität zu erwarten, so daß hier die Feststellung des Minimi-Areals und der dazugehörigen Artenzahl nicht zu Werten führen kann, die für die Optimalphase der untersuchten Gesellschaft gelten können. Nur diese aber sind kennzeichnend. Sobald aber eine andere Ausbildungsform (Phase, Variante oder Subassoziation) beginnt, steigt nämlich die Kurve zunächst (gekrümmt oder gerade) an, um dann wieder in die Horizontale überzugehen.

In einer homogenen, gesättigten Gesellschaft verläuft aber dieser Teil wirklich horizontal, d.h. neue Arten kommen nicht hinzu. Oder umgekehrt: jeder Anstieg zeigt eine leichte oder stärkere Inhomogenität der untersuchten Bestände. Die Kurve wird damit zu einem feinen Indikator für die Homogenität der Aufnahme-Fläche.

Zahlreiche Kurven in der Literatur steigen gradlinig an ohne die Horizontale zu erreichen. Sie sind kein Gegenbeweis gegen unsere Befunde, denn sie sind einfach nicht vollständig. Andere, die unregelmäßig steigen, stammen gewiß nicht aus homogenen Beständen. Da solche Abweichungen, d.h. Anstieg ohne Erreichung der Horizontalen bei unvollständigen Kurven und erneuter sprunghafter Anstieg von der Horizontalen bei Varianten so leicht deutbar sind, widersprechen solche Kurven keineswegs dem gesetzmäßigen Verlauf im Ideal-Falle, den es hier zu finden gilt.

Jeder Bestand einer homogenen Gesellschaft erreicht auf einer bestimmten Fläche, dem Minimum-Areal, auch seine vollständige Artenzahl, (die zuerst wohl von Lippmaa 1931, p. 20/21 und wieder von

COUTEAUX 1962, p. 212, 230 f. angegeben wurde), und die sich auch dann nicht vermehrt, wenn die Probefläche innerhalb des homogenen Bestandes vergrößert wird.

Es dürfte überflüssig sein zu bemerken, daß auch in derselben Assoziation, ja in deren Untereinheiten (Subass., Var., Subvar., Fazies) eine beträchtliche Streuung vorkommen kann, deren gesicherte Mittelwerte erst die gesuchten Merkmale für die Gesellschaft ergeben (vgl. dazu LIPPMAA 1931, p. 15–22, 1933, p. 14–15).

Durch diese Befunde gerät das Minimum-Areal einer Pflanzengesellschaft in ein neues Licht. Seine Größe, die oft höher ist als gemeinhin angenommen, läßt sich jetzt ebenso wie die in dieser Fläche lebende Anzahl von Arten exakt am Einzelbestand bestimmen, was GOODALL noch 1952 und 1954 bezweifelte, und für den Typus der Gesellschaft aus mehreren solchen Bestimmungen mitteln. Das Minimum-Areal und die vollständige Artenzahl des untersuchten Bestandes liegen in den Diagrammen dort, wo die Kurve in die Horizontale umschlägt.

Bisher sind nur von einigen wenigen Beständen von Pflanzen-Gesellschaften die Minimum-Areale ausreichend untersucht worden. Mittelwerte und die Schwankungsbereiche der einzelnen Messungen sind kaum bekannt, obwohl DU RIETZ schon 1930 dazu angeregt hatte.

Unsere Kurven erlauben über die Bestimmung von Minimum-Areal und zugehöriger Artenzahl hinaus auch eine Aussage über die Homogenität des Bestandes. Sie ist um so größer, je weniger steil und lang die schräge Grade bis zur Erreichung der Horizontalen ansteigt. Auch diese Werte des Verhältnisses von Länge zu Höhe des von der schrägen Graden als Hypothenuse begrenzt gedachten rechtwinkligen Dreiecks könnten für verschiedene Bestände der gleichen Gesellschaft gemittelt und damit für den Typus gültig gefunden werden.

Aus allem ergibt sich für die Feststellung des Minimum-Areals im Gelände, daß mehr Teil-Flächen als bisher aufgenommen werden müssen, um den genauen Verlauf der Kurve beurteilen zu können. Es erweist sich aber auch als notwendig, die Gesamtfläche innerhalb des homogen bleibenden Bestandes wesentlich größer zu wählen, als es bis jetzt üblich war. (Vgl. dazu auch CAIN 1938, p. 574).

Bei der Erarbeitung der Art-Areal-Kurve in einem homogenen Bestand könnte nach den bewundernswert exakten Vorbildern nordischer Bearbeiter (z.B. DU RIETZ) – es würde allerdings mehr Zeit kosten – für jede Teilfläche die gesamte Artenliste aufgenommen werden, anstatt nur die neu hinzukommenden Arten zu notieren. Die aus diesen Aufnahmen herzustellende Tabelle würde der Art-Aufnahmezahl-Tabelle (s.u.) sehr ähnlich sein, nur daß alle Aufnahmen aus einem und nicht, wie normal, aus verschiedenen Beständen genommen wären.

Die im schrägen Anstieg einer solchen Kurve sich widerspiegelnde Homogenität wäre als Frequenz-Homogenität von der Präsenz-Homogenität (bei gleich großen Probeflächen = Konstanz-Homogenität) zu unterscheiden.

Mit Ausnahme der Kurve von ILVESSALO (Kurve k in Fig. 1) sind alle Kurven zur Minimi-Arealbestimmung aus Flächen eines Einzelbestandes gewonnen worden, die aneinander grenzen. Auch die ILVESSALO-Kurve

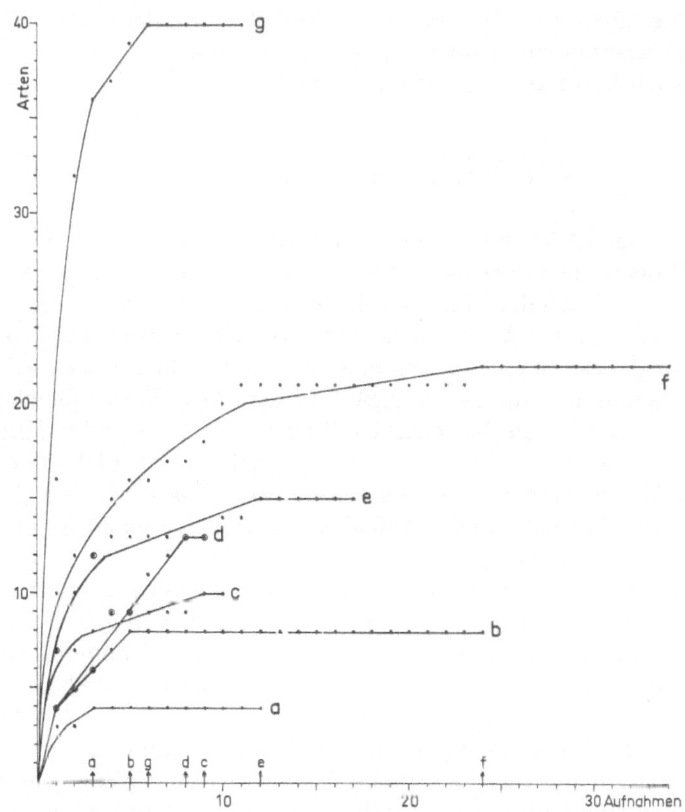

Fig. 4. Art-Aufnahmezahl-Kurven von gesättigten Pflanzengesellschaften.

Kurve	Voll-ständige Arten-zahl	Minimale Auf-nahme zahl	Mitt-lere Arten-zahl	Gesellschaften
a	4	3	3.8	Puccinellietum kurilensis (Subass. v. Glaux maritima var. obtusifolia, Typ. Var. O-Hokkaido. MIYAWAKI u. OHBA 1966, Tab. 4, Aufn. 31–42.
b	8	5	4.3	Limonietum (1°), var. a Limonium. Venedig. PIGNATTI 1966, Tab. 8.
c	10	9	5.2	Euphorbio–Agropyretum juncei typicum. W-Frankreich. Tx. Original-Tab. n. p. (inclusive *Cakile*-Var.).
d	13	12	6.3	Caricetum limosae. Baltikum. PREISING. Original-Tab. n. p.
e	15	12	6.2	Caricetum limosae. FINNLAND. PAASIO 1933. 17 Aufn. aus Tab. 14, 16, 20 u. p. 158.
f	22	24	9	Juncetum gerardii typicum. NW-Deutschland. Tx. Original-Tab. n. p.
g	40	6	22	Caricetum ripariae et acutiformis. Kampinos. Polen. KOBENDZA 1930, Tab. I.

stammt aus einem Bestand, jedoch aus Probeflächen, die in der Art der Frequenz-Bestimmung räumlich getrennt aufgenommen wurden. Ähnlich hat auch Lippmaa (1931, 1933) gearbeitet.

ART–AUFNAHMEZAHL–KURVE

Man kann aber auch – wie bei der Stetigkeits-(Präsenz-) oder bei gleich großen Probeflächen Konstanz-Bestimmung – je eine Aufnahme aus verschiedenen Beständen, d.h. also eine Gesellschaftstabelle in derselben Weise auswerten, wie die aneinander grenzenden Probeflächen bei der Minimi-Areal-Bestimmung, indem man die Arten-Zahl auf der Ordinate und die Aufnahme, auf der Abzisse einträgt. Der dabei entstehende Kurventyp zeigt genau den gleichen Verlauf wie der von der Minimi-Areal-Bestimmung. Es muß es tun, weil es sich hier ebenfalls um eine Art-Areal-Kurve handelt, worauf uns Herr Prof. Numata, Chiba, Japan (mdl). hinwies. Mit jeder neuen Aufnahme vergrößert sich auch in dieser Kurve das Areal der Gesamtfläche.

Auch hier treten gesättigte Kurven auf, die zunächst gekrümmt, dann gradlinig ansteigend und zuletzt horizontal verlaufen (Fig. 4–8).

Die gleichen Überlegungen wie bei der Art-Areal-(Minimum-Areal-) Kurve lassen sich an der Art-Aufnahmezahl-Kurve anstellen. Diese Kurve gibt trotz ihrer verblüffenden Ähnlichkeit mit der Art-Areal-Kurve eines Bestandes aber ganz andere Einblicke in die Struktur, den Aufbau, die Organisation der Pflanzengesellschaften. Wenn jene z.B. den Minimal-Raum für die vollständige Ausbildung eines Bestandes und die darin vorhandene vollständige Artenzahl erkennen läßt, so zeigt diese an dem entsprechenden Punkt, d.h. mit dem Beginn der Horizontalen die minimale Aufnahmezahl der Gesellschaft, die nötig ist, um die vollständige oder Gesamtartenzahl des Typus zu erfassen.

Ebenso wie ein homogener Bestand einer Pflanzengesellschaft eine bestimmte Artenzahl auf der Fläche ihres Minimi-Areals vereinigt, umfaßt auch der Typus einer homogenen Pflanzengesellschaft eine bestimmte, freilich viel größere Anzahl von Arten, die mit einer gewissen Anzahl von Aufnahmen, d.h. Probeflächen erreicht werden kann und durch Vermehrung derselben (solange sie zum gleichen eng gefaßten Vegetationstyp gehören) nicht gesteigert wird.

Die Art-Areal-Kurve gibt analytisch gewonnene Merkmale eines Bestandes, die Artenzahl-Aufnahme-Kurve die entsprechenden des synthetischen Typus.

Ebenso wie das Verhältnis der Länge zur Höhe des gedachten rechtwinkligen Dreiecks mit der schrägen Hypothenuse beim Einzelbestand eine Vorstellung von seiner Homogenität vermittelt, so erhält man einen Einblick in die Homogenität des Typus durch die gleiche Erscheinung der Art-Aufnahmezahl-Kurve.

Wenn der waagerechte Verlauf der Art-Areal-Kurve die Sättigung des Bestandes anzeigt, so tut er es hier für den Gesellschaftstyp, der keine neuen Arten mehr aufnimmt, es sei denn, er wandle sich durch

Standortsveränderungen oder durch regionale Erweiterung des untersuchten Gebietes.

Natürlich eignen sich für solche Untersuchungen nur ganz homogene Tabellen von genügendem Umfang, wie sie bisher erst von sehr wenig Gesellschaften vorliegen. Ihre Homogenität läßt sich sehr scharf, wenn Fragmente und zu artenreiche Aufnahmen ausgeschieden sind, an dem Verlauf der Kurve prüfen. Wenn eine Kurve nach horizontalem Verlauf erneut aufsteigt und dann wieder horizontal verläuft, bedeutet dies, daß eine neue syntaxonomische Einheit (Var., Subass. usf.) oder eine durch regionale Ausdehnung des Untersuchungsgebietes bedingte abweichende Ausbildung in der Tabelle beginnt (Fig. 5).

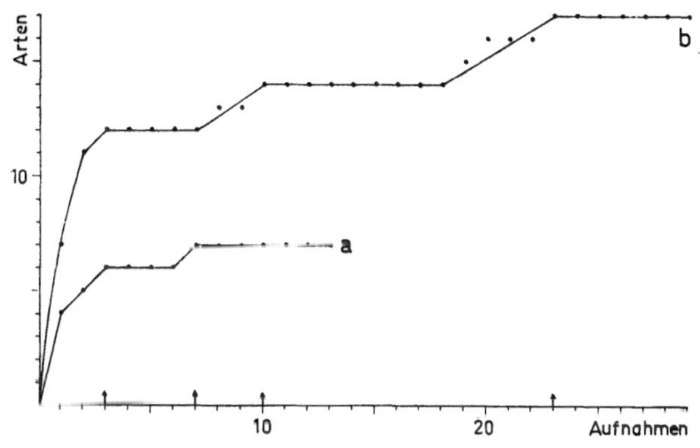

Fig. 5. Art-Aufnahmezahl-Kurven von Gesellschafts-Tabellen mit verschiedenen Varianten.

Kurve	Gesellschaft
a	Pucinellietum maritimae typicum (2 Varianten). N-französische Küste. Tx. Orig.-Tab. n. p.
b	Puccinellietum maritimae, Subass. (3 Phasen u. Var.) N-französische Küste. Tx. Orig.-Tab. n. p.

Beide Erweiterungen der Gesellschaftstabelle bedingen das sprunghafte Ansteigen der Kurve zu neuen Horizontalen. Aber diese Anstiegsmöglichkeiten sind beschränkt, wenn man im Rahmen des Typus, etwa einer Subassoziation oder Assoziation bleibt. Die Kurve bleibt die gleiche, sie erhält nur einen anderen Maßstab! Man würde bei kleinerem Maßstab die Zickzackkurve der Fig. 5b ohne weiteres durch eine schräge Gerade zwischen 2 und 23 Aufnahmen und ähnlich bei Fig. 5a ersetzen können. Legt man diesen (kleineren) Maßstab zugrunde, wird die Kurve denselben Verlauf für höhere Einheiten zeigen wie bei größerem Maßstab für syntaxonomisch und räumlich kleinere Untereinheiten.

Zeichnet man die Kurve in der Reihenfolge der Aufnahmen in der Tabelle, indem man bei Aufnahme 1 die in ihr enthaltene Artenzahl, bei 2 die neu hinzukommenden usf. bis zur letzten aufträgt und in umgekehrter Folge, indem man mit der letzten Aufnahme der Tabelle beginnt und sie bis zur ersten in gleicher Weise wie oben aufträgt, so verlaufen beide Kurven im linken Teil des Diagramms umso näher, je homogener die Tabelle und umso abweichender, je inhomogener sie ist (Fig. 6). Oft stehen

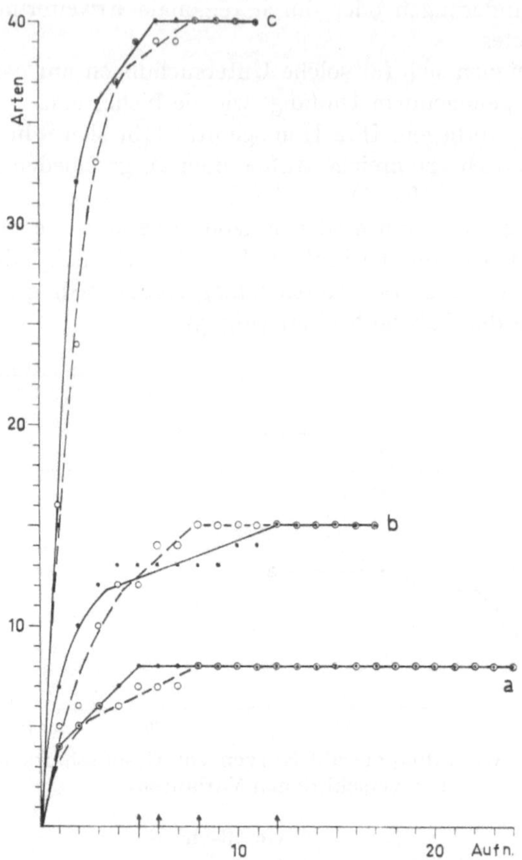

Fig. 6. Art-Aufnahmezahl-Kurven von drei Gesellschaftstabellen in jeweils verschiedener Anordnung der Aufnahmen.

Kurve	Vollständige Artenzahl	Minimale Aufnahmezahl	Gesellschaft
a	8	8(5)	Limonietum var. a Limonium. Pignatti 1966, Tab. 8. (Vgl. Abb. 4).
b	15	12(8)	Caricetum limosae. Paasio 1933. (Vgl. Abb. 4).
c	40	8(6)	Caricetum ripariae et acutiformis. Kobendza 1930. (Vgl. Abb. 4).

Die Anordnung der Aufnahmen in einer homogenen Tabelle einer niedrigen syntaxonomischen Einheit ist für den Kurvenverlauf, d.h. für die Feststellung der minimalen Aufnahmezahl um so weniger von Bedeutung, je weniger die Aufnahmen als Phasen oder Varianten voneinander abweichen. Die ausgezogenen Kurven (——) sind durch Auswertung der Tabelle von links nach rechts, die gestrichelten (– – –) von rechts nach links entstanden.

Aufnahmen der Initialphase am Anfang der Tabelle. In diesen Fällen weichen die beiden Kurven derselben Tabelle, die man von links nach rechts und von rechts nach links erhält, im Anfang z.T. nicht unbeträchtlich voneinander ab, wodurch auch die minimale Aufnahme-Zahl beeinflußt werden kann (Fig. 7).

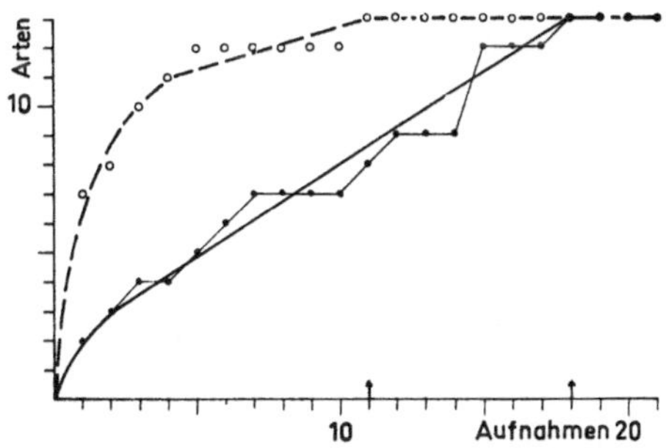

Fig. 7. Art-Aufnahmezahl-Kurve einer Gesellschaftstabelle der Veronica schmidtiana var. bandaica-Deschampsia flexuosa-Gesellschaft vom Bandai-Berg (Japan) nach OHBA 1969, Tab. 15, mit mehreren Phasen und Varianten in verschiedener Anordnung der Aufnahmen, (—— von links nach rechts, ----- von rechts nach links gezeichnet).

Bei der Veronica schmidtiana var. bandaica-Deschampsia flexuosa-Gesellschaft vom Bandai-Berg (Japan) wird die minimale Aufnahmezahl mit 18 Aufnahmen erreicht, wenn die Tabelle von links nach rechts ausgewertet wird. Bei der Auswertung von rechts nach links genügen 11 Aufnahmen, um die vollständige Artenzahl (13) zu erhalten. Der hohe Unterschied, der sich auch im Verlauf der Kurven ausprägt, wird durch die Vereinigung verschiedener Phasen und Varianten zu einer Tabelle der gesamten Assoziationen verständlich. Diese Untereinheiten geben sich durch die Zickzack-Kurve deutlich zu erkennen, die bei Anwendung eines kleineren Maßstabes auch als schräge Gerade gezeichnet werden könnte (Fig. 7).

Wenn aber nur die Optimalphase einer Gesellschaft in einer homogenen Tabelle dargestellt wird, übt die Reihenfolge der verwendeten Aufnahmen keinen wesentlichen Einfluß auf ihren Verlauf mehr aus (Fig. 4). Für unsere Untersuchung sollten daher nur homogene Tabellen der Optimalphase zugrunde gelegt werden.

Wenn es seit langem bekannt ist, daß eine soziologische Aufnahme eines Bestandes das Minimi-Areal – aber nicht unbedingt viel mehr – umfassen muß, so kann jetzt die immer wieder diskutierte Frage beantwortet werden, wieviel Aufnahmen zur vollständigen ausreichenden Beschreibung eines Vegetationstyps (Pflanzengesellschaft) nötig sind. Unsere Kurve, die der des Minimi-Areals gleicht, gibt die Antwort: Die minimale Aufnahme-Zahl, d.h. eine für jede Gesellschaft kennzeichnende Größe, der zugleich die vollständige Artenzahl der Gesellschaft entspricht.

Die Kurve der Art-Aufnahme-Zahl läßt sehr klar gesättigte und ungesättigte Gesellschaften unterscheiden. Bei einer gesättigten Gesellschaft wird die Horizontale bald erreicht und bleibt hori-

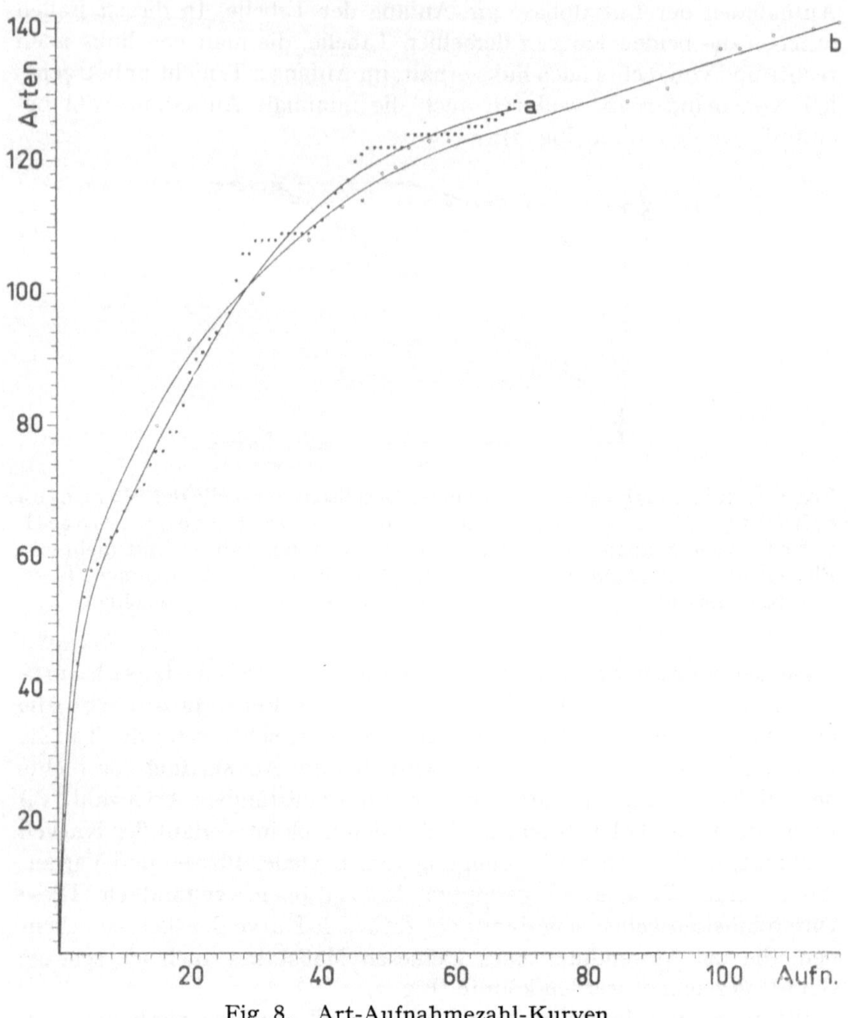

Fig. 8. Art-Aufnahmezahl-Kurven

a. einer ungesättigten Pflanzengesellschaft: Veronico–Lamietum aus Niedersachsen. Orig. Tab. n. p. Die Kurve läßt mehrere Ausbildungen durch die treppenförmige Anordnung der Punkte vermuten.
b. einer wahrscheinlich gesättigten Gesellschaft mit einer unzureichenden Aufnahmezahl: Lolio–Cynosuretum lotetosum, Glyceria-Variante aus dem niedersächsischen Flachland. Orig. Tab. n. p.

zontal, wenn man von ausgesprochen zufälligen Fremdlingen, die in einer Aufnahme sich einschleichen können, absehen will, wie wir das schon oben und bei der Besprechung der Minimi-Areal-Kurve dargestellt haben. Eine ungesättigte Gesellschaft erreicht die Horizontale in unserer Kurve nur sehr spät, wie menschlich bedingte Initial-Gesellschaften auf reichen Böden zeigen (Fig. 8a). Noch liegen aber zu wenig Erfahrungen vor, um über den Begriff der Sättigung einer Gesellschaft und ihre Bedingungen umfassende und gesicherte Aussagen zu machen (vgl. dazu Du Rietz 1930). Je extremer die Standortsbedingungen sind, desto schneller und sicherer wird eine Gesellschaft gesättigt sein, d.h. um so weniger Varianten wird sie ausbilden. Umgekehrt ist die Variationsbreite einer Gesellschaft um so größer, je ausgeglichener und je vielseitiger (reicher) der Standort ist. Hier wirken die exogenen Faktoren nicht mehr so entscheidend auslesend. Hier können so viele Arten Fuß fassen, wie der vielseitige Standort und die endogenen Einflüsse in der Gesellschaft erlauben.

Diese cönologischen Wirkungen sind bei Initial-Gesellschaften auf menschlich geschaffenen nackten Böden zunächst nicht oder wenig wirksam. Deswegen sind die hier sich einstellenden Initial-Gesellschaften im Gegensatz zu initialen Spezialisten-Gesellschaften (z.B. Salicornietum) ganz ungesättigt. Erst im Laufe der Sukzession steigern sich die endogenen Einflüsse, und die Folge-Gesellschaften werden um so gesättigter als sie stabiler werden. Daher sind Schluß- und Dauer-Gesellschaften meist gesättigt, d.h. in ihren Art-Aufnahmen-Kurven wird der horizontale Verlauf rasch erreicht. Wenn auch die Artezahl-Aufnahm-Kurve in der Literatur fast unbekannt ist, so ist sie nicht neu. Schon Ilvessalo (1922, p. 48 ff.) zeichnete als erster diese Kurven von finnischen Waldtypen. Seine Kurven laufen, wo die minimale Aufnahmezahl erreicht ist, gradlinig horizontal. Die minimale Aufnahmezahl, die nötig ist um die vollständige Artenzahl zu gewinnen, setzt er für den Oxalis-Typ auf etwa 17 Probeflächen fest. Die in weiteren Aufnahmen hinzu kommenden Arten sind „mehr oder weniger zufälliger Art" (p. 51). Der Oxalis-Myrtillus - Typ braucht 17–18, der Myrtillus-Typ 14–15, der Vaccinium-Typ 11–12, der Calluna - Typ 8 Probeflächen zur Erreichung der vollständigen Artenzahl.

Couteaux (1962, p. 211) erkannte ebenfalls „le nombre minimal de relevés". Seinen Kurven von verschiedenen Laubwaldgesellschaften Belgiens erreichen aber nirgends die Horizontale, sind also zu kurz.

Schmithüsen weist in seiner Vegetationsgeographie kurz auf die minimale Aufnahme-Zahl und auf die vollständige Artenzahl jeder Gesellschaft hin. Weitere Untersuchungen über diese Merkmale und Hinweise darauf sind uns bisher nicht bekannt geworden. Es gibt in der Tat allerdings in der Literatur auch wohl nur wenige Tabellen, die den typischen Verlauf der Kurve: Krümmung, schräg ansteigende und horizontale Gerade rein zeigen würden. Abweichungen durch zu wenig Aufnahmen der gleichen eng genug gefaßten soziologischen Einheit sind so leicht deutbar und verständlich, daß das Bestehen des Kurven-Typus dadurch nicht in Frage gestellt werden kann. Eine Art, die unter 30, 50 oder 100 Aufnahmen nur einmal vorkommt, also offensichtlich der Gesellschaft fremd ist – sollte auch hier nicht ernst genommen werden und das Bild nicht beeinflussen.

Ilvessalo (1922, p. 9 ff.) wies schon darauf hin, daß die vollständige Artenzahl in den verschiedenen Waldtypen sehr verschieden ist und von den „armen" zu den „reichen" zunimmt (Cladina-Typ 9 bis Oxalis-Typ 107 Arten).

Wir können einige weitere Beispiele aus unseren Tabellen hinzufügen, die wenigstens eine angenäherte Vorstellung von der Streubreite dieses Merkmals und damit von seiner diagnostischen Bedeutung im Gegensatz zur mittleren Artenzahl, die von Gesellschaft zu Gesellschaft viel weniger schwankt, vermitteln:

TABELLE I. Mittlere und vollständige Artenzahlen einiger Pflanzengesellschaften NW-Deutschlands

	Mittlere Artenzahl	Vollständige Artenzahl	Zahl der verwendeten Aufnahmen
Lemnetum gibbae	3	4	28
Lemno-Spirodeletum polyrrhizae	3	6	16
Lemnetum trisulcae	3	6	18
Riccielletum fluitantis	4	6	13
Utricularietum minoris	5	25	25
Cakiletum frisicum	5	29	24
Stratiotetum aloidis	6	32	65
Sagittaria-Sparganium simpl.-Ass.	6	36	71
Caricetum limosae	9	42	52
Potameto-Nupharetum	7	56	85
Hottonietum palustris	6	63	80
Chenopodio-Ballotetum nigrae	16	136	39
Carici canescentis-Agrostietum caninae, Subass. v. Carex panicea	21	140	81
Tanaceto-Artemisietum vulgaris	19	155	42
Panicum crus galli-Spergula arvensis-Ass.	22	205	545
Junco-Molinietum	31	258	545
Lolio-Cynosuretum	28	259	1693

Die vollständige Artenzahl ist in manchen Fällen wahrscheinlich noch nicht erreicht, weil die Zahl der verwendeten Aufnahmen zu niedrig ist. Andererseits ist die Zahl der verwendeten Aufnahmen bei mehreren Gesellschaften gewiß höher als die minimale Aufnahme-Zahl.

HOMOGENITÄT, SÄTTIGUNG

Möglichst große Homogenität, d.h. nichts anderes als Einheitlichkeit = Reinheit des Bestandes oder der Gesellschaftstabelle ist die Voraussetzung für die Ableitung aller hier besprochenen Eigenschaften der Gesellschaft selbst.

Dabei ist zwischen der (analytisch zu bestimmenden) Homogenität des Bestandes (homogeneity), und der synthetischen des Typus (uniformity, homotoneity) zu unterscheiden. Typen können lokal, regional oder absolut gefaßt sein, sie können verschiedenen syntaxonomischen Rang haben (Subvariante, Variante, Subassoziation, Assoziation usw.), was sich auf ihre Homogenität [1] auswirkt.

[1] In unmittelbarer Übersetzung bedeutet Homogenität allerdings Gleichartigkeit. Das könnte heißen, daß bei höchster Homogenität die gleichen Arten in allen Beständen einer Gesellschaft zu erwarten sein müßten. (Von der Verteilung der Arten nach Menge und Soziabilität wird dabei in der Regel nicht gesprochen). Eine vollständige Homogenität, d.h. Gleichartigkeit dieser Art setzt eine geschlossene Tabelle mit nur höchststeten Arten voraus.

Man könnte aber auch eine andere Verteilung der Arten, etwa nach dem

Die Sättigung setzt eine möglichst geringe Schwankung der Artenzahlen jeder Aufnahme um die mittlere Artenzahl voraus. Allerdings bedeutet umgekehrt eine gleiche Artenzahl als ein analytisches Merkmal der in der Tabelle vereinigten Aufnahmen noch durchaus nicht deren hohe Sättigung. Man stelle sich nur vor, daß von 10 Aufnahmen mit gleicher Artenzahl jede in der Tabelle um eine Art tiefer beginnen würde. Dann hätte die 10. Aufnahme nur noch eine Art mit der ersten gemeinsam (Fig. 9). Die mittlere Stetigkeit wäre in diesem Falle 52,6%.

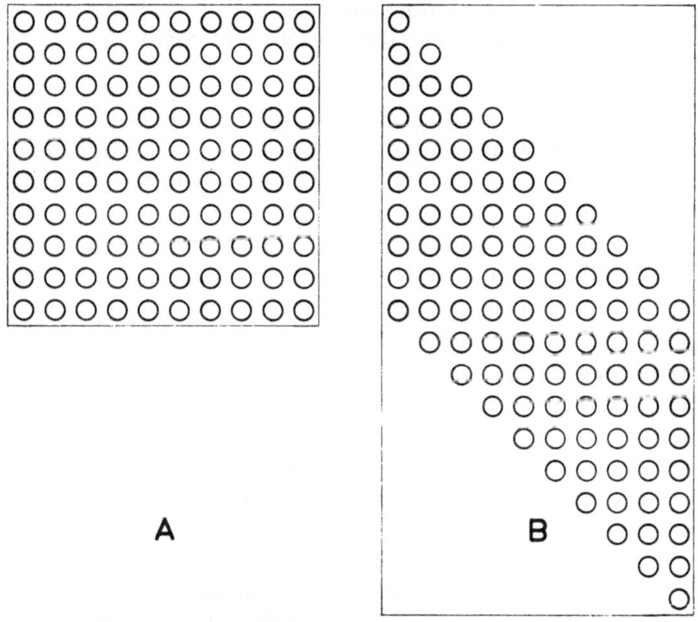

Fig. 9. Schematische Darstellung zweier Tabellen mit je 10 Aufnahmen und je 10 Arten pro Aufnahme. (Mittlere Artenzahl = 10).

A. Größtmögliche Homogenität = Mittlere Stetigkeit = 100%.
B. Homogenität stark herabgesetzt = Mittlere Stetigkeit = 52.6%.

Bilde eines Schachbrettes, oder noch offener, als vollkommen homogen empfinden. Daher fragt es sich, ob der Ausdruck Homogenität für die Erscheinung, die wir durch unsere Kurven darzustellen versuchten, richtig gewählt ist. Das ist um so mehr zu überprüfen, als unter Homogenität in Skandinavien zunächst die Beteiligung der Konstanten, nicht der Arten schlechthin, also etwas ganz anderes, verstanden und untersucht wurde.

Wir möchten daher den Ausdruck der Homogenität hier durch einen anderen Begriff ersetzen, der das von uns untersuchte Merkmal schärfer und treffender kennzeichnet: wir möchten von Sättigung des Bestandes und Sättigung der Gesellschaft sprechen. Dieser Ausdruck entspricht auch der mathematischen Bezeichnung unserer Kurven. Über das Verhältnis von Homogenität im alten Sinne und Sättigung wäre noch nachzudenken. Am ehesten könnte man vielleicht die alte „floristische Homogenität" mit unserem Begriff der „Sättigung" gleich setzen.

Dieser Wert ist als ein synthetisches Merkmal ein alter Maßstab für die Homogenität oder der Sättigung der Tabelle. Sie wäre am höchsten (= 100%) wenn alle Arten mit der Stetigkeit 100% vertreten wären (Fig. 9A). Die Sättigung ist also die mittlere Stetigkeit ausgedrückt in Prozent der höchstmöglichen.

Wenn mein Freund RAABE (1952, p. 64, Anm., 1957, p. 273) allerdings den Begriff des ,,absoluten Homogenitätwertes" d.h. die ,,mittlere Stetigkeit der Charakteristischen Artenverbindung einer Gesellschaft" auf ein Manuskript von TÜXEN, RAABE, v. ROCHOW (1944) zurückführt, so tut er mir damit zu viel Ehre an. Wir bezogen damals, wie auch jetzt noch, unsere Berechnungen nicht auf die von RAABE erst später definierte ,,Charakteristische Artenverbindung", sondern auf die g e s a m t e Artenverbindung der vollständigen Tabelle. Jene würde sozusagen nur ,,Brustbilder" der Gesellschaften statt ihrer Gesamtdarstellung liefern und damit nicht unwichtige Züge auslassen.

DAHL und HADAČ (1941, p. 305) haben die Frequenz- oder die Stetigkeitskurve für die Beurteilung der floristischen Homogenität eines Bestandes oder einer synthetischen Assoziation benutzt und dabei alle Arten berücksichtigt.

Die Berechnung der mittleren Stetigkeit hat allerdings nur dann Sinn, wenn genügend Aufnahmen in der Tabelle enthalten sind. Sie sollte nicht unter der minimalen Aufnahme-Zahl (s.S. 86f.), d.h. solange nicht die vollständige Arten-Verbindung der Gesellschaft erreicht ist, festgestellt werden. Denn schon ETTER (1949, p. 149; vgl. a. SCAMONI) zeigte, daß die Stetigkeit (Präsenz) der Arten sich je nach der Zahl der Aufnahmen ändern kann. Also auch aus diesem Grunde wäre es wünschenswert, eine allgemein gültige Anzahl von Aufnahmen zu haben, für welche die Stetigkeit der Arten und die mittlere Stetigkeit der Tabelle als ein Maß der Sättigung zu berechnen wäre. (Dies ist die minimale Aufnahme-Zahl). Bei der Bereinigung der Tabelle (,,Umkristallisieren") muß man vor allem nach der Erhöhung der mittleren Stetigkeit trachten. Eine Tabelle würde vollkommen gesättigt (homogen) sein, wenn alle Felder durch eine Art besetzt wären (Sättigung = floristische Homogenität = 100).

Dieser Fall wird nur bei sehr artenarmen Spezialisten-Gesellschaften eintreten können (S a l i c o r n i e t u m, S p a r t i n e t u m u. ähnliche).
In den allermeisten Gesellschafts-Tabellen sind ein kleinerer oder größerer Teil der Felder unbesetzt. Der Anteil dieser offenen Stellen an der Gesamtfläche der Tabelle setzt ihre Sättigung herab.

Volle Sättigung würde durch das Produkt von minimaler Aufnahmezahl (M) und (im Unterschied zu RAABE) vollständiger Artenzahl (N) gekennzeichnet sein. Die tatsächlich vorhandenen Vorkommen von Arten werden durch das Produkt von M und der mittleren Artenzahl (n) gegeben. Der prozentuale Anteil der besetzten an allen Feldern der Tabelle ergibt sich nach der Proportion

$$M.N : M.n = 100 : x, \text{ sodaß } 100\,\frac{n}{N} \text{ oder der}$$

Quotient der mittleren und vollständigen Artenzahl in % auch die gesuchte Homogenität oder Sättigung ergibt.

Dahl und Hadač (1941, p. 305 f.) wählten den umgekehrten Quotienten als Homogenitätswert, den sie an einer bestimmten Anzahl von Aufnahmen (5 oder 10) festzustellen vorschlugen. Mit der Aufnahmezahl verändert sich der Wert aber nicht unerheblich. Wir berechnen die Homogenität nicht nach 5, 10 oder 20 Aufnahmen, sondern in dem Punkt, wo die Kurve der Art-Aufnahmezahl waagerecht zu werden beginnt. Bei weiteren Aufnahmen bleibt nach unseren Berechnungen die Sättigung (floristische Homogenität) konstant, soweit man das im Rahmen der Fehlerquellen jeder Aufnahme überhaupt erwarten kann.

SCHLUSS

Aus unseren einfachen Kurven der Beziehung von Artenzahl und Areal und Artenzahl und Aufnahmezahl haben wir eine ganze Reihe von Erkenntnissen gewinnen können. Sie könnten eine Diskussionsgrundlage abgeben für mathematische Auswertungen, um im allgemeinen Prozeß der Mathematisierung vieler Wissenschaften auch die Pflanzensoziologie „der konzentrierten Denkkraft der mathematischen Methoden zu öffnen" (Strubecker), wie es ja von mehreren Seiten erstrebt wird. Wir sollten dabei aber nie den eigentlichen Gegenstand unseres Erkenntnisdurstes und unserer Liebe aus den Augen verlieren: Die Pflanzengesellschaften (oder die Biogeozönosen) und die Gesetze, die in ihnen das Leben lenken. Wer enger mit der Mathematik verbunden ist, könnte vielleicht die gleichen Gedanken-Spiele und -Übungen auch mit anderen Objekten durchführen oder sie durch einen Rechenautomaten beschleunigen. Für uns bleibt entscheidend, was mit den durch die „Mühle der Mathematik" (Lenard) hindurchgegangenen rohen Befunden an neuen, verfeinerten Erkenntnissen für die Lebensgesetze der Vegetation zu gewinnen ist!

Eine mathematische Behandlung unserer Probleme würde aber erst dann einen wirklichen Gewinn versprechen, wenn die persönlichen Fehler der verschiedenen Bearbeiter und zufällige oder lokale Besonderheiten so weit wie möglich ausgeschlossen wären, was nur an vorsichtig ausgewählten Beständen und sorgfältig bereinigten Typen der Gesellschaften möglich erscheint. Denn sonst würden die Kenntnisse (und Irrtümer) der Bearbeiter, der Grad ihrer soziologischen Erfahrung, ihre verschieden geschulte Beobachtungsfähigkeit und andere Eigenarten als nicht unwesentliche Faktoren in die Rechnung mit eingehen. Haben wir doch mehrfach erlebt, daß eine Gruppe von normal bis sehr gut geschulten Pflanzensoziologen bei unabhängigen Aufnahmen an der gleichen Probefläche einer Wiese im frühen Frühjahr zu einer Tabelle gelangte, die als Ausdruck der verschiedenen Arten-Kenntnisse der Bearbeiter Varianten oder gar Subassoziationen zu enthalten schien.

Es bleibt aber wünschenswert, alle morphologischen Konstanten für die einzelnen Gesellschaften als gesicherte Mittelwerte zusammenzustellen und sie untereinander zu vergleichen. Noch keine einzige Pflanzengesellschaft ist bisher nach diesen morphologischen Kriterien genügend beschrieben worden. Meine jüngeren Freunde – auch meine älteren – ein schönes Arbeitsfeld liegt vor Ihnen!

ZUSAMMENFASSUNG

Nach kurzer Erwähnung bisher bekannter synmorphologischer Spektren (Schicht-Diagramm, Arealtypen-, phänologisches, Lebensform- und Sippen-Spektrum) wird das Minimi-Areal und seine Darstellung kritisch besprochen. Durch die Verwendung zahlreicher Aufnahmeflächen in einem völlig homogenen und genügend großen Bestand ergibt sich ein anderer Kurven-Verlauf der Art-Areal-Kurve als bisher angenommen wurde: Nach anfänglicher Krümmung steigt die Kurve gradlinig an, um dann horizontal weiter zu laufen. Dieser Knickpunkt ergibt das Minimi-Areal und die vollständige Artenzahl des Bestandes. Genügend zahlreiche Bestimmungen in verschiedenen Beständen (je eine Kurve pro Bestand) werden gesicherte Mittelwerte und ihren Schwankungsbereich ergeben. Ältere, offenbar wenig beachtete gleichgerichtete Hinweise aus der Literatur werden erwähnt. Horizontal verlaufende Kurven sind ein Merkmal für gesättigte Gesellschaften. Die Rolle der exogenen und endogenen Einflüsse für die Sättigung wird kurz besprochen. Verschiedene Minimi-Areal-Bestimmungen werden als Kurven dargestellt (Fig. 1–3).

Die Art-Aufnahmezahl-Kurve verläuft als eine andere Art-Areal-Kurve in gleicher Weise wie diese. Abweichungen zeigen Inhomogenitäten in der Tabelle an. Auch der Anstiegswinkel der schrägen Geraden gibt einen Hinweis auf die Homogenität der Tabelle. Der Beginn der Horizontalen zeigt die minimale Aufnahmezahl und die vollständige Artenzahl der Gesellschaft an, die in einer homogenen Tabelle durch Hinzufügung weiterer Aufnahmen nicht mehr steigt (Fig. 4). Erst syntaxonomische oder geographische Erweiterung der Tabelle führt zu erneuten Anstieg der Kurve (Fig. 5). Die Anordnung der Aufnahmen in einer homogenen Tabelle ist belanglos (Fig. 6).

Die mittleren und vollständigen Artenzahlen für einige nordwestdeutsche Pflanzengesellschaften werden mitgeteilt (Tab. I).

Zum Schluß folgen Bemerkungen über Homogenität und Sättigung der Pflanzengesellschaften und ihre einfache Berechnung. Sehr sorgfältig bereinigte Tabellen sind die Voraussetzung für die mathematische Behandlung pflanzensoziologischer Fragen, die zu allgemein gültigen Resultaten führen soll.

SUMMARY

After a short mention of the better known synmorphological spectra (layer-diagram, area types-, phenological, life form and taxonomical (Sippen-) spectrum) the minimum area and its representation was critically discussed. Using numerous relevé patches in a fully homogeneous and adequately large stand another type of curve pattern to that of the previously accepted species-area-curve can be obtained. Following an initial crookedness the curve rises straight-lined, then bends and continues in a horizontal manner. The bending point indicates the minimum area and the complete species number of the stand.

Sufficiently numerous determinations in different stands (one curve per stand) would give definite mean values and their range of variation. Older, often little noticed references in the literature to tests of this nature were mentioned. Curves which run horizontally are an indication of complete (saturated) communities. The rolè of exogenous and endogenous influences in the formation of complete communities was briefly discussed. Different minimum area determinations were demonstrated in the form of curves (Figs. 1–4).

The species number per relevé-curve follows the same sort of pattern as the species-area-curve. Deviations indicate inhomogeneity in the table. Also, the angle of climb of the sloping line conveys an idea of the homogeneity of the table. Where the slope becomes horizontal is an indication of the minimum species number per relevé and the complete species number of the community, which in a homogeneous table does not rise any further when new relevés are added (Fig. 4). However syntaxonomic or geographical extension of the table leads to a new rise in the curve (Fig. 5). The order of arrangement of the relevés in a homogeneous table is unimportant (Fig. 6).

The mean and complete species numbers for some north-west German plant communities were communicated (Table I).

In conclusion some remarks are made about homogeneity and completeness in plant communities and their simple calculation. Carefully prepared uniform tables are a basis for the mathematical handling of phytosociological questions which should yield results that are universally valid.

LITERATUR

Bojko, H.: Die Vegetationsverhältnisse im Seewinkel. II. – BBC **51** Abt. II. Dresden 1934.

Braun-Blanquet, J.: Pflanzensoziologie. 3. Aufl. Wien 1964.

Cain, S.: The Species-Area curve. – Amer. Midland Naturalist **19** (3). Notre Dame 1938.

Couteaux, M.: Recherches écologiques et palynologiques sur les forêts de Gaume. – Note 1. Les groupements végétaux forestiers actuels des environs de Tontelange. – Bull. Soc. roy. Botan. Belgique **94**: 177–260. Bruxelles 1962.

Dahl, E.: Rondane. Mountain vegetation in South Norway and its relation to the environment. – Norske Vidensk. – Akad. Oslo I. Mat. Naturv. Kl. 1956. **3**. Oslo 1956.

— Some measures of uniformity in vegetation analysis. – Ecology **41**. 1960.

— u. Hadač, E.: Strandgesellschaften der Insel Ostøy im Oslofjord. – Nytt. Magazin for Naturvidenskapene **82**. Oslo 1941.

Du Rietz, G. E.: Zur methodologischen Grundlage der modernen Pflanzensoziologie. – Akad. Abh. Uppsala 1921.

— Vegetationsforschung auf soziationsanalytischer Grundlage. – In: Abderhalden, E. (Edit.): Handb. biol. Arbeitsmeth. **11** (5): 293–480. Berlin/Wien 1930.

Etter, H.: De l'analyse statistique de végétation. – Vegetatio **1**: 147–154. Den Haag 1948.

Feekes, W.: De ontwikkeling van de natuurlijke vegetatie in de Wieringermeer-Polder, de eerste groote droogmakerij van de Zuiderzee. – Proefschr. Amsterdam 1936.

Frey, A.: Anwendung graphischer Methoden in der Pflanzensoziologie. – In: Abderhalden, E. (Edit.): Handb. biol. Arbeitsmeth. **11** (5): 203–232. Berlin u. Wien 1928.
Goodall, D. W.: Quantitative aspects of plant distribution. – Biological Revieuws Cambridge Philosoph. Soc. **27**: 194–245. Cambridge 1952.
— Minimal Area: a new approach. – Huit Congrès intern. Bot. Paris 1954. – Rapp. et Comm. parv. avant le Congrès. Sect. **7** et **8**: 19–21. Paris 1954.
Ilvesselo, Y.: Vegetationsstatistische Untersuchungen über die Waldtypen. – Acta forest. fenn. **20**: 1–73. Helsingfors 1922.
Kobendza, R.: Stosunki fitosocjologizne Puszczy Kampinoskiej. – Planta polonica **2**: 1–200. Warszawa 1930.
Kylin, H.: Växtsociologiska randanmärkninger. – Bot. Notiser: 161–234. Lund 1923.
— Über Begriffsbildung und Statistik in der Pflanzensoziologie. – Bot. Notiser 1926: 81–180. Lund 1926.
Pignatti, S.: La vegetazione alofila della Laguna veneta. – Mem. Cl. Sci. mat. e nat. **28** (1). Venezia 1966.
Lippmaa, Th.: Pflanzensoziologische Betrachtungen. – Sitzungsber. Naturforsch. Ges. Univers. Tartu **38** (1–2): 1–32. Tartu 1931.
— 1933 – Aperçu général sur la végétation antochtone du Lautaret (Hautes-Alpes). – Acta Inst. et Horti Botan. Univers. Tartuensis (Dorpatensis) **3** (3) et Acta et Commentationes Universitatis Tartuensis (Dorpatensis) A **24** (4): 1–108. Tartu.
Miyawaki, A. u. Ohba, T.: Studien über Strand-Salzwiesengesellschaften auf Ost-Hokkaido (Japan). – Science reports Yokohama Nat. University Sec. II (12): 1–25. Yokohama 1965.
Ohba, T.: Eine pflanzensoziologische Gliederung über die Wüstenpflanzengesellschaften auf alpinen Stufen Japans. – Bull. Kanagawa Prefectural Museum **1** (2). Yokohama 1969.
Paasio, I.: Über die Vegetation der Hochmoore Finnlands. – Acta forest. fennica **39**: 1–219. Helsinki 1933.
Poli, Emilia: La vegetazione altomontana dell'Etna. – Flora et Vegetatio italica **5**. Sondrio 1965.
Raabe, E.-W.: Die Pflanzengesellschaften des Grünlandes in Schleswig-Holstein. – Inaug. Diss. Univers. Kiel 1946 (Unveröff.).
— Über die statistische Verwandtschaft von Vegetationstypen. – Mitt. Flor.-soz. Arbeitsgem. N.F. **2**: 205–207. Stolzenau/Weser 1950.
— Zur Systematik in der Pflanzensoziologie. – Vegetatio **7** (4): 271–277. Den Haag 1957.
Scamoni, A. u. Passarge, H.: Einführung in die praktische Vegetationskunde. 2. Aufl. Jena 1963. 236 pp.
Schmithüsen, J.: Allgemeine Pflanzengeographie. 3. Aufl. Berlin. 463 pp.
Strubecker, K.: Bedeutung und praktische Anwendung der Mathematik in unserer Zeit. – Universitas **24** (5): 527–536. Stuttgart 1969.
Tüxen, R.: Die Schichtendeckungsformel. Zur Darstellung der Schichtung in Pflanzengesellschaften. – Mitt. Flor.-soz. Arbeitsgem. N.F. **6/7**: 112–113. Stolzenau/Weser 1957.
— u. Ellenberg, H.: Der systematische und der ökologische Gruppenwert. – Mitt. Flor.-soz. Arbeitsgem. **3**. Hannover 1937.
— Raabe, E.-W., v. Rochow, Margita: Über synthetische Merkmale von Pflanzengesellschaften. Mskr. Stolzenau/Weser 1944 (Unveröff.).
Vanden Berghen, C.: Initiation à l'étude de la végétation. – Les naturalistes belges. Bruxelles 1966.

Eine Bibliographie von Arbeiten über das Minimi-Areal wird in Kürze in Excerpta Botanica, B, Sociologica 10(4) erscheinen.

Das Mansukript des Vortrages wurde vor dem Druck überarbeitet und durch verschiedene neue Gelände-Untersuchungen und Literaturvergleiche ergänzt und erweitert, um die vorgetragenen Ergebnisse weiter zu sichern. Daraus erklärt sich die z.T. nicht mehr ganz damit zusammenfallende Diskussion.

S. Pignatti:
Wir danken Herrn Prof. Tüxen für seinen so ideenreichen Vortrag, der uns alle begeistert hat. Drei Probleme wurden eingehend und mit neuen Ideen behandelt: Minimalraum, minimale Aufnahme-Zahl und Homogenität.

E. W. Raabe:
Erst in dem Zusammenhang, in welchem wir mathematische Formeln sehen, bekommen sie einen Sinn oder keinen Sinn. Und alles was wir an Berechnungen heute morgen gehört haben, ist in sehr vieler Weise einleuchtend, für den Nichtmathematiker überzeugend. (Ich bin kein Mathematiker.) Ich bin überzeugt, wenn ich die Dinge von seinem Standpunkt her betrachte, dann ist Tüxens Darstellung richtig. Wenn man aber die Probleme als Mathematiker ansieht, kommt man zu etwas anderen Ergebnissen, nämlich, daß die Daten die hier gezeigt worden sind, nicht unbedingt absolut sein müssen, wie man das auf den ersten Augenblick vermutet, nachdem man diese tadellosen schönen Kurven gesehen hat. Eine verhältnismäßig hohe Homogenität ist in dem Augenblick, wo eine Tabelle bereinigt wird, also systematisch auf einen hohen Homogenitätswert hin getrimmt worden ist, einleuchtend.

Sie muß dann auch in ihrem Wert etwa gleich bleiben.

Hier gibt es zwei verschiedene Absichten: Entweder will ich durch eine Tabelle eine ganz bestimmte Assoziation oder irgendeinen Vegetationstyp möglichst eng gefaßt bereinigt darstellen, indem alles weggelassen wird, was nicht in mein Bild hineinpaßt, oder aber, ich will durch eine Tabelle die gesamte Breite, mit der ein Vegetationstyp uns entgegen treten kann, erfassen. Das sind also zwei grundverschiedene Zielsetzungen. In beiden Fällen sind wir natürlich berechtigt, einen Homogenitätswert und irgendeinen anderen Wert zu errechnen. Aber je nachdem, was wir erreichen wollen, sind diese Werte dann sehr verschieden, so daß wir aus etwas verschiedener Betrachtungsweise an die Fragen herankommen. Wenn ich von vornherein bestrebt bin, meinen Zuhörern einen sehr hohen Wert vorzuführen, dann muß ich natürlich alles wegnehmen, was irgendwie störend hineinkommt. Damit kann es aber passieren, daß ich die tatsächliche Vegetation, wie sie ja in natura vorliegt, etwas manipuliere, daß ich, um es extrem auszudrücken, vielleicht ein klein wenig „lüge". Jedenfalls ist die Gefahr da, daß wir von einem Bild her die Befunde verändern, um ein Ideal herauszuarbeiten. Und insofern sind unsere beiden unterschiedlichen Homogenitätswerte natürlich beide berechtigt. Sie haben beide einen etwas verschiedenen Sinn.

Man kann einen Homogenitätswert auch von einer umfangreichen und sehr heterogenen Tabelle – (es kann mich niemand zwingen das nicht zu tun) – errechnen, und er wird dann eben entsprechend niedrig sein und ist dann eben ein Spiegelbild einer inhomogenen Tabelle. Wenn wir aber zu absoluten Werten der Homogenität kommen wollen, dann glaube ich, scheitern wir hier an einer Voraussetzung, die gegeben worden ist, daß nämlich die Gesamt-Artenanzahl bei zunehmenden Aufnahmenanzahlen konstant bliebe. Das ist in bestimmten Fällen sicherlich möglich, wie etwa in 2600 m bei Frau EMILIA POLI am Ätna. Da gibt es eben nur 7 verschiedene Pflanzenarten. Und wenn die erfaßt sind, dann bleibt natürlich diese Ebene konstant. Wenn ich aber an Schleswig-Holstein denke, haben wir dort ungefähr alles eingerechnet etwa 1200 verschiedene Pflanzenarten. Theoretisch ist es vorstellbar, daß innerhalb eines Vegetationstyps der größte Teil dieser Arten vorkommt. Angenommen ich habe hunderttausende von Aufnahmen etwa von einer Ruderalgesellschaft. Die Artenzahl der gesamten Tabelle steigt mit zunehmenden Aufnahmenanzahlen mehr oder minder stetig an und nähert sich langsam ganz allmählich der Horizontalen.

Der zweite Einwand, der zu bedenken wäre, ist dieser: Die minimale Aufnahmenanzahl einer Tabelle zur ausreichenden Charakterisierung des dargestellten Vegetationstypes läßt sich immer erst dann ableiten, wenn erheblich mehr Material verwandt worden ist, als nach dem Endergebnis nötig ist. Dabei stellt die „Minimale Aufnahmenanzahl" niemals einen absoluten Wert dar, ist vielmehr abhängig von der Reihenfolge der Aufnahmen, von dem willkürlich zu wählenden Punkt auf der Art-Areal-Kurve bzw. einem bestimmten Tangentenwinkel an dieser Kurve. Die erhaltenen Werte haben nur relative Bedeutung. Damit ist nichts gegen ihre praktische Brauchbarkeit ausgesagt. Nur müssen wir uns hier wie bei manchen anderen Kurven und Formeln der Relativität oder Willkürlichkeit bewußt bleiben, und nur mit dieser bewußten Einschränkung können wir mit ihnen arbeiten.

Zum Homogenitätswert: Dadurch, daß die Gesamt-Artenanzahl mit einer zunehmenden Aufnahmenanzahl in der Tabelle zunehmen wird, muß sich das Verhältnis der mittleren Artenanzahl zur Gesamt-Artenanzahl stetig, wenn auch gering, weiter verändern. Wir kommen also nicht auf einen absoluten Wert, wenn der Wert der bereinigten Tabelle, ihm auch sehr nahe kommen kann. Praktisch wird dies oft gar keine große Bedeutung haben. Für die Errechnung eines nach Prozenten ausgedrückten Homogenitätswertes sollte eine solche Formel verwandt werden, die absolute und logisch einleuchtende Werte ergibt. Da die Gesamt-Artenanzahl einer Tabelle aber eine mit steigender Aufnahmenanzahl veränderliche Größe und die Festlegung auf eine bestimmte Aufnahmenanzahl ein willkürlicher Akt ist, habe ich als Bezugsbasis die unveränderliche mittlere Artenanzahl vorgeschlagen. Das Verhältnis des Anteiles der Arten, die nach der mittleren Artenanzahl zu der rein floristisch charakteristischen Artenkombination gehören, zu dem Anteil sämtlicher Arten einer Tabelle stellt dann einen absoluten Homogenitätswert dar, dessen logischer Aufbau auch die Forderung erfüllt, daß nur solche Homogenitätswerte den Nachweis größerer floristischen Übereinstimmung als Nichtübereinstimmung ergeben, die über 50% liegen. Danach kann also eine Tabelle mit einer 49-prozentigen Übereinstimmung schlechterdings keine Einheit darstellen, da die Nichtübereinstimmung mit 51% größer ist als die Homogenität. Der nach der sehr schnellen Auszählmethode TÜXENS auch hier zu ermittelnde Homogenitätswert läßt sich etwas umständlicher mit demselben Ergebnis auch nach der allgemein als „SÖRENSEN-Formel" bekannten Formel errechnen.

E. DAHL:
I would, as introduction say as a somewhat mathematical phytosociologist, that mathematics may be a good servant. In the end the mathematical results should agree with common sense.

The problem of homogeneity and its measurement arises both in the concrete stands to be analyzed and in the evaluation of tabular material taken from different stands. NORDHAGEN has introduced a distinction, in the first case he uses the term homogeneity, in the second case he uses the term homoteneity.

The amount of homoteneity is measured by means of indices i.a. the index of RAABE which also has been used by CURTIS. Professor TÜXEN has now proposed a slightly different index. The question arises whether these different indices tell different things or the same thing in different ways.

I would believe that the choice of index in these cases would not make much difference in the final evaluation.

The index of TÜXEN requires that the maximum number of species is known. To estimate this, a very large number of samples is required, and there is some doubt that it can be ascertained in species-rich communities.

I have proposed an index based on the logarithmic model of FISHER. Normally the total number of species increases linearly with the logarithmic number of samples. The curve is characterized by the index of diversity, α, and the mean number pr. sample, S. The quotient of mean number of species per sample to the index of diversity (S/α) is my index of uniformity. I have tried to show that RAABES index of homogeneity as well as other indices are related to the index of uniformity.

E. VAN DER MAAREL:
Ich habe einen Vorschlag zu der Art-Arealkurve in konkreten Beständen, über den ich morgen berichten werde. Ich möchte daher mich jetzt beschränken auf die Frage der Homogenität der einen Tabelle.

Ich habe auch eine Tabelle und die sieht so etwa aus: Es ist notwendig, nicht nur die Artenzahlzunahme mit zunehmender Aufnahmezahl, sondern auch die Verwandtschaft zwischen den Aufnahmen in Betracht zu ziehen. Das geht mittels einer von SÖRENSEN abgeleiteten Formel

$$\frac{2 \Sigma C_n^m}{(n - 1) \Sigma s}$$

wo n die Aufnahmeanzahl, m die Präsenz jeder Art in der Tabelle und s die Artenanzahl jeder Aufnahme ist. Dabei ist es allerdings notwendig, eine Korrektur anzubringen, wenn die Artenanzahlen der Aufnahmen nicht alle gleich sind.

A. O'SULLIVAN:
The making of homogeneity curves seems to rather dependent on whether the tabular material has been collected from a local or a widely extensive area. When all the relevés of a particular community originate

from a local area the homogeneity curve remains more or less horizontal. However, relevés collected over a whole country give a homogeneity curve which continues to rise. I have found this during my study of the Irish grassland communities (cf. p. 26 f.). The absolute species number appears likewise to be dependent on the size of the area of origin of the relevé material.

R. Tüxen:
Herr Dahl glaubt, daß die waagerechte Kurve nur in Salzmarschen oder in extremen arktisch-alpinen Gesellschaften zu finden sei, nicht aber in den reicheren mitteleuropäischen und mediterranen Gesellschaften. Wir haben mehr reiche Gesellschaften untersucht als arme, weil ich wohl weiß, daß die Spezialisten-Gesellschaften eben spezielle Werte geben. Die waagerechte Kurve kommt überall vor. Das sind unsere Befunde, wenn auch die Theorie vielleicht es schwer macht, sie zu verstehen.

Auch Freund Raabe neigt zu der Auffassung, daß immer noch mehr Arten hinzukommen. Aber wenn eine gewisse Artenzahl erreicht ist, so ist eine homogene Gesellschaft gesättigt. Niemand wird z.B. in einem Fagetum *Phragmites* oder *Nuphar* oder *Lemna* erwarten, auch wenn sie 10 m davon in einem Teiche wachsen. Sie können ja nicht, ebenso wenig wie etwa Chenopodetalia- oder Secalinetalia-Arten und viele andere in diesem Walde leben. Und darum gibt es in einer bestimmten rein ausgebildeten Gesellschaft über eine gewisse Anzahl hinaus keine weitere Arten mehr, die wirklich zu ihr gehören. Im Maximum könnte ja nur die gesamte Flora eines Gebietes vorkommen. Aber lange nicht alle Arten derselben können in einer einzigen Gesellschaft leben. Und wenn nur wirklich in sich homogene Aufnahmen oder einander genügend ähnliche Aufnahmen für die Fassung des Typus verwendet werden, die also nicht durch irgendwelche Merkmale von vornherein als untypisch herausfallen, so wird früher oder später die waagerechte Linie unserer Kurve erreicht.

Zur Bereinigung der Tabelle: Sollen wir alle in einer umfangreichen Tabelle auch in gut passenden Aufnahmen neu hinzukommenden Arten als notwendig zum Typus gehörig betrachten, wie es ein hirnloser Computer tun müßte, oder dürfen (müssen) wir nicht sinngemäß rein zufällige Arten, die in der Gesellschaft sicher nicht normal vorkommen, z.B. einen *Acer*-Keimling in einer Acker-Unkrautgesellschaft, von vornherein ausschließen, indem wir entweder die Aufnahme streichen oder aber die Art unberücksichtigt lassen?

Raabes Homogenitätswerte liegen alle höher als meine. Also wenn jemand besonders hohe Homogenitätswerte angestrebt hat, so war es nicht ich. Meine Werte liegen alle viel tiefer, und zwar deswegen, weil ich die gesamte Artenkombination und Raabe eben einen willkürlichen Ausschnitt gewählt hat, der zunächst zwar sehr schön anmutet.

J. J. Barkman:
Ich möchte drei Bemerkungen machen. Ich glaube, daß, wenn man die Artenzahl-Aufnahmekurve macht, man sich ganz gut vergegenwärtigen muß, daß sie methodisch etwas ganz anderes ist als eine Minimum-

Areal-Kurve. Denn dort fängt man an einem Ort an, und man dehnt die Probefläche aus. Man hat vorher keine Kontrolle, welche Arten hinzukommen und welche Flächen. Aber bei einer Tabelle, die schon eine bestimmte Anordnung hat, die wir selber gegeben haben, da hängt es ganz von der Anordnung ab, wie die Kurve verläuft. Das hat Prof. TÜXEN schon gezeigt, wenn man von der ersten Aufnahme bis zur letzten oder von der letzten bis zur ersten geht. Man kann auch in der Mitte anfangen. Aber ich glaube, daß das einzig Richtige ist, das habe ich versucht zu machen, daß man erstmals für die ganze Tabelle die mittlere Artenzahl pro Aufnahme ausrechnet. Dann nimmt man zwei Aufnahmen heraus und errechnet die Gesamtartenzahl dieses Paares. Und so nimmt man noch viele andere Paare willkürlich heraus und errechnet die mittlere Gesamtartenzahl jeweils von 2 Aufnahmen. Dann nimmt man willkürlich eine Gruppe von 3 heraus usw. Man soll also für die Artenzahl bei einer gewissen Aufnahmezahl jeweils eine Anzahl objektiver Stichproben nehmen von einer willkürlichen Gruppe von Aufnahmen. Eine solche Kurve zeigt einen nicht endenden Anstieg, auch bei artenarmen Gesellschaften, wie der epiphytischen Moosgesellschaft Phyllantheto-Tortuletum laevipilae (mittlere Artenzahl etwa 11). Sogar bei 112 Aufnahmen steigt die Artenzahl noch immer an.

Es muß ein Unterschied gemacht werden zwischen intensiver Homogenität (Probeflächen, Assoziationsbestände) und extensiver Homogenität oder, wie ich jetzt erfahre, schon von Prof. NORDHAGEN Homotonität genannt, und bei der letzten zwischen der Homogenität von Tabellen und der Homogenität von Syntaxa (Assoziationen usw.). Die Tabellen-Homogenität ist nur methodisch wichtig, die Gesellschaftshomogenität ist aber von biologischer Bedeutung. Dabei ist aber noch zu unterscheiden zwischen der floristischen Amplitude der (abstrakten) Gesellschaft (mittlere Affinität der zugehörigen Phytozönosen bezw. Aufnahmen) und der Homogenität der Aufnahmenverteilung, also der Frage, ob alle Aufnahmen untereinander gleich stark verschieden sind, oder ob sie sich gruppieren lassen (Affinitäten der Aufnahmen ungleicher Größe). Im letzten Falle sind oft, aber nicht immer, Varianten zu unterscheiden und diese können gesondert auf ihre Homogenität geprüft werden. Auch dann aber kann es Sinn haben, auch die Homogenität der ganzen Assoziation zu bestimmen.

E. W. RAABE:
Die verschiedenen Homogenitätswerte haben also sehr unterschiedliche Aussage-Kraft. Mir wird vorgeworfen, daß meine Werte zu hoch sind, daß andere niedriger sind. Diejenige Berechnungsweise dürfte die beste sein, die einen plausiblen Wert ergibt. Wenn wir etwa in Prozenten rechnen, so heißt das, daß die Homogenität auf 100 bezogen ist. Homogenitätswerte, die Werte von unter 50 haben, bedeuten damit, daß die Inhomogenität, das Nicht-Gleiche, dann höher wäre als das Übereinstimmende. Solche Übereinstimmungen bekommen wir aber, die logisch befriedigend sind, in sehr ausgezeichneter Weise nach den Formeln, wie sie Herr BARKMAN, SÖRENSEN u.a. aufgestellt haben: Damit kommen wir auf einen Wert, der uns auch den wirklichen Anteil der Überein-

stimmung oder der Nicht-Übereinstimmung in einer logisch befriedigenden Weise zeigt. Und wenn wir diese Formeln auch weiter anwenden auf jenen Fall in den Tabellen, den wir vorhin erörterten, dann kommen wir mit diesen SÖRENSEN- und BARKMAN-Formeln auf genau denselben Wert, den auch der Homogenitätswert, wie ich ihn aufgestellt habe, ergibt.

Eine Tabelle, die einen Homogenitätswert von unter 50% zeigt, muß danach also einen Vegetationskomplex wiedergeben, der auf gar keinen Fall etwas gleichmäßiges Zusammengehöriges sein kann. Wenn eine Tabelle einen Wert von über 50% hat, kann sie zusammengehören, sie muß es aber noch lange nicht. Ein einzelner Wert einer Tabelle sagt so lange nichts aus, als er nicht mit anderen bekannten Werten verglichen werden kann. Gute Vegetationstypen, die in sich wirklich geschlossen sind, und nach dem bisher vorliegenden Material, nicht weiter aufgegliedert werden können haben normalerweise Werte, die zwischen 70 und 75 und darüber liegen. Aber auch das sagt dann noch nicht, daß man bei erweitertem Aufnahmematerial nicht noch eine weitere Gliederung vornehmen könnte. Die Werte, die wir erreichen, sind also immer noch als nach dem bisherigen vorliegenden Material errechnet und nicht als unbedingt endgültig anzusehen.

E. KLAPP:
Es ist verschiedentlich darauf hingewiesen worden, daß theoretisch in einer Assoziation nahezu die Gesamtflora des Gebietes oder doch zu einem großen Teil auftreten kann. Sie sahen vorhin eine irische Tabelle vom Cynosurion. Wir finden bei mehreren 1000 Aufnahmen nur aus dem Lolio-Cynosuretum einschließlich der Subassoziationen und Varianten über 400 Arten. Darunter sind mindestens 250 Arten, die man wirklich im alten Sinne als rein zufällig darstellen kann. Ich sehe ab von wirklich wahrnehmbaren Störungen, wie etwa Maulwurfshaufen, frischen Geilstellen der Tiere usw.. Aber mitten in einem wirklich homogenen Bestand begegnet Ihnen eines Tages eine Pflanze von *Sinapis arvensis*. Wenn Sie die 4000 Aufnahmen zusammenstellen, hat sie vielleicht die Stetigkeit 0,001. Soll man sich überhaupt durch solche zufällige Arten, die ohne ersichtlichen Grund vorhanden sind, stören lassen? Ihr Auftreten kommt einmal davon her, daß der Vorrat noch keimfähiger Samen in einer Gesellschaft durchaus abweichen kann von der vorhandenen Vegetation. Es kann auch herkommen von voraufgehenden Gesellschaften. Beim Lolio-Cynosuretum kann es auch von tierischen Ausscheidungen bedingt sein. Der Rinderdarm tötet nicht alle keimfähigen Samen ab, die z.B. in fremden Gesellschaften aufgenommen sein können. Aber soll man diese bei der Verfolgung der Kurve bei so hohen Aufnahmezahlen überhaupt berücksichtigen und nicht einfach streichen? Soll man darum ganze Aufnahmen ausscheiden nur deswegen, weil zwei oder drei solcher Zufälligen das Bild etwas verderben?

R. TÜXEN:
Die Frage von Herrn KLAPP verdient eine Antwort, und ich bedauere, daß sie nicht aus Ihrem Kreise kommt. Ich meine, daß man, wenn wirklich eine Art wie *Sinapis arvensis* mit einem Individuum im Lolio-

Cynosuretum unter 1000 Aufnahmen einmal vorkommt, diese vernachlässigen könnte; und ich meine andererseits, daß man eine Aufnahme mit einer so ausgesprochen fremden Art, wie es *Sinapis arvensis* im Lolio-Cynosuretum wäre, in der vielleicht noch eine oder zwei weitere ebenso fremde Art vorkämen, bei genügend zahlreichen „reinen" Aufnahmen doch aus der Tabelle streichen müßte oder besser gar nicht aufnehmen sollte. Man sollte sich durch solche offensichtlich verunreinigten Aufnahmen nicht die Freude an der Homogenität der ganzen Gesellschaft verderben lassen.

S. Pignatti:
Bei den verschiedenen analytischen Merkmalen ist von verschiedenen Spektren, aber nicht von den Polyploidie-Spektren gesprochen worden.

S. Hejný:
Nur eine ganz kurze Ergänzung zu den Spektren: Das Schichten-Spektrum mit dem Wurzelspektrum zusammen ist sehr wichtig als ein analytisches Merkmal für die zukünftigen pflanzensoziologischen und synökologischen Arbeiten. Sie ergeben das Spektrum der Pflanzenmasse. Das bedeutet die Schichtung der oberirdischen und unterirdischen Teile einer Gesellschaft in einem Spektrum zusammen.

H. Dierschke:
Es liegt natürlich nahe zum phänologischen Diagram erst einmal Untersuchungen zu machen an einer Gesellschaft der realen Vegetation, wie sie heute vorhanden ist. Man kann darüber hinaus die Diagramme einzelner Ersatzgesellschaften mit der potentiell natürlichen Vegetation kombinieren. Dabei ergeben sich charakteristische Unterschiede. Ich möchte ein Beispiel anführen: Die Bromus racemosus-Senecio aquaticus-Assoziation kommt in den Wuchsräumen verschiedener Einheiten der potentiell natürlichen Vegetation vor, etwa im Bereich des Betuletum pubescentis, des Alnetum und im Wuchsgebiet einer natürlichen Alno-Padion-Gesellschaft. Dabei lassen sich ganz charakteristische Unterschiede feststellen, indem manche Arten, die typische Farbwerte ergeben, sich verschieden verhalten. Z.B. kommt *Ranunculus auricomus* hauptsächlich im Bereich des Alno-Padion vor, eine andere Art wie *Cardamine* reicht viel weiter, also das weiße Spektrum geht durch mehrere Gesellschaften der potentiell natürlichen Vegetation hindurch.

Wenn man diese Einheiten und diese Farbwerte zusammenstellt, hat man eine sehr gute Möglichkeit der Ansprache und auch der Abgrenzung der Einheiten der potentiell natürlichen Vegetation im Gelände, die dem Praktiker gute Hilfe leistet, der zur entsprechenden Jahreszeit, wenn diese Spektren auftreten, im Gelände arbeitet.

E. W. Raabe:
Mit der Anregung, den Anteil höherer taxonomischer Einheiten (Familien) an den verschiedenen Pflanzengesellschaften zu beachten, wird ein Problem wiederaufgegriffen, das bei A. v. Humboldt am Anfang der gesamten Pflanzengeographie überhaupt stand. Humboldt hatte seine

formelhaften Berechnungen eingestellt, da die Ergebnisse nicht befriedigten. Wenn es aber gelingt, und das sollte möglich sein, kausale Zusammenhänge zwischen höheren taxonomischen Einheiten und Vegetationstypen aufzuzeigen, dann verdient diese Betrachtungsweise ein eingehendes Studium.

Vorhin wurde von TÜXEN vorgeschlagen, diese Verhältnisse noch einmal wieder aufzunehmen, womit wir gewissermaßen am allerersten Beginn der Pflanzengeographie noch einmal wieder anfangen und etwas aufgreifen, was bisher tatsächlich wenig geschehen ist. Das es hier im großen und ganzen gesehen ganz enorme Zusammenhänge geben muß, ist eindeutig. Denken wir nur an die Verteilung der Nadelhölzer der Erde. Sie wachsen eben nur in ganz bestimmten Regionen. Oder denken wir an die Verteilung unserer *Gramineen* mit der Gruppe der *Festuceen* etwa. Die finden sich bei weitem nicht überall auf der Erde, sondern beschränken sich im wesentlichen auf unsere gemäßigte Zone; oder betrachten wir die *Umbelliferen*, oder auch die *Compositen*. Und so wäre es durchaus denkbar, daß wir hier engere feinere Zusammenhänge bekommen, wenn wir systematische Gruppen in ihrer Verteilung auf ganz bestimmte Vegetationstypen beobachten. Es kann rein zufällig sein, es kann aber auch sehr wohl sein, daß hier kausale Zusammenhänge uns dann deutlich werden, die wir bislang gar nicht sehen.

R. TÜXEN:
Ich möchte mich sehr herzlich bedanken für die zahlreichen Anregungen, die ich heute morgen im Anschluß an meine bescheidenen empirischen Ausführungen habe hören dürfen, und für das, was ich gelernt habe. Es geht mir so wie Freund BARKMAN, daß wir beide heute morgen erst den Begriff der Homotonität zum ersten Mal gehört haben. (Wir hätten das ja schon früher lesen müssen! Die Anderen haben es natürlich alle gewußt!)

Ich habe noch eine Bitte: Wer ist bereit, eine Bibliographie der Arbeiten über Homogenität im weitesten Sinne und über Affinitäts-Berechnung (evtl. beides zusammen) für die Excerpta zu machen? Das wäre doch sehr nützlich; wir sind ja nicht nur hier, um uns zu unterhalten, sondern wir ja sind ja doch hier, um etwas zu machen!

S. PIGNATTI:
Das war eine sehr umfangreiche und schöne Diskussion über verschiedenes Neue, und wir müssen deshalb Prof. TÜXEN ganz besonders dankbar sein. Ich dachte, wir wären mit der Mathematik fertig, aber wir müssen feststellen, daß die Mathematik sich wieder eingeschlichen hat. Prof. TÜXEN sagt, er wäre kein Mathematiker, aber ebenso sind wahrscheinlich wir, die wir uns mit diesen Problemen beschäftigen, alle keine Mathematiker. Es handelt sich hauptsächlich darum Vernunft anzuwenden. Man hat gesehen, daß er auch durch Verwendung von guter Vernunft auf mathematische Formeln gekommen ist.

Ich denke, dieses Problem der Homogenität im breitesten Sinne ist ein sehr wichtiges Problem, das immer wichtiger für uns alle wird. Es wäre schön, wenn einmal in diesem Rahmen etwas organisiert würde, damit man sozusagen eine Arbeitstagung hätte zum Austausch von Wegen, Methoden, Überbrückung dieser Methoden und zu dem Versuch, etwas aufzubauen, diese Methoden zu standardisieren, Jede Anschauung hat ihre Vorteile, manche haben auch Nachteile, und man würde vielleicht eine bessere Standardisierung der Arbeitsmethoden erreichen.

BEITRAG ZUR METHODIK DER PHÄNOLOGISCHEN BEOBACHTUNGEN

von

EMILIE BALÁTOVÁ-TULÁČKOVÁ, Brno

Den Phänospektren der Pflanzengesellschaften wurde bisher in den pflanzensoziologischen Arbeiten nur wenig Aufmerksamkeit gewidmet. Das scheint mit der Tatsache zusammenzuhängen, daß phänologische Beobachtungen sehr zeitraubend sind. Sie sind eigentlich nur durch stationäre Untersuchungen realisierbar.

Die Phänospektren der die Gesellschaft aufbauenden Arten geben aber oft einen tieferen Einblick in die gegenseitigen Beziehungen zwischen den einzelnen Pflanzengruppen. Die generative Entwicklung mancher Arten, (welche natürlich mit ihrem weiteren Ausbreitungsvermögen in engem Zusammenhang steht), kann innerhalb einer Pflanzengesellschaft auch von dem Entwicklungszustand anderer Arten oder Artengruppen abhängig sein. In der Kleinseggen-Ausbildung einer Pfeifengraswiese z.B. finden die ersten Phänophasen (Knospen- und Blüten-Stadium) aller Kleinseggen- und Wollgras-Arten vor der Hauptentwicklung von *Molinia coerulea* statt, also in einer Zeit, in der sie noch nicht beschattet werden. In einer Überschwemmungswiese dagegen spielen oft auch exogene Faktoren, vor allem die Überschwemmungsdauer am Anfang der Vegetationsentwicklung, eine wichtige Rolle. In den Jahren, in denen die Frühjahrsüberschwemmungen länger in die Vegetationszeit übergreifen, kann z.B. in einer Wiesenschwingel-Wiese der sich früher entwickelnde *Alopecurus pratensis* in solchem Maße gefördert werden, daß er den Bestand ganz beherrscht und zur aspektbildenden Pflanze wird. *Festuca pratensis* dagegen bleibt schwach entwickelt und steril. Auch der zurückbleibende phänologische Zustand mancher Großseggen hier, wie z.B. von *Carex gracilis*, von der oft nur ein Teil zum Knospen und Blühen kommt, die sonst aber steril und von verminderter Vitalität bleibt, ist mit dem Wasserregime des Standortes, das zugleich die Entwicklung der Mesophyten begünstigt, eng verknüpft.

Das Entwicklungsvermögen einer Wiesenpflanze muß aber mit den für sie ökologisch optimalen Standortsbedingungen nicht immer im engen Zusammenhang stehen. Das Dasein einer Rotschwingelwiese kann z.B. in den tieferen Lagen durch einen physiologisch ungünstigen Bodenprofilbau verursacht werden. Dieser ist zugleich mit verschlechterten physikalischen und chemischen Bodeneigenschaften verknüpft, welche die Konkurrenzkraft der hochwüchsigen Gräser im höchsten Maße schwächen. Der Standort ermöglicht dann eine vollkommene

Entwicklung des Rotschwingels, der den Bestand ganz beherrschen und hauptaspektbildend bleiben kann.

Daß der phänologische Zustand einer die Pflanzengesellschaft aufbauenden Art für deren pflanzensoziologische Bewertung von einer bestimmten Bedeutung sein kann, ist auch bei *Carex lasiocarpa* zu beweisen. Wie aus eigenen Beobachtungen aus Schlesien, SO-Polen und der Schweiz hervorgeht, kommt die Fadensegge auf den Scheuchzerietalia-Zwischenmooren zwar konstant und dominierend vor, doch ist sie hier oft nur zum Teil fertil und von verminderter Vitalität. In der Verlandungszone der dystroph-eutrophen Seen dagegen, wo sie oft an ein Menyanthes trifoliata-Stadium oder an eine Potametalia-, Phragmitetalia- oder Magnocaricetalia-Gesellschaft angrenzt, erreicht sie eine größere Höhe und ist meistens fertil (siehe auch VANDEN BERGHEN 1947). Es ist deswegen fraglich, ob das Optimum dieser Segge wirklich in einer Scheuchzerietalia-Gesellschaft liegt, oder ob sie eher als eine Caricion rostratae-Art zu bewerten ist. Dasselbe wäre auch bei *Carex diandra* zu prüfen.

Ein Phänospektrum kann endlich auch auf das Verbreitungszentrum der Gesellschaft hinweisen. Es ist merkwürdig, daß bei bestimmten Wiesengesellschaften mit einem mehr ins kontinentale Gebiet verschobenen Areal, wie z.B. bei den basiklinen Pfeifengraswiesen oder dem Filipendulo-Geranietum, die Optimalentwicklung in die Spätsommermonate fällt. Bei den Gesellschaften von zirkumborealer Verbreitungstendenz dagegen (z.B. beim Caricetum diandrae und Caricetum lasiocarpae) liegt der Hauptaspekt in den Frühjahrsmonaten.

Bei unseren phänologischen Beobachtungen an Sumpf- und Wiesenassoziationen wurde folgendermaßen gearbeitet. In repräsentativen Assoziationsbeständen wurden Quadrate von 3 × 3 m Größe festgelegt, um hier in regelmäßigen 4-7-tägigen Zeitintervallen den phänologischen Zustand aller hier vorkommenden Pflanzen zu registrieren. Bei jedem Besuch der Fläche wurde der Deckungsgrad aller vorkommenden sterilen und fertilen Pflanzen mittels einer verfeinerten BRAUN-BLANQUET'schen Skala festgestellt, wobei der entsprechende Anteil der Knospen, Blüten, reifender sowie reifer Diasporen mittels eines Bruches ausgedrückt wurde. Zum Beispiel war am 15. Mai 1958 auf einer Wunderseggen-Wiese die Dominanz der *Carex appropinquata* 2-3 (ca. 35%). Vier Fünftel davon waren in generativem Zustand, wobei die Knospen zu den Blüten und reifenden Früchten im Verhältnis von 0:3:1 standen. (Zu empfehlen ist auch zugleich die Höhe der einzelnen Pflanzenarten zu messen und auszuwerten; so kann man sich auch über die Vitalität der einzelnen Arten eine genauere Vorstellung machen.) Auf diese Weise kann man Diagramme konstruiren, worin auch quantitative Verhältnisse ausgewertet werden können. Man muß natürlich hierbei den zeitlich wechselnden Deckungsgrad berücksichtigen.

Für die graphische Darstellung der Phänospektren sind aus der Literatur mehrere Möglichkeiten bekannt. Einige davon seien kurz erwähnt. Insgesamt kann man zwei Hauptgruppen unterscheiden, je nachdem ob nur die qualitativen Verhältnisse oder auch quantitative Angaben über die untersuchten Entwicklungsstadien berücksichtigt werden.

In die erste Gruppe gehören z.B. die Phänospektren nach Aljechin, in denen die einzelnen Entwicklungsphasen mittels verschiedener Zeichen dargestellt werden. Als Beispiel kann Fig. 1 dienen, welche das Phänospektrum eines Trockenrasens darstellt (nach Aljechin 1951 in Krotoska 1958). Es werden hier unterschieden: Anfang des Blühens (nach links offene Halbkreise), das Blühen (Kreis, bei den hauptaspektbildenden Arten schwarz gefüllt), Ende des Blühens (nach rechts offene Halbkreise) und das Verblühen (Kreuze). Aljechins Darstellungsweise wurde in der neueren Zeit z.B. von Grebenščikov (Grebenschtschikow) et coll. 1956 in den Phänospektren der subalpinen Wiesen und Weiden der Velká Fatra übernommen.

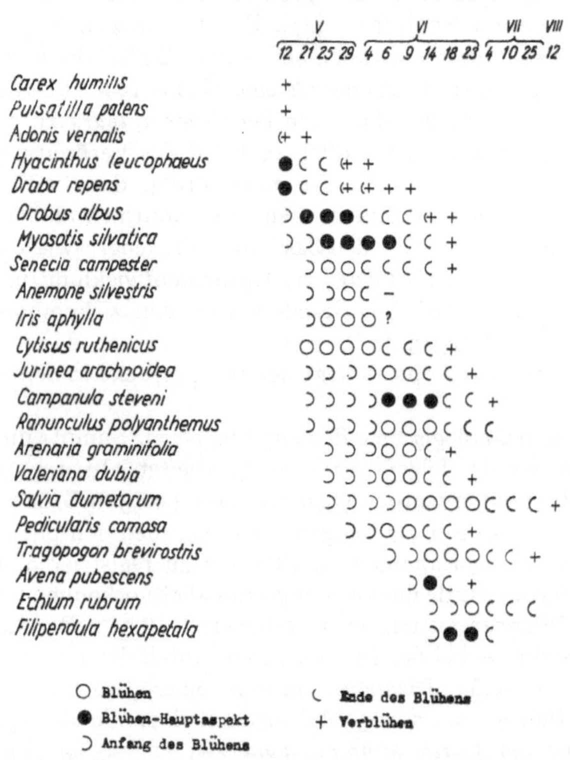

Fig. 1. Phänologisches Spektrum nach Aljechin 1951 (In Krotoska 1958).

Auf ähnliche Weise wurde das Phänospektrum eines Querco-Carpinetum von Zlatník und Zvorykin 1932 dargestellt. Hier kann man mehr Entwicklungsstadien der einzelnen Arten ablesen als bei Aljechin. Wie Fig. 2 zeigt, werden hier mehr Phasen bei Knospen-, Blatt-, Blütenknospen- und Blütenentwicklung unterschieden. Für das Reifen, die Reife und ausgestreute Diasporen gibt es nur je ein Zeichen. Die Dominanz der Arten in den Beobachtungstagen wird in der rechten Hälfte des Diagramms dargestellt.

Eine andere Weise der graphischen Darstellung der Entwicklungsphasen bei den Sumpf- und Wiesenpflanzen ist bei Balátová-Tuláč-

I.2.		1 20.4.	2 26.4.	3 3.5.	4 10.5.	5 18.5.	6 24.5.	7 31.5.	8 7.6.	9 14.6.	10 21.6.
Acer campestre	B										
Acer platanoides											
Carpinus betulus											
Cornus mas											
Corylus avellana											
Crataegus monogyna											
Berberis vulgaris											
Evonymus verrucosa											
Fagus silvatica											
Fraxinus excelsior											
Quercus sessilis											
Rhamnus cathartica											
Rosa sp.											
Acer campestre	C										
Acer platanoides											
Carpinus betulus											
Fagus silvatica											
Fraxinus excelsior											
Quercus sessilis											
Anthoxanthum odoratum											
Bromus asper											
Carex contigua											
Carex digitata											
Carex montana											
Festuca pseudovina											
Hierochloe australis											
Melica nutans											
Melica uniflora											
Poa nemoralis											
Agrimonia eupatoria											
Allium scorodoprasum											
Anemone nemorosa											

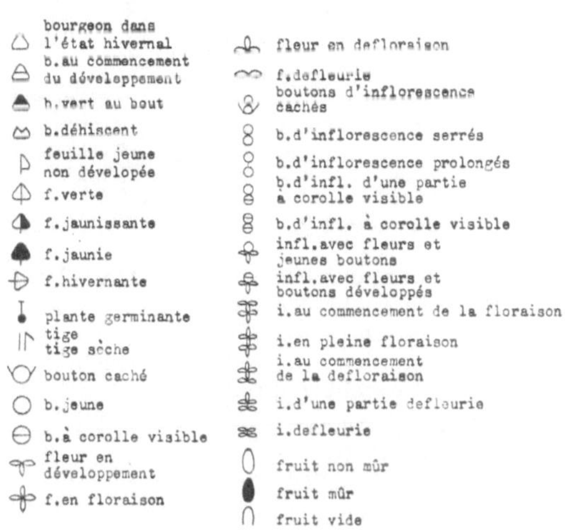

Fig. 2. Teil des Phänologischen Spektrums eines Querco-Carpinetum nach Zlatník und Zvorykin 1932.

ková 1959 zu finden (Fig. 3). Die Autorin benützt verschiedene Schraffierung und zwar für die Blütenknospen senkrechte, für Blühen total schwarz, für das Reifen schräge Schraffierung und für reife Diasporen unterbrochenes Schwarz. Die Entfaltung der sterilen Sprosse wird nicht berücksichtigt.

Die zweite Gruppe der Phänospektren-Diagramme enthält bei der phänologischen Entwicklung der Pflanzen auch die quantitativen Schwankungen im Laufe des Jahres. Hieher gehören z.B. die Phänospektren von Gams (1918) (Fig. 4). Bei jeder Art wird die Länge ihrer

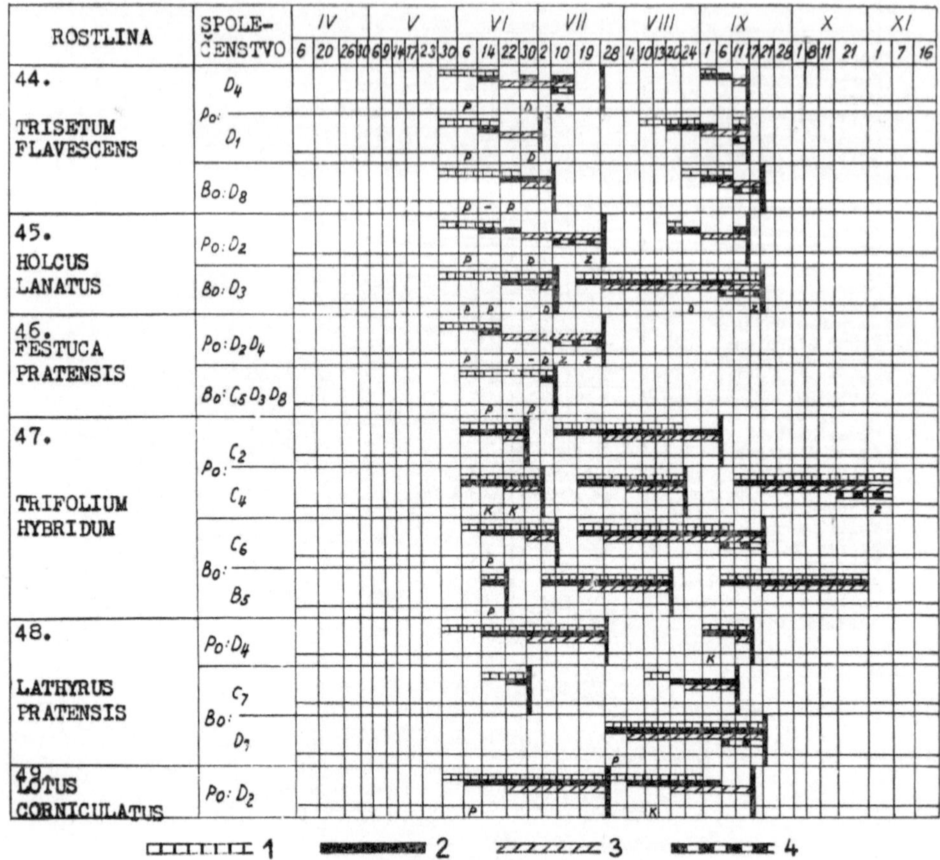

Fig. 3. Phänologisches Spektrum nach BALÁTOVÁ-TULÁČKOVÁ 1959.
P-Übergewicht von Knospen
K-Übergewicht von Blüten
D-Übergewicht von reifenden Früchten
Z-Übergewicht von reifen Früchten

1 Knospen-Phase
2 Blüten-Phase
3 Unreife Früchte
4 Reife Früchte

Jahresperiode dargestellt. Eine feine Linie bezieht sich auf die Ruheperiode (bei der Samenruhe wird sie ausgesetzt), beim Austreiben der Art wird sie breiter, zu der Blütezeit erreicht sie die Höchstbreite. Dies entspricht der geschätzten Abundanz der Art. Mit dem Aufhören der Assimilationstätigkeit wird das Aspektband wieder dünn. – Eine ähnliche Darstellung der phänologischen Entwicklung der Pflanzen innerhalb der Pflanzengesellschaften finden wir z.B. auch bei SALISBURY (1925), BHARUCHA (1932) und KRIPPELOVÁ et KRIPPEL (1956).

Die Phänospektren von ELLENBERG (1939), TOMASELLI (1948), GÖRS (1965), SYCHOWA (1959) und anderen Autoren stellen einen weiteren Schritt in dieser Darstellungsweise dar. Die Autoren berücksichtigen nicht die phänologische Entwicklung der Arten im Ganzen, sondern

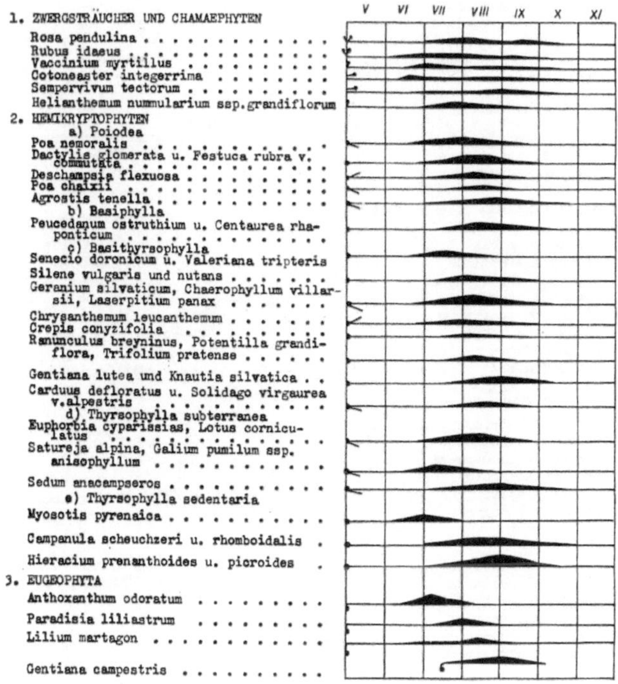

Fig. 4. Phänologisches Spektrum nach GAMS 1918.

analysieren quantitativ die einzelnen Hauptentwicklungsphasen: ELLENBERG 1939 die Entwicklung der vegetativen Organe und der Blüten, TOMASELLI und GÖRS die Phase der vegetativen Organe, des Blühens und der Fruchtreife, SYCHOWA die Hauptphasen der generativen Entwicklung. Als Beispiel sollen die phänologischen Spektren von GÖRS und SYCHOWA dienen. Fig. 5 zeigt ein Phänospektrum der diagnostisch wichtigen Arten einiger Flachmoor- und Zwischenmoorgesellschaften von GÖRS; vegetative Organe sind senkrecht schraffiert, Blüten-Stadium ist schwarz, Fruchtreife punktiert. Das Phänospektrum von SYCHOWA (Fig. 6) bezieht sich auf eine Unkrautgesellschaft, das Vicietum tetraspermae. Die Knospen werden durch senkrechte Schraffierung dargestellt, die Blüten sind schwarz, das Reifungsstadium ist ohne Schraffierung, die reifen Diasporen sind punktiert.

Auch das Blütezeitspektrum der Glatthaferwiesen von ELLENBERG 1952, wo die Farbenfolge einiger aspektbildenden Kräuter berücksichtigt wird, wäre hier einzureihen.

Eine teilweise quantitative Darstellung benutzt auch DÄNIKER 1947. Der Autor stellt die Ergebnisse seiner Beobachtungen des Entwicklungsrhythmus bei mehreren Pflanzen im Züricher Botanischen Garten graphisch dar (Fig. 7). Die einzelnen Phänophasen sind mit verschiedenen Zeichen ausgedrückt: Austreiben durch einen nach oben gerichteten Pfeil, das Entfalten durch einen nach oben offenen Winkel, das Blühen durch offene, die Fruchtzeit durch schwarze Kreise usw. Mengenverhältnisse sind nur beim Blühen und der Reife ersichtlich aus verschieden großen Kreisen.

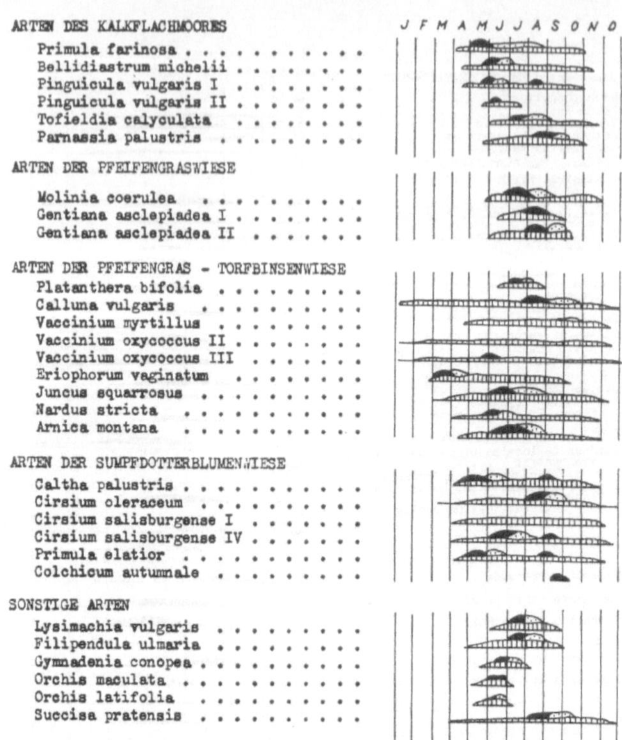

Fig. 5. Phänologisches Spektrum der diagnostisch wichtigen Arten in einigen Flach- und Zwischenmoorgesellschaften in GÖRS 1965.
Schwarz = Blüte, punktiert = Fruchtreife, schraffiert = vegetative Organe. I Pfeifengras-Kalkflachmoor, II Pfeifengraswiese, III Pfeifengras-Torfbinsenwiese, IV Sumpfdotterblumenwiese.

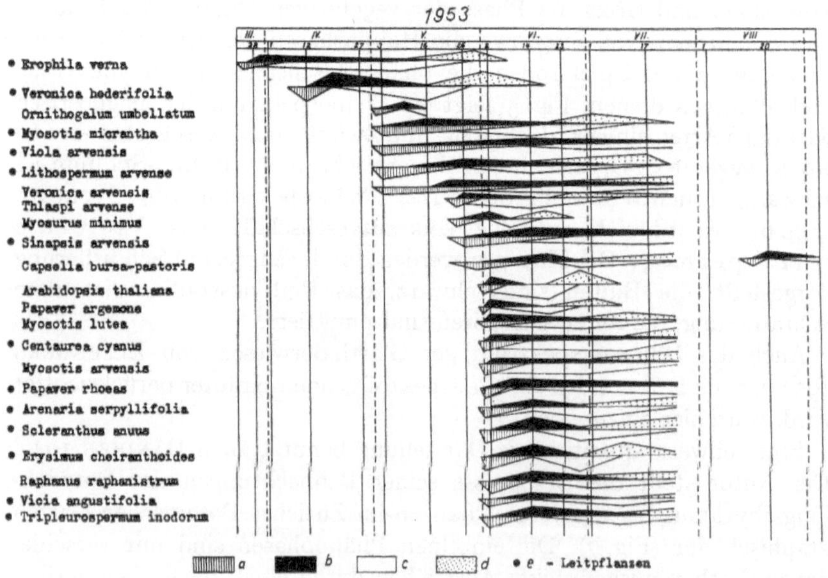

Fig. 6. Teil des phänologischen Spektrums eines Vicietum tetraspermae in SYCHOWA 1959.
Phänologische Stadien: a-Knospen, b-Blüten, c-unreife Früchte, d-reife Früchte.

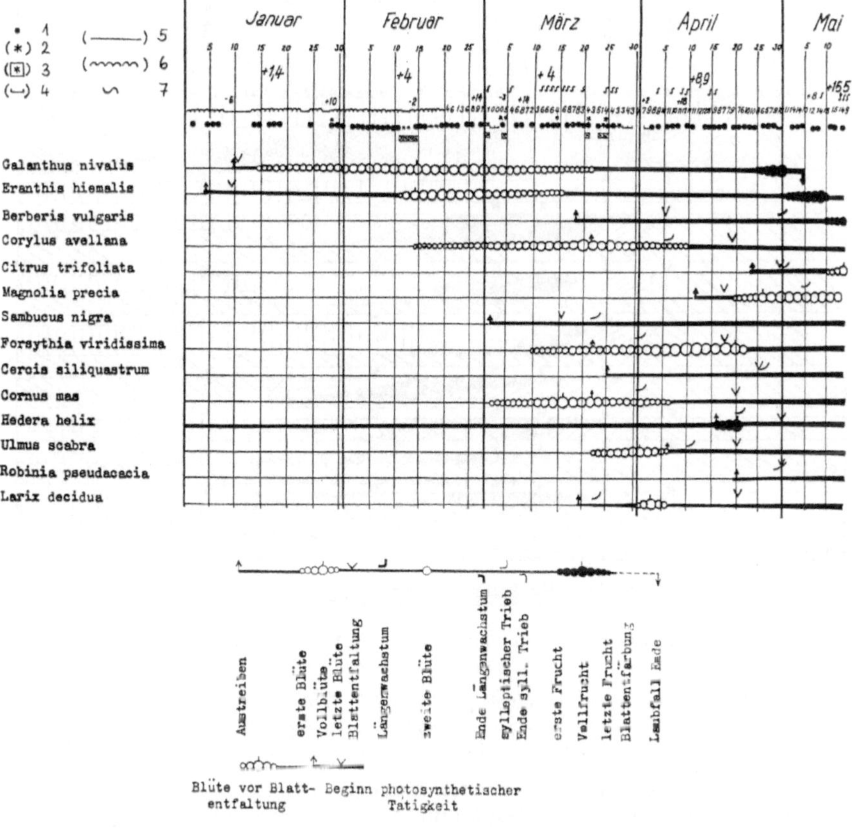

Fig. 7. Darstellung des Entwicklungsrhythmus einiger Pflanzen nach DÄNIKER 1947.

1 Tage mit Regen
2 Tage mit Schneefall
3 Tage mit Schneedecke
4 Tage mit Reif am Morgen
5 ∅ Tagestemper. <0°
6 ∅ Tagestemper. etwas >0°
7 Tage mit warmen S-und SW-Winden

Eine besondere Beachtung verdient die Phänospektren-Darstellungsweise von SCHENNIKOW und seinem Nachfolger SCHALYT. SCHENNIKOW publizierte 1932 das Phänospektrum einer krautreichen Wiese (Fig. 8). Das Spektrum-Band der einzelnen Arten entspricht hier deren Frequenz, deswegen bleibt es gleich breit. Bei den häufiger vorkommenden Arten wird auch das Verhältnis der fertilen zu den sterilen Exemplaren berücksichtigt. Der Verfasser unterscheidet ein Knospenstadium (nach rechts schräg schraffiert), ein Blütenstadium (schwarz), ein Fruchtstadium (netzig schraffiert) und die Fruchtreife (punktiert). Das Absterben wird durch eine senkrechte Schraffierung dargestellt. An der oberen Grenze des Arten-Spektrums wird die Zeit des Eintrittes, an der unteren Grenze die Zeit des Austrittes der Art aus der betreffenden Entwicklungsphase vermerkt. Durch Verbindung der sich entsprechenden Punkte bekommt man eine Reihe von Abschnitten, welche die gegenseitigen Beziehungen zwischen den besprochenen Phasen quantitativ ausdrücken.

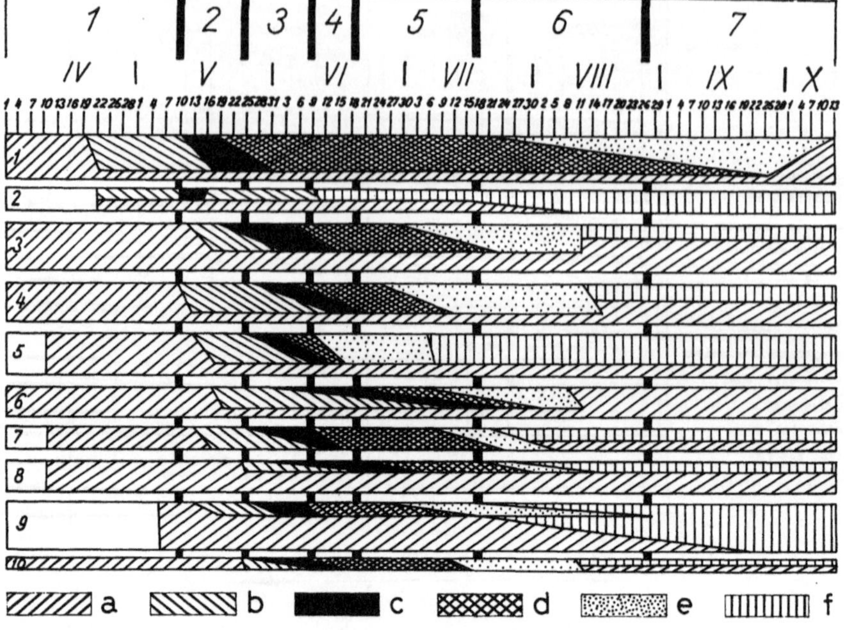

Fig. 8. Teil des phänologischen Spektrums einer Auenwiesengesellschaft nach SCHENNIKOW 1932.

1 – *Viola arenaria* 2 – *Equisetum pratense* 3 – *Glechoma hederacea* 4 – *Geum rivale* 5 – *Taraxacum officinale* 6 – *Polygala brachyptera* 7 – *Alchemilla glaucescens* 8 – *Carum carvi* 9 – *Trollius europaeus* 10 – *Fragaria vesca*.

a = Veget. Stadium, b = Knospenstadium, c = Blütenstadium
d = Fruchtstadium, e = Reifestadium, f = Absterbestadium

Die Phänospektren-Darstellung nach SCHALYT benutzte A. MATUSZKIEWICZ (1953) bei der graphischen Darstellung des Phänospektrum eines Birkeneichenwaldes (Querco-Betuletum) (Fig. 9). Da hier der Deckungsgrad der Arten während der Vegetationsperiode nicht gleich bleibt, werden die einzelnen Spektrenbänder verschieden breit. Sonst ist die Darstellungsweise der einzelnen Phänophasen sehr ähnlich wie bei SCHENNIKOW. Das Verhältnis der fertilen und sterilen Pflanzen wird allerdings nicht berücksichtigt. Bei A. MATUSZKIEWICZ wurden folgende Entwicklungsphasen unterschieden: Ruheperiode (wagerechte Striche), Blätterentfaltung (schräge Schraffierung), vegetatives Stadium (Netzschraffierung), Knospenphase (dicke senkrechte Striche), Blütenphase (schwarz), Reifungsphase (leere Kreise), Reife (schwarze Kreise), Diasporen-Ausstreuung (grobes Netz) und Blättervergilbung (Punkte). Auch das Phänospektrum einer Sumpfwiese (Caricetum appropinquatae) von BALÁTOVÁ-TULÁČKOVÁ (1966 – Fig. 10) ist auf demselben Prinzip aufgebaut. Es werden aber nur sechs Entwicklungsstadien unterschieden: sterile Sprosse (punktiert), Knospenphase (senkrecht schraffiert), Blühen (schwarz), Reifen (schräg schraffiert), Reife (Netzschraffierung) und Absterben (ohne Schraffierung). Bei den einen höheren Deckungsgrad aufweisenden Arten wurde auch das Verhältnis der sterilen und fertilen Exemplare graphisch dargestellt.

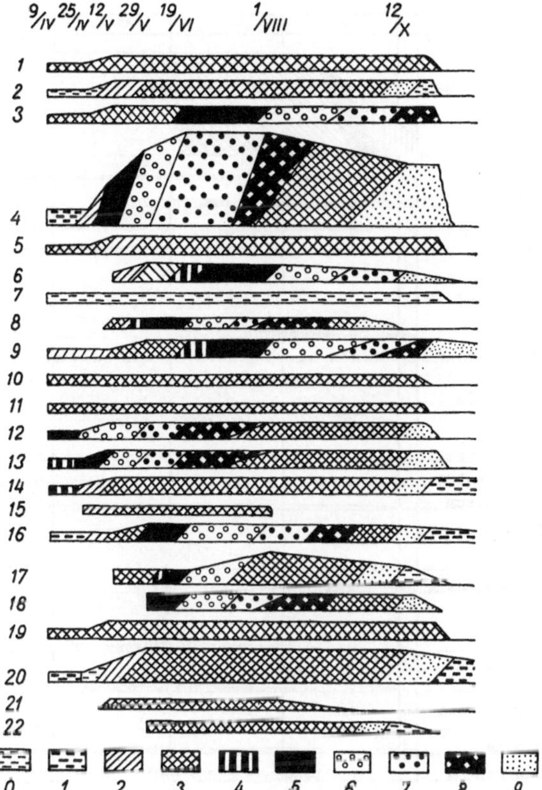

Fig. 9. Teil des phänologischen Spektrums einer Quercion roboris-Waldgesellschaft nach SCHALYT ausgearbeitet von A. MATUSZKIEWICZOWA 1953 (In KROTOSKA 1958).

0 – abgestorbene Pflanzenteile
1 – Ruhestadium
2 – Anfang der Belaubung
3 – vegetatives Stadium
4 – Blütenknospen
5 – Blühen
6 – reifende Früchte
7 – reife Früchte
8 – Diasporenstreuung
9 – Gelbfärben der Blätter

Artenliste:

1 – *Polytrichum formosum*
2 – *Pteridium aquilinum*
3 – *Veronica officinalis*
4 – *Vaccinium myrtillus*
5 – *Vaccinium vitis-idaea*
6 – *Melampyrum vulgatum*
7 – *Monotropa multiflora*
8 – *Trientalis europaea*
9 – *Calamagrostis arundinacea*
10 – *Entodon schreberi*
11 – *Hylocomium splendens*
12 – *Luzula pilosa*
13 – *Carex digitata*
14 – *Carpinus betulus*
15 – *Fragaria vesca*
16 – *Frangula alnus*
17 – *Majanthemum bifolium*
18 – *Melica nutans*
19 – *Mnium affine*
20 – *Quercus sessilis*
21 – *Rubus saxatilis*
22 – *Scorzonera humilis*

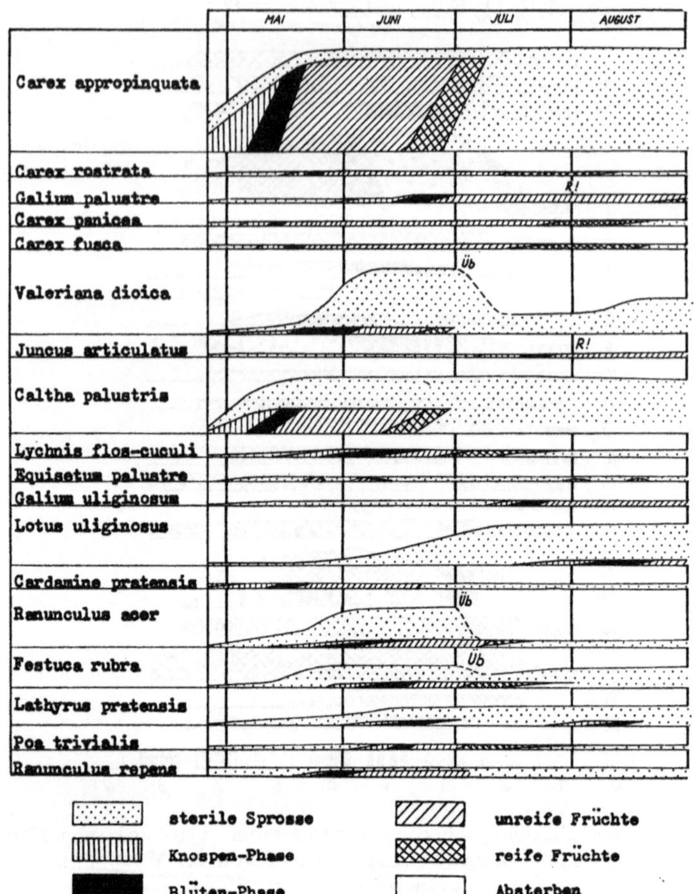

Fig. 10. Phänologisches Spektrum nach Balátová-Tuláčková 1966 Mscr. (Kombinierte Methode von Schennikow und Schalyt).

Eine besondere Berücksichtigung verdient der Vorschlag von R. Tüxen (1962), die quantitativ ausgewerte Aspekt-Folge der verschiedenen Blütenfarben graphisch darzustellen unter Benutzung des „Gruppenwertes" (Tüxen u. Ellenberg 1937). Es bestehen nämlich Zusammenhänge zwischen dem Erscheinen bestimmter Farbenaspekte und dem Auftreten bestimmter Bestäuber-Insekten, deren Folge für verschiedene Pflanzengesellschaften typisch zu sein scheint.

Auch die Methode der phänologisch-standörtlichen Untersuchungen, die von I. und V. Kárpáti ausgearbeitet wurde und wobei die Aspekt-Folge der Artengruppen gleicher biologischer Formen berücksichtigt wird, verdient weitere Anwendung.

ZUSAMMENFASSUNG

In diesem Beitrag wird die Hauptaufmerksamkeit den Phänospektren der Pflanzen innerhalb der Pflanzengesellschaften sowie der Phänospektren der definierbaren Pflanzengesellschaften gewidmet. Die generative Entwicklung der Pflanzen unter natürlichen Bedingungen kann mit den Entwicklungsphasen der anderen Pflanzen oder mit bestimmten Standortsfaktorenkomplexen (z.B. mit der Dynamik des Wasserregimes) eng verbunden sein. Ein Phänospektrum kann manchmal auch die Rolle der Pflanzen in der Gesellschaftsentwicklungsreihe näher beleuchten. Der Entwicklungsrhythmus der Gesellschaften dagegen steht oft mit deren Verbreitungszentrum im engen Zusammenhang.

Der übrige Teil des Beitrages betrifft die von der Autorin benützte Methodik der phänologischen Beobachtungen und die graphische Darstellung der phänologischen Spektren nach verschiedenen Autoren.

SUMMARY

In the present paper special attention is paid both to phenospectra of plants inside plant communities and to phenospectra of definable plant communities. Under natural conditions, generative development of plants may be closely connected with the developmental stages of other plants or with certain complexes of habitat factors (e.g. the dynamics of water relations). Sometimes the phenospectrum can throw much light on the role of a plant in the developmental series of plant communities. The developmental rhythm of plant communities on the other hand, is often in close connection with the centre of their area of distribution.

The remaining part of the paper deals with methodology of phenological observations used by the author and with graphical representation of phenological spectra according to various authors.

LITERATUR

BALÁTOVÁ-TULÁČKOVÁ, EMILIE: Příspěvek k poznání vlhkostní ekologické amplitudy a generativního cyklu lučních rostlin. – Beitrag zur Erkenntnis der ökologischen Feuchtigkeitsamplitude und des generativen Zyklus der Wiesenpflanzen. – Sborník ČSAZV, Rostlinná výroba **5** (10): 1367–1394. Brno 1959.

— Flachmoorwiesen der mittleren und unteren Opava-Aue. 1966. Im Druck.

BHARUCHA, F. R.: Étude écologique et phytosociologique de l'association à Brachypodium ramosum et Phlomis lychnitis des garigues languedociennes. – Beih. Bot. Centralbl. **50**, Erg. Bd. Dresden 1932.

DÄNIKER, A. U.: Phänologische Beobachtungen im botanischen Garten Zürich in den Jahren 1931–40. – Vierteljahres-Schrift Naturforsch. Ges. Zürich **92**, Beih. 2. Zürich 1932.

ELLENBERG, H.: Über Zusammensetzung, Standort und Stoffproduktion bodenfeuchter Eichen- und Buchen-Mischwaldgesellschaften Nordwestdeutschlands. – Mitt. Flor.-soz. Arbeitsgem. Niedersachsen **3**: 3–135. Hannover 1939.

— Wiesen und Weiden und ihre standörtliche Bewertung. – Landwirtschaftliche Pflanzensoziologie II. Stuttgart 1952.

GAMS, H.: Prinzipienfragen der Vegetationsforschung. – Vierteljahres-Schrift Naturforsch. Ges. Zürich **63**. Zürich 1918.

GREBENŠČIKOV, O. et al.: Hole južnej časti Vel'kej Fatry. – Almen des südlichen Teiles der Großen Fatra. – Bratislava 1956.

Görs, Sabine: Lebenshaushalt der Flach- und Zwischenmoorgesellschaften im württembergischen Allgäu. – Veröff. Württ. Landesstelle Naturschutz u. Landschaftspfl. **20**: 169–246. Ludwigsburg und Tübingen 1951.

Kárpáti, I. a. Kárpáti, Vera: The aspects of the calciphilous turf (Festucetum vaginatae danubiale) in the environs of Vácrátót in 1952. – Acta bot. Acad. Sci. hung. **1**: 129–157. Budapest 1954.

Krippelová, Terézia, Krippel, E.: Vegetačné pomery Záhoria. I. Viate piesky. Bratislava 1956.

Krotoska, Teresa: Pory roku w życiu roślin. Observacje fenologiczne w zespołach roślinnych. – Poznań. Tow. przyj. nauk, Nauki biol. **1**. Poznań 1958.

Matuszkiewicz, Aniela: Obserwacje fitosocjologiczne nad lasoborami (Quercion roboris) w okolicach Lublina. – Pflanzensoziologische Beobachtungen über die Quercion roboris-Gesellschaften in der Umgebung von Lublin (Polen). – Ekologia Polska **1** (4): 5–29. 1953.

Salisbury, E. J.: The structure of woodlands. – Veröff. Geobot. Inst. Rübel in Zürich **3**: 334–354 (Festschrift Carl Schröter). Bern 1925.

Schennikow, A. P.: Phänologische Spektren der Pflanzengesellschaften. – In E. Abderhalden: Handbuch der biologischen Arbeitsmethoden Abt. **11**, 6(2): 251–266. Berlin u. Wien 1932.

Sychowa, Maria: Fenologia kwitnienia i owocowania zespołów upraw polnych w Kostrzu koło Krakówa. – Phänologie des Blühens und Fruchtens einiger Ackergesellschaften in Kostrze bei Kraków. – Fragmenta flor. et geobot. **5**(2): 245–280. Kraków 1959.

Tomaselli, R.: La pelouse à Aphyllanthes (Aphyllanthion) de la garrigue montpellieraine. – Pavia 1948.

Tüxen, R.: Das phänologische Gesellschaftsdiagramm. – Mitt. Flor.-soz. Arbeitsgem. N.F. **9**: 51–52. Stolzenau/Weser 1962.

— u. Ellenberg, H.: Der systematische und der ökologische Gruppenwert. – Mitt. Flor.-soz. Arbeitsgem. Niedersachsen **3**: 171–184. Hannover 1937.

Vanden Berghen: Le „Liereman" à Vieux-Turnhout. – Bull. Soc. roy. Bot. Belgique **79**: 100–110. Bruxelles 1947.

Zlatník, A. u. Zvorykin, I.: Pokus o prozkum periodické proměny lesního a lučního stanoviště. – Essai des recherches du changement périodique de la station forestière et de celle des prairies. – Sborník VŠZ Brno, Fak. lesnická D **19**: 1–129. Brno 1932.

S. Pignatti:

Wir haben den Vergleich zwischen sehr vielen Methoden gesehen. Es handelt sich im Grunde genommen aber immer um dieselbe Methode mit verschiedenen Mitteln die einzelnen phänologischen Stadien zu beschreiben. Es ist eigentlich nicht so wichtig, ob die Blüte mit Punkten oder waagerecht schraffiert dargestellt wird. Die Methode von Marcello wurde nicht erwähnt.

Wir befinden uns schon seit Jahren bei der Bearbeitung dieses umfangreichen Materials, das 1963 über die Phänologie der Buchenwälder Europas gesammelt wurde. Die Zahl unserer Informationen geht wahrscheinlich in die Hunderttausende, wenn wir die Möglichkeit berücksichtigen, daß eine Information vorhanden ist oder fehlen kann. Diese Angaben sollen mit einem Computer ausgewertet werden.

J. Feise:

Phänologische Beobachtungen machen Freude und haben neben wissenschaftlichen Erkenntnissen auch praktischen Wert. Aus regelmäßigen

Aufzeichnungen kann man einen Kalender der durchschnittlichen phänologischen Jahreszeiten errechnen, also Beginn des Nachwinters, Vorfrühling, Erstfrühling, Vollfrühling bis Winter.

Nach den Abweichungen vom Mittel kann man beim Vergleich mit alljährlichen Aufzeichnungen im Feld oder auf der Weide im voraus die Ernte-Höhe und oft auch Güte voraussagen. Z.B. bringt ein späterer Vollfrühling höhere Erträge auf reinen Weidelgras-Weißkleeweiden als ein früherer (vermutlich wegen höherer Bodenfeuchte). Ebenso ist die Schwere des Haferkornes auf podsolhumosen Sandböden schon im Juni zu vermuten, ähnlich der Stärkegehalt von Futterkartoffeln usw.

E. OBERDORFER:
Man sollte solche phänologische Beobachtungen über mehrere Jahre hin machen. Es fällt mir nämlich immer wieder auf, daß vor allem bei den Grünlandgesellschaften oft die Aspekte abhängig vom Klimagang des Jahres ganz verschieden sind, daß z.B., sagen wir in einem trockenen Jahr, ganz andere Pflanzen stärker hervortreten als in einem feuchten Jahr. *Carex lasiocarpa*-Bestände können jahrelang steril sein und plötzlich fertil werden. Man sollte also vorsichtig sein gegenüber von Schlüssen aus der phänologischen Beobachtung nur eines Jahres.

R. TÜXEN:
Während wir unsere Typen sonst aus räumlich getrennten Einheiten bilden, die wir analysiert haben, sollten wir hier also gültige Mittelwerte aus genügend zahlreichen zeitlich aufeinander folgenden Beobachtungen bilden, was ja durchaus naheliegend ist. Ich bin Frau BALÁTOVÁ dankbar, daß sie uns in einem so gedrängten Referat die vielseitigen Möglichkeiten von der Systematik bis zu der praktischen Anwendung aufgezeigt hat.

S. SEGAL:
In dem schönen Vortrag von Frau BALÁTOVÁ ist vernachlässigt, daß Phänologie, Fertilität und Vitalität verschiedene Begriffe sind, die man manchmal trennen muß. Diese können unabhängig von einander sein (vergl. ZOLLER 1954).

BARKMAN, DOING u. SEGAL (1964) gaben ein System, in welchem diese Begriffe getrennt sind und teilweise von Ziffern wiedergegeben werden. Dies hat mehrere Vorteile.

Wichtig kann eine zeitliche Verschiebung phänologischer Phasen in verschiedenen Gesellschaften, in verschiedenen Jahren oder in verschiedenen Teilen Europas sein.

METHODISCHE PROBLEME IN DER ERFORSCHUNG DES PERIODISCHEN JAHRESRHYTHMUS DER PFLANZENGESELLSCHAFTEN

von

I. KÁRPÁTI–VERA KÁRPÁTI, Kesthely

Die wissenschaftlichen Untersuchungen zur Erforschung des periodischen Jahresrhythmus in Pflanzengesellschaften werden auch in Ungarn durch die den phytozönologischen Untersuchungen vorangehenden, der floristischen Beobachtungsweise entsprechenden pflanzenphänologischen Aufnahmen vorbereitet.

Im Jahre 1951 wurde durch die Errichtung der Agrarmeteorologischen Abteilung (I. KULIN und T. SZILÁGYI) im Meteorologischen Landesinstitut die Möglichkeit geschaffen, eine organisatorische Zentrale des phänologischen Beobachtungsnetzes aufzubauen. Zur Überwachung der wildwachsenden Gras-, Strauch- und Baumarten wurden etwa 200 Stationen gegründet. Die durch diese Stationen erarbeitete Anleitung bildet heute die Grundlage für eine einheitliche Beobachtung. Momentan obliegt diese Arbeit der Agro-Biometeorologischen Abteilung (J. SZAKÁL) im Meteorologischen Landesinstitut.

Verständlicherweise steht die phänologische Bewertung der Kulturpflanzen im Vordergrund. Mit der Entwicklung der pflanzenökologischen Betrachtungsweise wurde die Aufmerksamkeit von den Pflanzenarten auf die Untersuchung der Vegetation gelenkt. Die sich diesen Untersuchungen anschließende Erforschung des Mikroklimas nahm in Ungarn mit der Arbeit von R. SOÓ (1929) in der bergigen Umgebung des Balatons ihren Anfang, und im Laufe der letzten drei Jahrzehnte haben zahlreiche Detailuntersuchungen die mikroklimatischen Charakterzüge der verschiedenen Pflanzengesellschaften geklärt (B. ZÓLYOMI-N. BACSÓ 1934, 1935, 1936; P. MAGYAR 1935, 1936; Z. HARGITAI 1942, 1943; I. MÁTHÉ-J. JEANPLONG 1954; P. JAKUCS 1954–1956; I. PRÉCSÉNYI 1956; A. HORÁNSZKY 1957; M. KOVÁCS 1958; A. BORHIDI-MAGDA KOMLÓDI 1959; A. BORHIDI 1961; I. HORVÁTH 19; R. WAGNER 1954, 1957, 1961).

Diese enthalten nützliche Teilangaben und Anhaltspunkte, auch für die Erforschung der Aspekte. Im folgenden sei auf jene Aufgaben verwiesen, die mit der Analyse des periodischen Rhythmus in enger Verbindung stehen. A. BORHIDI und MAGDA KOMLÓDI (1955) analysierten am Baláta durch Anwendung des WALTERschen Klimadiagrammes den Zusammenhang, der zwischen der für das Naturschutzgebiet charakteristischen und für die Vegetation grundlegend wichtigen Niederschlagsmenge und der Schwankung des Wasserspiegels besteht.

I. KÁRPÁTI und VERA KÁRPÁTI untersuchten in ihren 1952 begonnenen Arbeiten den periodischen Rhythmus der kalkhaltigen Sandsteppen

(Festucetum vaginatae danubiale) und anschließend die Winterruheperiode dieser Pflanzengesellschaft. In späteren Arbeiten (1962) wurde der periodische Rhythmus der Auenwälder analysiert und vom experimentell-ökologischen Standpunkt aus die Winterruheperiode der wirtschaftlich wichtigen Baum- und Straucharten als Funktion der Witterungsverhältnisse dargestellt. Im Zusammenhang damit (1963) bearbeiteten sie den Aspekt der halbruderalen Wiesengesellschaften auf Auenstandorten (Agropyro–Rumicion crispi).

M. Kovács (1958, 1962) führte parallel mit Studien über die periodische Dynamik der Vegetation Untersuchungen in Wiesen- und Waldpflanzengesellschaften durch, um den monatlichen Rhythmus der ausschlaggebenden Standortsfaktoren zu klären, wie z.B. Feuchtigkeit, Temperatur, Humus-, Nitrat- und Ammoniumgehalt des Bodens, Wurzelsättigung, Enzymaktivität, pH-Veränderungen usw.

I. Máthé und Mitarbeiter (J. Jeanplong, A. Koltay, I. Précsényi 1954, 1956) unternahmen in Weidegesellschaften der Umgebung von Gödöllö systematische Aspektanalysen und studierten anschließend die periodischen Veränderungen der unterirdischen Pflanzenteile.

Die beiden Arbeiten von M. Ujvárosi (1949, 1954) über die Zönologie der Unkrautgewächse bilden die Grundlage für diese Aspekte. Im Gegensatz zu der in der Zönologie auch heute noch allgemein vorherrschenden Ansicht, wonach auf Ackerland die Unkrautgesellschaften der Getreidebestände von denen der Hackfrüchte zu unterscheiden seien, gelangte dieser Forscher durch die Analyse der Aspekte zu der Feststellung, daß sie keine selbständigen Assoziationen, sondern nur durch den Kulturpflanzenbestand modifizierte, unterschiedliche Aspekte ein und derselben Assoziation sind.

Im Jahre 1963 schloß sich auch Ungarn der ganz Europa umfassenden, von Prof. M. Marcello geleiteten Forschung über die Fagion–Aspekte an. Die Organisation der ungarischen Beobachtungen haben R. Soó und I. Kárpáti geleitet.

Bei der Untersuchung des periodischen Jahresrhythmus der Pflanzengesellschaften werden die Aspekte der verschiedenen Gesellschaften analysiert. Die Aspekte sind zeitbedingte Stufen der Pflanzengesellschaft, die in einer bestimmten Zönose, unter bestimmten Lebensbedingungen, in verschiedenen Abschnitten der Vegetationszeit periodisch aufeinander folgen. Die einzelnen Phasen dieser Stufen, das Gepräge, welches über die Zugehörigkeit der Lebensform und die ökologischen Ansprüche der Arten Auskunft gibt, sowie die Dauer der Phasen sind von den Witterungsverhältnissen abhängig. Deshalb muß man die Aspekte parallel mit der Registerierung der Witterungsverhältnisse analysieren, da die Gesetzmäßigkeiten nur auf diese Weise erfaßt werden können.

Mit der Untersuchung und Nutzanwendung der Witterungsfaktoren werden in der Aspektforschung zwei Wege verfolgt:

1. Die Wahrnehmung der Makro- und Mesoklimadaten geschieht auf meteorologischen Stationen.
2. Zur Ergründung einzelner Detailprobleme sind Mikroklimaforschungen nötig. Diese werden zu einem dem gesteckten Ziel ent-

sprechenden Zeitpunkt und nach bestimmten Gesichtspunkten durchgeführt.

Die beiden ausschlaggebenden Witterungselemente Boden- und Lufttemperatur sowie, Luftfeuchtigkeit werden heute mit Thermistor-Geräten registriert. Eine vollkommen befriedigende moderne Meßtechnik für die übrigen bedeutsamen Faktoren, wie Licht, Insolation, Verdunstung, Wind usw., muß erst erarbeitet werden. Die Änderungen der Lichtintensität kann man auf Grund neuester Forschungsergebnisse nach der Methode der Horizontbeschränkung ermitteln (Fig. 1–2).

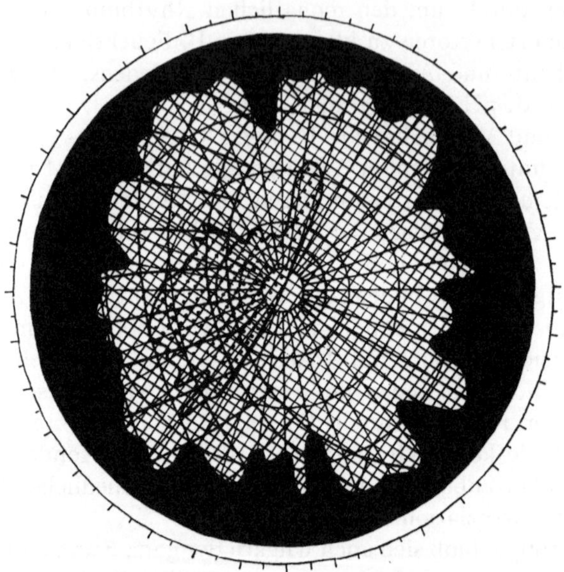

Fig. 1. Gestaltung einer Horizontbeschränkung in einer Weißpappel-Aue im Sommer.

Bei Untersuchungen über den periodischen Rhythmus ist es Grundbedingung, daß die in Frage kommende Pflanzengesellschaft zu jeder Zeit leicht erreichbar ist und gut beobachtet werden kann. Nach einer ausgearbeiteten Methode wird die individuelle Entwicklung der charakteristischen, verbreiteten Arten der Pflanzengesellschaften alle 3 bis 7 Tage festgestellt. Es werden die bei pflanzenphänologischen Aufnahmen üblichen Stufen angewandt, der wesentliche Unterschied besteht dabei darin, daß diese unter dem Blickwinkel der Dynamik der gesamten Gesellschaft zur Bewertung gelangen. Zu welchem Zeitpunkt auch die Pflanzengesellschaft geprüft wird, ihre Arten sind vom Standpunkt des Aspektes aus ungleichwertig. Es gibt sogar ,,Aspekt-Kennarten", die zu gegebener Zeit bezüglich ihres periodischen Rhythmus die höchste Stufe der individuellen Entwicklung erreichen, (d.h. sie stehen in Blüte).

Andere dagegen sind zur Zeit der Untersuchung in Vorbereitung (Keimung, Grundblatt, Bestockung, Schossen usw.) oder bereits im Stadium des Rückzuges (Fruchtreife, Laubfall, Samenausfall, Vertrocknung usw.).

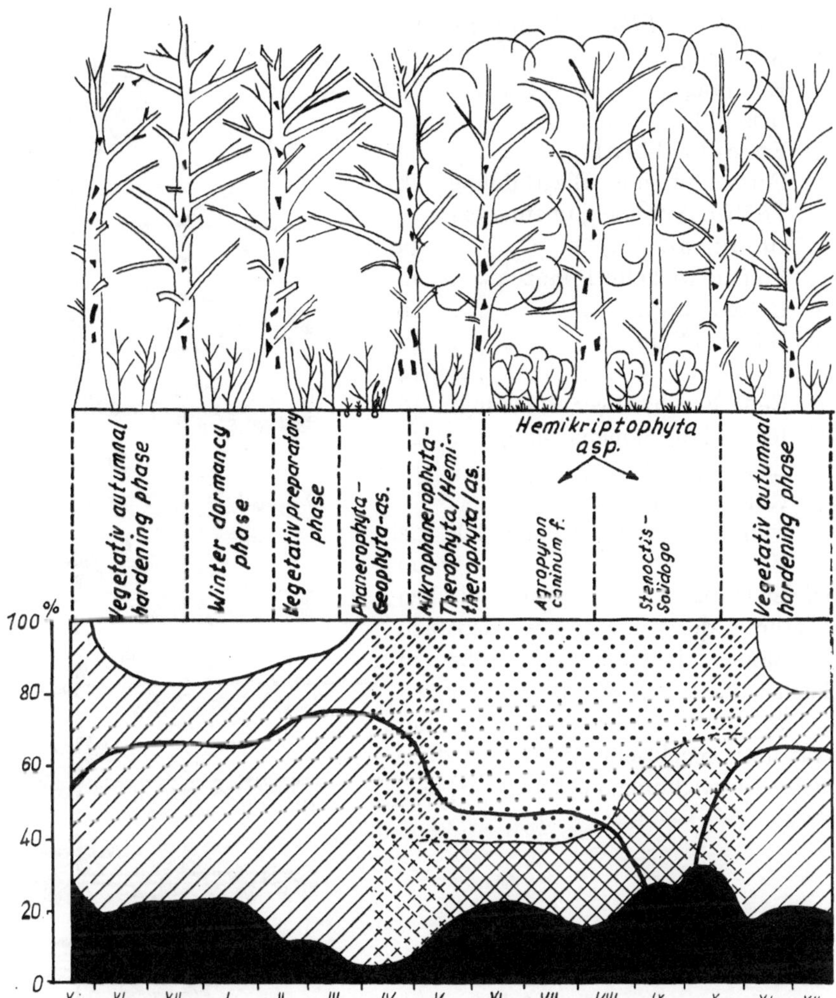

Fig. 2. Jährlicher periodischer Vegetationsrhytmus, Horizontbeschränkung und die direkt einfallende Strahlungssumme in einern Fraxino pannonicae-Ulmetum populetosum-Bestand im Jahre 1963.

Diese Stufen werden mit Rücksicht auf ihre periodische Entwicklung mit den Zahlen 1–5 bezeichnet, wobei den höchsten Aspektwert die Blüte (5) erhält. Die vom Gesichtspunkt des Aspektes aus identischen Stufen der individuellen Entwicklung erhalten zur Unterscheidung zusätzlich Buchstaben (4a, 4b, 4c usw.).

Nach der angewandten Aufnahme-Skala werden für die Kennzeichnung der Blütenpflanzen folgende Aspektwerte benützt:

Aspektwerte für Blütenpflanzen (Fig. 3):

1.	Knospung	1a
2.	Keimung	1b
3.	Grundblatt	1c
4.	Erstes Laubblatt	2a
5.	Fortschreitende Blattbildung	2b
6.	Treiben (Sprossen, unentwickelte Pflanzen)	3a
7.	Voll entwickelte Pflanzen	4a
8.	Blütenknospe	4b
9.	Blütestadium	5a
10.	Verblüht	4c
11.	Reife Frucht (Fruchtfärbung)	4d
12.	Fruchtfall (Samenausfall)	2c
13.	Laubfall (bis 10%–95%)	1d
14.	Ruhestadium (Laubfall, überwinternde Organe in der Erde).	0a
15.	Vertrocknet	0b

Bei der Untersuchung des periodischen Rhythmus der Vegetation wurden auch die Moose, Flechten und Pilze in gleicher Weise wie die Blütenpflanzen in eine Fünfer-Skala eingestuft, und zwar mit Rücksicht auf ihre individuelle Entwicklung nach dem Aspekt.

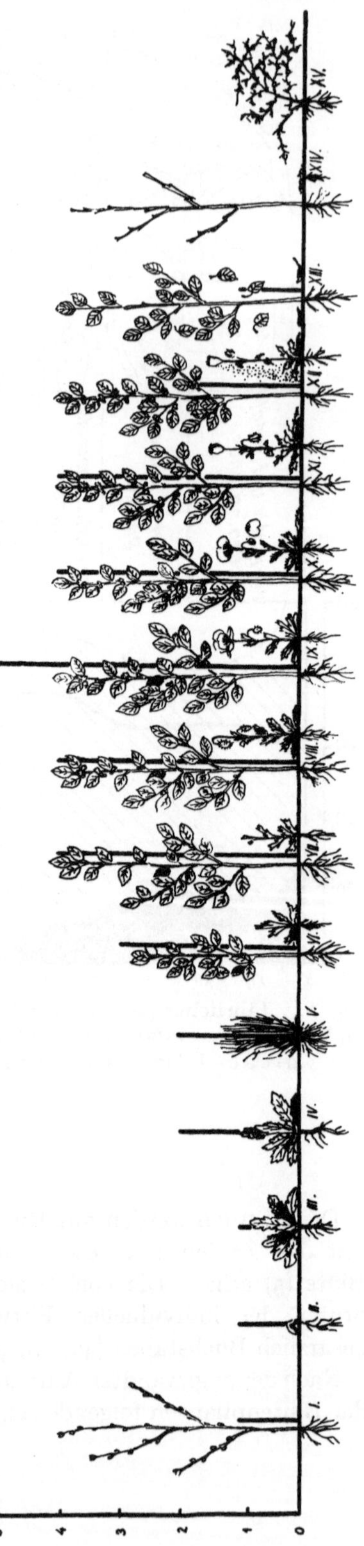

Fig. 3. Aspektwerte für Blütenflanzen (nach I. u. Vera Kárpáti 1952).

Fig. 4. Aspektwerte für Moose (nach I. u. VERA KÁRPÁTI 1952).

Aspektwerte für Moose (Fig. 4):

1. Sterile Pflanzen 3a
2. Erscheinen der Befruchtungsorgane 5a
3. Erscheinen des Sporangiums 4a
4. Reife Sporangien 5b
5. Ausfallende Sporangien 3b
6. Scheinbar vertrocknete Pflanzen 2a
7. Vertrocknete Pflanzen (teils vertrocknet) 0a

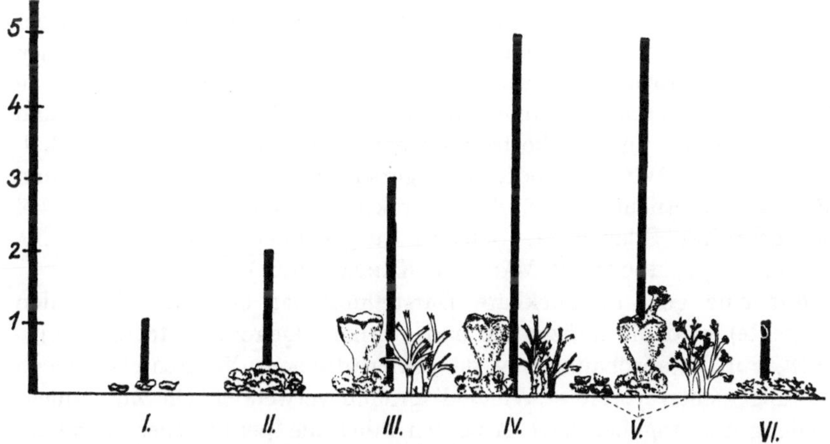

Fig. 5. Aspektwerte für Flechten (nach I. u. VERA KÁRPÁTI 1952).

Aspektwerte für Flechten (Fig. 5):

1. Anfang der Besiedlung 1
2. Horizontal-Besiedlung (Thallus primarius) 2
3. Vertikal-Besiedlung (Podetium) 3
4. Soredien-Bildung (vegetatives Vermehrungsstadium) 5a
5. Präsenz der Apothecien (generatives Vermehrungsstadium) . . 5b
6. Vertrocknete Besiedlung 1

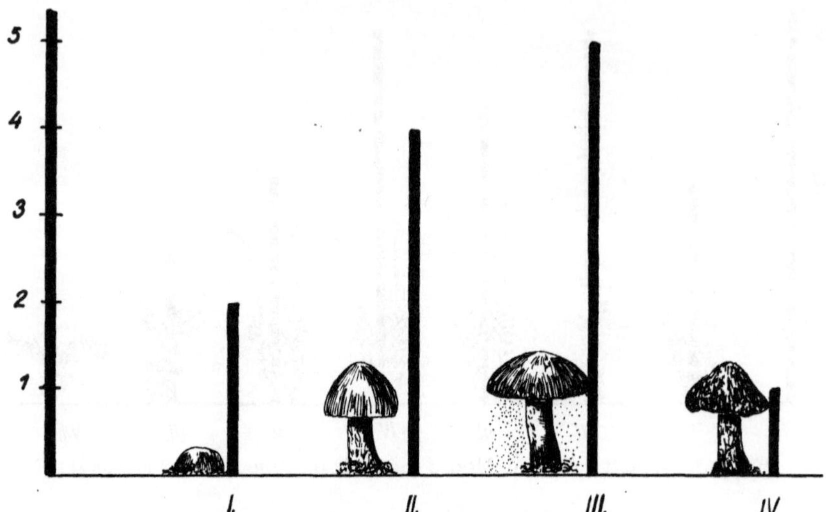

Fig. 6. Aspektwerte für Pilze (nach I. u. VERA KÁRPÁTI 1952).

Aspektwerte für Pilze (Fig. 6):

1. Erscheinen des Fruchtkörpers 2
2. Entwickelte Fruchtkörper 4
3. Reife Fruchtkörper 5
4. Abgestorbene Fruchtkörper 1

Die Fachliteratur grenzt die Aspekte im allgemeinen nach Jahreszeiten ab und unterscheidet Frühjahrs-, Spätfrühjahrs-, Vorsommer-, Sommer- und Herbst-Aspekte. Die meisten Abhandlungen lassen die Periode der scheinbaren Winterruhe außer acht, da man ihr nur schwer beikommen kann. Wir haben bei unseren Forschungen die Untersuchungen im Feldbestand durch experimentell-ökologische Methoden ergänzt und waren bestrebt, unter Laborbedingungen, zum Beispiel durch Ausschalten der kalten Winterperiode, durch gezielte Dosierungen von Licht und Wärme usw. Angaben über den Charakter der Winterruhe-Periode bei den geprüften Pflanzengesellschaften zu gewinnen (I. KÁRPÁTI, VERA KÁRPÁTI 1955, 1961; GY. MÁNDY-I. KÁRPÁTI 1961).

Für eine gut überblickbare Darstellung der einzelnen Zeitstufen (Aspekte) wird die horizontale und vertikale Quadratkarte von ALJECHIN, zur Veranschaulichung der unterirdischen Pflanzenteile jedoch das allgemein verbreitete Wurzeldiagramm verwendet. Die Zusammenstellung der Angaben nach Aspekten führt die periodischen Veränderungen in der Pflanzengesellschaft wie einen Filmstreifen vor.

AUSWERTUNG DER AUFNAHMEN

Die ermittelten Aspektwerte werden in einer Tabelle zusammengefaßt und nach der Blütezeit (Beginn und Abschluß der Blüte) der gesellschaftsbildenden Arten gruppiert. Auf der Grundlage der tabellarischen Übersicht wird dann das für die Jahresperiode charakteristische Aspektschema konstruiert.

Die Aspekte erhalten ihre Bezeichung nach den RAUNKIAERschen Lebensformen nach den den Aspekt kennzeichnenden in Blüte stehenden Pflanzenarten. Innerhalb der Aspekte werden dann die einzelnen Phasen unterschieden; hierfür dienen die massenhaft auftretenden ständigen, in gewissen Abschnitten des Aspektes blühenden Pflanzenarten als Grundlage.

Im komplexen Diagramm über den periodischen Jahresrhythmus der verschiedenen Pflanzengesellschaften werden die Aspekte und ihre Phasen auf die Zeitachse aufgetragen. Sie verlaufen parallel mit dem Rhythmus, der als ausschlaggebend erachteten bzw. meßbaren Witterungs- und sonstigen wichtigen Standortsfaktoren.

Die konkrete Lebensformanalyse in den einzelnen Aspekten ist auf Grund der Mengenverhältnise bewertet.

Hier möchte ich von unseren Forschungsergebnissen drei Beispiele darstellen: Im Jahre 1952 wurden die folgenden Aspekte und Aspekt-Phasen in der Umgebung Vácrátót von kalkliebenden Sandsteppen Festucetum vaginatae danubiale aufgenommen (Fig. 7).

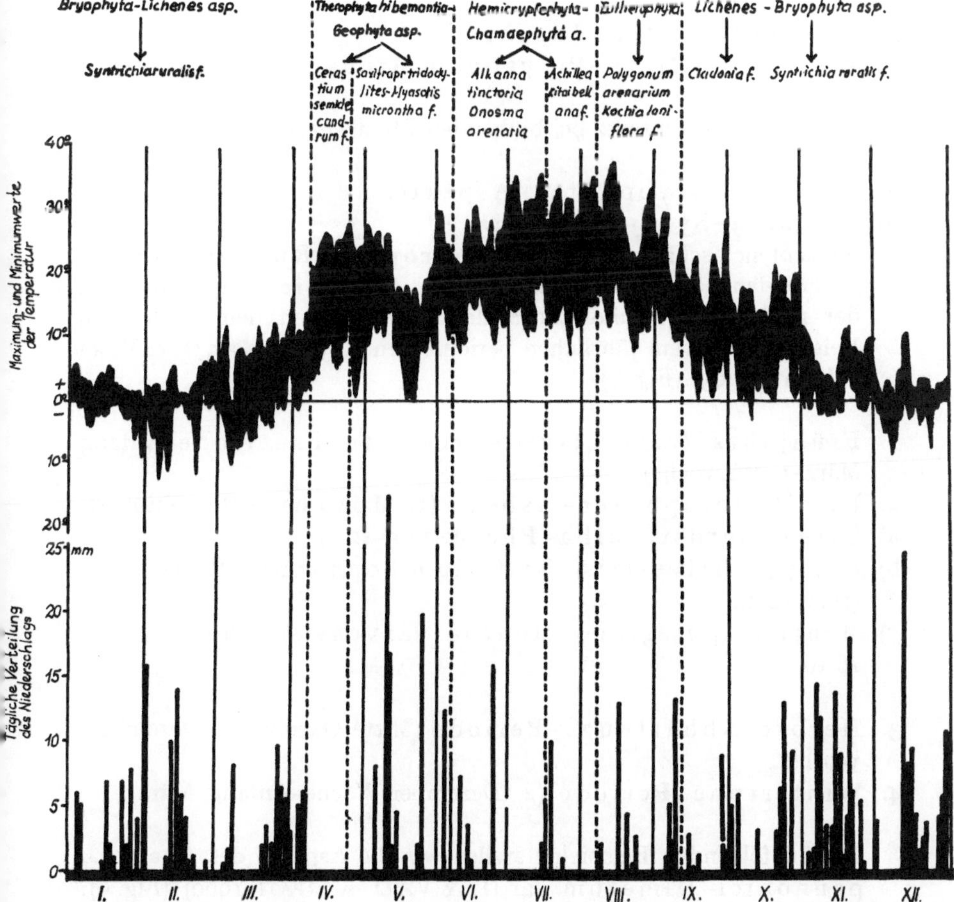

Fig. 7. Aspektschema des Festucetum vaginatae danubiale (Vácrátót 1952, nach I. u. VERA KÁRPÁTI).

1. Therophyten hibernatia-Geophyten-Aspekte (10.4-10.6).
a) Cerastium semidecandrum-Phase (10.4-21.4).
Lebensformprozentsatz bei blühenden Pflanzenarten: Th 50%, G 50%.
b) Myosotis micrantha-Saxifraga tridactylites-Phase (16.4-10.6).
Lebensformprozentsatz bei blühenden Pflanzenarten: Th 70%, H 30%.

2. Hemikryptophyta-Chamaephyta-Aspekte.
a) Alkanna tinctoria-Onosma arenaria-Phase (8.5-6.7).
Lebensformprozentsatz bei blühenden Pflanzenarten: Th 50%, H 50%.
b) Thymus glabrescens-Fumana procumbens-Phase (24.7-7.8).
Lebensformprozentsatz bei blühenden Pflanzenarten: H 62,5%, Ch 25%, Th 12,5%.

3. Eu-Therophyten-Aspekte.
a) Kochia laniflora-Polygonum arenarium-Phase (7.8-14.9).
Lebensformprozentsatz bei blühenden Pflanzenarten: Th 100%.

4. Lichenes-Bryophyten-Aspekte.
a) Cladonia-Syntrichia-Phase.
Sie hebt sich scharf von dem zum Agropyro-Rumicion crispi gehörenden Rorippo (silvestris)-Agrostietum (albae) in der niedrigeren Neuholozän-Stufe der Auen von dem vorherigen Beispiel mit ihrem jährlichen periodischen Rhythmus ab (I. & VERA KÁRPÁTI 1965) (Fig. 8).

1. Frühjahrs-(vegetative) Vorbereitungsperiode (Anfang März-1. Maiwoche).
2. Hemikryptophyten-Aspekt (1. Maiwoche-Mitte Oktober).
a) Carex-Agrostis alba-Phase (11.5-12.6).
b) Rorippa (silvestris)-Trifolium bonnannii-Phase (18.5-14.9).
c) Mentha (pulegium)-Mentha (arvensis)-Phase (15.8-16.10).

3. Herbst-Abhärtungs-Periode (Mitte Oktober-2. Dezember-Woche).
4. Winterruhe-Periode (2. Dezember-Woche-Anfang März).

In den folgenden Beispielen stellen wir die Aspekte des Fraxino pannonici-Ulmetum dar (I. & VERA KÁRPÁTI 1960) (Fig. 9).
1. Frühjahrs-(vegetative) Vorbereitungs-Periode (10.-15.2-15.3).

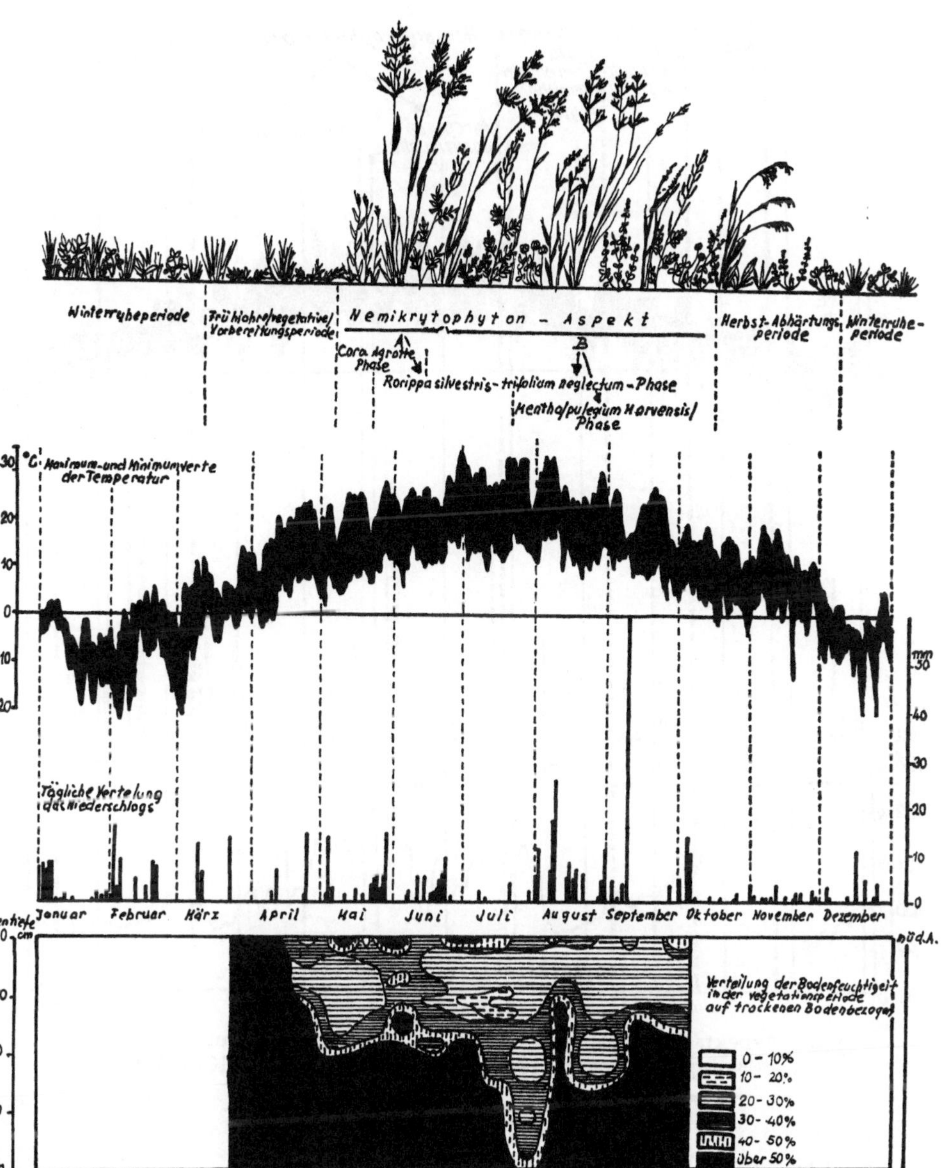

Fig. 8. Aspektschema des Rorippo–Agrostietum, Donauau-Musterfläche Felsőgőd (I. u. Vera Kárpáti 1963).

2. Phanerophyten (MM–M), Geophyten (G)–Aspekt (15.3–10.–20.4).
3. Microphanerophyten (M) (Therophyta: Th), Hemi-Therophyten (Th)–Aspekt (20.4–5.6).
4. Hemikryptophyten (H)–Aspekt (5.6–20.10).
a) Agropyron caninum–Phase.
b) Solidago gigantea–Phase (7.8–20.10).

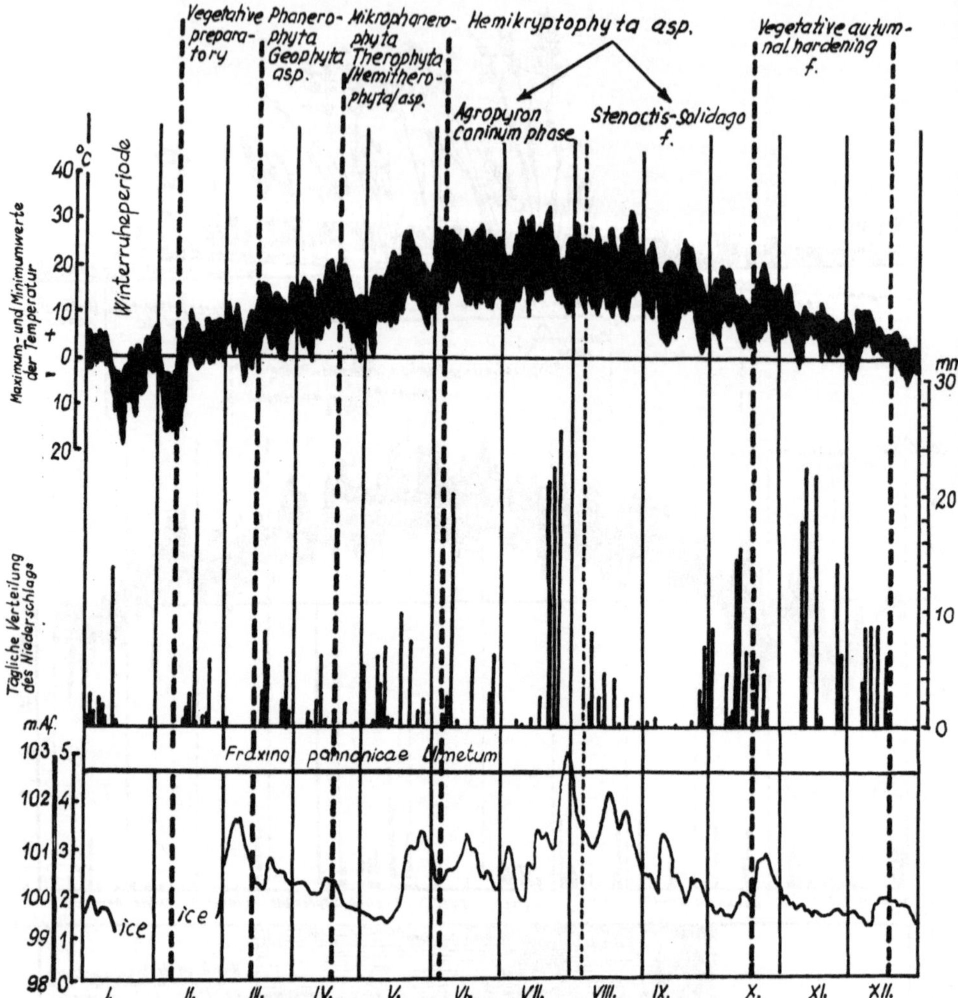

Fig. 9. Aspektschema des Fraxino pannonicae–Ulmetum an der Vác-Budapest Donau-Strecke 1960 (nach I. u. VERA KÁRPÁTI).

5. Herbst–Abhärtungs–Periode (20.10–20.12).
6. Winterruhe–Periode (20.12–10.2).

Wir haben in unserem Referat nur die Analyse und die Abbildung des periodischen Jahresrhythmus der Assoziationen dargestellt.

Wir berühren jetzt die ökologischen Methoden nicht, das soll das Thema einer anderen Studie sein.

ZUSAMMENFASSUNG

Die Autoren stellen auf Grund ihrer 15-järigen Forschungsarbeiten die Methoden der jährlichen Dynamik der Vegetation dar.

In der Einleitung bewerten sie die einschlägigen ungarischen Forschungsergebnisse. Sie machen dann im Einzelnen mit der Methode der Aspekt-Aufnahmen bekannt und behandeln die von ihnen aufgestellte Aspektwerte-Skala.

Nach der Darstellung dieser Methode schildern sie an drei Beispielen (Festucetum vaginatae danubiale, Rorippo (silvestris)-Agrostietum, Fraxino pannonici-Ulmetum) die Aspekte der Gesellschaften.

SUMMARY

The authors present their method elaborated on the basis of their nearly 15 years' research work, by which they wish to approach the knowledge of the annual periodical rhythm of vegetation.

In the prefatory part of the lecture they touch upon evaluating the results of the research relating to the problem in Hungary. They expound in full the method of examination of the aspects and deal with the aspect-value scale drawn up by them.

Demonstrating their method they illustrate the course of the aspects by three examples (Festucetum vaginatae danubiale, Rorippo (silvestris)-Agrostietum, Fraxino pannonici-Ulmetum).

G. FOLLMANN:
Ich glaube, es ist nicht möglich, solche Aspektwerte auch für Flechten aufzustellen. Denn manche Flechten haben doch genotypisch die Fähigkeit zur Apothecien-Bildung überhaupt verloren. Und dann können wir sie nicht mit 4a oder b einordnen. Ich nenne auf der Nordhemisphäre nur *Vermicularia* oder auf der Südhemisphäre *Sipula* oder dergl.

OTTI WILMANNS:
Ich möchte für Frau KÁRPÁTI sprechen. Denn ich glaube, daß sie den wunden Punkt bei diesen phänologischen Beobachtungen ganz gut erfaßt hat. Es ist ja wohl unbestreitbar, daß die Phänologie und Aspektforschung sich bei uns keiner übertriebenen Anerkennung erfreuen. Sonst gäbe es doch wohl Arbeiten darüber. Man fragt sich, weshalb? Lohnt sich eigentlich der Aufwand und die ganze Mühe? Man muß sich fragen, was ist eigentlich der Effekt? Ich glaube, man kann diese Aufnahmen unter verschiedenen Gesichtspunkten auswerten. Erstens ist es sicherlich so, daß die reine Deskription der Gesellschaften verschiedenen Ranges dadurch gewinnt. Zweitens kann man sagen, es ist sicher ein gewisser heuristischer Wert da. Man wird sich etwa fragen können, warum blüht also an dieser Stelle *Lamium* oder eine andere Art früher als an einer anderen Stelle? Man kann die Frage experimentel untersuchen.

Ich glaube, daß das auch das Wesentliche bei dem Vortrag von Frau KÁRPÁTI war, daß sie also einen Ansatz zur Kausalanalyse macht. Nun die Kausalanalyse im Gelände, wie es dort auch vorgeschlagen wurde, mittels umfangreicher experimenteller Meßapparaturen ist sicherlich außerordentlich schwierig und wird wohl, möchte ich annehmen, kaum zu sehr befriedigenden Ergebnissen führen. Man kann sich also drittens fragen, kann man nicht speziall soziologisch einen Gewinn daraus ziehen, abgesehen von der reinen Deskription? Ich meine, dann muß man doch wohl fragen, lassen sich irgendwelche funktionalen Abhängigkeiten innerhalb der Bestände und Gesellschaften herausstellen?

Es wurde verschiedentlich darauf hingewiesen, daß das Farbmuster und die Farbsequenz in den einzelnen Beständen etwa mit der Enthomogamie ganz gut in Zusammenhang gebracht werden könnte. Soweit ich weiß, hat das wohl noch niemanden im einzelnen durchgeführt. Aber zweifellos besteht die Möglichkeit. Da möchte ich meinen, sollte man vielleicht doch gerade in Anbetracht des relativ großen zeitlichen Aufwandes, den die Untersuchung verlangt, die Untersuchungen nicht so umfangreich, dafür aber etwas gezielter ansetzen. Wenn man z.B. nach der Bedeutung der Aspekt-Folge des Arrhenatheretum für den Besuch der Insekten und der Bestäubung fragt, so sollte man sich nicht einfach mit solchen Farb-Sequenzen begnügen. Denn es ist doch seit langem gut bekannt durch von FRISCH etwa, daß selbst gelbe Blüten, die uns dem menschlichen Auge immer so sehr ähnlich erscheinen, etwa *Erysimum*, *Raphanus* oder *Brassica*, daß sie, wenn man sie hinsichtlich der UV-Reflexe vergleicht, völlig verschieden sind, daß sie also für das Insekten-Auge, mindestens für die Bienen, völlig verschiedene Werte darstellen. So ist auch rot nicht gleich rot. Sicherlich ist eine *Dianthus carthusianorum*-Blüte für die Insekten ganz anders einzustufen, als etwa eine von *Trifolium pratense* oder von *Trifolium fragiferum.*

Ich würde sagen, man sollte durchaus derartige phänologische und Aspektbeobachtungen machen, aber sie vielleicht doch in der Anlage, in der Methodik mehr auf bestimmte konkrete Fragestellungen abstimmen.

R. CARBIENER:
Les résultats d'examens phénologiques peuvent permettre, dans certains cas, de déceler l'existence d'écotypes particuliers à une association. L'observation phénologique est particulièrement utile, dans cette optique, lorsqu'elle concerne des espèces collectives polymorphes en voie d'évolution. Les différences des dates de floraison peuvent être des critères plus marquants de différenciation infraspécifique que les caractères morphologiques, souvent peu marqués et interférant avec des variations phénotypiques. En sus des cas déjà classiques (*Rhinanthus* div. sp., *Gentiana campestris* etc.) nous songeons aux travaux plus récents de P. JAEGER concernant *Knautia arvensis* et *Heracleum sphondylium*, ces espèces sont présentes dans les Arrhenatheretalia sous forme d'écotypes précoces jouant un rôle physionomique important en mai–juin, et se rencontrent dans d'autres groupements moins artificiels, en l'occurence le Mésobromion pour le *Knautia*, les lisières de forêts riveraines (Auenwald-Saum) pour *Heracleum*, sous forme d'écotypes de taille différente et de floraison tardive. Citons aussi des observations personnelles concernant *Chrysanthemum leucanthemum.* Cette espèce est présente dans les prairies

naturelles, subalpines thermophiles à *Calamagrostis arundinacea* des Hautes Vosges sous forme d'un écotype à floraison tardive, tetraploïde (dét. FAVARGER) ne se distinguant pratiquement que par sa taille et surtout sa phénologie, d'un écotype, également tetraploïde (dét. FAVARGER) de floraison précoce rencontré dans les Arrhénathéraies de la plaine d'Alsace et des vallées vosgiennes. Or un type à floraison tardive également tetraploïde existe dans le Mésobromion des collines sous-vosgiennes ce qui pose l'intéressante question de son identité éventuelle avec le taxon des Hautes Vosges, de l'origine et de l'âge de ce dernier.

Ces exemples pour contribuer à mettre en valeur l'intérêt de la caractérisation des structures et du rythme phénologiques des associations. A l'exploitation synsystématique (caractérisation et aspects saisonniers typiques des associations) et mésologique (microclimats) des spectres phénologiques, il faut ajouter cette possibilité de déductions éthologiques.

J. J. BARKMAN:
Die Periodizitätsuntersuchungen sind besonders wichtig, aber auch besonders schwierig und zeitraubend bei den Pilz-Synusien, wie wir sie jetzt in Holland in Wacholdergebüschen seit zwei Jahren wöchentlich in Dauerquadraten durchgeführt haben. Dabei müssen jeweils alle Fruchtkörper entfernt werden, weil viele Arten nur mikroskopisch und chemisch zu bestimmen sind. Jede Woche wurden von jeder Art alle Fruchtkörper gezählt in den verschiedenen Mikrogesellschaften dieser Gebüsche. Gleichzeitig wurden Minimum- und Maximumtemperatur, Evaporation, Niederschlagsmenge am Boden (Durchfall), Bodenfeuchtigkeit und Nadelstreu-Fall gemessen. Die Mikrogesellschaften sind in diesen Eigenschaften alle verschieden. Ergibt eine Momentaufnahme des Pilzaspekts in der Hauptsaison nur eine Pilzartenzahl von etwa 40, so brachte eine ganzjährige Beobachtung der gleichen Fläche 85 Arten, zu denen in den nächsten Jahren noch 20 weitere Arten hinzukommen dürften.

Auch für die rein floristische Analyse genügt also eine Momentaufnahme nicht.

Die Pilze der Lücken zwischen den Wacholdersträuchen und den moosreichen und moosarmen Stellen (kahle Nadelstreu), im Strauchinnern sind teilweise verschieden. Die gemeinsamen Arten zeigen im dichten Strauchinnern ein in der Zeit stark verspätetes Auftreten, das zusammenhängt mit den viel geringeren Niederschlägen. Hier sowohl, wie in den Lücken treten die meisten Arten erst auf, wenn die Bodenfeuchtigkeit den kritischen Wert von 15 Volumprozent überschreitet. Dann sind die Fluktuationen der Individuenzahlen stark mit der Bodenfeuchtigkeit korreliert, wobei im Herbst durch niedrigere Temperaturen (langsames Wachstum) ein Verzögerungseffekt auftritt. Im Spätherbst übernimmt die Minimumtemperatur die Rolle der Bodenfeuchtigkeit als dominierender Faktor.

COMPLEXE HORIZONTAL ET COMPLEXE VERTICAL

par

J. Wolak, Warszawa

Ce rapport contient quelques réflexions qui nous ont été suggérées par un travail sur les tourbières basses, effectué quand nous avons dressé la carte des groupements végétaux en bordure du Parc National de Białowieza, le long des rivières Narewka et Hwoźna qui constituent les frontières ouest et nord de la réserve.

Les vallées de ces rivières, comblées de tourbe jusqu'à quatre mètres de profondeur, ont été autrefois exploitées comme pâturages et prairies fauchables à *Cypéracées*. Dès qu'on a créé le Parc National, ces anciennes prairies se sont trouvées en limite de la réserve stricte, ce qui a éliminé le facteur anthropogène. A ce moment là, la succession régénérative, c'est-à-dire secondaire, a commencé. Nous avons eu l'occasion de voir les résultats de ce processus pendant l'excursion de l'Association Internationale en 1963.

Mais cette inclusion des terrains riverains dans la réserve ne se fit pas d'un seul coup. Les formalités ont duré de 1929 à 1939. Pendant la guerre et quelques temps après, certaines parcelles ont été fauchées de nouveau. C'est pourquoi l'image de la végétation est, là, aussi compliquée et variable. La carte phytosociologique même était conçue comme la base pour les études sur la succession végétale, mais ici nous n'aborderons que les questions qui présentent des difficultés cartographiques et systématiques.

Les changements successifs peuvent se réaliser de deux façons:

1. De façon linéaire (zonale), quand un groupement gagne sur le groupement précédant; en ce cas entre deux groupements homogènes, il se forme un groupement transitoire, composé d'éléments des deux groupements. Ce groupement transitoire prend forme d'une bande plus ou moins étroite.
2. Par changements sur la surface, quand un individu d'association tout entier se transforme en un autre. En ce cas le groupement transitoire se réalise sur une plus grande surface.

En principe les difficultés cartographiques n'ont lieu que dans ce deuxième cas, où les groupements transitoires ne sont rien d'autre que les complexes phytosociologiques.

Nous avons distingué deux sortes de complexes:

1. Complexes horizontaux (mosaiques), où les éléments sont discernables sur le plan horizontal.

2. Complexes verticaux, dans lesquels on peut distinguer les éléments sur un plan vertical.

Des complexes horizontaux se forment dans la nature soit comme résultat des microdifférences stationnelles, soit comme stades de la succession. Comme exemple des premiers – appelons „les complexes écologiques", puisqu'ils résultent de la mosaique écologique de la station, – on peut citer les mosaiques des groupements des alliances Magnocaricion et Phragmition, p.e. le complexe du Caricetum gracilis et du Phalaridetum arundinaceae ou du Caricetum gracilis avec le C. paradoxae. Pourtant la stabilité de ces complexes est bien relative. Les moindres oscillations du plan d'eau, qui est ici le facteur dominant, entraînent les changements linéaires entre leurs éléments.

Des mosaiques transitoires se forment par l'installation de fragments d'un groupement sur la surface d'un groupement précédant. C'est ainsi que se réalise la mosaique de Betulo–Salicetum repentis avec Caricetum lasiocarpae. Les îlots des broussailles de *Betula humilis* et de *Salix repens* surgissent sur le fond du Caricetum lasiocarpae; ils s'élargissent excentriquement et enfin ils s'emparent de toute la surface de la cariçaie. Mais ce processus n'est pas rapide. En conséquence, durant plusieurs années nous avons affaire au complexe horizontal de deux associations. On observe de même des complexes de Betulo–Salicetum repentis avec Caricetum paradoxae et de Salici–Franguletum aves les associations à *Cypéracées* comme Caricetum paradoxae, C. caespitosae, C. acutiformis (C. gracilis f.).

La mosaique de deux groupements de buissons: Betulo–Salicetum repentis avec Salici–Franguletum est aussi transitoire. Le buisson de *Betula humilis* est ici en régression, le Salici–Franguletum en progression. Mais il ne faut pas oublier que ce dernier complexe ne présente qu'une des directions possibles de la succession pour Betulo–Salicetum repentis. La succession par Salici–Franguletum vers l'Alnetum glutinosae n'est possible que dans les conditions d'augmentation et surtout de mobilité de la nappe d'eau.

Les complexes susnommés sont faciles à distinguer sur le terrain et à présenter sur une carte à échelle appropriée.

Nous avons une situation tout à fait différente dans un complexe vertical, qui se présente comme un groupement homogène. Néanmoins nous sommes d'avis qu'il est souhaitable et important de distinguer les éléments de ces complexes parce que, comme règle, ce sont des groupements différents, non seulement par leur composition floristique, mais aussi par leur écologie; ils ont d'ailleurs une existence autonome. D'après leurs caractéristiques morphologiques et écologiques nous avons divisé les complexes verticaux en trois catégories:

1. Complexes dysaptiques
2. Complexes synaptiques
3. Complexes des formations ou complexes multistrates.

Pour expliquer ces distinctions il nous faut évoquer quelques notions introduites par S. Kulczyński.

Kulczyński (1939–40) dans sa théorie de la tourbière basse (qui n'est rien d'autre que le développement du système hydroécologique de C. A. Weber) a divisé les groupements telmatiques en deux groupes:

a. Les groupements immersifs (immersische Pflanzenvereine), composés de grandes plantes, enracinées profondément dans le fond rocheux ou tourbeux, vivant dans les conditions d'oscillations remarquables de la nappe d'eau; elles supportent périodiquement des inondations considérables. Ce seront les Nudopaludiherbosa de Du Rietz, qui correspondent à la classe Phragmitetea.
b. Les groupements émersifs (emersische Pflanzenvereine), composés des formes petites, enracinées dans une légère et superficielle couche de tourbe. Ils vivent aussi dans les conditions d'oscillations de la nappe d'eau, dans le substratum saturé d'eau, mais ils restent toujours émergés, dans les cas extrêmes formant le tapis flottant (Schwingrasen). Ce sont les cariçaies basses (Parvocaricеta), qui correspondent à la classe Scheuchzerio-Caricetea fuscae.

1. COMPLEXE DYSAPTIQUE

Sur les tourbières basses et intermédiaires les deux types écologiques ci-dessus nommés forment souvent les complexes. Pourtant ces complexes sont tout à fait „spécifiques". Pendant les oscillations de la nappe d'eau le groupement (synusie) immersif reste immobile tandis que le groupement (synusie) émersif suit la surface de la tourbière qui gonfle. Une telle structure de groupement (complexe), où les synusies (éléments) montrent une conjonction mobile, qui a été nommée dysaptique par Kulczyński (dysaptische Pflanzenvereine). Dans un complexe dysaptique poussent mélangés des groupements écologiquement et floristiquement distincts. Cette coexistence est possible par le fait, que leurs systèmes radiculaires ne se touchent pas en principe, exploitant des couches du substratum, qui sont séparées. Comme exemple, on peut citer les complexes de Caricetum paradoxae avec le C. lasiocarpae, ou de C. lasiocarpae avec C. acutiformis (C. gracilis f.).

Nous avons des cas semblables dans les complexes des associations de Phragmitetea avec celles de Lemnetea. Les complexes dysaptiques dans les conditions écologiques données peuvent avoir un caractère durable ou transitoire, surtout quand interviennent les changements écologiques.

2. COMPLEXE SYNAPTIQUE

Le contraire de la structure dysaptique est la structure synaptique, où les synusies (éléments) du groupement (complexe) sont immobiles. C'est donc la structure normale pour la majorité des groupements végétaux. Ici les complexes des groupements se forment le plus souvent comme les résultats du processus de la succession.

Examinons à titre d'exemple le complexe de Caricetum paradoxae avec le Filipendulo-Geranietum. Ce sont les associations appartenant aux différentes classes phytosociologiques, ayant des exigences écologiques propres. Ici la coexistence est possible aussi du fait que les racines des composants de différents groupements exploitent différentes couches du sol. Les espèces du Caricetum paradoxae s'implantent profondément dans la tourbe, tandis que les grandes herbes du Filipendulo-Geranietum ne s'enracinent que dans les touffes des *Carex* eux-mêmes et dans la strate superficielle et bien aérée de la tourbe. Dans ces exemples, le groupement précédant était Caricetum paradoxae, le groupement suivant Filipendulo-Geranietum. Ce complexe présente un stade de la succession assez persistant, qui peut se maintenir plusieurs dizaines d'années.

3. COMPLEXE DES FORMATIONS OU COMPLEXE MULTISTRATE

Comme troisième type du complexe vertical nous distinguons les complexes transitoires, qui résultent de processus de la succession, quand se succèdent les groupements appartenant aux différentes formations végétales.

A titre d'exemple on peut citer les régénérations des espèces arborescentes sur les groupements unistrates. Il en résulte des complexes dans lesquels les strates représentent chacune les associations ou fragments d'associations appartenant aux différentes formations végétales. P.e. la strate herbacée étant une association prairiale tandis que la strate arbustive ou arborescente un fragment d'association forestière. Tel est le cas de la régénération de *Betula pubescens* ou d'*Alnus glutinosa* sur Caricetum paradoxae, complexe qui peut se maintenir quelques dizaines d'années. D'une façon semblable se comporte *Betula pubescens* sur Cirsietum rivularis.

La régénération de l'aune sur le groupement d'*Urtica dioica* (Filipendulo-Geranietum f. Urtica dioica) présente déjà un exemple plus discutable, puisque ce groupement peut être semblable à la strate herbacée de certaines associations de l'Alno-Padion.

Ici apparaissent les difficultés systématiques: dans chaque classification biologique les cas extrêmes sont faciles à résoudre, tandis que les cas intermédiaires sont discutables. En tout cas il nous semble nécessaire de veiller à ce qu'on ne divise pas arbitrairement des unités qui sont faites par la nature. On ne peut parler de complexes des groupements et les diviser que dans le cas, où leurs parties constituantes existent séparément dans la nature comme les groupements définis.

P.e. le groupement de *Betula humilis* (Betulo-Salicetum repentis Oberdorfer 1964) en son état optimal possède toujours un tapis bien développé des espèces de Scheuchzerio-Caricetea fuscae. Comme c'est la règle il faut considérer comme essentielle la strate herbacée du groupement arbustif et en conséquence il faudra classer cette association dans la classe Scheuchzerio-Cariceta et non dans l'Alnetea glutinosae.

Dans ce rapport nous avons essayé de généraliser. Nous sommes d'avis que les distinctions que nous avons faites auront aussi certaine importance pour la systématique phytosociologique, surtout dans les cas où il faudra répondre à la question: est-ce que nous avons à faire à un complexe phytosociologique ou à un groupement à plusieurs strates ou synusies?

ZUSAMMENFASSUNG

Auf Grund der Daten von Torfmooren aus dem Gebiete des Nationalparks von Białowieza stellt der Verfasser die Teilung der Pflanzengesellschaftskomplexe vor, die am häufigsten auf den dortigen Standorten, hauptsächlich als Übergangsstadien im Prozess der sekundären Sukzession auftreten.

Nach ihrer Struktur hat er diese Komplexe in zwei Gruppen eingeteilt:

1. Die horizontalen Komplexe (Mosaike), in denen man die Elemente in horizontaler Fläche abgrenzen kann;
2. Die vertikalen Komplexe, in denen man die Elemente in vertikaler Fläche abgrenzen kann.

Nach den strukturellen Kennzeichen wurden die vertikalen Komplexe in drei Kategorien eingeteilt:

1. Dysaptische Komplexe
2. Synaptische Komplexe
3. Komplexe von Formationen, oder vielschichtige Komplexe.

1. Für die dysaptischen Komplexe ist eine bewegliche Kuppelung der immersischen mit der emersischen Pflanzengesellschaft charakteristisch.
2. In dem synaptischen Komplex ist die Kuppelung der Komponenten beständig, wie in allen terrestischen Pflanzengesellschaften.
3. Die Komplexe der Formationen entstehen im Laufe der Sukzession, wenn ihre benachbarten Glieder Pflanzengesellschaften verschiedener Formationen vertreten. Es entsteht dann eine Übergangsgesellschaft, in der einzelne Schichten durch verschiedene Assoziationen oder deren Fragmente vertreten sind.

Der Verfasser führt Beispiele für alle unterschiedenen Typen der Komplexe an und macht zum Schluß Vorschläge, die aus diesen Unterscheidungen für die Systematik der Pflanzengesellschaften folgen.

SUMMARY

Based himself upon the material from low peats from the area of Białowieża National Park the author presents the division of community complexes, which occur on these sites most frequently, mainly as seral stages in the course of the process of secondary succession.

On the base of their structure these complexes have been divided into two groups:

1. horizontal complexes (mosaics), in which elements can be delimited on the horizontal plane,

2. vertical complexes, in which elements can be delimited in a vertical plane.

Vertical complexes were divided into 3 categories according to their structural characters:

1. dysaptic complexes,
2. synaptic complexes,
3. complexes of formations or multilayered complexes.

1. dysaptic complexes are characteristic owing to the mobile coupling of immersed community (synusium) with emersed community (synusium),
2. in synaptic complexes the coupling of constituent elements is stiff as in all terrestrial communities,
3. complexes of formations are formed in the course of succession, when its neighbouring links represent communities belonging to various plant formations. In such a case there is formed the transitional community, in which individual layers are represented by various associations or their fragments.

The author cites examples for all types of complexes and comes to conclusions resulting from these divisions for the systematics of communities.

DIE PFLANZENGESELLSCHAFTEN VON CENTAURIUM VULGARE

von

A. H. J. FREIJSEN
(Biologisch Station „Weevers Duin" Oostvoorne)

EINLEITUNG

Die Küstenpflanze *Centaurium vulgare*[1]) aus der Familie der *Gentianaceae* ist eine zweijährige Pflanze, die normalerweise im Frühjahr des ersten Jahres keimt, in diesem Jahre in Form einer Wurzelrosette existiert, und im zweiten Jahre blüht und Samen trägt. Ihr Verbreitungsgebiet erstreckt sich von den Ostseeländern im Nordosten bis nach Nordostfrankreich und England. Es ist eine „oligohalobe" Pflanze, die auf offenem, feuchtem, etwas salzhaltigem Sandboden vorkommt. Das heißt, sie ist gebunden an Standorte wie z.B. junge Dünentäler und Salzwiesen. Die Unterart *uliginosum* kommt im kontinentalen Europa, u.a. in Mitteldeutschland, und zwar ebenfalls auf salzhaltigem Boden vor.

Für die Verbreitung in den Dünen sind in erster Linie die Verhältnisse während der Keimung maßgebend. Der Samen keimt an der Oberfläche und verlangt während einer gewissen Zeit eine genügende Wassermenge, die durch das vom Grundwasserspiegel her aufsteigende Kapillarwasser geliefert wird. Demzufolge kommt *Centaurium vulgare* in den Dünen stets in einem schmalen, scharf begrenzten Gürtel auf Abhängen vor.

In der Literatur finden sich verschiedene Angaben über die Vergesellschaftung von *Centaurium vulgare*. Die Gesellschaft wurde 1940 zum ersten Mal von DIEMONT, SISSINGH & WESTHOFF beschrieben und im Nanocyperion-Verband untergebracht. Sie bekam den Assoziationsnamen Centaurio-Saginetum moniliformis. Außer *Centaurium vulgare* kommt darin als Kennart auch *Sagina nodosa* var. *moniliformis* vor. Spätere Beschreibungen haben zu der ersten nichts Wesentliches hinzugefügt.

Auf der westfriesischen Insel Terschelling wurde die Autökologie der Art untersucht. Im Rahmen dieser Untersuchungen wurden Vegetationsaufnahmen von Beständen mit *Centaurium vulgare* gemacht. Einige Ergebnisse davon, die im Rahmen des Symposion interessant scheinen, sollen jetzt zur Sprache kommen. Es darf noch bemerkt werden, daß bei der Vegetationsuntersuchung die BRAUN-BLANQUET-Methode angewandt wurde.

[1] Es hat sich gezeigt, daß der Name *Centaurium vulgare* auf einer ungültigen Veröffentlichung von RAFN: Danmarks of Holsteens Flora 2, 1800 beruht. Der legitime Name ist *Centaurium littorale* (Turner) Gilmour.

1. *Das Gleichgewicht zwischen „trocken" und „feucht" in der Pflanzengesellschaft* (Tabelle I)

Die Pflanzengesellschaft von *Centaurium vulgare*, wie sie in den Dünentälern und an ihren Rändern vorkommt, ist grundsätzlich immer aus drei Artengruppen aufgebaut. Die erste Gruppe besteht aus Pflanzen der höher gelegenen, trockenen Dünen-Milieus, z.B. aus den Verbänden

TABELLE I (gekürzt)

Centaurio-Saginetum

d. Aufnahme	30	22	31	IIB	M1	IB	24	M3	IC	IID	M2	ID
nnartengefüge												
entaurium vulgare	1	1	1	2	2	2	1	1	1	1	+	1
agina nodosa moniliformis	+	2	1	2	1	2	—	1	1	r	+	1
eontodon nudicaulis	—	r	—	+	1	1	r	1	2	1	1	2
ryum angustirete	1	1	+	1	+	1	1	2	—	+	+	1
oserie												
umex acetosella	r	1	+	—	—	—	—	—	—	—	—	—
asione montana	+	×	—	—	—	—	—	—	—	—	—	—
iola tricolor curtisii	r	r	+	—	—	—	—	—	—	—	—	—
orynephorus canescens	r	1	1	r	—	—	—	—	—	—	—	—
ortula ruralis ruralif.	—	—	—	+	—	—	—	—	—	—	—	—
araxacum sp.	—	—	—	—	r	—	—	—	—	—	—	—
edum acre	—	—	—	—	—	—	—	r	—	—	—	—
lytrigia juncea	—	—	—	r	—	—	—	—	—	—	—	—
ira praecox	—	r	+	—	—	—	—	—	—	—	—	—
hleum arenarium	—	—	—	—	r	—	—	—	—	—	—	—
otus corniculatus corn.	—	—	r	r	—	—	—	—	r	—	1	—
erastium semidecandrum	1	+	1	—	r	—	—	—	—	—	—	—
oa pratensis	—	1	+	—	r	—	+	—	r	—	—	—
onchus arvensis	1	—	—	—	r	r	+	×	—	—	r	—
nthyllis vulneraria	—	—	—	1	r	+	+	—	—	—	—	—
erastium atrovirens	1	1	1	—	—	+	—	—	—	—	—	—
ieracium umbellatum	+	—	—	+	+	+	r	—	—	—	—	—
mmophila arenaria	2	—	—	1	2	r	2	—	—	r	—	—
ippophaë rhamnoides	r	r	r	+	+	r	—	r	r	1	+	—
arex arenaria	2	2	1	+	—	+	1	1	+	1	+	1
estuca rubra arenaria	2	1	×	2	1	2	2	+	1	1	—	1
groserie												
alix repens	r	r	—	r	+	—	1	r	+	3	2	1
grostis stolonifera aren.	—	—	+	1	+	—	—	1	1	1	+	1
uncus articul./alpinus	—	—	r	1	r	+	r	—	1	1	1	2
alamagrostis epigeios	—	+	+	—	r	—	—	—	—	—	1	—
ostoc sp.	—	—	—	1	—	—	—	+	—	+	1	—
arex serotina pulchella	—	—	—	—	—	—	—	—	+	1	+	1
arex flacca	—	—	—	—	—	—	—	—	—	1	1	+
ydrocotyle vulgaris	—	—	—	—	—	—	—	—	—	r	—	—
uncus bufonius	—	r	—	+	—	—	—	—	—	—	—	—
adiola linoides	—	—	—	—	—	—	—	—	—	r	—	—

Ammophilion borealis und Koelerion albescentis. Auf Terschelling bilden die Assoziationen dieser Verbände die Sukzessionsreihe der trockenen Dünen. In unserer Studie sind diese Pflanzenarten in eine Gruppe unter dem Namen „Xeroserie" zusammengefaßt.

Neben oder besser gegenüber dieser Gruppe „xerober" Pflanzen steht eine Artengruppe, die ihr Optimum an tief gelegenen, feuchten Stellen in den Dünen erreicht. Diese hygrophilen Pflanzenarten sind in unserer Studie in eine Gruppe unter dem Namen „Hygroserie" zusammengefaßt. Dazu gehören z.B. *Agrostis stolonifera* var. *arenaria*, *Juncus*- und *Carex*-Arten.

Die dritte, kleinere Gruppe besteht aus folgenden Arten: *Centaurium vulgare, Sagina nodosa, Leontodon nudicaulis* und *Bryum angustirete.* Sie spielen die Rolle von Kenn- oder Trennarten. Sie sind in irgend einer Weise charakteristisch für das Centaurio–Saginetum, z.B. weil sie darin eine höhere Vitalität und/oder Abundanz erreichen. Dies gilt auch für *Leontodon nudicaulis,* obwohl diese Art anscheinend eine große Toleranz dem Faktor Wasser gegenüber besitzt und dadurch auch in vielen Gesellschaften der Xeroserie auftreten kann.

Die Kombination dieser vier Arten ist für das Centaurio–Saginetum charakteristisch. Wir wollen uns BEEFTINK (1965) anschließen und diese kennzeichnende Gruppe das Trennartengefüge nennen. Die Einteilung der Arten aus der Gesellschaft von *Centaurium vulgare* in die soeben genannten drei Gruppen ist nach Analogie der soziologischen Artengruppen vorgenommen worden, wie sie von PASSARGE (1964), SCAMONI (1963) und DOING (1963) gehandhabt wurden.

Die Gesellschaft von *Centaurium vulgare* wird in erster Linie durch das Trennartengefüge charakterisiert, in zweiter Linie durch das genannte Gleichgewicht zwischen Xeroserie und Hygroserie. Das Gleichgewicht zwischen den „trockenen" und den „feuchten" Arten ist schwankend. Der Akzent kann auf der einen oder auf der anderen Gruppe liegen. Dies wird bestimmt durch die Breite des Gürtels mit *Centaurium vulgare,* durch den Umstand, ob dieser Gürtel ganz vorhanden ist oder nicht, und durch die Wahl der Aufnahmefläche. Ferner kann noch festgestellt werden, daß die Arten beider Gruppen eine niedrige Stetigkeit und Abundanz aufweisen. Ihre Vitalität ist ebenfalls oft herabgesetzt. Das Milieu ist für diese Arten also marginal. Für die trockenen Arten ist es zu feucht, für die feuchten zu trocken.

Zusammenfassend können wir sagen, daß die Gesellschaft von *Centaurium vulgare* im Übergangsgebiet vom trockenen Dünen-Milieu zum Dünental vorkommt. Es finden sich Arten aus beiden Milieus darin. Es ist weder möglich noch sinnvoll, das Centaurio–Saginetum zur Xeroserie oder zur Hygroserie zu rechnen. Synsystematisch läßt es sich nicht in einer der Syntaxa unterbringen, die zu der Xero- oder der Hygroserie gehören. Trotzdem ist eine neue Klassifizierung der Assoziation erforderlich, da die ursprüngliche Einordnung in das Nanocyperion mangels genügender floristischer und ökologischer Übereinstimmung nicht haltbar ist. Als einziger Ausweg erscheint uns die Lösung, das Centaurio–Saginetum als Grenzbereichsgesellschaft in eine Kategorie für sich einzuordnen. Als Beispiel mag das Sagino–

Cochlearietum dienen, für das TÜXEN und WESTHOFF (1963) auch besondere, höhere Kategorien aufstellten.

2. *Die Pflanzengesellschaft von Centaurium vulgare als „Pendelvegetation"*

Wie soeben schon gesagt wurde, besteht ein Zusammenhang zwischen der Keimung von *Centaurium vulgare* und dem Aufsteigen des Kapillarwassers. Unsere Untersuchungen haben gezeigt, daß die kapillare Steighöhe auf Terschelling 60 cm betragen kann, d.h. 60 cm über dem Spiegel der phreatischen Oberfläche wird die Bodenfeuchte mitbestimmt durch kapillar aufsteigendes Grundwasser. Dieser hohe Wert wird unter dafür günstigen Verhältnissen verwirklicht. Das ganze Bodenprofil ist wassergetränkt und die Verdunstung ist gering. *Centaurium vulgare* keimt im allgemeinen nur an solchen Stellen, die gerade noch von diesem aufsteigenden Wasserstrom erreicht werden, das heißt, die Pflanze ist für ihre Keimung auf das kapillar aufsteigende und deshalb auch auf das phreatische Wasser angewiesen. Das macht sie zu einer richtigen Dünentalpflanze; mit anderen Worten, sie gehört der „Hygroserie" an.

Das höchste Niveau, auf dem sich Keimpflanzen von *Centaurium vulgare* finden, liegt etwa 60 cm über dem Grundwasserspiegel. Dies gilt für die Periode des Keimens. Der Stand des Grundwasserspiegels kann aber stark schwanken. Es kommen in aufeinander folgenden Jahren große Schwankungen vor. Das führt dazu, daß der Gürtel mit *Centaurium vulgare*, besonders seine obere Grenze, jedes Jahr auf einem anderen Niveau liegen kann.

Diesen Pendelvorgang untersuchten wir, indem wir zwei „Transekte" quer zum Gürtel mit *Centaurium vulgare* legten. Daraus ergab sich Folgendes. In der ersten Versuchsfläche lag der Grundwasserspiegel im Jahre 1963 9 cm tiefer als im Jahre 1961. Im Jahre 1964 war der Grundwasserstand wieder 7 cm tiefer. Die obere Grenze des Vorkommens der Keimpflanzen stimmte in diesen Jahren genau mit den Grundwasserschwankungen überein. In der anderen Versuchsfläche standen die Pflanzen der Jahre 1961, 1963 und 1964 ebenfalls jedesmal deutlich tiefer. Der Zusammenhang zwischen der Lage des Grundwasserspiegels und dem Gürtel mit *Centaurium vulgare* ist deutlich. Er führt auch dazu, daß die Anzahl der Pflanzen von einem zum anderen Jahr stark wechseln kann. Im feuchten Frühling des Jahres 1961 keimten viele Samen an hoch gelegenen, offenen, sandigen Stellen in den Dünen. Im Sommer des Jahres 1962 standen dort viele blühende Pflanzen. Im Jahr nach einem trockenen Frühling ist die Zahl der Pflanzen kleiner.

Daneben gibt es noch einen anderen Zusammenhang zwischen dem Vorkommen von *Centaurium vulgare* und der Bodenfeuchtigkeit. In den Versuchsflächen und auch außerhalb auf Terschelling ergab sich eine deutliche Struktur innerhalb des Gürtels von *Centaurium vulgare*. Man kann darin nämlich drei schmalere Gürtel unterscheiden. Von oben nach unten folgen aufeinander:

der am höchsten gelegene Teil mit sehr großen, wenig dicht stehenden Pflanzen;

Tabelle II

Transekt II: *Pendelung von Centaurium vulgare*

Aufnahme	A	B	C	D
Centaurium vulgare	(1)	2	2	1
Rhinanthus minor minor	(1)	(2)	r	—
Cerastium atrovirens	1	—	—	—
Jasione montana	+	—	—	—
Brachythecium albicans	r	—	—	—
Corynephorus canescens	1	(r)	—	—
Elytrigia juncea	r	r	—	—
Tortula ruralis ruralif.	+	+	—	—
Anthyllis vulneraria	2	1	r	—
Hieracium umbellatum	+	+	r	—
Ammophila arenaria	+	1	(+)	r
Festuca rubra arenaria	1	2	2	1
Leontodon nudicaulis	+	+	1	1
Carex arenaria	+	+	+	1
Hippophaë rhamnoides	(r)	+	1	1
Sagina nodosa monilif.	(r)	(2)	(1)	(r)
Viola canina	—	r	—	—
Linum catharticum	—	1	—	—
Juncus bufonius	—	(a)(×)	—	—
Lotus corniculatus corn.	±	r	(r)	—
Agrostis stolonifera ar.	—	1	1	1
Juncus articul./alpinus	—	1	1	1
Salix repens	—	r	1	3
Bryum angustirete	—	1	2	+
Calamagrostis epigejos	—	±	r	—
Carex serotina pulchella	—	*r*	*r*	1
Nostoc sp.	—	1	3	+
Parnassia palustris	—	—	r	—
Radiola linoides	—	—	+	r
Carex flacca	—	—	+	1
Hydrocotyle vulgaris	—	—	(r)	r
Mentha aquatica	—	—	—	r

(1) = 1964 nicht anwesend.
± = nur 1964 anwesend.
| = Trennarten

der mittlere Teil mit der höchsten Dichte;
der tiefste Teil mit kleinen Pflanzen und mit geringer Dichte.

Diese Struktur hängt mit der Keimung des Samens und dem Konkurrenzkampf der Pflanzen zusammen. Hier ist besonders von Interesse, daß die vitalsten Exemplare von *Centaurium vulgare* am oberen Rande des Gürtels stehen.

Eine Folge des Verhaltens von *Centaurium vulgare* ist, daß die am besten entwickelten Pflanzen mit dem größten Umfang und dem größten Samenertrag in verschiedenen Jahren in verschiedenen Vegetationstypen wachsen können.

Die besten Unterlagen dafür ergab die zweite Versuchsfläche (Tabelle II). Optimale Pflanzen der Generation von 1961 standen im Jahre 1962 in Aufnahme A, d.h. in einer Vegetation, die aus Xerophyten oder wenigstens aus Arten der Xeroserie bestand. Die optimalen Pflanzen der Generation von 1963 standen im Jahre 1964 eine Aufnahme tiefer im Transekt, nämlich in Aufnahme B, in einer Vegetation, die Pflanzen sowohl aus der Xeroserie als auch aus der Hygroserie enthielt. Man darf wohl sagen, daß diese zwei Aufnahmen das Milieu der optimalen Pflanzen von *Centaurium vulgare* von 1962 und von 1964 gut wiedergeben. Vergleicht man sie miteinander, so ergibt sich, daß sie nur 9 gemeinsame, daneben aber 14 Trennarten haben. Dieses extreme Beispiel zeigt, daß man im Falle von *Centaurium vulgare* kaum von einer Pflanzengemeinschaft im engeren Sinne des Wortes sprechen kann. Es finden sich ja optimale Pflanzen dieser Art in Vegetationstypen, deren Zusammensetzung von einem Jahr zum anderen stark wechseln kann. Eher kann man sagen, daß die Pflanze hin und her pendelt im Grenzgebiet zweier Formationen und der dazu gehörigen Gesellschaften.

3. *Zusammenhang zwischen den Gesellschaften von Centaurium vulgare und Sagina maritima* (Tabelle III u. IV)

Soeben haben wir die typische Form des Centaurio-Saginetum besprochen. Es findet sich in jungen Dünentälern, die kürzlich vom Meere abgetrennt wurden. In diesem Milieu enthält die Bodenfeuchtigkeit nur kleine Salzmengen, auf Terschelling durchschnittlich 0,03% Chlorionen. Ein anderer, wichtiger Standort von *Centaurium vulgare* sind die Salzwiesen. In der Literatur wird für das Ostseegebiet dieser Standort sogar am meisten angegeben. Auf Terschelling konnten wir ihn in dem ausgedehnten Naturschutzgebiet der „Boschplaat" untersuchen. Auf seinen sandigen Salzwiesen ist *Centaurium vulgare* eine sehr häufige Erscheinung, besonders auf den Hängen der in den Salzwiesen gelegenen kleinen Dünen.

Interessanterweise finden sich in der Pflanzengesellschaft von *Centaurium vulgare* an diesen Stellen erhebliche Abweichungen. Die ganze Gruppe der Hygroserie wird hier durch eine Gruppe von Halophyten ersetzt; wir fassen sie unter dem Namen Haloserie zusammen. Dies ist vollkommen verständlich, weil *Centaurium vulgare* hier in einem Gürtel zwischen Koelerion-Vegetation und Armerion-Vegetation vorkommt. Die wichtigste Kontaktgesellschaft unterhalb des Centaurio-Saginetum ist das Juncetum gerardii, das meist aus einer von *Festuca rubra* forma *litoralis* beherrschten Vegetation besteht. Im übrigen bleibt die Struktur der Gesellschaft dieselbe. Das Trennartengefüge ist dasselbe, und es findet sich ungefähr dieselbe Gruppe von Dünenpflanzen. Die wichtigste Struktureigenschaft eines Gleichgewichtes zwischen trockenen und feuchten Arten ist also geblieben. Die „feuch-

TABELLE III

Stetigkeit und häufigste Artmächtigkeit
(nach Passarge 1964)

Spalte	1	2	3	4	5
Zahl der Aufnahmen	16	25	25	5	17
Trennartengefüge					
Centaurium vulgare	11	51	51	52	51
Sagina nodosa moniliformis	11	51	52	50	51
Leontodon nudicaulis		41	42	11	51
Bryum angustirete	22	21	20	52	51
Haloserie					
Amblystegium serpens juratzk.	22	01			
Pottia heimii	42		01		
Cochlearia anglica	20	00			
Salicornia europaea	30	11			
Carex extensa	52	21			
Parapholis strigosa	42	31			
Limonium vulgare	52	40			
Carex distans vikingensis	10	00			
Triglochin maritima	31	10			
Halimione pedunculata	30	30	00		
Juncus gerardii	22	00		12	
Festuca rubra litoralis	52	42	21		
Elytrigia pungens	41	31	41		
Armeria maritima	42	50	32		
Cochlearia danica	20	51	51		
Sagina maritima	53	50	50	41	
Plantago maritima	52	40	30	30	
Agrostis stolonifera salina	53	51	42	42	
Glaux maritima	31	10		41	
Plantago coronopus	52	40	41	30	
Centaurium pulchellum	32	30		10	00
Euphrasia odontites	20	42	10	30	

Spalte 1. Sagino maritimae – Cochlearietum danicae
2. Centaurio-Saginetum – Subass. auf Boschplaat (feucht)
3. ,, – ,, (trocken)
4. ,, – Schiermonnikoog
5. Typisches Centaurio-Saginetum Terschelling

ten" Arten sind jetzt aber gleichzeitig halophil, da das Centaurio-Saginetum auf einem Gradienten vorkommt, der zugleich durch zunehmenden Salzgehalt (durchschnittlich etwa 0,1%) gekennzeichnet ist.

Außerdem fällt auf, daß in der Haloseriengruppe einige Arten aus dem Sagino-Cochlearietum vorkommen, und zwar *Sagina maritima, Cochlearia danica, Plantago coronopus* und *Pottia heimii*. In der Literatur werden diese Arten als Kennarten der genannten Gesellschaft oder des Saginion maritimae-Verbandes bezeichnet.

Es wurde schon auf die Übereinstimmung der Ökologie der Gesellschaft von *Centaurium vulgare* und der Assoziation von Sagina

TABELLE IV

Stetigkeit und häufigste Artmächtigkeit
(nach Passarge 1964)

Spalte	1	2	3	4	5
Zahl der Aufnahmen	16	25	25	5	17
Xeroserie					
Viola tricolor curtisii					20
Jasione montana					20
Rumex acetosella					11
Phleum arenarium					20
Corynephorus canescens			00		21
Camptothecium lutescens		22	21		
Cladonia sp.		10	32		
Brachythecium albicans		01	21		00
Lotus corniculatus cornicul.			00	11	20
Poa pratensis		00	21		30
Cerastium semidecandrum		20	10		21
Aira praecox		03	20		10
Anthyllis vulneraria		20	20		30
Carex arenaria		01	11		50
Hieracium umbellatum		00	20		30
Ammophila arenaria		00	21	42	42
Hippophaë rhamnoides		11	20	50	50
Sonchus arvensis		10	10	30	30
Elytrigia juncea	01	10	10		10
Taraxacum sp.	01		01	10	10
Sedum acre	01	41	52	20	11
Cerastium atrovirens	12	51	51	50	31
Festuca rubra arenaria	02	52	53	41	52
Hygroserie					
Juncus articulatus/alpinus	12	10			31
Calamagrostis epigejos		01	01		20
Nostoc sp.	22	21	11		21
Parnassia palustris	00	01			10
Salix repens					40
Carex flacca		01			21
Agrostis stolonifera aren.					31
Carex serotina pulchella					21
Juncus bufonius					10
Pyrola rotundifolia					00
Carex trinervis					00
Radiola linoides					10
Centunculus minimus					00

maritima hingewiesen. Auch floristisch besteht eine gewisse Übereinstimmung, da ja Arten des Sagino-Cochlearietum auch im Centaurio-Saginetum vorkommen.

Anläßlich des Zusammenhanges zwischen den Gesellschaften von *Centaurium vulgare* und von *Sagina maritima* sei folgendes bemerkt: Erstens ist es berechtigt, die halische Erscheinungsform des Centaurio-Saginetum auf der Boschplaat und an anderen Orten als besondere Subassoziation zu betrachten, die wir wegen des konstanten Vorhandenseins von *Sagina maritima* als die Subassoziation von dieser Art bezeichnen wollen. Trennarten sind außer *Sagina maritima* fast alle Halophyten, die sich im Centaurio-Saginetum finden. Durch das Vorkommen derselben Halophyten und sogar einiger Arten aus der Xeroserie besteht eine gewisse floristische Ähnlichkeit zwischen der halischen Subassoziation des Centaurio-Saginetum und dem Sagino-Cochlearietum. Dieses ist eine logische Folge ihres gemeinsamen Auftretens auf den Salzwiesen. Wie schon gesagt, kommt die Zone mit *Centaurium vulgare* gerade oberhalb der am höchsten stehenden Salzgesellschaft, des Juncetum gerardii, vor; das Sagino-Cochlearietum findet sich dagegen an offenen Stellen desselben Juncetum gerardii. *Centaurium vulgare* und *Sagina maritima* mit ihren Gesellschaften kommen also in unmittelbarer Nähe vor.

Synmorphologisch ergibt sich also, daß die typischen Gesellschaften von *Centaurium vulgare* und *Sagina maritima* deutlich unterscheidbar sind. Es besteht nur ein geringer floristischer Zusammenhang. Dagegen zeigt die Dynamik ihrer Standorte große Übereinstimmung. In der höchsten Zone der Salzwiesen überschneiden sich die Standorte, und die Gesellschaften gehen dort allmählich in einander über. Die halische Subassoziation des Centaurio-Saginetum stimmt floristisch stark mit der Gesellschaft von *Sagina maritima*, den Sagino-Cochlearietum, überein. Man könnte sogar sagen, daß die Begrenzung der beiden Pflanzengesellschaften künstlich ist.

Für eine leichtere Vergleichbarkeit der Pflanzengesellschaften von *Sagina maritima* und von *Centaurium vulgare* haben wir die Vegetationsaufnahmen in Präsenztabellen III und IV zusammengestellt. Hierfür wurde die Methode von PASSARGE (in: Pflanzengesellschaften des nordostdeutschen Flachlandes 1964) angewandt. In den zweiteiligen Zahlen der Tabellen gibt die erste Zahl die Präsenz, die zweite die häufigste Artmächtigkeit an. In den Tabellen werden miteinander verglichen das Trennartengefüge, die Haloserie, die Xeroserie und die Hygroserie:

des Sagino-Cochlearietum der Boschplaat in Spalte 1;

der halischen Subassoziation des Centaurio-Saginetum auf der Boschplaat, die eingeteilt wird in eine feuchte (Spalte 2) und eine trockene Variante (Spalte 3);

derselben Gesellschaft mit einigen Aufnahmen von der Insel Schiermonnikoog in Spalte 4;

des Typischen Centaurio-Saginetum von der Insel Terschelling, Spalte 5.

Kurz zusammengefaßt lassen sich aus den Tabellen folgende Tatsachen ableiten. *Centaurium vulgare* und die anderen Arten des Trennartengefüges haben in Spalte 1 eine niedrige Präsenz; das ist die Pflanzengesellschaft von *Sagina maritima*, das Sagino-Cochlearietum. Dasselbe findet sich in der Literatur über diese Pflanzengesellschaft.

Zweitens ist das Sagino-Cochlearietum durch das Vorkommen vieler Halophyten gekennzeichnet. Einige davon kommen weder in der Typischen *Centaurium vulgare*-Gesellschaft noch in ihrer halischen Subassoziation auf der Boschplaat vor. Zu dieser Gruppe gehören die Moose

Amblystegium serpens var. *juratzkanum* und *Pottia heimii*. Weiter gibt es verschiedene Halophyten, die im Sagino-Cochlearietum eine ziemlich hohe Stetigkeit und Artmächtigkeit aufweisen. Dieselben Arten kommen in der halischen Subassoziation des Centaurio-Saginetum, besonders in seiner feuchten Variante, mit geringerer Stetigkeit vor. In der trockenen Variante und in den Aufnahmen von Schiermonnikoog ist ihre Stetigkeit und Artmächtigkeit noch geringer. Schließlich gibt es einige salztolerante Arten, die ab und zu auch im Typischen Centaurio-Saginetum vorkommen, z.B. *Centaurium pulchellum*. Wie die Tabelle zeigt, kommen sonst im Typischen Centaurio-Saginetum keine Halophyten vor.

In Spalte 5, im Typischen Centaurio-Saginetum, finden sich die meisten Dünenpflanzen. Manche, zum Violeto-Corynephoretum gehörigen Arten wie *Viola tricolor*, fehlen in der halischen Subassoziation und im Sagino-Cochlearietum. Verständlicherweise sinkt die Zahl der Xeroserien-Pflanzen in diesen halischen Pflanzengesellschaften um so mehr, je tiefer sie liegen, d.h. je feuchter und salziger sie sind. In der ersten Spalte finden sich fast keine Xerophyten. Auch in dieser Hinsicht ist der Unterschied zwischen den Spalten 1 und 5, den typischen Gesellschaften von *Sagina maritima* und *Centaurium vulgare*, auffallend.

Dasselbe gilt für die Hygroserie. In den halischen Vegetationstypen werden die Hygrophyten durch Halophyten ersetzt. Dadurch kommt ein großer Unterschied zwischen den Spalten 1 und 5 zustande. Es besteht aber ein gewisser Zusammenhang zwischen den Spalten 1, 2 und 3, weil nur einige Hygrophyten im Sagino-Cochlearietum und der halischen Subassoziation der Centaurium vulgare-Gesellschaft von der Boschplaat vorkommen.

SCHLUSSBETRACHTUNG

Rückblickend kann folgendes über die Pflanzengesellschaft von *Centaurium vulgare* ausgesagt werden. Die Art kommt auf der Grenze der Xeroserie und der Hygro- oder Haloserie vor. Diese Grenze steht unter Einfluß des Grundwassers und ist wenig fest. Die Vegetation von *Centaurium vulgare* ist gekennzeichnet durch die Anwesenheit von Arten, die sonst Antipoden von einander sind, nämlich einerseits Xerophyten, andererseits Hygrophyten und Halophyten. Durch diese Eigenschaften läßt sich die Gesellschaft von Centaurium vulgare schwer unterbringen und nimmt eine besondere Stellung ein. Ökologisch und synmorphologisch besteht Übereinstimmung mit der Gesellschaft von Sagina maritima.

SUMMARY

Centaurium vulgare is an oligohalobious plant, occurring in young sandy dune slacks of the Westeuropean coast. The plant community of *Centaurium vulgare* – the Centaurio-Saginetum moniliformis D.,

S. et W. 1940 – is interesting as a transitional community. Its vegetations are always composed of two groups of opposite plants viz. dry dune species (= xerosere) and hygrophilous plants, (= hygrosere), and the differential species combination with *Centaurium vulgare, Sagina nodosa* var. *moniliformis, Leontodon nudicaulis* and *Bryum angustirete.*

The distribution of *Centaurium vulgare* on the slopes of slacks depends upon the phreatic level and its fluctuations. Fluctuations of the soil water table cause differences in elevation of the zone of *Centaurium vulgare.* As a consequence of this phenomenon the floristical composition of the Centaurio-Saginetum can vary considerably.

On salt marshes a saline subassociation of the Centaurio-Saginetum can occur. Vegetations of this subassociation are found between the xerosere and the halosere. There is much resemblance to the plant community of *Sagina maritima,* which also occurs on the ecotone between the dry/fresh environment and the wet/saline one. It is difficult to separate these both communities on the salt marsh.

It may be concluded that the association of *Centaurium vulgare* must be classed in separate categories.

LITERATUR

BEEFTINK, W. G.: De zoutvegetatie van ZW-Nederland beschouwd in Europees verband. – Inaug.-Diss. Wageningen 1965.

DIEMONT, W. H., G. SISSINGH en V. WESTHOFF: Het Dwergbiezenverbond (Nanocyperion flavescentis) in Nederland. – Nederl. Kruidk. Archief **50**: 215–284. Amsterdam 1940.

DOING, H.: Systematische Ordnung und floristische Zusammensetzung Niederländischer Wald- und Gebüschgesellschaften. – Inaug.-Diss. Wageningen. Wentia **8**. Amsterdam 1962.

PASSARGE, H.: Pflanzengesellschaften des nordostdeutschen Flachlandes I. – Pflanzensoziologie **13**. Jena 1964.

SCAMONI, A.: Einführung in die praktische Vegetationskunde. 2. Aufl. – Jena 1963.

TÜXEN, R. u. V. WESTHOFF: Saginetea maritimae, eine Gesellschaftsgruppe im wechselhalinen Grenzbereich der europäischen Meeresküsten. – Mitt. flor.-soz. Arbeitsgem. N.F. **10**: 116–129. Stolzenau/Weser 1963.

V. WESTHOFF:
Ich danke Herrn FREIJSEN für seinen interessanten Vortrag, der eines der schwierigsten Probleme der Strukturforschung und der Syntaxonomie beleuchtet hat, nämlich dasjenige, das von Prof. TÜXEN als das Problem der Teppich-Gesellschaften benannt worden ist, von dem hier ein ganz besonderer Fall vorliegt. Ein Fall, der schon Jahrzehnte unser Interesse hat, und von dem man sagen kann, daß die systematische und die synoekologische Frage gemeinsam betrachtet und auch gemeinsam gelöst werden muß, wie Herr FREIJSEN das auch zu deuten versucht hat.

S. PIGNATTI:
Es was für mich interessant diese schöne Beschreibung der Ökologie vom *Centaurium vulgare* zu hören, da diese Art für Norditalien als höchst

zweifelhaft gilt. Sie wird von verschiedene Stellen angegeben, ist aber in rezenter Zeit nur einmal in der Nähe von Venedig gefunden worden, und zwar unter ökologischen Bedingungen, die denen ähnlich sind, die Sie für die Dünen von Terschelling beschrieben haben. Untersuchungen über den Wasserstand wurden nicht gemacht. Aber ich kann mir vorstellen, daß das Problem auch in ähnlicher Weise zu lösen wäre. (Leider ist dieser Standort heute erloschen durch eine Melioration für landwirtschaftliche Zwecke).

Dort war die Vegetation aber ganz anders. Es fehlten vollkommen die Elemente des Nanocyperion, wahrscheinlich wegen zu geringer Ozeanität des Klimas. Die Luftfeuchtigkeit ist sehr gering. Hingegen hatten wir einige Arten, die auch zu Ihrer Artenkombination gehören z.B. von der Xeroserie *Tortula ruraliformis, Phleum arenarium, Linum catharticum* und Ammophiletalia-Arten; von der Hygroserie, *Salix repens* in der ssp. *rosmarinifolia,* eine andere Varietät der *Agrostis stolonifera, Juncus articulatus, Juncus bufonius, Hydrocotyle, Calamagrostis, Parnassia* u.a. mehr. Der Standort ist auch in Dünen-Tälchen, aber wir haben kein Koelerion albescentis und oberhalb ist ein Tortulo-Scabiosetum, das dem Tortulo-Phleetum ähnlich ist. Unterhalb wuchsen schwach halophile Gesellschaften mit *Schoenus nigricans* oder *Holochoenus romanus.* Ich glaube, daß ein gewisser Unterschied besteht durch einen höheren Kalkgehalt unseres Bodens. Bei uns war die Vegetation reicher an Therophyten: andere *Centaurium*-Arten, z.B. *Centaurium pulchellum,* das Sie auch genannt haben oder *Odontites serotina* und *Blackstonia.* Halophytische Arten fehlten vollkommen in dieser Gesellschaft. Ich würde sie nicht als eigene Assoziation, sondern eher als Fragment oder Therophyten-Synusie betrachten.

Von den nördlichen Autoren wird immer wieder *Festuca rubra litoralis* angegeben, obwohl diese Art sowohl im ACHERSON, als auch im HEGI fehlt. Ich weiß nicht, ob sie ein Synonym von einer anderen Form ist.

V. WESTHOFF:
Festuca rubra litoralis ist nicht ein Synonym, sondern das Taxon ist beschrieben worden von C. A. WEBER 1892 als *Festuca rubra* ssp. *litoralis* und es hat sich nach den genetischen und taxonomischen Forschungen herausgestellt, daß dieser Öko-Typ vernachlässigt wurde von den meisten systematischen Autoren.

Frau MARKGRAF-DANNENBERG, die ja als *Festuca*-Spezialist bekannt ist, hat diese Form unter einem anderen Namen als sehr wichtig anerkannt, wie das auch in Holland geschieht. Der ursprüngliche Name ist aber dieser.

W. G. BEEFTINK:
Es ist mir nicht ganz klar, warum das Centaurieto-Saginetum vom Saginion maritimae getrennt werden muß.

Wir haben in den letzten zusammengefaßten Tabellen gesehen, daß es noch eine große Überlappung der Kennarten des Saginion maritimae und des Trennartengefüges des Centaurieto-Saginetum gibt. Das Schwergewicht der Betrachtung wurde auf *Centaurium vulgare* gelegt. Es ist klar, daß vielmals Fragmente vorkommen, in denen *Centaurium vulgare* vorhanden ist, die anderen Arten aber fehlen.

Aber das kommt auch vor im Saginion maritimae, es gibt viele Phytocoenosen, wo *Parapholis strigosa*, *Sagina maritima*, *Cochlearia danica* oder *Catapodium marinum* mit einer oder mehreren anderen Arten des Saginion maritimae vorkommen, aber nicht mit dem ganzen Trennartengefüge des Saginion maritimae. Ich glaube, daß das Centaurieto-Saginetum gut im Saginion maritimae unterzubringen ist.

E. Raabe:
Wir haben es in diesem Fall wohl mit der Erscheinung zu tun, die wir auch sonst beobachten können, daß dort, wo gut bekannte Vegetationstypen aufeinanderstoßen, miteinander in Konkurrenz treten, wo ein ökologischer Wechsel vor sich geht, auf einem schmalen Zwischenstreifen zwischen diesen beiden Haupttypen einige Arten gerade diesen Raum ausnutzen und einen sehr typischen Übergangsstreifen bilden, wo weder der eine noch der andere Typus gut gedeihen kann. Sie sind gewissermaßen der „lachende Dritte". Jedenfalls kennen wir *Centaurium vulgare* an unseren Nordseeküsten sehr bezeichnend von solchen Stellen, die dann etwas offenen Charakter haben und auf denen dann häufig Arten als Erst-Ankömmlinge Fuß fassen. Wir können das jetzt an der Westküste von Jütland beobachten, wo eine Art etwa wie *Juncus maritimus*, auf Rømø, aber auch auf unseren Inseln Amrum und Sylt gerade in dieser schmalen Zone sich ausbreiten kann. Es sind offene Böden im Gegensatz zu den meist anschließenden oberen und unteren Bereichen in dieser Grenzzone. Dort siedeln sich dann diese empfindlichen Arten, die Licht und Raum brauchen, besonders leicht an. Parallelen dazu kennen wir von anderen Arten, sei es durch Vertritt oder ähnliche Bedingungen hervorgerufen, über ganze Flächen in ähnlicher Weise.

V. Westhoff:
Ich bin nicht mit Dr. Beeftink einverstanden, daß die beste syntaxonomische Lösung in diesem Fall wäre, das Centaurieto-Saginetum dem Saginion maritimae unterzuordnen. Dies wäre zwar für die halophile Subass. des Centaurieto-Saginetum möglich, jedoch nicht für die glykische, die mit dem Cochlearieto-Saginetum maritimae keine Arten gemeinsam hat. Wir begegnen hier einem Muster-Beispiel des schwierigen Problems der Teppichgesellschaften, wo ein bestimmtes Trennartengefüge sich mit grundverschiedenen Artenunterlagen zusammenfinden kann.

Van Leeuwen und ich (Westhoff, van Leeuwen en Adriani 1961) haben die Zugehörigkeit des Centaurieto-Saginetum zum Nanocyperion schon angezweifelt und versucht, das Centaurieto-Saginetum mit einigen verwandten Gesellschaften einer Sammeltabelle des Saginion zuzuordnen. Diese Lösung erschien aber unmöglich. Nachdem sind R. Tüxen und ich bei unserer Bearbeitung des Saginion maritimae zum selben Ergebnis gelangt (Tx. u. Westhoff 1964). Ich hatte nachher das Glück, diese Frage mit dem besten

Nanocyperion-Spezialisten Europas, Prof. MÜLLER-STOLL, besprechen zu können. MÜLLER-STOLL kennt aus Brandenburg Gesellschaften, welche dem Centaurieto-Saginetum durchaus ähnlich sind. Er ist der Ansicht, daß man derartige Assoziationen im Nanocyperion-Verband (oder bei Erweiterung in einem Verbande der Nanocyperetalia) belassen soll, auch wenn die floristische Übereinstimmung nur gering ist.

Die synökologische und syndynamische Übereinstimmung sollte nach ihm hier ausschlaggebend sein, um so mehr, als eine andere Lösung nicht klar vorliegt. Herr FREIJSEN hat zwar mit lobenswerter Vorsichtigkeit die Frage aufgeworfen, ob man denn nicht etwa das Centaurieto-Saginetum als eine höhere Einheit (evtl. bis zur Klasse) beschreiben möchte, etwa dem Saginion gemäß. Obwohl diese Lösung sich bei solchen Pionierteppichgesellschaften aufdrängt, bin ich dennoch (und zwar eben deswegen) nicht dafür, da wir hiermit die von PIGNATTI angefochtene „Inflation der höheren Vegetationseinheiten" nur steigern würden.

A. FREIJSEN:

Von Prof. PIGNATTI habe ich schon früher gehört, daß er *Centaurium vulgare* in Nord-Italien gesehen hat. Das war sehr überraschend, weil das Areal dieser Art sich von den skandinavischen Ländern im Nordosten bis zum Nordwesten Frankreichs erstreckt. Es ist sehr merkwürdig, daß die Pflanze auch in Italien gefunden wurde. Wenn *Centaurium vulgare* in Italien vorkommt, wächst die Pflanze ohne Zweifel in dieser ökologischen Situation, in der Sie sie gesehen haben. Ich bezweifele, daß der Faktor Kalk entscheidend ist. Wahrscheinlich braucht *Centaurium vulgare* in seinem Milieu Kalk, aber es ist unwichtig, ob es 1, 2 oder 10% sind. Auf Terschelling ist der Kalkgehalt nur 0,1% im Milieu der Pflanze. Das pH ist 7 oder etwas höher.

Ich kann die Meinung von Dr. BEEFTINK über die Einordnung des Centaurio-Saginetum in das Saginion gar nicht teilen. Die Subassoziationen machen Schwierigkeiten, aber die Gesellschaft selbst ist deutlich zu unterscheiden von dem typischen Saginetum maritimae und auch vom Saginion.

Ich danke Dr. RAABE sehr für die Mitteilung über das Vorkommen von *Centaurium vulgare* in Nordost-Deutschland. Vielleicht ist auch dort die ökologische Situation dieselbe wie bei uns. Das ist sehr interessant zu hören, weil ich in der Literatur gar nichts über das Vorkommen der Pflanzen außer den Salzwiesen in Nordost-Deutschland oder den skandinavischen Ländern gefunden habe.

Dr. WESTHOFF hat seine Ansicht über das Vorkommen der Gesellschaft im Nanocyperion ausführlich begründet. Es gibt aber Unterschiede in der Ökologie zwischen den richtigen Nanocyperion-Gesellschaften und der Gesellschaft von *Centaurium vulgare*. Erstens werden viele Nanocyperion-Gesellschaften überschwemmt, die typische Gesellschaft von *Centaurium vulgare* niemals oder nicht lange. Es besteht also ein Unterschied in der Wasser-Toleranz. Zweitens ist die Gesellschaft von *Centaurium vulgare* und die Art selbst halophil, die

Nanocyperion-Gesellschaften sind das nicht, mit Ausnahme vielleicht des Cicendietum. Dann gibt es noch einen Unterschied in der anthropogenen Entstehung und der Natürlichkeit der Nanocyperion-Standorte und derjenigen Gesellschaft von *Centaurium vulgare*.

Der Autor dankt Herrn Dr. K. U. Kramer (Utrecht) für die Übersetzung des Vortrags.

STRUKTUREN UND WASSERPFLANZEN

von

S. Segal

Hugo de Vries Laboratorium, Universität von Amsterdam

1. WAS VERSTEHT MAN UNTER STRUKTUR?

Wenn von der Struktur einer Pflanzengesellschaft die Rede ist, ist die Begriffsbestimmung dieses Wortes nicht für alle Autoren dieselbe. Allgemein denkt man hierbei an erster Stelle an Elemente wie Lebens- und Wuchsformen und an Schichtung.

Meistens versteht man unter Strukturmerkmalen die Elemente, die sich sowohl auf die Verteilung als auch auf den physiognomischen Aspekt der Arten in einer Vegetation beziehen, was im Allgemeinen mit der Umgebung zusammenhängt.

Man kann dann folgende Strukturelemente unterscheiden:

1. Die Lebensformen und Wuchsformen. Der Ansicht Braun-Blanquet's (1964) nach sind Lebensform und Wuchsform nahezu identische Begriffe. Während aber die Lebensformen die Individuen zu leichtfaßlichen Typen vereinigen, denen sich die gesamte Pflanzenwelt einordnen läßt, können die Wuchsformen nach den verschiedensten Merkmalen unterschieden und gruppiert werden. Dieser Ansicht nach ist der Unterschied zwischen Lebensform und Wuchsform durchaus unklar. Auch der ältere Begriff „Vegetationsform" (Humboldt 1805) wurde in verschiedener Weise gedeutet. Dasselbe gilt auch für spätere Begriffe (z.B. Raunkiaer 1905; Warming 1908; Drude 1913; Du Rietz 1931). Clements (1928) betrachtet den Begriff Lebensform als den meist universellen Ausdruck, der auch die Begriffe Vegetationsform, Habitatform und Wuchsform einschließt. Scharfetter (1953) meint, daß unter Wuchsform ein rein morphologischer Begriff zu verstehen ist, während es sich bei den Lebensformen handelt um Gestalt- und Wachstumsweise. Diese Auffassung stimmt ungefähr überein mit der Auffassung von Gams (1918), der vor fast fünfzig Jahren schon auf die Verwirrung dieser Begriffe hinwies.

Die Wuchsform ist ein morphologischer Begriff und die Lebensform bezieht sich auf die Weise sich dem Standort anzupassen. Dieser Auffassung schließe ich mich an. Lebensformen zeigen deutlich ausgeprägte Anpassungen in den vegetativen Teilen der Pflanze an den Lebenshaushalt in Gestalt und Wachstumsweise, aber die Morphologie geht hierbei nicht voran. In dem bekannten Lebensformen-System von RAUNKIAER (1934) stehen zum Beispiel die Anpassungen an die ungünstige Jahreszeit zentral, bei der Hydrotypen-Einteilung von IVERSEN (1936) die Anpassungen an den Faktor Wasser in der Umgebung. Umgekehrt kann man meistens die Wuchsformen betrachten als morphologische Typen, die sich in irgendeiner Weise dem Standort angepaßt haben, aber nicht immer steht hierbei ein einziger Standortsfaktor im Vordergrund. Die Einteilung von DANSEREAU (1951) ist ein Beispiel einer Einteilung in Wuchsformen.

Lebens- und Wuchsformen bilden den biologischen Ausgangspunkt der Struktur; die übrigen Elemente gehen von der Raumverteilung aus.

2. Die Schichtung gibt die Vertikalverteilung der Individuen in der Vegetation wieder.

3. Die Horizontalverteilung kommt in Patronen zum Ausdruck. Diese können ausgedrückt werden als Abweichungen einer Zufallsverteilung der Individuen einer Art (GREIG-SMITH 1964). In der angloamerikanischen Litteratur wird dem besonders viel Aufmerksamkeit gewidmet. (Man vergleiche zum Beispiel auch KERSHAW 1964).

Patronen können entstehen durch Unterschiede in (Mikro-)milieu, oder durch eine gewisse Bindung zwischen verschiedenen Arten, oder werden im allgemeinen durch Interferenzfälle (gegenseitiger Einfluß, z.B. auch Konkurrenz) gefördert. Interferenzsymptome können zum Teil phytogener Art, zum Teil mikroökologischer Art sein oder sind beider Art (z.B. bei Schattenbildung oder Windschutz).

VAN LEEUWEN (1965) widmete den Patronen viel Aufmerksamkeit in Bezug auf verschiedene Formen der Kontakt- und Übergangssituationen zwischen verschiedenen Vegetationstypen.

Wenn wir untersuchen in welcher Weise die Individuen einer Art gegenseitig geordnet sind, bezieht sich dies auf die Soziabilität, die also das Bild einer Vegetation mitbestimmt.

Das Vorkommen von Mikropatronen hängt eng mit Homogenität zusammen. Man erkennt nicht immer, daß Patronen in scheinbar homogenen Vegetationen auftreten. Das hat zu verschiedenen Ansichten über Abgrenzung der Vegetationseinheiten geführt (z.B. DEN HARTOG & SEGAL 1964; SEGAL 1965).

Die erwähnten Strukturmerkmale können mehr oder weniger deutlich zurückgefunden werden im Minimum-Areal, das auch als ein Strukturmerkmal zu deuten ist (SEGAL 1965), und dem eine Lebens- oder Wuchsform eigen ist (in so weit ihre Dimensionen nahezu fixiert sind).

Wenn die verschiedenen Wuchsformen (oder Lebensformen) mit der Schichtung zusammenfallen, was oft der Fall ist, kann man dies aus der Kurve des Minimalraums herleiten, falls die Artenzahl gegen den Logarithmus der Oberfläche aufgetragen werden (SEGAL 1965). Den Minimalraum der verschiedenen Schichten findet man im allgemeinen in der Kurve wieder, und dieser äußert sich in der stufenweisen Form der Kurve. Es wäre dabei vielleicht am besten (nach BARKMAN, mündlich) auf der Ordinate die Zunahme der Artenzahl aufzutragen. Die Kurve zeigt in diesem Falle eine wellenartige Form, falls mehrere Strukturelemente vorhanden sind. Wenn man, wie man gewohnt ist das zu tun, die Artenzahl gegen die Oberfläche in einer linearen Skala aufträgt, sieht man diese stufenweise Niveaus im allgemeinen nicht, wenn die Areal-Skala nicht sehr stark ausgedehnt ist. Meistens bestimmt man nur den Minimalraum der größten Wuchs- oder Lebensform (bei einem Wald also der Baumschicht). Ein anderer Vorteil der erwähnten Methode ist, daß man die intensive Untersuchung für jede Schicht oder jedes Synusium beschränken kann auf den eigenen Minimalraum, weil man dies gleich ablesen kann.

In direktem Zusammenhang mit der Verteilung im Raum ist auch die Verteilung in der Zeit, die in der Periodizität zum Ausdruck kommt, wenn es sich um reziproke Änderungen in einer Vegetationssaison, oder in der Sukzession, wenn es sich um gerichtete Änderungen über längere Zeit handelt. In beiden Fällen können Strukturänderungen eine Rolle spielen.

2. WUCHS- UND LEBENSFORMEN VON WASSERPFLANZEN

Bei einer Einteilung, die auf Lebens- und Wuchsformen gegründet ist, geht man von der Hypothese aus, daß es einen Zusammenhang zwischen dem morphologischen Bau einer Art und ihrer Anpassung an den Standort gibt. Zum besseren Verständnis der hier folgenden Arbeitshypothesen wird eine kurze Übersicht der Einteilung von Wasserpflanzen nach Strukturmerkmalen gegeben.

Nach LUTHER (1951) werden folgende Lebensformen, auf die Anheftungsweise am Substrat basiert, unterschieden:

I. HAPTOPHYTEN: Nicht-wurzelnde Wasserpflanzen, die mit ihren basalen Teilen an allerhand mehr oder weniger feste Gegenstände angeheftet sind (Steine, Muscheln, Baumstämme, andere Wasserpflanzen usw.).

II. RHIZOPHYTEN: Wasserpflanzen, die im Boden wurzeln, oder von denen jedenfalls die basalen Teile der erwachsenen Pflanzen im Boden befestigt sind.

III. PLANOPHYTEN: Frei im Wasser schwebende und schwimmende Wasserpflanzen.
   a. PLEUSTOPHYTEN: große Wasserpflanzen.
   b. PLANKTOPHYTEN: mikroskopisch kleine Wasserpflanzen.

In Europa kann man die Pleustophyten und Rhizophyten in folgender Weise in verschiedene Wuchsformen einteilen (vergl. DEN HARTOG & SEGAL 1964; SEGAL 1965):

A. Pleustophyten

1. LEMNIDEN: Frei im Wasser schwimmende Wasserpflanzen kleiner Abmessung mit einem reduzierten Kormus, dessen Oberseite an ein Leben in der atmosphaerischen Luft und dessen Unterseite an das Leben im Wasser angepaßt ist, z.B. *Lemna minor*, *L. gibba*, *Spirodela*, *Wolffia*, *Ricciocarpus* und (als aparter Subtypus Azolliden) *Azolla*.

2. Wolffielliden: Frei im Wasser schwebende Wasserpflanzen kleiner Abmessung ohne Anpassung an das Leben in der Luft, z.B. *Lemna trisulca* (die sich übrigens während ihrer kurzen generativen Periode als Lemnide benimmt). *Riccia fluitans* (als ricciellide Wuchsform zu unterscheiden) ist angepaßt an Standorte mit zeitweise trockenfallendem Boden.
3. Ceratophylliden: Frei im Wasser schwebende große Wasserpflanzen die im Sommer meistens an der Oberfläche schwimmen, im Herbst auf den Boden sinken und überwintern mit Turionen, im allgemeinen mit fein verteilten Blättern und ohne Schwimmblätter, z.B. *Ceratophyllum* und die europäischen *Utricularia*-Arten.
4. Hydrochariden: Wenigstens während eines Teiles der Vegetationsperiode frei im Wasser schwimmende Wasserpflanzen, mit speziellen Schwimmblättern versehen und mit speziellen Organen (Winterknospen oder Sporokarpien) überwinternd.

B. Rhizophyten

5. Stratiotiden: Im Sapropel mit vielen Beiwurzeln angeheftete Wasserpflanzen, deren vegetative Teile teilweise über das Wasser emporragen können, und die im Winter auf den Boden sinken und überwintern mit Turionen, z.B. *Stratiotes*.
6. Elodeiden: Im Boden wurzelnde Wasserpflanzen mit langen auswachsenden beblätterten Stengeln, doch ohne spezielle Schwimmblätter, z.B. *Elodea, Ruppia, Myriophyllum* und *Hottonia*.
7. Batrachiiden: Im Boden wurzelnde Wasserpflanzen mit einer Differenzierung in Schwimmblätter und untergetauchte Blätter, z.B. die meisten Arten der *Ranunculus* subgenus *Batrachium*, und die Arten von *Callitriche*, Sektion *(Eu)Callitriche*. Die untergetauchten Blätter sind meistens linienförmig oder drahtförmig oder in feine Zipfel verteilt.
8. Trapiden: Im Boden wurzelnde Wasserpflanzen mit langen unverzweigten Stengeln und mit einer Differenzierung in Schwimmblätter und linienförmige, vergängliche, untergetauchte Blätter, mit einem geschwollenen Stengel, in einer Blattrosette. *Trapa natans* ist einjährig.
9. Pepliden: Im Boden wurzelnde Wasserpflanzen mit oberen ungeteilten Blättern in einer auf dem Wasser ruhenden geschlossenen Blattrosette und ohne deutliche Blattdimorphie, z.B. *Peplis portula, Ludwigia palustris* und *Hypericum elodes*.
10. Nymphaeiden: Im Boden wurzelnde Wasserpflanzen mit wenig oder nicht verzweigten, höchstens sparsam beblätterten Stengeln und mit auffälligen Schwimmblättern, manchmal auch mit großen untergetauchten Blättern, z.B. *Nuphar, Nymphoides, Potamogeton natans* und *Luronium natans*.
11. Vallisneriiden: Im Boden wurzelnde Wasserpflanzen mit Ausläufern und einem kurzen Stamm, mit einer Rosette oder einem Bündel langer, schlaffer, linienförmiger Blätter, z.B. *Vallisneria* und *Zostera nana*.
12. Isoetiden: Im Boden wurzelnde Wasserpflanzen mit einem kurzen

Stamm und einer Rosette von steifen, linien- oder pfriemenförmigen Blättern oder einem Wurzelstock mit derartigen Blättern, z.B. *Isoetes*, *Pilularia* und *Littorella*.

Die Morphologie der Arten ist wahrscheinlich in hohem Grade unabhängig von den chemischen Standortsfaktoren. Wahrscheinlich gilt sowohl für Wasserpflanzen als auch für Landpflanzen und auch für Tiere, daß die Morphologie ausschließlich oder jedenfalls in hohem Maße von den physischen Standortsfaktoren abhängig ist. Diese Tatsache wurde empirisch nachgeprüft. Es muß theoretisch möglich sein Modelle zu konstruieren, welche die meist effiziente Anpassung an ein theoretisch konditioniertes Milieu geben müßten. Man könnte zum Beispiel ausgehen vom höchst möglichen Assimilationsertrag pro Oberflächen- oder Inhaltmaß.

Es ist dann die Frage, welche physische Faktoren an erster Stelle für die Morphologie verantwortlich sind. Für die Landpflanzen spielt hierbei, wie allgemein bekannt ist, das Klima (an sich ein verwickelter Komplex von Faktoren) eine essentielle Rolle. Für die Wasserpflanzen ist dies viel weniger wichtig, wahrscheinlich weil das Wasser Temperaturunterschiede viel stärker nivelliert als der Boden und die Luft. Derartige Modelle sind noch nicht konstruiert worden, und es ist wahrscheinlich, daß wir hierbei die Mathematik und die Physik zu Hilfe rufen müssen. Für Wasserpflanzen sind jedenfalls in dieser Hinsicht die folgenden Standortsfaktoren von Bedeutung: Wasserstandsschwankungen, Wellenschlag und Strömung, Sapropel-Entwicklung und Konsistenz des Bodens, und Dimensionen des Wasserkörpers: Tiefe und Oberfläche. Diese Faktoren sind von einander abhängig. Für Mikroorganismen spielen wahrscheinlich osmotischer Wert und Oberflächespannung eine große Rolle.

3. RAUMVERHÄLTNISSE BEI WASSERPFLANZENGESELLSCHAFTEN

Für den Begriff der Gesellschaften von Wasserpflanzen ist es notwendig die Patronen sowohl in horizontaler als auch in vertikaler Richtung zu unterscheiden und in richtiger Weise zu interpretieren. Dazu muß man mit der Ansicht abrechnen, daß verschiedene übereinander liegende Vegetationsschichten unbedingt der gleichen Pflanzengesellschaft angehören. Es ist nicht schwer einzusehen, daß schwimmende Vegetationsschichten, die von Strömungen und Windeinwirkungen verlagert werden können, in höhem Grade unabhängig sind von den Rhizophytenvegetationen (DEN HARTOG & SEGAL 1964). An einer Stelle dominieren nahezu immer entweder die Rhizophyten oder die Pleustophyten: Beide Gruppen schließen, wenn sie optimal entwickelt sind, einander fast völlig aus, unter anderem infolge der Lichtinterzeption.

Wasser- und Landvegetationen können nicht ohne weiteres mit einander verglichen werden. Wasser ist ein ganz anderes Medium als die Kombination Boden und Luft, worin Landpflanzen leben. Wasser ist für die Vegetation auch ein dichteres Medium. Wasser kann durch die

Vegetation fast völlig angefüllt werden, weil das Wasser die Pflanzen trägt und stützt.

Dadurch auch haben Wasserpflanzen im allgemeinen wenig Festigungsgewebe. Öfters bilden die Pflanzen sehr dichte Polykormen (vergl. PÉNZES 1960), welche die Struktur stark beeinflussen. Weiter bildet in ökologischer Hinsicht das Wasser in der Regel einen gleichmäßigen Standort infolge der Konvektions- und anderer Strömungen. Innerhalb eines abgeschlossenen Gewässers bilden alle Organismen zusammen einen großen Nahrungszyklus.

4. PERIODIZITÄT

Bei Wasserpflanzen ist nicht nur die Periodizität, welche die direkte Folge der Temperaturwechsel während der Jahreszeiten ist, von Bedeutung, sondern auch öfters die Periodizität, welche die Folge der Wasserstandsschwankungen ist. Diese Schwankungen hängen meistens mit periodischen Klimaschwankungen zusammen.

Die Bedeutung der Wasserstandsschwankungen in Bezug auf die Lebensformen ist u.a. untersucht worden von HEJNÝ (1960). Als Ausgangspunkt für sein Lebensformensystem der Wasser- und Sumpfpflanzen unterscheidet er, abhängig von den Anpassungsmöglichkeiten der Vegetation an den Wasserstand, vier Ökophasen. In jeder dieser Ökophasen ist der Wasserstand, wenigstens zeitweise, von entscheidender Bedeutung:

Hydrophase mit hohem Wasserstand, mit vielen normalen Wasserpflanzen.

Litorale Phase, in untiefem Wasser, das eventuell kurze Zeit trockenfällt, öfters mit amphibischen Arten.

Limnophase, wobei der Boden stets völlig vom Wasser gesättigt bleibt, aber die Oberfläche während längerer Zeit trockenfällt.

Terrestrische Phase, wobei das Grundwasserniveau beständig unter dem Maifeld bleibt und das kapillaire und freatische Wasser im Boden ein wichtiger ökologischer Faktor ist.

Für die Wasserpflanzen sind nur die Hydro- und die litorale Phase von Bedeutung, und jede Phase hat ihre spezifischen Wuchsformgruppen. So sind z.B. die Elodeiden und Ceratophylliden typisch der Hydrophase angepaßt, die Batrachiiden der litoralen Phase. Die Untersuchungen von HEJNÝ sind zu einem großen Teil ausgeführt worden in Fischteichen, deren Wasserstand jährlich große Schwankungen zeigt. Der Wasserstand wird denn tatsächlich ein entscheidender Faktor. Für die Gewässer der westeuropäischen Tiefebenen sind Wasserstandsschwankungen von weniger Bedeutung, aber dennoch in vielen Gewässer-Typen, z.B. Heidetümpeln und Gezeitengewässern, sehr wichtig. Entscheidend für die Wuchsform ist vielmehr das eventuelle Trockenfallen des Standorts und nicht der Grad der Wasserstandsschwankungen. Dieser ist wichtiger für jede Art an sich, denn verschiedene Arten, welche derselben Wuchsform angehören, können verschiedenen Tiefen und Wasserschwankungen angepaßt sein. So ist z.B. *Potamogeton polygonifolius* an relativ seichte Gewässer mit geringen Wasserstandsschwankungen angepaßt, *P. gramineus* aber an etwas tiefere mit größeren Wasserstandsschwankungen und *P. zizii* an noch tiefere Gewässer. Diese Arten stimmen in ihren Wuchsformen stark überein.

Eine Saisonperiodizität, die wahrscheinlich die Folge der Temperaturschwankungen ist, finden wir in Westeuropa bei *Azolla*-Vegetationen. Ein Argument für die Hypothese, daß hierbei keine oder nicht nur endogene Faktoren eine Rolle spielen, sondern auch exogene Faktoren, wie Temperatur, finden wir in dem Vorkommen von *Azolla filiculoides* mit Sporokarpien im Frühjahr im Mittelmeergebiet, während diese Art nördlicher in Europa erst später im Jahre zur generativen Fortpflanzung gelangt.

In untiefen, stehenden Gewässern, z.B. in Gräben in den Niederlanden, tritt eine scheinbare Saisonperiodizität auf, wobei z.B. eine Elodeiden-Vegetation im Laufe des Jahres von *Ceratophyllum demersum* ersetzt wird. Im nächsten Frühjahr erscheinen oft wieder Elodeiden, aber diese Periodizität kommt zustande durch menschlichen Eingriff, durch das Reinigen der Gräben, und die Änderungen sind also nur scheinbar reziprok. In gegründeten, gut entwickelten *Ceratophyllum*-Vegetationen ist, wenn kein menschlicher Eingriff stattfindet, von einer derartigen Periodizität gewöhnlich nicht die Rede. (Die Jahreszeit, in der die Gewässer gereinigt werden, kann großen Einfluß auf die Zusammensetzung der Vegetationen ausüben.)

5. SUKZESSION

Die Pionierstadien der Wasserpflanzengesellschaften bestehen fast immer aus Elodeiden (in klarem Wasser und vor allem auf Sandboden meistens aus *Characeen*). Von der Vegetation wird sukzessiv eine Schicht von Förna, Dy und Sapropel gebildet: eine Bedingung für das Entstehen einer Sukzession. Stellen, die einem ziemlich starken Wellenschlag unterworfen sind, in den Niederlanden namentlich die Ost- und Nordostseite der größeren Gewässer (windexponierte Stellen), zeigen eine relativ langsam verlaufende Sukzession von Nymphaeiden und Helophyten. Stellen, wo der Wellenschlag eine wenig direkte Wirkung ausübt, also besonders die West- und Südwestseiten, zeigen Sukzessionsstadien, wobei oft nach einer Phase von Ceratophylliden eine Vegetation entsteht von Stratiotiden, worin auch Hydrochariden und andere kleine Lebensformen, z.B. Lemniden, auftreten können. In beiden Fällen sehen wir, daß die Vegetationsstruktur allmählich komplizierter wird; eine *Stratiotes*-Vegetation in optimaler Form kann z.B. aus wenigstens vier Wuchsformen aufgebaut sein. Ebenso reich wie an Wuchsformen ist eine gut entwickelte *Stratiotes*-Gesellschaft auch an Tierarten und Mikroorganismen verschiedener Art. Für das Entstehen von Ceratophylliden- oder Stratiotiden-Vegetationen ist der Wellenschlag sekundär wohl von Bedeutung, weil dieser einen Unterstrom verursacht in entgegengesetzter Richtung, wodurch Detritus und teilweise verfaultes Pflanzenmaterial gegen die windfreien Ufer abgesetzt werden kann. Es ist wohl sicher, daß die Nymphaeiden den Wellenschlag in gewissem Maße ertragen, aber für Stratiotiden hingegen ist die Sapropelbildung wahrscheinlich von primär größerer Bedeutung.

Beziehen wir die Dimensionen in der Landschaft in diese Betrachtung, dann zeigt es sich, daß dieser Faktor wahrscheinlich von weniger primären Bedeutung ist für die Struktur als die vorhergehenden Faktoren, aber eng mit diesen zusammenhängt. Einerseits müssen wir konstatieren, daß bestimmte Wuchsformen besonders in kleinen Gewässern vorkommen. Lemniden, ebenso wie Wolffielliden, treten hauptsächlich auf in Gräben, Teichen, Pfuhlen und dergleichen, deren Durchschnitt oder Breite höchstens etwa Dutzende Meter beträgt, und auch Ceratophylliden kommen hauptsächlich in Gewässern beschränkter Größe vor. Dies hängt mit verminderter Wellenschlagwirkung und Sapropelbildung zusammen.

Es ergibt sich häufig, daß verschiedene Arten einer gleichen oder verwandten Wuchsform in Gewässern verschiedener Dimensionen vorkommen. Man kann z.B. beobachten das große *Potamogeton*-Arten, wie *P. lucens* und *P. perfoliatus*, optimal in tieferen Gewässern auftreten, während kleine *Potamogeton*-Arten, wie *P. pusillus* und *P. trichoides*, besonders in seichten und kleinen Gewässern auftreten. Parallele Beispiele findet man nicht nur bei anderen Elodeiden, sondern auch bei anderen Wuchsformen, z.B. Nymphaeiden, wo wir *Nymphaea alba* und *Luronium natans* vergleichen können. Bei *Trapa*, *Callitriche* und *Elatine* beobachten wir sogar eine Dreizahl von Artengruppen nach abnehmender Wassertiefe; dies kann eventuell mit zeitweiligem Trockenfallen des Bodens verbunden sein. (In diesem Falle kann man Trapiden neben Batrachiiden stellen.) Bei den Vallisneriiden können wir in dieser Hinsicht *Vallisneria* und *Limosella* vergleichen, bei den Ceratophylliden *Utricularia vulgaris* und *U. minor*. Hydrochariden sind gewissermassen große Formen von den Lemniden. Bei Rhizo- und Pleustophyten kommen auch konvergente Standortsanpassungen vor. So ist *Riccia fluitans*, ebenso wie die Batrachiiden, sowohl dem Leben im Wasser als auch dem Leben am Ufer angepaßt. Übereinstimmungen zwischen Nymphaeiden und Hydrochariden sind evident.

Es ist sogar möglich, Parallelen zu ziehen bei Sukzessionsuntersuchungen zwischen den kleinen und großen Gewässern, wobei es sich denn oft ergibt daß bestimmte Prinzipien sich sowohl für kleine als für große Pflanzenarten behaupten.

6. EINIGE SUKZESSIONSREGELN

Es ist jetzt möglich einige allgemeine Sukzessionsregeln für Wasserpflanzen-Gesellschaften aufzustellen. Diese laufen zum Teil parallel mit Prinzipien für Vegetationen von Landpflanzen. Als solche Prinzipien gelten wahrscheinlich:

1. Die Sukzession fängt an mit Arten mit einer breiten ökologischen Amplitude, in den folgenden Stadien treten allmählich mehr Arten auf

mit einer immer enger werdenden Amplitude. Dies gilt jedenfalls für die bestimmenden Faktoren, von welchen an erster Stelle abhängig ist, ob die Arten überhaupt da sein könnten. An Pionierstandorten liegen die Maxima und die Minima der bestimmenden Standortsfaktoren relativ weit auseinander. Diese Unterschiede sind wahrscheinlich von größerer Bedeutung als die relativ kleinen lokalen Standortsunterschiede, wodurch die Pionierstandorte gleichmäßig zu sein scheinen. Pionierarten sind oft in ihrer Anpassung an sehr bestimmte Standortsfaktoren („Master-factors") spezialisiert, was in vielen Fällen bedeutet, daß sie extremen Werten dieser Faktoren angepaßt sind.

2. Während der Sukzession findet eine Struktur-Zunahme statt. Dies folgt auch aus der Tatsache, daß die Vegetation selbst eine Differenzierung verursacht. Die Strukturzunahme äußert sich durch die Zahl der Wuchs- und Lebensformen und die Schichtung.

3. Zunahme der Zahl der Arten und Wuchsformen geht mit einer größeren Stabilität des Ökosystems zusammen (d.h. Extreme in den Standortsverhältnisse kommen sich näher, plözliche Änderungen in dem Standort werden schneller nivelliert, große Änderungen geschehen immer langsamer). Die größere Stabilität ist teilweise ein Erfolg der Zunahme der Differenzierung und von der Zahl der Interrelationen zwischen den Organismen und Arten.

Größere Stabilität geht also zusammen mit größerer räumlicher und kleinerer zeitlicher Variation und umgekehrt. Zunahme der Stabilität des Ökosystems geht aber auch zusammen mit immer größerer Empfindlichkeit der höher entwickelten Strukturen für starke Änderungen in der Umwelt.

4. Die Wuchs- und Lebensformen werden hauptsächlich (vielleicht ausschließlich) von den physischen Standortsfaktoren bestimmt. Chemische Faktoren sind meistens bestimmend für das Auftreten verschiedener Taxa. Diese Prinzipien gelten ebenso für Sukzessionsreihen von Landpflanzen. Hierbei ist es aber möglich, daß später eine allmähliche Abnahme der Struktur auftreten kann, wenn die Standortsfaktoren extremer werden, z.B. infolge der Isolation, wie bei Hochmoorbildung.

5. Pionierstadien sind im allgemeinen Rhizophyten (z.B. Elodeiden oder Isoetiden). Pflanzen mit ausschließlich untergetauchten vegetativen Teilen werden, an Stellen, die nicht zu starkem Wellenschlag unterliegen, von Rhizophyten mit auf dem Wasser liegenden Blättern (Nymphaeiden) und Helophyten abgelöst. An windfreien Stellen findet die Sukzession statt via Ceratophylliden. Bei Landpflanzen bestehen auch derartige Regeln, z.B. für die Sukzession der Lebensformen nach RAUNKIAER (1934). Bei vielen Pioniergesellschaften spielen Therophyten eine große Rolle, und die Sukzession endet oft, wie allgemein bekannt ist, mit Phanerophyten. Die Lebensformen welche dazwischen auftreten, werden von den Änderungen der physikalischen Merkmale des Standortes bestimmt, und die Zusammensetzung entspricht auch hier den Standortsgesetzen. Dies wollen wir hier nicht besprechen.

6. Die Sukzessionsgeschwindigkeit und die Art des Endstadiums werden zum Teil von beschränkenden Faktoren bestimmt. Dies gilt auch für Landpflanzen. In einem extremen Standort verläuft die Sukzession, wenigstens im Anfang, relativ langsam. Durch die Vegetation selber werden die extremen Standortsunterschiede kleiner und dies im Allgemeinen mehr mit dem Fortschritten der Sukzession und mit dem Schlußgrad der Vegetation und der Zunahme ihrer Struktur. Bei Gewässern geht in äußerst extremen Standorten die Entwicklung der Vegetation nicht weiter als bis zum Rhizophytenstadium, in weniger extremen Standorten nicht weiter als zum Nymphaeiden- oder Ceratophylliden-stadium usw. In Seen im Hochgebirge besteht die Vegetation oft ausschließlich aus *Potamogeton filiformis* oder *Characeeen*, in brackischen oder poikihalinen Gewässern ebenso aus Elodeiden. An Stellen mit Wasserstandsschwankungen treten sowohl in relativ nahrungsarmen als auch in poikilohalinen Standorten Isoetiden auf, in etwas weniger extremen Standorten Batrachiiden. In diesem Zusammenhang sind auch die Dimensionen des Wassers wichtig. In kleinen und untiefen Gewässern ist die Zahl der Wuchsformen beschränkt, wenn auch öfters viele andere Faktoren günstig scheinen.

Das Syndrom der extremen Standortsbedingungen, woran eine Art wie z.B. *Eleocharis parvula* angepaßt ist, kann das seltene Vorkommen dieser Art erklären: kleine untiefe Tümpel mit wechselndem Wasserstand, während längerer Zeit ausgetrocknet, stark wechselnde Salzkonzentration, und damit zusammen auch Temperaturschwankungen und andere Faktoren.

Der höchste Strukturgrad bei Hydrophyten-Gesellschaften müssen wir also in einem Standort erwarten, der für viele Arten und Wuchsformen optimal ist, oder jedenfalls innerhalb der aktuellen ökologischen Amplitude liegt. Derartige Vegetationen müssen wir vielleicht in den gemäßigten Regionen oder in den Tropen suchen. Von den Tropen ist in dieser Hinsicht wenig bekannt. Für Landpflanzen finden wir hochstrukturierte Einheiten besonders in den Endstadien der progressiven Sukzessionsreihen, vor allem in den Wäldern. Die komplizierteste Struktur zeigt der tropische Regenwald.

Es ist selbstverständlich, daß die Sukzession der Wasserpflanzen sich in Stadien von Sumpf- und Landpflanzen fortsetzt. Diese bleiben hier außer Betracht.

Man kann oft konstatieren daß die Sukzession in kleinen und untiefen Gewässern, was die Strukturmerkmale anbelangt, parallel läuft mit der Sukzession in größeren und tieferen Gewässern. Wohl haben wir denn mit anderen Arten zu tun: die Dimensionen der Arten hängen mit den Dimensionen des Standortes und der Größe der Standortsänderungen zusammen. Die gleichen Strukturgesetze gelten hierbei für kleine und große Räume.

Es ergibt sich also, daß die Vegetationsstrukturen im Laufe der Sukzession allmählich komplizierter werden. Aber nicht nur nimmt die Zahl der Arten und Strukturformen zu und spielt eventuell die Saisonperiodizität eine Rolle, sondern auch die morphologischen Strukturen der Wuchsformen die in der Sukzession aufeinander folgen, werden komplizierter, was sich zum Beispiel aus dem größeren Grad der Organdifferenzierung oder der zunehmenden Verzweigung ergibt. Bei Landpflanzen ist dies schon sehr deutlich. Im allgemeinen erscheinen allmählich Formen und Strukturen mit größeren Dimensionen. Einfache morphologische Strukturen können natürlich abgeleitet sein.

Von den genannten sechs Regeln laufen zwei mehr oder weniger parallel mit Prinzipien, die von MARGALEF (1958) entwickelt worden sind. Meine Ergebnisse sind aber nicht völlig gleich, weil die Weise in der das Problem angefaßt wurde, verschieden ist. Ich möchte die Wechselbedingungen und nicht periodischen Änderungen des Standorts über einen relativ kurzen Zeitraum stärker betonen. Diese bestimmen oft die ökologischen Nischen. Auch MARGALEF behauptet, daß während der Sukzession eine Zunahme von ökologischen Mikro-Unterschieden stattfindet, aber zu gleicher Zeit gibt es auch eine Abnahme der Zahl der „Masterfactors". Auch kommt, meiner Meinung nach, dem Begriff Konkurrenz eine andere Bedeutung zu. Nach MARGALEF soll es am schwierigsten sein eine Voraussagung über die Initialphasen zu machen. Ich glaube aber, daß sich die Strukturen in Initialphasen jedenfalls sehr gut prophezeien lassen.

ZUSAMMENFASSUNG

Unter Strukturmerkmalen versteht man Elemente, die sich sowohl auf die Verteilung als auf den physiognomischen Aspekt des Artengefüges in einer Vegetation beziehen. Strukturelemente sind: 1. Lebensformen (Anpassungen an die Umweltsbedingungen) und Wuchsformen (morphologische Typen), 2. die Schichtung, 3. die Horizontalverteilung. Auch das Minimumareal ist als ein Strukturmerkmal aufzufassen. Mehr Resultate erzielt man, wenn die Artenzahl ausgesetzt wird gegen den Logarithmus des Areals statt gegen das Areal in einer linearen Skala. Die Periodizität wird oft bestimmt von Wasserschwankungen oder von Kulturmaßnahmen. Für Wasserpflanzen wird eine Übersicht der Lebens- und Wuchsformen gegeben. Erörtert wird, daß die Vertikalverteilung nicht die gleiche Bedeutung hat wie die Schichtung bei Landpflanzen.

Die Sukzession der Seen Westeuropas zeigt öfters zwei prinzipiell verschiedene Reihen, beziehungsweise für Standorte, die dem Wind exponiert sind und für windfreie Standorte. Im ersten Falle ist die normale Reihenfolge: Elodeiden – Nymphaeiden – Helophyten, und im zweiten Falle: Elodeiden – Stratiotiden – Stratiotiden + Hydrochariden + Ceratophylliden (+ Lemniden) – Sapropelophyten – Helophyten.

Infolge der Sukzession können folgende Strukturregeln abgeleitet werden:

1. Die Reihenfolge fängt an mit Arten mit einer breiten ökologischen Amplitude der bestimmenden Faktoren, in den folgenden Stadien treten allmählich mehr Arten hervor mit einer immer engeren Amplitude.
2. Während der Sukzession findet eine Zunahme der Artenzahl und der Struktur statt.

3. Zunahme der Artenzahl und Wuchsformen ist verbunden mit einer größeren Stabilität der Umwelt.
4. Die Wuchs- und Lebensformen werden hauptsächlich (oder ausschließlich) bestimmt von physikalischen Standortsfaktoren.
5. Pionierstadien sind im Allgemeinen Rhizophyten (bei Landpflanzen oft Therophyten).
6. Die Geschwindigkeit der Sukzession und der Charakter des Endstadiums werden zum Teil von beschränkendenden Faktoren bestimmt.

Strukturen in größeren und in kleineren Seen stimmen oft mit einander überein.

SUMMARY

The term „structure" in relation to vegetation types is usually understood to include both the distributional and the physiognomic aspects of the species forming a community. Such structural features are: 1. life forms (forms adapted to environmental conditions) and growth forms (morphological types), 2. stratification, and 3. horizontal distribution (patterns). The minimum area can also be regarded as a structural feature; incidentally one obtains better results if the number of species is plotted against the logarithm of the surface area instead of against the actual surface area in a linear scale. In aquatic communities, periodicity is often determined by human activity (often decided by agricultural practice) or by fluctuations in the water level.

The various life and growth forms of aquatic plants are enumerated. It is emphasized that their vertical distribution is usually not comparable with the stratification occurring in dry-land vegetation.

The succession in lakes in western Europe proceeds by way of one of two fundamentally different series, occurring along the wind-exposed and the sheltered sides, respectively. In the first case the normal sequence is-elodeids – nymphaeids – helophytes, in the second: elodeids – stratiotids – stratiotids + hydrocharids + ceratophyllids (+ lemnids) – sapropelophytes – helophytes.

With regard to the succession, the following general rules can be deduced:

1. The succession commences with species having a wide ecological amplitude for determining factors, gradually more species with a narrower amplitude appearing in the successive stages.
2. The structure becomes more intricate as the succession proceeds.
3. The increase in number of the species contributing to aquatic vegetation is concomitant with a greater stability of the ecosystem.
4. The occurrence of certain life and growth forms is chiefly (or exclusively) determined by physical environmental factors.
5. Pioneer vegetation stages usually consist of rhizophytes. (In dry land habitats, the pioneers are often therophytes.)
6. The velocity of the advancement of a succession series and the nature of the ultimate phase are partly determined by the limiting factors prevailing in the habitat.

The structural features of aquatic communities in larger and in smaller masses of water frequently show a close correspondence.

LITERATUR

BRAUN-BLANQUET, J.: Pflanzensoziologie. 3. Aufl. – Wien 1964. 865 p. (1. Aufl. 1928).

CLEMENTS, F. E.: Plant succession and indicators. – New York 1928. 453 p.

DANSEREAU, P.: Description and recording of vegetation upon a structural basis. – Ecology **32**: 172–229. Durham N.C. 1951.

DRUDE, O.: Die Ökologie der Pflanzen. – Braunschweig 1939. 308 p.

DU RIETZ, E. G.: Life-forms of terrestrial flowering plants. – Acta Phytogeogr. Suecica **3**: 1–95. Uppsala 1931.

GAMS, H.: Prinzipienfragen der Vegetationsforschung. – Vierteljahrschr. Naturf. Ges. Zürich **63**: 293–493. Zürich 1918.

GREIG-SMITH, P.: Quantitative plant ecology. 2. Aufl. – London 1964. 256 p.

HARTOG, S. DEN & S. SEGAL: A new classification of the water-plant communities. – Acta Bot. Neerl. **13**: 367–393. Amsterdam 1964.

HEJNÝ, S.: Ökologische Charakteristik der Wasser- und Sumpfpflanzen in den Slowakischen Tiefebenen (Donau- und Theissgebiet). – Bratislava 1960. 487 p.

HUMBOLDT, A. VON: Essai sur la geographie des plantes. – 1805.

IVERSEN, J.: Biologische Pflanzentypen als Hilfsmittel in der Vegetationsforschung. – Kjøbenhavn 1936. 224 p.

KERSHAW, K. A.: Quantitative and dynamic ecology. – London 1964. 183 p.

LEEUWEN, C. G. VAN: Het verband tussen natuurlijke en anthropogene landschapsvormen, bezien vanuit de betrekkingen in grensmilieu's. Gorteria **2** (8): 93–105. Leiden 1965.

LUTHER, H.: Vorschlag zu einer ökologischen Grundeinteilung der Hydrophyten. – Acta Bot. Fenn. **44**: 1–15. Helsingforsiae 1949.

LUTHER, H.: Verbreitung und Ökologie der höheren Wasserpflanzen im Brackwasser der Ekenäs-Gegend in Südfinnland. I, II. Acta Bot. Fenn. **49**: 1–231; **50**: 1–370. Helsingforsiae 1951.

MARGALEF, R. D.: Information theory in ecology. General Systems. – Yearb. Soc. Gen. Systems **3**: 36–71.

PÉNZES, A.: Über die Morphologie, Dynamik und zönologische Rolle der Sproßkolonien bildenden Pflanzen (Polycormone). – Fragm. flor. et geobot. **6**: 501–515. Krakow 1960.

RAUNKIAER, C.: Types biologiques pour la géographie botanique. – Bull. Acad. Sci. Lett. Dan. 1905: 347. Kopenhagen 1905.

RAUNKIAER, C.: The lifeforms of plants and statistical plant geography. Oxford 1934. 632 p.

SCHARFETTER, R.: Biographien von Pflanzensippen. – Wien 1953. 546 p.

SEGAL, S.: Een vegetatieonderzoek van hogere waterplanten in Nederland. Wetensch. Meded. Kon. Ned. Natuurhist. Ver. 57. Amsterdam 1965. 80 p.

WARMING, E.: Om planterigets Livsformer. – Festskr. Univ. Kjøbenhavn. 1908. Oecology of plants. London 1909.

V. WESTHOFF:

Ich danke Herr SEGAL für seinen lehrreichen und grundlegenden Vortrag, der uns die Strukturprobleme der Wasserpflanzen sowohl in ihren Unterschieden zu denjenigen der terrestrischen Vegetation wie auch in der Übereinstimmung damit gezeigt hat. Herr SEGAL hat sich ursprünglich stark bemüht, die Unterschiede in den Strukturen der Wassergesellschaften von denjenigen der Landvegetation zu zeigen. Es freut mich, daß er jetzt, wenn auch vielleicht nicht absichtlich, sich bemüht hat, Übereinstimmungen darzustellen, indem die Gesetze, die er entwickelt hat, sich im allgemeinen für die Sukzessionen der Wassergesellschaften doch mit den Gesetzen decken, die bei den Sukzessionen von Landgesellschaften zu finden sind.

R. Tüxen:
Obwohl ich nicht zum eigentlichen Thema von Herrn Segal sprechen kann, möchte ich doch eine kurze Mitteilung machen. Es drängte sich geradezu auf nach den ausgezeichneten Darlegungen von Herrn Segal nach der Systematik der Wassergesellschaften zu fragen.

Ich weiß, daß Ihre Auffassungen ganz von unseren abweichen, und davon will ich nicht sprechen. Aber ich möchte etwas sagen zu der Auffassung von Freund Oberdorfer. Wir hatten zu Zeiten von Walo Koch einen Verband, das Potamion eurosibiricum, in dem alle jene Wuchs- und Lebensformen untergebracht waren. Dann hat Oberdorfer mit guten Gründen zwei Verbände gemacht: Nymphaeion und Potamion. Unsere Tabelle von dem europäischen Material dieser Gesellschaften ließ nicht mehr deutlich diese beiden Verbände erkennen. Vor kurzem hat Frau Balátová in Todenmann diese Tabelle erweitert, wobei wir gerade Freund Oberdorfer sehr wichtiges Material von Herrn Lang und von Herrn Philippi verdanken. Diese neue Tabelle zeigt, daß die beiden Verbände Nymphaeion und Potamion nur so schwach unterschieden sind, daß sie kaum zu halten sind. Wir hatten zunächst Bedenken gegen diese Erkenntnis. Die Herren Hejný und Neuhäusl teilen aber unsere Ansicht, wie ich gestern von ihnen hörte.

Bei der Verwendung der Tabellen von Passarge in der Übersichtstabelle stießen wir auf Unterschiede in Tabellen von 1955 und 1964. Offensichtlich waren es dieselben Aufnahmen, die hier verwendet waren, aber sie waren stark abweichend voneinander. Passarge teilte auf meine Anfrage folgendes mit:

„In den 1955 veröffentlichten Aufnahmen habe ich in Unkenntnis den Vegetationskomplex Ranunculetum fluitantis und Sagittario–Sparganietum simplicis erfaßt. Bei den Frühsommer – aufnahmen sind die Kleinröhricht-Arten zwar noch nicht aufgetaucht, doch im Herbst ändert sich das Bild. Dann blühen und fruchten die Kleinröhricht-Arten und neben den Unterschieden in der Physiognomie läßt sich häufig auch eine räumliche Trennung zwischen den untergetaucht lebenden Wasserpflanzen des Ranunculetum fluitantis und den aufgetauchten Kleinröhricht-Arten erkennen. So habe ich außer *Sparganium simplex* auch *Sagittaria* und *Butomus*, (das sind ja nun wichtige Differentialarten für das Ranunculion fluitantis), nicht mit in die neue Tabelle übernommen. In analoger Weise gilt das auch für andere Tabellen wie z.B. für Phragmitetea, bei denen *Potamogeton*, *Lemna* usw. weggelassen wurden".

Ich meine, daß dieses Verfahren, daß man willkürlich nachträglich gewisse Arten wegläßt, doch nicht ganz richtig ist. Und dies kommt nun erschwerend für die Auswertung unserer Tabellen der Wasserpflanzen-Gesellschaften hinzu, die ohnehin schon, wie wir alle wissen, und wie wir heute auch von Herrn SEGAL gehört haben, so außerordentlich schwer aufzunehmen und zu systematisieren sind.

V. WESTHOFF:
Ein Grundunterschied zwischen den Auffassungen von SEGAL und manchen anderen liegt darin, ob man Synusien-Systematik oder Artenkombinationen studiert. Darüber muß man sich erst im Klaren sein, bevor man im einzelnen über Potamion, Magnopotamion, Parvopotamion, Nymphaeion usw. sprechen kann. Ich danke sehr für die interessante Mitteilung, nach der wir jetzt wissen, wie schwach wir das Potamion und das Nymphaeion im üblichen Sinne als Einheiten zu betrachten haben.

S. HEJNÝ:
Die Sukzession beginnt mit Arten mit einer breiten ökologischen Amplitude. In den folgenden Stadien treten allmählich Arten hervor mit einer immer engeren Amplitude. Ich frage mich, ob das immer generell gelten kann; manchmal kann es auch umgekehrt sein.

Für das Studium der Synökologie und auch der Klassifikation der Wasserpflanzengesellschaften muß man betonen, daß jeder Dezimeter Höhen-Unterschied unter Wasser vielen Metern über Wasser gleichkommt. Ich habe sehr lange mit dem Kollegen SEGAL zusammen gearbeitet. Über die prinzipiellen Fragen sehen wir jetzt klarer als vorher.

V. WESTHOFF:
Herr HEJNÝ und Herr SEGAL sind inzwischen ganz intime Zusammenarbeiter geworden und können die Diskussionen unter sich während mancher Monate in den Niederlanden und auch in der Tschechoslowakei fortführen.

DAS VERHALTEN DER PILZE IN BESTIMMTEN GRASLAND-GESELLSCHAFTEN

von

A. E. Apinis, Nottingham

EINLEITUNG

Vor längerer Zeit hat die Auffassung geherrscht, daß die Pilze durchaus Pflanzen seien. Doch diese Betrachtungsweise wird heute nicht mehr von allen Biologen geteilt. Die Fragen der Abstammung und Zugehörigkeit, sowie die Verwandtschaft verschiedener Pilzgruppen waren in der Vergangenheit der Gegenstand reger Diskussionen. Schon Wiggers (1780) wagte es der damaligen Ansicht entgegen zu treten und äußerte, daß die Pilze keine pflanzliche Organismen sind. Ohne weiter auf die Entwicklung der Auffassungen einzugehen, die sich in der Zwischenzeit abgespielt hat, kann ich nur sagen, daß wir heute vor einer Fülle neuerworbener Kenntnisse und Fortschritte stehen, die auf den Gebieten der vergleichenden Morphologie, Entwicklung, Systematik, Physiologie, sowie der Ökologie der Pilze gemacht wurden und zur Revision der Ansichten über die Abstammung und Verwandtschaft dieser Organismen-Gruppe geführt haben. Im Jahre 1950 fand diese neue Einstellung auf dem 7. Internat. Botanikerkongreß in Stockholm eine formale Anerkennung, als der einstimmige Vorschlag der Mykologen angenommen wurde, daß die Endungen der größeren Pilzgruppen-Namen nicht mehr Endungen des Pflanzenreiches tragen sollen, wie z.B. -phyta und dergleichen, sondern die des Pilzreiches, wie z.B. -mycota, -mycetes usw. Diese Entwicklung der Auffassungen ist in ausgezeichneter Weise von Martin (1955) geschildert worden, indem er nochmals die Frage stellte: Sind die Pilze Pflanzen?

Diese Organismen-Gruppe, die beinahe 100 000 Arten umfaßt, befindet sich in einer Sonderstellung, die sich keineswegs mit Pflanzen oder Tieren vereinigen läßt, mit bestimmten, noch nicht geklärten Beziehungen zu niederen, autotrophen und heterotrophen Mikroorganismen. Es ist zu bemerken, daß bei Pilzen, insbesondere bei *Ascomyzeten* und *Deuteromyzeten*, gewisse Kern- und Plasma-Mechanismen im vegetativen Stadium des Entwicklungsganges entdeckt worden sind, wie z.B. die Parasexualität (Pontecorvo 1949) und Heterokaryosis (Jinks 1952), die neben dem sexuellen Vorgang, (der in vielen Fällen nicht zustande kommt), den Pilzen größere ökologische Plastizität (Variation) verleihen.

Als heterotrophe Organismen sind die Pilze auf organische Energiequellen angewiesen, die sich in sehr verschiedenartigen Beziehungen zu Pflanzen und Tieren äußert, einschließlich der toten und verarbeiteten

Stoffe dieser Lebewesen. Dieses kommt ebenso in verschiedenen Stufen des Parasitismus zu Pflanzen und Tieren (GÄUMANN 1946, STEINHAUS 1946, DUDDINGTON 1955) zum Vorschein, wie in verschiedenen Symbiosen mit höheren Pflanzen (HARLEY 1959, SINGER & MORELLO 1960) und Algen (KLEMENT 1955), sowie auch Tieren (vgl. STEINHAUS l.c. und KÜHNELT 1961). Gleich den *Actinomyzeten* und Bakterien, treten gewisse Kleinpilzarten als Begleitorganismen der Pflanzen und Tiere auf. Dieses ist auch der Fall mit pathogenen Pilzen (EHRLICH 1941), die auf abgestorbenen Organen (Blättern, Zweigen u.a.) wohnen und sich ähnlich wie die meisten Saprophyten und manche Epiphyten verhalten (APINIS 1963a). Dazu gehören auch die Pilz-Populationen der Samen und Früchte, d.h. die Spermato- und Karposphaeren-Mikroflora (TEŠIČ 1965). Die Pilzvegetation der aktiven, lebenden Pflanzenorgane, wie der Blätter (Phyllosphaere) und der Wurzeln (Rhizosphaere) wird zurzeit in vielen Ländern kritisch untersucht, weil die Mikroflora der Phytosphaeren durch die im Stoffwechsel ausgeschiedenen organischen, sowie auch anorganischen Verbindungen beeinflußt und ernährt wird. Die Ergebnisse der Rhizosphaeren-Forschung sind vor kurzem von KATZNELSON (1965) zusammengefaßt worden. Die meisten wissenschaftlichen Untersuchungen in der Boden-Mykologie, Pathologie und anderen angewandten Gebieten befassen sich entweder mit autökologischen Fragen (vgl. GRAINGER 1946 und BOUGHEY 1950) oder tragen einen synökologischen Charakter mit beschränkter Zielsetzung (Lit. bei NIETHAMMER 1937, COOKE 1958), welche die biozönotischen Beziehungen wenig oder gar nicht berücksichtigen und mehr mit quantitativen und dynamischen Problemen sich befassen. So sind die Substratverhältnisse der saprophytichen und parasitischen Bodenpilze, die bei dem Abbau verschiedener Pflanzen- und Tierreste teilnehmen, in den letzten Jahrzehnten eingehend berücksichtigt worden (vgl. WAKSMAN 1944, CHESTERS 1949, 1960, WARCUP 1951, GARRETT 1956, KENDRICK 1958, WITKAMP 1960, PUGH & MATHISON 1962, APINIS 1963b, HAYES 1965, u.a., sowie ihr Wachstum (vgl. CHESTERS 1948, THORNTON 1956, WARCUP 1957, APINIS 1966), Antagonismus (JACKSON 1965) und die spezifischen biochemischen Leistungen (vgl. BURGES 1960, DOMSCH 1960), als auch das Verhalten zu Tieren (vgl. STEINHAUS 1946, FRANZ 1963, KÜHNELT 1963) studiert.

Die verschiedenen komplexen Abbauprozesse, an denen bestimmte Pilz-Populationen teilnehmen, werden von Standortsfaktoren und anderen Mikroorganismen, einschließlich Tier-Populationen, stark beeinflußt. Bei verschiedenen Pilzpopulationen bestimmter Substrate kann man gewisse Besiedlungs- oder Kolonisationsstufen feststellen, wie das an Holzstämmen (MANGENOT 1952, CHESTERS 1950, PIRK 1952, PIRK & TÜXEN 1957a), Gräsern (WEBSTER 1956, 1957, HUDSON & WEBSTER 1959, WEBSTER & DIX 1960, HUDSON 1962, APINIS 1963a, APINIS & CHESTERS 1964), Wurzeln (vgl. WAID 1957, CHESTERS 1960) und auf MIST (vgl. STOLL 1934, PIRK & TÜXEN 1949, HARPER & WEBSTER 1964) beobachtet worden ist. Doch diese Pilz-Sukzessionen auf verschiedenen Substraten sind grundsätzlich verschieden von den Entwicklungsstufen oder eigentlichen Sukzessionen der Gesellschaften der höheren Pflanzen und autotrophen Kryptogamen. Die verschiedenen Stufen in der Siedlungsfolge der Pilzarten sind vor allem vom Nährstoffgehalt und der Nährstoffqualität, sowie von der konstitutionellen Fähigkeit (APINIS 1963b, 1965c), wie z.B. des Enzymbildung, der Pilzarten abhängig. In einer solchen Substrat-Sukzession unterscheidet man grundsätzlich drei Hauptphasen: a. Initialphase, die mit Kolonisation und Abbau der leicht assimilierbaren Eiweiß- und Kohlenstoff-Verbindungen verbunden ist; b. eine Optimalphase, die sich durch eine artenreiche Pilz-Population auszeichnet, indem fast alle organische Verbindungen des Substrates, einschließlich Zellulose und Lignin, angegriffen werden, und c. die Endphase, wenn die Arten-Population der vorhergehenden Phase stark zurückgeht und die meisten Pilzmyzelien, als auch verschiedene Abbauprodukte in einer stärkeren weiteren Nutzung von anderen heterotrophen und autotrophen Organismen untergehen. In solchen Substrat-Sukzessionen, mit einer mehr oder weniger fortschreitenden Erschöpfung des Substrates, nähern sich die entsprechenden Pilz-Populationen allmählich einer absoluten Hungergrenze (GARRETT 1956). Es ist klar, daß solche isolierte Pilz-Populationen bestimmter Substrate keine Mykozönosen sind, wenn die vielen anderen Pilz-Populationen am selben Standort nicht erfaßt werden. Deswegen sind auch verschiedene wohl bekannte Pilz-Populationen (vgl. WESTERDIJK 1949) und Substrat-Sukzessionen, als auch Synusien von Flechten und Pilzen eigentlich noch keine Mykozönosen, vielleicht aber nur Soziationen (DU RIETZ 1965). Dieses bezieht sich auch auf alle saprophytischen, parasitischen, epiphytischen und symbiotischen Pilzarten-Gemeinschaften des Bodens und der Vegetation, einschließlich der verschiedenen Phytosphaeren. Normalerweise befinden sich eine Menge dieser Substrat-Sukzessionen in verschiedenen Besiedlungsphasen am Standort in einem dynamischen Gleichgewichtszustand (BURGES 1960) und zusammen mit anderen Organismengruppen verleihen sie einer Biozönose den entsprechenden Gleichgewichtszustand (TÜXEN 1965). Doch sind die Substrat-Sukzessionen oder Siedlungsfolgen der Pilze nicht mit den eigentlichen Sukzessionen der Myko- und Phytozönosen homolog. Dieses bezieht sich auch auf verschiedene periodische Erscheinungen (APINIS 1963a, 1964, 1965a, b, APINIS & CHESTERS 1964), als auch auf Aspektfolgen (WILKINS & PATRICK 1940, FRIEDRICH 1954, HÖFLER 1954, APINIS 1966), die mit Boden- und Klimafaktoren verbunden sind. Aus allem geht hervor, daß sowohl verschiedene Substrat-Populationen gewisser Pilzarten, als auch bestimmte Pilz-Synusien des Bodens und der Vegetation keine Mykozönosen im Sinne der modernen Phytozönologie sind (vgl. BRAUN-BLANQUET 1951, TÜXEN 1937, 1957, 1965, TÜXEN, v. HÜBSCHMAN & PIRK 1957, DU RIETZ 1965), sondern wahrscheinlich als Bestandteile einer Biozönose oder Mykozönose betrachtet werden können. Bestimmte Myko-Synusien der höheren Pilze (HRUBY 1928, HAAS 1932, HÖFLER 1937, 1955, WILKINS et al. 1937 & 1939, LEISCHNER-SISKA 1939, ANDERSON 1950, PIRK 1950, KOTLABA 1952, PARKER-RHODES 1955, HEINEMANN & DARIMONT 1956, PIRK & TÜXEN 1957b, 1965) und Flechten (KLEMENT 1955, BARKMAN 1958, WILMANS 1962) besitzen eine mehr oder wenig stabile Artenzusammensetzung. Während der Arbeit mit verschiedenen Pilz-Populationen der Grasland-Vegetation bin ich zur Überzeugung gekommen, daß eine totale Erfassung der Pilzgesellschaften bestimmter Standorte im Sinne von BRAUN-BLANQUET (1926, 1951), HÖFLER (1937), KOTLABA (1953) und DU RIETZ (1965) durchaus möglich ist. Dieses würde die Lösung vieler biozönotischer, dynamischer und ökologischer Probleme näher bringen, wie dieses schon von COOKE (1955a, b) versucht worden ist. Die meisten Schwierigkeiten liegen bei der Wahl und Durchführung der methodischen Forderungen und in der kritischen Bearbeitung und Interpretation der gewonnenen Tatsachen.

BÖDEN UND VEGETATION DER UNTERSUCHUNGSGEGEND

Die 5 natürlichen Graslandgesellschaften an der Nordseeküste, wenige km südlich von Skegness wurden in den Jahren 1959 bis 1961 untersucht. Sie liegen auf einem jüngeren, im vorigen Jahrhundert gebildeten Küstenstreifen mit jüngeren und älteren Dünenreihen mit Salzwiesen und Gebüsch dazwischen. Die Probeflächen wurden in folgenden, möglichst typischen, küstennahen Graslandgesellschaften gewählt (vgl. TÜXEN 1937 u. BEEFTINK 1965):

a. Elymo–Ammophiletum BR.-BL. & DE LEEUW auf der Hochdüne mit *Ammophila arenaria* (L.) LINK dominierend und reichlich fruchtend.

b. Elymo–Agropyretum juncei (BR.-BL.) TX. auf der Vordüne mit *Agropyron junceiforme* (A. & D. LÖWE) A. & D. LÖWE vorherrschend.
Die beiden erwähnten Pflanzengesellschaften liegen oberhalb der EHWS-Grenze.

c. Atripliceto–Agropyretum pungentis BEEFTINK & WESTHOFF hat einen weniger durchlässigen sandig-tonigen Boden und liegt unterhalb der EHWS-Grenze, wo *Agropyron pungens* (PERS.) ROEM. & SCHULT dominiert.

d. Puccinelletum maritimae (WARMING) CHRISTIANSEN ist auf fast undurchlässigen Tonboden ausgebildet mit ausgedehnten Rasen von *P. maritima* (HUDS.) PARL.

e. Der regelmäßig überflutete Schlickboden an der Wainfleet-Mündung ist auf größere Flächen vom Spartinetum townsendii (BEEFTINK) CORILLION besiedelt, wo *Sp. townsendi* Groves vorherrscht.

Während einer zweijährigen Arbeitsperiode wurden wiederholte mykologische Total-Analysen der 5 dominanten Kennarten durchgeführt, in dem die grüne und alternde, tote aber noch aufrechte Pflanzen (a b), sowie die auf dem Boden liegenden Grasreste (L F) und die oberen Bodenschichten des A-Horizontes (H A), einschließlich der Rhizosphaere der entsprechenden Gräser untersucht wurden. Die höheren Pilze wurden immer auf den typischen Probeflächen notiert und eingesammelt. In den letzten Jahren wurden die Probeflächen nochmals sorgfältig nach *Hymenomyzeten* und anderen Pilzen abgesucht, sowie die Pilze der näheren

Gegend notiert, die eine zusätzliche Information über das Vorkommen der Großpilze ergab (vgl. Tab. III). Das im Freien, als auch bei Laboratoriumsarbeit gewonnene Material umfaßt über 400 Pilzarten der verschiedenen Gruppen. In biozönotischer Hinsicht ist dieses noch nicht vollständig, weil die *Archimyzeten*, Pilze anderer Wirtspflanzen in entsprechenden Pflanzengesellschaften, sowie die Pilzarten die an Boden- und Streuschichtfauna gebunden sind, noch nicht erfaßt wurden.

UNTERSUCHUNGSERGEBNISSE

Über die mikroskopischen Bodenpilze dieses Küstengebietes hat schon Pugh (1963), Pugh & Mathison (1962), Pugh, Blakeman, Morgan-Jones und Eggins (1963), wie auch Dickinson (1964) berichtet (vgl. Brown 1958). Ebenso sind die thermophilen Pilze (Apinis 1963, 1965ab), *Ascomyzeten* (Apinis & Chesters 1964) und die Mykorrhiza der Gräser (Nicolson 1960, vgl. auch Dominik 1951 und Boullard 1950) eingehend studiert worden. In diesem Abschnitt werden im allgemeinen das Vorkommen und die Substratverhältnisse der niederen Pilze, *Ascomyzeten* und *Hymenomyzeten* der 5 oben erwähnten Pflanzengesellschaften diskutiert und die Struktur, wie auch die Zusammensetzung der Mykozönosen dieser Standorte geschildert.

Von niederen Pilzen (*Oomyzeten* und *Zygomyzeten*) wurden insgesamt 60 Arten festgestellt, die in Böden, Streuschicht und auch in den Vegetationsschichten der 5 oben erwähnten Pflanzengesellschaften vorkommen. Die Böden (HA) aller Pflanzengesellschaften weisen eine

Tabelle I. Artenzahl der niederen Pilze der 5 dominanten Kennarten der entsprechenden 5 Graslandgesellschaften an der Nordseeküste bei Skegness, England. Vegetationsschichten: ab – aufrechte grüne, absterbende und tote Pflanzenreste; LF – Streuschicht und Fermentationsschicht; HA – Humusschicht und A – Horizont des Bodens einschließlich Wurzelzone

	Vegetationsschichten	Zahl der niederen Pilze: Total – Veg.-schicht	Total – Standorte	Exklusiv – Veg.-schicht	Exklusiv – Standorte
Ammophila arenaria	ab	7	28	0	
	LF	12		1	2
	HA	22		1	
Agropyron junceiforme	ab	8		0	
	LF	4	16	0	0
	HA	13		0	
Agropyron pungens	ab	12		4	
	LF	25	50	2	18
	HA	45		12	
Puccinellia maritima	ab	6		0	
	LF	9	21	0	0
	HA	20		0	
Spartina townsendi	ab	8		0	
	LF	8	22	1	3
	HA	20		2	
Gesamt- und Mittelwerte			60		23

höhere Artenzahl der niederen Pilze auf, als die Streuschicht (L F) und die Vegetationsschichten (a b), was sich auch in der relativen Frequenz der Arten wiederspiegelt (Tab. I). Das bedeutet, daß die niederen Pilze im allgemeinen die Böden vorziehen, insbesondere den humusreicheren Boden des Atripliceto-Agropyretum pungentis. Die meisten *Oomyzeten* sind an feuchtere, mehr oder weniger überflutete Böden gebunden und durch eine Anzahl mariner Arten vertreten (vgl. HÖHNK 1952). Sie fehlen meistens im Elymo-Ammophiletum und Elymo-Agropyretum juncei. Die *Zygomyzeten* sind entweder durch sogen. durchgehende Arten vertreten, wie z.B. *Absidia-* und *Mucor*-Arten, oder sind auf mittelfeuchte, humusreichere Böden beschränkt, wo auch eine Anzahl exklusiver Arten vorkommen. Die letzteren kann man schon jetzt als gute Trennarten betrachten und einige vielleicht als potentielle Kennarten der Zukunft ansehen, z.B. bestimmte *Mortierella-*, *Spinalia-* und *Syncephalis*-Arten.

Die 144 Askomyzeten-Arten verschiedener Probeflächen dieser Pflanzengesellschaften sind meistens an die Streu- und Vegetationsschicht gebunden (Tab. II). Die Böden, einschließlich Rhizosphaere, sind verhältnismäßig arm an *Ascomyzeten* (vgl. APINIS & CHESTERS 1964), die wenige typische Bodenbewohner (z.B. *Emericellopsis terricola, Pseudoeurotium zonatum* und *Peziza ammophila*) aufweisen. Eine größere Zahl (ca. 50 Arten) der *Ascomyzeten* sind jedoch an alternden, toten, aufrechten Gräsern, sowie an liegenden Halmen in der oberen Streuschicht zu finden (graminikole Arten), wie z.B. bestimmte *Acrospermum-*, *Anthostomella-*, *Leptospheria-*, *Microthyrium-* und *Pleospora*-Arten. Die Streuschicht wird von einer Anzahl *Discomyzeten*, wie z.B. *Dasyscyphus*-Arten und von niederen *Ascomyzeten* (*Plektomyzeten*) bevorzugt, die auch

TABELLE II. Artenzahl der *Ascomyzeten* der 5 dominanten Kennarten der entsprechenden Graslandgesellschaften an der Nordsee-Küste bei Skegness, England. Vegetationsschichten wie in Tab. I

		Artenzahl der Ascomyzeten			
	Vegetationsschichten	Insgesamt		Exklusiv	
		Veg.-schicht	Standorte	Veg.-schicht	Standorte
Ammophila arenaria	ab	48		23	
	LF	33	66	9	7
	HA	20		6	
Agropyron jenceiforme	ab	36		18	
	LF	22	55	6	5
	HA	21		11	
Agropyron pungens	ab	68		22	
	LF	75	110	28	24
	HA	28		11	
Puccinellia maritima	ab	12		4	
	LF	10	25	2	2
	HA	17		8	
Spartina townsendi	ab	27		10	
	LF	31	55	11	10
	HA	28		13	
Insgesamt			144		48

in Bodenschichten vorkommen. Merkwürdigerweise stellte es sich heraus, daß eine Anzahl koprophiler Arten regelmäßig auf verschiedenen alternden und toten Gräsern in Vegetationsschichten, einschließlich der Streuschichten, in allen untersuchten Graslandgesellschaften festgestellt wurde, wie z.B. *Pleurage curvula*, *P. minuta*, und *Preussia-*, *Sordaria-* und *Sporormia*-Arten. Auch wurde in obersten Schichten aller Böden die Anwesenheit von keratinophilen *Ascomyzeten* festgestellt, von denen *Arthroderma curreyi* recht häufig ist (vgl. PUGH & MATHISON 1962). Das häufige Vorkommen von 12 salztoleranten, marinen *Ascomyzeten* im Spartinetum townsendii ist biozönotisch von Bedeutung, weil ihr Vorkommen in wenig oder nicht überfluteten Vegetationszonen sehr beschränkt ist (vgl. APINIS & CHESTERS l.c.). Eine ökologisch scharfe Differenzierung einer größeren Anzahl der marinen, graminikolen und anderen *Ascomyzeten*-Arten ist der Grund für eine hohe Zahl der exklusiven Arten verschiedener Gesellschaften, die als ausgezeichnete Trenn- und Kennarten der entsprechenden Mykozoenosen Verwendung finden. Wie schon erwähnt wurde, erfährt die Artenzahl der *Discomyzeten* und *Pyrenomyzeten* (APINIS & CHESTERS l.c., p. 428) eine starke Reduktion in der unteren Streuschicht, der sog. Fermentationsschicht, was eine scharfe mikrobiologische Abgrenzung der oberen Vegetationsschichten von den unterliegenden Bodenschichten der Biozönose ergibt. Diese Abgrenzung bezieht sich nicht allein auf *Ascomyzeten*, sondern auch das Vorkommen von *Deuteromyzeten* und anderen Pilzen wird durch diese Bodenschwelle bestimmt. Das Vorkommen der meisten *Ascomyzeten* ist auch durch die charakteristische Baustruktur und Dynamik der Entwicklung der entsprechenden Wirtspflanzen bedingt (vgl. Tab. II), wie das schon von WEBSTER (1956, 1957) beobachtet worden ist. Dieses ist durch die Lage und die Qualität (auch Quantität), wie auch durch Standortsfaktoren bedingt (vgl. STOLL 1934, WEBSTER & DIX 1960), welche die Artenzusammensetzung verschiedener Pilz-Populationen und Synusien bestimmen, und auch die Struktur und den Charakter einer Mykozönose am Standort hervorbringen. Die Standortsverbundenheit der Pilzarten ist somit durch Standortsfaktoren, spezifische, den Pflanzen- und Tiersubstraten eigenartige Qualitäten, aber auch durch andere biozönotische Umstände (z.B. Verbreitungsmittel) bestimmt. So geht eine charakteristische, standortsgebundene Artenzusammensetzung auf *Spartina townsendi*-Halmen verloren, falls diese Pflanzenreste an einem anderen Standort übertragen werden. Dies wurde wiederholt beobachtet, wenn die toten *Spartina*-Reste vom Hochwasser in das etwas höher stehende Atripliceto-Agropyretum pungentis eingeschwemmt wurden. Dort verlieren diese Pflanzenreste bald den charakteristischen Besatz von marinen *Ascomyzeten*, weil sie den Salzgehalt durch Auswaschung einbüßen und austrocknen. Diese Pflanzenreste werden dann von einem anderen Besatz der Pilzarten besiedelt, was zu einer sekundären Artenfolge beim Abbau dieser Pflanzenreste führt. Ähnliche Veränderungen in der Artenzusammensetzung treten ein, wenn die Pflanzenreste (Substrate) von einer Mykozönose-Schicht in eine andere Schicht versetzt werden. Dies geschieht ziemlich regelmäßig bei Sandverwehungen, wenn die Streuschicht den Bodenschichten einverleibt

TABELLE III. Artenzahl der höheren Pilze (*Hymenomyzeten*) in verschiedenen Vegetationszonen an der Nordsee-Küste bei Skegness, England

		Arten	
		Insgesamt	Exklusiv vorkommend
Graue Dünen	a) stark gestört	28	4
,, ,,	b) gestört	67	24
,, ,,	c) wenig gestört	89	30
Elymo-Ammophiletum Br.-Bl. & De Leeuw		42	11
Elymo-Agropyretum juncei (Br.-Bl. & De Leeuw) Tüxen			
	a) artenreich	47	7
	b) artenarm	14	3
EHWS – Grenze			
Atripliceto-Agropyretum pungentis Beeftink & Westhoff		15	4
Puccinellietum maritimae (Warming) Christiansen		3	—
MHW – Grenze			
Spartinetum townsendii (Beeftink) Corillion		3	—
Gesamtartenzahl		175	83

wird, oder bei abfallenden Blättern, Halmen und Früchten, wenn diese periodisch von Vegetationsschichten in Streuschichten verlagert werden.

Die *Hymenomyzeten*, von denen 80 Arten in den 5 erwähnten Grasland-Gesellschaften festgestellt wurden, erreichen im Puccinellietum maritimae ihre absolute Verbreitungsgrenze. Die in der Tabelle III vermerkten drei *Coprinus*-Arten, die sonst in anderen Standorten auf Streuschicht und Mist vorkommen, sind nicht aus Boden, sondern von den aufrechten Halmen im Laboratorium isoliert worden. Einige Blätterpilze und wenige andere *Hymenomyzeten* sind im Atripliceto-Agropyretum pungentis gefunden, aber nur in der oberen Streuschicht und auch von aufrechten Gräsern im Laboratorium isoliert worden, wie die kleinen *Coprinus*-Arten (*C. delicatulus*, *C. friesii* und *C. radiatus*), sowie die sehr spärlich vorkommenden *Crepidotus*-, *Marasmius*- und *Mycena*-Arten. Das spärliche Vorkommen weniger *Hymenomyzeten* auf aufrechten Pflanzenresten und Streu sowie das Fehlen der Boden-*Hymenomyzeten* weist darauf hin, daß an der EHWS-Grenze diese Pilze praktisch ihre Verbreitungsgrenzen erreicht haben. Das Elymo-Agropyretum juncei ist artenreicher und besitzt eine normale, wenn auch durch Sandbewegung gestörte Pilzvegetation, die durch eine mehr gestörte artenarme und weniger gestörte artenreiche Variante vertreten ist (Tab. III), wo regelmäßig *Agaricus devoniensis*, *Conocybe devoniensis*, *Deconica* sp., *Psathyrella ammophila*, *Crimpinellis stipitarius* und insbesondere *Melanoleuca brevipes*, sowie *Peziza ammophila* reichlich vorkommen. Ungeachtet der herrschenden Trockenheit des Elymo-Ammophiletum-Sandbodens besteht dort eine artenreiche *Hymenomyzeten*-Vegetation (42 Arten notiert) aus *Agaricus comtulus*, *A. devoniensis*, *Clitocybe*-, *Conocybe*-, *Hygrophorus*-, *Melanoleuca*- und *Psathyrella*-Arten auf Sand, einschließlich des seltenen *Phallus hadriani*. Auf *Ammophila arenaria*-Streu sind *Deconica inquilina*, *Cyathus olla* und *Marasmius*-Arten häufig während der günstigen Jahreszeit. Wie aus der

Tabelle III zu entnehmen ist, weisen nur zwei Grasland-Gesellschaften, die über die EHWS-Grenze liegen, einen normalen Artenbesatz der *Hymenomyzeten* auf. Die älteren, grauen Dünen, mit Ausnahme der stark gestörten und bebauten, sind viel reicher an Pilzarten, insbesondere *Gasteromyzeten* und *Agaricazeen*, wie z.B. *Agaricus-*, *Clitocybe-*, *Conocybe-*, *Cystoderma-*, *Eccilia-*, *Entoloma-*, *Hygrophorus-*, *Lepiota-*, *Mycena-*, *Omphalina-*, *Panaeolus-*, *Stropharia-* und *Tubaria*-Arten, wozu auch manche epiphytische und Boden-Flechten hinzukommen. Die Artenlisten der Dünenpilze besitzen eine größere Anzahl von exklusiven Arten, die in ihrem Vorkommen mehr oder weniger scharf auf bestimmte Standortstypen beschränkt sind (vgl. ANDERSON 1950, DOMINIK 1951, KOTLABA 1953).

Auch diese *Hymenomyzeten*, ebenso wie die exklusiven Arten der niederen Pilze und *Ascomyzeten*, können als Trenn- und Kennarten entsprechender Pilzgesellschaften dienen. Eine größere Zahl der *Hymenomyzeten*-Arten, wie auch die niederen Pilze und *Ascomyzeten* sind an mehrere Bodentypen und Pflanzengesellschaften gebunden. Aber auch diese „indifferenten" Arten sind für einen ökologischen Vergleich der Pilzgesellschaften wertvoll, weil gerade diese Artengruppe der beste Anzeiger der Verwandtschaft des Pilzartenbesatzes ist.

Die Wurzel-Symbiose verschiedener Gräser in diesem Küstengebiet wurde von NICOLSON (1960) untersucht. Er fand *Ammophila arenaria* und *Agropyron junceiforme* endomykotroph. Nach BOULLARD (1950) soll auch *Puccinellia maritima* eine endotrophe Mykorrhiza bilden, dagegen nicht *Spartina townsendi*. Entsprechende sterile Myzelien wurden öfters an Graswurzeln beobachtet, die wahrscheinlich zu *Endogone-* und *Pythium*-Arten gehören (vgl. HARLEY 1959). Keine Ektotrophen (SINGER & MORELLO 1960, SINGER 1964) wurden in den 5 untersuchten Pflanzengesellschaften notiert, da auch entsprechende Komponenten einer solchen Symbioseform in dem erwähnten Küstengebiet fehlen.

ZUSAMMENFASSUNG

In dieser Schrift wurde im allgemeinen auf die Stellung der Pilze im System der Lebewesen und auf ihr Verhalten zu Planzen und Tieren hingewiesen. Ebenso wurde die jetzige autökologische, synökologische und pilzsoziologische Arbeitsrichtung, wie auch die Erforschung der Pilze als Begleitorganismen der lebenden Pflanzen und Tiere erwähnt und ihr Verhalten bei der Substrat-Besiedlung (Kolonisation), sowie die Bedeutung der Pilz-Aspekte, Synusien und Sukzessionen des Bodens und der Vegetation besprochen.

Das substrat- und standortsgebundene Vorkommen der verschiedenen Pilzarten in den 5 untersuchten Pflanzengesellschaften an der Nordseeküste weist darauf hin, daß die verschiedenen Substrat-Populationen, Aspekte und Synusien der Ausdruck einer biozönotischen Einheitlichkeit sind. Die gefundenen Tatsachen bezeugen, daß an verschiedenen Standorten räumlich aufgeteilte, an den Standort und an die entsprechende Vegetation gebundene, charakteristische Artengemeinschaften der

Pilze (Mykozönosen) existieren. Als abhängige und an entsprechende Grasland-Gesellschaften gebundene Lebensgemeinschaften zeigen diese Pilzgesellschaften eine komplexe Struktur, die durch Lebensformen der Vegetation, dynamische Lebensvorgänge der entsprechenden Wirtspflanzen, Standortsfaktoren und biozönotische Verhältnissen verursacht ist. Die biologische Hauptstruktur der Pilzgesellschaften in der untersuchten Vegetation gliedert sich in:

a. Pilzarten-Populationen der Vegetationsschicht, die Begleitarten der Phyllosphaeren, wie auch Parasiten und Saprophyten der aufrechten, alternden oder toten Organe und ganzen Pflanzen;
b. Pilzarten der Streu- und Fermentations-Schichten, einschließlich der Karpo- und Spermatosphaeren-Arten;
c. Pilzarten der Bodenschichten, Parasiten, Saprophyten, Rhizosphaeren-Arten, als auch Symbionten.

Bei der Erfassung der einschichtigen und mehrschichtigen Mykozönosen, neben den erwähnten Strukturmerkmalen, steht vor allem ein ökologisch reiches Pilzarten-Material zur Verfügung, das die Erarbeitung der unerläßlichen Trenn- und Kennarten für die entsprechende Mykozönosen ermöglicht in ähnlicher Weise, wie das in der Phytozönologie der Fall ist.

SUMMARY

Certain views concerning the position of fungi amongst the animals and plants are mentioned including some present trends of research on their autecology, synecology and coenology. Also their significance in living, senescent and dead tissues of plants and other organisms is indicated, as well as their part played in dynamic or seasonal aspects, synusiae, and in particular their significance in colonization and succession on various organic substrata in and above the soil.

During the study of populations of the fungi in soil, on the litter, and on the vegetation in the five defined natural grassland communities at the North Sea coast, it became obvious that the occurrence of fungi depend upon the physical factors of the biotope as well as upon the respective type of vegetation producing various substrata. These relationships of fungal populations to their food base and the environment produce a variety of seasonal aspects and sinusiae of fungi within the particular biotope which are recognizable as mycocoenotic entities. Such communities of fungi (mycocoenoses) of the coastal grasslands studied are complex because a relatively large number of fungi are bound in their occurrence to the particular host substrata of the respective phytocoenoses. Dependent upon and closely bound to the corresponding grassland communities, such a mycocoenoses possesses characteristic species composition which is somewhat analogous to that of the corresponding phytocoenoses.

The occurrence of fungi in soil and vegetation of the five coastal grasslands studied reflects the structural pattern of the life forms of higher plants in the vegetation because most of the fungi are more or less closely bound to their hosts. On the other hand, a phytocoenotic structure and its dynamics to a certain degree reflects again the structure of the corresponding mycocoenose.

There are three main mycocoenotic structural characteristics in the five coastal grasslands studied:

a. The populations (synusiae) of fungi on the surfaces of the plants (phyllosphere) including parasitic and the various saprophytic fungi colonizing upright, senescent or dead parts of the plants.
b. The fungi of litter and fermentation layers including those on seeds (spermatosphere), fruits (carposphere) and rhizomes, as well as those on culm and stem bases.
c. The saprophytic microfungi of the various soil horizons, including the parasitic, rhizospheric, root surface and the mycorrhizal fungi, as well as sinusiae of the larger fungi producing their fleshy sporocarps above the ground.

LITERATUR

ANDERSON, O.: Larger fungi on sandy grass heaths and sand dunes in Scandinavia. – Bot. Not. Suppl. **2** (2): 1–89. Lund 1950.

APINIS, A. E.: Thermophilous fungi of coastal grasslands. – In: J. DOEKSEN & J. VAN DER DRIFT. (Edit.): Soil Organisms, pp. 427–738. Amsterdam 1963a.

— Der Wert der Vegetationskarte für die grundlegenden bodenmikrobiologischen Untersuchungen. – In: TÜXEN, R. (Edit.): Bericht über das Int. Symp. für Vegetations-Kartierung vom 23.–26.3 1959. Den Haag 1963b.

— Concerning occurrence of Phycomycetes in alluvial soils of certain pastures, marshes and swamps. – Nova Hedwigia **8**: 103–126. Weinheim 1964.

— A new thermophilous Coprinus species from coastal grasslands. – Trans. Brit. mycol. Soc. **48**: 653–656. Cambridge 1965a.

— Thermophile Mikroorganismen in einigen Dauergründlandgesellschaften. – In: TÜXEN, R. (Edit.): Biosoziologie. Bericht über das Internationale Symposion in Stolzenau/Weser 1960, pp. 290–303. Den Haag 1965b.

— Über die ökologische Kennzeichnung der Pflanzenarten. – In: TÜXEN, R. (Edit.): Experimentelle Pflanzensoziologie. Bericht über das Internationale Symposion vom 12.–15. April 1965 in Rinteln. Den Haag 1965c.

— Growth patterns of soil fungi in alluvial pastures and marshes. – Int. Colloquium über Dynamik der Bodenlebensgemeinschaften in Braunschweig-Völkenrode vom 5–10. Sept. 1966. Braunschweig, Amsterdam 1967.

— & CHESTERS, C. G. C.: Ascomycetes of some salt marshes and sand dunes. – Trans. Brit. mycol. Soc. **47**: 419–435. Cambridge 1964.

BARKMAN, J. J.: Phytosociology and ecology of cryptogamie epiphytes. – Assen 1958.

— Die Kryptogamenflora einiger Vegetationstypen in Drente und ihr Zusammenhang mit Boden und Mikroflora. – In: TÜXEN, R. (Edit.): Biosoziologie, Bericht über das Internationale Symposion in Stolzenau/Weser 1960. pp. 157–171. Den Haag 1965.

BEEFTINK, W. G.: De zoutvegetatie van ZW.-Nederland beschouwd in europees verband. – Proefschrift. Wageningen 1965.

BOUGHEY, A. S.: The ecology of fungi which cause plant diseases. – Trans. Brit. myc. Soc. **32**: 179–189. Cambridge 1950.

BAULLARD, B.: Les mycorrhizes des espèces de contact marine et le contact saline. – Revue Myc. **23**: 282–317. Paris 1950.

Braun-Blanquet, J.: Pflanzensoziologie. – 2. Aufl. Wien 1951. 3. Aufl. Wien 1964.
Brown, J. C.: Soil fungi of some British sand dunes in relation to soil type and succession. – J. Ecol. **46**: 641–664. Oxford 1958.
Burges, N. A.: Dynamic equilibria in the soil. – In: Parkinson, D. & Waid, J. S. (Edit.): The Ecology of Soil Fungi. pp. 185–191. Liverpool, University Press 1960.
Chesters, C. G. C.: A contribution to the study of fungi in the soil. – Trans. Brit. mycol. Soc. **30**: 100–117. Cambridge 1948.
— Concerning fungi inhabiting soil. – Trans. Brit. mycol. Soc. **32**: 197–216. Cambridge 1949.
— On the succession of microfungi associated with the decay of logs and branches. – Trans. Lincs. Nat. Un. **12**: 129–135. 1950.
— Certain problems associated with the decomposition of soil organic matter by fungi. – In: Parkinson, D. & Waid, J. S. (Edit.): The Ecology of Soil Fungi, pp. 223–238. Liverpool, University Press 1960.
Cooke, W. B.: Fungi, lichens and mosses in relation to vascular plant communities in Eastern Washington and adjacent Idaho. – Ecol. Monogr. **25**: 119–180. Durham, N.C. 1955.
— Fungi of Mount Shasta (1935–1957). – Sydowia **9**: 94–215. Horn, N.-Ö. 1955.
— The ecology of the fungi. – Bot. Rev. **24**: 341–429. Lancaster, Pa. 1958.
Dickinson, C. H.: Biological studies on fungi associated with *Halimione portulacoides* in various salt marshes. – Ph. D. Thesis Univ. of Nottigham 1964.
Dominik, T.: Recherches sur le mycotrophisme des associations végétales sur les dunes du littoral de la mer et sur les dunes continentales. – Acta Soc. Bot. Polon. : **20**: 125–164. Warszawa 1951.
Domsch, K. H.: Das Pilzspektrum einer Bodenprobe. II. Nachweis physiologischer Merkmale. – Arch. Mikrobiol. **35**: 229–247. Berlin, Heidelberg 1960.
Duddington, C. L.: Fungi that attack microscopic animals. – Bot. Rev. **21**: 377–439. Lancaster. Pa. 1955.
Du Rietz, G. E.: Biozönosen und Synusien in der Pflanzensoziologie. – In: Tüxen, R. (Edit.): Biosoziologie. Bericht über das Internationale Symposion in Stolzenau/Weser 1960. pp. 23–42. Den Haag 1965.
Ehrlich, J.: Etiological terminology. – Chronica Botanica **6**: 248–249. Waltham, Mass. 1941.
Favre, J.: Les associations fongiques des hauts marais jurassiens et de quelques régions voisines. – Mat. Florecryptogamique Suisse **10** (3). Berne 1948.
Franz, H.: Biozönotische und synökologische Untersuchungen über die Bodenfauna und ihre Beziehungen für Mikro- und Makroflora. – In: Doeksen, J. & Drift, J. van der (Edit.): Soil Organisms, pp. 345–367. Amsterdam 1963.
Friedrich, K.: Untersuchungen zur Aspektfolge der höheren Pilze. Ein Beitrag zur Pilzvegetation Salzburgs. – Sydowia **8**: 39. Horn, N.Ö. 1954.
Gäumann, E.: Vergleichende Morphologie der Pilze. Jena 1926.
— Pflanzliche Infektionslehre. Basel 1946.
Grainger, J.: Ecology of the larger fungi. – Trans. Brit. mycol. Soc. **29**: 52–63. Cambridge.
Haas, H.: Die bodenbewohnenden Großpilze in den Waldformationen einiger Gebiete von Württenberg. – Beih. bot. Zbl. **50**: 35–134. Dresden 1932.
Harley, J. L.: Biology of Mycorrhiza. – London 1959.
Harper, J. E. & Webster, J.: An experimental analysis of the coprophilous fungus succession. – Trans. Brit. mycol. Soc. **47**: 511–530. London 1964.
Hayes, A. J.: Some microfungi from Scots pine litter. – Trans. Brit. mycol. Soc. **48**: 179–185. Cambridge 1965.
Heinemann, P. & Darimont, F.: Premières indications sur les relations entre les Champignons et les groupements végétaux de Belgique. – Les Naturalistes Belges. Bruxelles 1956.

Höfler, K.: Pilzsoziologie. – Ber. deutsch. bot. Ges. **55**: 606–622. Berlin-Dahlem 1937.
— Über Pilzaspekte. – Vegetatio **5/6**: 373–380. Den Haag 1954.
— Über Pilzsoziologie. – Verh. Zool.-bot. Ges. Wien **95**: 58–75. Wien 1955.
Höhnk, W.: Studien für Brack- und Seewassermykologie. I. Veröff. Inst. Meeresforsch. Bremerhaven **1**: 115–125. Bremerhaven 1952.
Hruby, J.: Die Pilze Mährens und Schlesiens. Ein Versuch der Gliederung der Pilzdecke dieser Länder. – Hedwigia **68**: 119–190. Dresden 1928.
Hudson, H. J.: Succession of micro-fungi on ageing leaves of *Saccharum officinarum*. – Trans. Brit. mycol. Soc. **45**: 395–423. Cambridge 1962.
— & Webster, J.: Succession of fungi on decaying stems of *Agropyron repens*. – Trans. Brit. mycol. Soc. **41**: 165–177. Cambridge 1959.
Hueck, J.: Mycosociological methods of investigation. – Vegetatio **4**: 84–101. Den Haag 1953.
Jackson, R. M.: Antibiosis and fungistasis of soil microorganisms. – In: Baker, K. F. & Snyder, W. C. (Edit.): Ecology of soilborne Plant Pathogens. pp. 363–375. London 1965.
Jinks, J. L.: Heterokaryosis – a system of adaptation in wild fungi. – Proc. Roy. Soc. (London) Ser. B., **140**: 83–99. London 1952.
Katznelson, H.: Nature and importance of the rhizosphere. – In: Baker, K. F. & Snyder, W. C. (Edit.): Ecology of soilborne Plant Pathogens. pp. 187–209. London 1965.
Kendrick, W. B.: Micro-fungi on pine litter. – Nature **181**: 432. London 1958.
Klement, O.: Prodromus der mitteleuropäischen Flechtengesellschaften. – Feddes Repert. Beih. **135**: 5–194. Berlin 1955.
Kotlaba, F.: Ecologicko-sociologicka studie o mykoflŏre ,,Sokĕslavskych blat''. – Preslia **25**: 305–350. Praha 1953.
Kühnelt, W.: Soil Biology. – London 1961.
— Funktionelle Beziehungen zwischen Bodentieren und Mikroorganismen. – In: Doeksen, J. & Drift, J. van der, (Edit.): Soil Organisms, pp. 333–341. Amsterdam 1963.
Leischner-Siska, E.: Zur Soziologie und Ökologie der höheren Pilze. – Beih. bot. Zbl. Abt. B. **59**: 359–429. Dresden 1939.
Loub, W.: Die mikrobiologische Charakterisierung von Bodentypen. – Die Bodenkultur **11**: 38–70. Wien 1960.
— Zur Synökologie der Bodenpilze. – In: Doeksen, J. & Drift, J. van der (Edit.): Soil Organisms. pp. 420–426. Amsterdam 1963.
Mangenot, F.: Recherches methodiques sur les champignons de certain bois en decomposition. – Rev. gen. Bot. **59**: 381–555. Paris 1952.
Martin, G. W.: Are fungi plants? – Mycologia **47**: 779–792. Lancaster, Pa. 1955.
Melin, E.: Recent advances of the study of tree mycorrhiza. – Trans. Brit. mycol. Soc. **30**: 92–99. Cambridge 1948.
Nicolson, T. H.: Mycorrhiza in the Gramineae. II. Development in different habitats particularly sand dunes. – Trans Brit. mycol. Soc. **43**: 132–145. Cambridge 1960.
Niethammer, A.: Die mikrokopischen Bodenpilze. – The Hague 1937.
Parker-Rhodes, A. F.: The Basidiomycetes of Stockholm Island. XIII. Correlation with the chief plant associations. – New Phytol. **54**: 259–276. London 1955.
Pirk, W.: Zur Soziologie der Pilze im Querceto-Carpinetum. – Z. Pilzkunde N.F. **1**: 11–20. Karlsruhe 1948.
— Die Pilzgesellschaft der Baumweiden im mittleren Wesertal. – Mitt. flor.-soz. Arbeitsgem. N.F. **3**: 93–96. Stolzenau/Weser 1952.
— & Tüxen, R.: Das *Coprinetum ephemeroides*, eine Pilzgesellschaft auf frischem Mist der Weiden im mittleren Wesertal. – Mitt. flor.-soz. Arbeitsgem. N.F. **1** Stolzenau/Weser 1949.
— – Das *Trametetum gibbosae*, eine Pilzgesellschaft auf Buchenstümpfen. – Mitt. flor.-soz. Arbeitsgem. N.F. **6/7**: 120–126. Stolzenau/Weser 1957a.

— Höhere Pilze in nw - deutschen Calluna-Heiden. (*Calluneto-Genistetum typicum*). - Mitt. flor.-soz. Arbeitsgem, N.F. **6/7**: 127–129. Stolzenau/Weser 1957b.

Pontecorvo, G.: The origin of virulent strains as recombinants from non-virulent strains and the kinetics of epidemics. - Proc. 4th Int. Congr. Microbiology. Copenhagen 1949.

Pugh, G. J. F.: Ecology of fungi in developing coastal soils. - In: Doeksen, J. & Drift, J. van der. (Edit.): Soil Organisms. pp. 439–445. Amsterdam 1963.

— & Mathison, G. E.: Studies on fungi in coastal soils III. - Trans. Brit. mycol. Soc. **45**: 567–572. Cambridge 1962.

—, Blakeman, J. P., Morgan-Jones, G. & Eggins, H. O. W.: Studies on fungi in coastal soils. IV. - Trans. Brit. mycol. Soc. **46**: 565–571. Cambridge 1963.

Rabeler, W.: Biozönotik auf Grundlage der Pflanzengesellschaften. - Mitt. flor.-soz. Arbeitsgem. N.F. **8**: 311–332. Stolzenau/Weser 1960.

— Die Pflanzengesellschaften als Grundlage für die landbiozönotische Forschung. - In: R. Tüxen (Edit.): Biosoziologie. Bericht über das Internationale Symposion in Stolzenau/Weser 1960. pp. 43–57. Den Haag 1965.

Singer, R. & Morello, J. H.: Ectotrophic forest tree mycorrhizae and forest communities. - Ecology **41**: 549–551. Durham, N.C. 1960.

— Areal und Ökologie des Ektotrophs in Südamerika. - Z. Pilzk. **30**: 8–14, Bad Heilbronn, Obb. 1964.

Steinhaus, E.: Insect Microbiology. - Ithaca. New York 1946.

Stoll, K.: Untersuchungen über die koprophilen Pilze unserer Haustiere. - Zbl. Bakt. Abt. 2, **90**: 97–127. Jena 1934.

Tešić, Z.: The Unification of systems for phytosphere classification and of methods for their microbiological investigation. - In: J. Macura & V. Vančura. (Edit.): Plant-Microbe Relationships. pp. 15–20. Prague 1965.

Thornton, R. H.: Fungi occurring in mixed oakwood and heath soil profiles. - Trans. Brit. mycol. Soc. **39**: 485–495. Cambridge 1956.

Tüxen, R.: Die Pflanzengesellschaften Nordwestdeutschlands. - Mitt. flor.-soz. Arbeitsgem. Niedersachsen **3**: 1–170. Hannover 1937.

— Entwurf einer Definition der Pflanzengesellschaft (Lebensgemeinschaft). - Mitt. flor. - soz. Arbeitsgem. N.F. **6/7**: 151. Stolzenau/Weser.

— Wesenszüge der Biozönose. Gesetze des Zusammenlebens von Pflanzen und Tieren. - In: Tüxen, R. (Edit.): Biosoziologie. Bericht über das Internationale Symposium in Stolzenau/Weser 1960. pp. 10–13. Den Haag 1965.

—, Hübschmann, A. v. & Pirk, W.: Kryptogamen- und Phanerogamen-Gesellschaften. - Mitt. flor. - soz. Arbeitsgem. N.F. **6/7**: 114–118. Stolzenau/Weser 1957.

Waid, J. S.: Distribution of fungi within the decomposing tissues of rye grass roots. - Trans. Brit. mycol. Soc. **40**: 391–406. Cambridge 1957.

Waksman, S. A.: Three decades with soil fungi. - Soil Sci. **58**: 89–115. Baltimore 1946.

Warcup, J. H.: The ecology of soil fungi. - Trans. Brit. mycol. Soc. **34**: 376–399. Cambridge 1951.

— Studies on the growth of basidiomycetes in soil. - Ann. Bot. **15**: 305–317. London 1957.

Webster, J.: Succession of fungi on decaying cocksfoot culms I. - J. Ecol. **44**: 517–544. Oxford 1956.

— Succession of fungi on decaying cocksfoot culms II. - J. Ecol. **45**: 1–30. Oxford 1957.

— & Dix, N. J.: Succession of fungi on decaying cocksfoot culms. III. - Trans. Brit. mycol. Soc. **43**: 85–99. Cambridge 1960.

Westerdijk, J.: The concept „association" in mycology. - Antonie van Leeuwenhoek **15**: 187–189. Amsterdam 1949.

Wiggers, F. H.: Primitiae Florae Holsatiae. - Kiliae 1780.

Wilkins, W. H., Ellis, E. M. & Harley, J. L.: The ecology of the larger fungi. I. Constancy and frequency of fungal species in relation to certain vegetation communities particularly oak and beech. – Ann. Appl. Biol. **24**: 703–732. Cambridge 1937.

— & Patrick, S. H. M.: The ecology of the larger fungi. III. Constancy and frequency of grassland species with special reference to soil types. – Ann. Appl. Biol. **26**: 25–46. Cambridge 1939.

— – The ecology of the larger fungi IV. The seasonal frequency of grassland fungi with special reference to the influence of environmental factors. – Ann. Appl. Biol. **27**: 17–34. Cambridge 1940.

Wilmans, O.: Rindenbewohnende Epiphytengemeinschaften in Südwestdeutschland. – Beitr. naturk. Forsch. S.W.-Deutschl. **21**: 87–164. Karlsruhe 1962.

Witkamp, M.: Seasonal fluctuations of the fungus flora in mull and mor of an oak forest. – Institut voor Toegepast Biologisch Onderzoek in de Natur (ITBON). **46**: 1–51. Arnhem 1960.

FROSTMUSTERBÖDEN, SOLIFLUKTION, PFLANZENGESELLSCHAFTS-MOSAÏK UND -STRUKTUR, ERLÄUTERT AM BEISPIEL DER HOCHVOGESEN

von

R. Carbiener, Strasbourg

I. DIE FROST- ODER SCHNEEBODENFORMEN ALS BEISPIEL DER BEZIEHUNGEN ZWISCHEN PFLANZENSOZIOLOGIE, GEOMORPHOLOGIE UND BODENKUNDE

Die Literatur über die durch verschiedene physikalische Prozesse hervorgerufenen Bodenbewegungen und die daraus entstehenden bodenmorphologischen Formen ist sehr reichlich. Es ist natürlich reizvoll die so augenfälligen Muster-(Pattern-)Böden zu beschreiben und zu deuten, zumal sie in den kalten Zonen der Erde eine wichtige aktuelle geomorphologische Rolle spielen oder in temperierten Zonen während der Eiszeit gespielt haben. Relativ wenig untersucht ist jedoch noch das Wechselspiel zwischen der Pflanzendecke und der Bodenkinetik. Wir denken an die durch Kryoturbation verursachten Frostmuster- und Solifluktionsböden oder die nivalen Solifluktionsböden der kalten Zonen, (die mit oder ohne Bodenfrost entstehen können). Ähnliche Musterböden gibt es aber auch in gemäßigten und tropischen Gebieten, hauptsächlich auf montmorillonit-pelitischen Böden, wenn das Klima in Regen- und Dürrezeit aufgegliedert ist. Ein Beispiel geben die Buckelwiesen submediterraner Gebiete („Buttes gazonnées" Verger 1960) oder die Gilgaï-Böden subtropischer Gegenden (vgl. Costin 1955, Bremer 1965).

Seit der großen wegweisenden Übersicht von C. Troll (1944) über die kältebedingten Strukturböden gehen die Bemühungen immer mehr über die – wenn auch absolut notwendige – exakte Beschreibung und hypothetische Deutung hinweg und suchen nach einer genetisch-kausalen Klassifizierung der Formen. Jedoch wird das induktive Studium der Entstehungsweise der Frost- und Schneeboden-Typen sehr erschwert einerseits durch die Schwierigkeit direkter Beobachtungen im Winter (entlegene, schwer zugängliche Gebiete) und andererseits durch die Irregularität der meist stark diskontinuierlich verlaufenden Bewegungsprozesse, sowie ihre global große Langsamkeit. Wenn sich auch in jüngerer Zeit experimentelle Gelände -und Laboratorium-Studien vermehren (vgl. z.B. Williams), so bleibt im wesentlichen die Feststellung von Troll (1944) noch aktuell, wonach wir „noch weit entfernt sind von der Möglichkeit einer rationellen genetischen Klassifikation der Strukturböden", was auch Frenzel (1960) in seiner Übersicht hervorhebt. In Anbetracht der besonders häufigen Fälle morphologischer Konvergenz bei Musterböden („Patterned ground") ist große Vorsicht am Platze bei der Beurteilung der Zonalität, Höhenstufen-Bindung der Formen usw. Wir zeigten z.B., daß bei den kryoturbationsbedingten Erdhügel- oder Buckelböden, d.h. bei den Thufuren, die klimatische Amplitude ihres Vorkommens auf schlecht dränierten Böden größer ist als auf gut dränierten (CARBIENER 1964: im letzteren Fall erscheinen sie für die „subozeanische" und „ozeanische" Kälte-Waldgrenzregion typisch). Aber Buckelwiesen, ein Pattern bei dem der Musterung des Bodens immer ein mehr oder weniger differenziertes Vegetationsmosaïk entspricht, können in klimatisch verschiedenartigsten Gebieten entstehen. Außer den frostwechselbedingten Thufuren finden sich z.B. biogen entstandene Buckelwiesen in Extensivweiden der montanen Stufe von Kalkgebirgen (Alpen, Jura, vgl. S. MÜLLER 1962) oder wechseltrockenheitsbedingte, wie sie VERGER (op. cit.) auf Weiden der südwestfranzösischen Atlantikküste beschreibt.

Die Wechselbeziehungen zwischen den Strukturböden und der Vegetation sind besonders komplex. Nur in den arktisch-periglazialen und alpin-nivalen Gebieten ist diese Beziehung vereinfacht. Dort werden die Strukturböden hauptsächlich durch die Bodenart (Textur) des Ausgangsmaterials bedingt (wenig entwickelte Böden) und die schüttere Vegetationsdecke zeigt eine weitgehend passive Anpassung an die verschieden starke Intensität der wurzelzerstörenden Bodenkinetik (SIGAFOOS 1952). So kann die Vegetation auf schluffigen Unterlagen, d.h. den in Frostwechselgebieten „tätigsten" oder „gefährdetsten" Böden, vollständig durch die Kryoturbation eliminiert sein, wogegen grobsandige und steinige Böden bis zu geschlossenen Zwergstrauchdecken beherbergen können, wie dies in Island, Grönland, auf Spitzbergen sehr augenscheinlich ist, und von TROLL auch von den Anden beschrieben wurde (vgl. Konvergenz mit ariden Gebieten, in welchen sandige und steinige Böden der Vegetation einen besseren Wasserhaushalt gewährleisten als tonige, nach H. WALTER 1960, p. 191). Die Vegetation tendiert dadurch die Morphologie der Strukturböden, (welche in diesen Breiten zur Kategorie der geometrischen Strukturböden von TROLL gehören), zu unterstreichen (vgl. auch HOPKINS und SIGAFOOS 1951). MATTICK (1952) zeigte z.B., daß auf Polygonböden Spitzbergens die Steinringe von Phanerogamensynusien (inklusiv verholzte Gefäßpflanzen wie *Salix polaris*) eingenommen werden, die inneren Zellen mit schluffiger Bodenart jedoch nur von Kryptogamensynusien spärlich besetzt sind (Erd-Krustenflechten). Es liegt also ein mosaïkartiger Synusien-Wechsel innerhalb einer sonst homogenen Pflanzengesellschaft vor.

Bei allmählichem Dichterwerden der Vegetationsdecke in weniger extremen Klimagebieten verstärkt sich die morphogenetische Rolle der Vegetation. Die kräftigeren Wurzeln der größer werdenden Lebens- und Wuchsformen und der zunehmende Anteil an Spaliersträuchern mit verholzten Wurzeln im ozeanisch-subozeanischen Klimabereich der Subarktis wirken solifluktionshemmend und haben somit einen entscheidenden Anteil an der Mikrorelief-Bildung (Beispiel: Girlanden und Treppenböden). Es handelt sich aber hier immer noch um eine weitgehend passive

Anpassung der Vegetation an die bodenphysikalischen Prozesse, wenn auch hier schon eine Wechselwirkung in die Bahn geleitet wird, da die Vegetationsinseln oder Streifen eine Differenzierung der thermo- und hydrodynamischen Eigenschaften des Bodens verursachen (vgl. FRÖDIN 1918, MATTICK 1941, RAUP 1951).

In der waldreichen (d.h. kontinentalen), subarktischen Zone sowie subalpinen Stufe mittlerer Breiten – aber dort in viel geringerem Maß! – verwandeln sich endlich die Beziehungen zwischen der Vegetation und den Bodenformen (Geomorphologie) zu sehr komplexen Wechselbeziehungen, wobei die Vegetation (Wald, Moor, Waldtundra) durch den Einfluß der Wurzelstrukturen und der von der Vegetation abhängigen Bodenbildungen (Porosität, Wärmeleitfähigkeit, Wasserhaushalt) eine aktive Rolle in der Entstehung der Formen übernimmt (vgl. BENNINGHOFF 1952). Bodenmechanische, bodenphysikalische und bodenklimatologische Prozesse spielen somit in den höheren Breiten und den die Boden-Frostwechselstufe erreichenden höheren Gebirgen der Erde eine oft unterschätzte ökologische und pflanzensoziologische Rolle. Sie beeinflussen die floristische Zusammensetzung und die Struktur der Pflanzengesellschaften.

II. MUSTERBÖDEN UND PFLANZENSOZIOLOGIE

Die Existenz von Vegetationsmustern, die auf das Boden-Pattern abgestimmt sind, zwingt der Pflanzensoziologie ein methodologisches Problem auf. Wenn nämlich die topographischen Grundeinheiten der Musterböden kleindimensional sind (einige Dezimeter), wie z.B. bei den Polygonböden, Streifenböden, den Thufuren, gewissen Treppenböden, ist die globale Homogenität der Pflanzendecke unbeeinflußt. Es liegt dann die Versuchung nahe, bei den Aufnahmen die mikroedaphische Differenzierung unbeachtet zu lassen. Dies um so mehr als z.B. bei den erstgenannten dieser zonalen Bodenformen die Vegetation oft relativ artenarm und schütter ist. So findet man oft auch in neueren Arbeiten über z.B. grönländische (oder andere arktische Vegetationsgebiete) und alpine Vegetation wohl Angaben über Frostbodenformen und ihre Pflanzendecke, aber die Erfassung bleibt global und man sucht vergeblich nach Analysen der feineren Struktur der betreffenden Pflanzengesellschaften. Die genaue Erfassung der floristischen und strukturellen Anordnung des kleindimensionalen Vegetationsmusters ist aber sehr wünschenswert. Die Analyse des Vegetationspattern kann nämlich wichtige, sowohl ökologische als auch geomorphogenetische Schlußfolgerungen erlauben, (Entstehung und aktuelle Tätigkeit der Bodenreliefformen, mosaïkartige Differenzierung der Bodenporosität und -Feuchtigkeit, Dauer der Schneebedeckung, Intensivität der Bodenkinetik, usw.).

Bei großflächigeren Grundeinheiten, wie bei der „gehemmten Solifluktion" (subarktisch-subalpine Girlandenböden) oder der Kryoturbation in Mooren der subarktischen Gebiete (Insel- oder Aapamoore, Palsenmoore) der Fall ist, wird gewöhnlich die einen viel größeren Maßstab annehmende Mosaïkdifferenzierung der Pflanzendecke so augenscheinlich und erreicht (Moore) eine so hohe soziologische Rangstufe (Ordnungen oder Klassen), daß sie von den Bearbeitern ohne weiteres berücksichtigt wird. Für das Verständnis der Ökologie dieser Gesellschaften bleibt aber das Studium der bodenmechanischen und bodenklimatologischen Faktoren ausschlaggebend. In einer wegweisenden Arbeit hat z.B. DAHL (1957) in Norwegen eine Liste von solifluktionstoleranten und solifluktionsintoleranten Arten aufgestellt, und in Kategorien verschiedenen Zeigerwertes eingeteilt.

Der Zeigerwert der Pflanzendecke erlaubt so in vielen Fällen Rückschlüsse auf die Tätigkeit und Geschwindigkeit der bodenmechanischen Prozesse. So zeigt z.B. die Besiedlung des Zellinneren der berühmten Polygonböden des Riesengebirges (vgl. DÜCKER 1937) durch eine Nardus-Synusie, im Verein mit dem Vorhandensein eines nanopodsoligen Bodenprofils, daß diese Form eine fossile, aktuell kaum tätige ist.

Denselben Zeigerwert besitzt der Grad der pflanzensoziologischen Differenzierung des Vegetationsmusters. So zeigen z.B. geographisch vikarierende Formen eines selben Strukturbodentyps verschiedene Intensitäten der soziologischen Differenzierung des Vegetationsmusters. Je nach den Formen ist aber die Evolution sehr verschieden und kann konvergierend oder divergierend sein. Wir werden dies am Beispiel der Thufure und der Girlandenböden eingehender erörtern (vgl. Schlußkapitel).

III. EINIGE BEISPIELE VON DURCH BODENKINETISCHE PROZESSE GEPRÄGTEN PFLANZENGESELLSCHAFTEN

1. *Schneebodengesellschaften, Solifluktion und Kryoturbation:* Salicetea herbaceae-*Gesellschaften*

Fast alle Salicetea herbaceae-Gesellschaften höherer Breiten und viele ihrer alpinen Vikarianten sind durch Kryoturbations- oder Solifluktionserscheinungen zumindest in ihrer Lokalisation beeinflußt, aber meist auch in ihrer Struktur geprägt. In der alpinen Stufe der Gebirge mittlerer Breiten entsprechen den Salicion herbaceae-Gesellschaften und insbesondere den auf ausgeprägt solifluktionsempfindlichen, schneereichen Mergel- und Kalkmergelhängen stockenden Arabidion-coeruleae-Gesellschaften (z.B. das Salicetum retuso-reticulatae), meist ein Riesengirlanden-Mikrorelief. Diese amorphe Solifluktionsform, bei welcher der Bodenfrost keine Rolle spielt, ist für die schneereiche alpine Stufe der Gebirge mittlerer Breiten oder der ozeanisch-subozeanischen Arktis sehr bezeichnend. Die bei ELLENBERG 1963 (p. 545) abgebildete Photographie zeigt ein Beispiel. Noch wirksamer wird aber die Solifluktion, wenn die Böden Frostwechselwirkungen ausgesetzt sind wie in den schneearmen kontinentalen Zentralalpen. Auf silikatischen, sandiggrusigen, weniger solifluktionsempfindlichen Unterlagen werden die durch die Solifluktion entstandenen Mulden („Schneetälchen") durch eine Salicetea herbaceae-Assoziation besetzt, während die dazwischen liegenden Wälle durch Caricion curvulae oder Nardeten und dergleichen Rasen- oder auch Zwergstrauch-Gesellschaften (Empetro–Vaccinion) besetzt bleiben. Auf besonders tätigen, kalkmergeligen Unterlagen kann sich das Gesamtgleichgewicht des Musters verschieben, indem die den starken Bodenbewegungen ausgesetzten, jährlich aufreißenden Mulden (oder Stufen, Girlanden oder Zungenrücken) fast vegetationsfrei bleiben, während die Wälle durch die Salix retusa–S. reticulata–Gesellschaft verursacht und besiedelt werden. Die Größenordnung der Grundeinheiten dieser Vegetationspattern beträgt einige Meter. In höheren Breiten sind die Schneetälchen-Gesellschaften auffallend großflächig verbreitet, was ELLENBERG durch die geringere Strahlungsintensität (1963, p. 548) deutet. Es muß aber auch berücksichtigt werden, daß in diesen Breiten – und bedingt durch die gleiche klimatologische Ursächlichkeit – Solifluktions- und Kryoturbationserscheinungen viel größere Ausmaße annehmen als in den Alpen. Dauer der Schneebedeckung und Intensität der Solifluktion oder Kryoturbation sind aber zwei ökologisch gleichartig wirkende, gegeneinander austauschbare Faktoren (SCHWARZENBACH 1961, MCVEAN-RATCLIFFE 1962, CARBIENER 1966a), wodurch Schneetälchen und Solifluktionsböden trotz sehr starker Unterschiede in der Dauer der Schneebedeckung, eine weitgehend übereinstimmende Vegetation tragen. Sind doch die zwerghaften, durch die lange Schneebedeckung selektierten Lebensformen der „Schneetälchen" von vornherein mit ihrer sehr flachen Bewurzelung zur Besiedlung tätiger Solifluktionsböden geeignet. Horizontale Schneeböden Skandinaviens tragen zudem oft großflächige Steinnetze, die das Assoziationsgefüge der Schneebodengesellschaft prägen.

Die Kryoturbationsbedingten Erdhügel oder Buckelböden horizontaler, windgefegter Flächen, für welche wir das isländische Wort „Thufure" verallgemeinern möchten, verursachen ein Mosaïk von Pflanzengesellschaften, deren Struktur mit derjenigen der Girlandenböden vergleichbar ist, dessen Maßstab aber viel kleiner ist. Hier wechseln nämlich auf wenigen Dezimetern sehr kontrastreiche ökologische Konstellationen. In den schneegeschützen staunässenden Rinnen kann man z.B. eine Salicion herbaceae–„Schneetälchen"-Gesellschaft beobachten, während die aus der Winterschneedecke herausragenden Frostbeulen eine Loiseleurio–Vaccinion–„Windspalierheide" tragen. Bei schlecht drainierten Böden sind alle Übergänge zwischen solchen Strukturen und den Inselmooren zu beobachten. Wir werden am Beispiel der in den Hochvogesen vorkommenden Girlandenböden und Thufure diese Strukturen eingehender erörtern und ihre geographische Vikarianz besprechen.

2. *Windgrat- und Treppenrasen: Einfluß der Bodenbewegungen auf die soziologische Struktur:* Elyno–Seslerietea.

Das Caricetum firmae, das Elynetum und ihre nordischen Vikarianten windgefegter, wechselfrostausgesetzter Standorte sind für ihre „Sichelrasen"-Morphologie bekannt geworden. Der Wind hat aber nur einen sekundären Anteil am Entstehen dieser Morphologie, die hauptsächlich durch Kammeisauffrieren verursacht wird (Furrer 1954). Das Seslerio–Caricetum sempervirentis und andere Seslerion–Gesellschaften der Mergelkalk-Südhänge der oberen subalpinen und unteren alpinen Stufe ist fast immer durch oberflächliche Solifluktionserscheinungen in einer Treppenrasenstruktur entwickelt. Starke Wechselfröste und Wechselfeuchtigkeit dieser früh ausapernden Hänge und, sekundär, Viehtritt sind dafür verantwortlich. Die durch diese Mikroreliefs verursachte Mikroheterogenität der Standorte ist für einige der typischen strukturellen Eigenschaften der Seslerion–Gesellschaften mitverantwortlich: Artenreichtum, soziologische Heterogenität, für Hochsgebirgsverhältnisse relativ reichliches Auftreten von bisannuellen, bzw. sogar annuellen Arten (mehrere *Gentiana*-Arten, *Euphrasien*). Ellenberg (1963, p. 529) wies schon darauf hin. Noch stärker treten diese Merkmale für die oromediterranen bzw. submediterran-atlantischen ökologischen Vikarianten des Seslerion – die azidophilen inbegriffen! – hervor (Festucion eskiae der Pyrenaeen, Festucion variae der Südalpen, Festuca violacea–Luzula spicata–Gesellschaft des Apennin usw.; vgl. Frödin 1924, Braun-Blanquet 1948, Demangeot 1951).

Auch die spätausapernden, nordexponierten Hänge sind auf den gleichen Höhenstufen von girlandenbodenartigen „Viehsteigen" zerfurcht, wenn die Schneedecke besonders mächtig und langdauernd ist. Diese von Rhododendro–Vaccinion oder Caricion curvulae–Gesellschaften bewachsenen (bei starker Beweidung auch von Nardeten), ökologisch scharf lokalisierten und von der Beweidungsintensität ziemlich unabhängigen Mikroreliefs verursachen aber nur eine geringfügige Herabsetzung der Homogenität der betroffenen Zwergstrauch- oder Rasen-Gesellschaften und beeinflussen hauptsächlich die Anordnung der Moos- und Flechten-Synusien, die sich auf die feuchtgeschützten ökologischen Nischen am Fuß der Wälle konzentrieren.

3. *Inselmoore und Strangmoore*

Die Moore der Subarktis und Arktis, sowie in vielen Fällen (bei lokal- oder großklimatischer Kontinentalität, Windausgesetztheit u.a.) auch die Moore der subalpinen und unteren alpinen Stufe sind ganz besonders durch Frosthubwirkungen in ihrer Morphologie determiniert. Hochmoorböden stellen ja aus thermodynamischen und mikroklimatischen Gründen die „frostgefährdetsten" Böden der Erde dar. Die durch den Frosthub und die Solifluktion entstandenen Moorformen haben schon lange in der Pflanzengeographie und Geomorphologie Beachtung gefunden. Den Insel- (Aapa-, Bult-)Mooren ebener Lagen entsprechen die Strang- oder Flarkmoore geneigter Flächen. In höheren Breiten kontinentaler Gebiete nimmt das Volumen der Bulten wegen Intensivierung des Frosthubs (Bildung von mächtigen, oft den Sommer überdauernden Eislinsen in den Palsen – nach dem Finnischen – genannten Bulten) große Ausmaße an: Palsenmoore. Außer den biogenen Prozessen sind somit Frostwirkungen ganz wesentlich verantwortlich für die als „Musterbeispiel des Pflanzengesellschaftskomplexes" bekannte (BRAUN-BLANQUET 1964, p. 733 ff.) pflanzensoziologische Struktur der Hochmoore. Ihr Assoziationsmosaïk besteht aus einem Neben- und Durcheinander verschiedener Vegetationstypen, deren Anordnung aber einer für den Moorkomplex charakteristischen Gesetzmäßigkeit entspricht. Diese charakteristische Gesetzmäßigkeit der räumlichen Ordnung ist eine Eigenschaft der meisten natürlichen Vegetationsmosaïke, so z.B. für die hier behandelte Strukturbodenvegetation im Allgemeinen, aber auch für die Steppen-Waldkomplexe, gewisse Hartlaub-Waldkomplexe der Mediterran-Region, usw. In größerem Maßstab gilt das gleiche ja für die Vegetation im allgemeinen und bildet ein Forschungsobjekt des Phytogeographen: Landschaftsökologie (vgl. Symposion 1963, oder KRAUSE 1952, eine fundamentale Arbeit). Von der in Nord- und Osteuropa durch den Frosthub besonders komplizierten Moorstruktur geben z.B. die gründlichen Beschreibungen von NORDHAGEN (1926), DAHL (1956) u.A. ein Bild. Selbst in den subatlantischen Ardennen (VANDEN BERGHEN 1951) spielen Eislinsen noch eine Rolle in der Bultbildung der oligotrophen, ombrogenen Moore. Nur im extrem atlantischen Bereich Europas vereinfacht sich die Moorstruktur sehr stark („Deckenmoore", vgl. OSWALD 1949). OSWALD versuchte schon 1925 die klimatologische Gesetzmäßigkeit der Moorstrukturen zu erfassen.

IV. DAS BEISPIEL DER DURCH BODENFROST UND SOLIFLUKTION VERURSACHTEN VEGETATIONSMUSTER DER HOCHVOGESEN

1. *Die drei Kategorien und ihre Lokalisation*

Die in den Hochvogesen zu beobachtenden aktuellen (tätigen) Formen von Frostmuster- oder Solifluktionsböden können drei Kategorien zugeordnet werden, nämlich den Thufuren (Erdhügel-, Buckel-, Frostbeulenböden), den Girlandenböden, und den Zwergtorfhügel-Formationen.

Alle gehören zur großen Gruppe der amorphen Strukturböden von C. TROLL, d.h. Böden ohne ausgeprägte granulometrische Materialsortierung, wie sie die klimatisch noch nicht extremen Bereiche im Norden und im Gebirge auszeichnen, in welchen noch geschlossene und kräftige Vegetationsdecken herrschen. Die genannten Bodenformen befinden sich in den Hochvogesen im unteren klimatischen Grenzbereich ihres Auftretens. Es sind zonale Frost- und Schneebodentypen welche in mittleren Breiten hauptsächlich die untere alpine, bzw. obere subalpine Stufe kennzeichnen (vgl. CAILLEUX 1948). Sie stellen, (insbesondere die zwei ersten Formenkreise), in den Hochvogesen lokalklimatisch bedingte Enklaven alpiner Vegetations- und Bodenkomplexe (Phytogeocoenosen im Sinne SUKATCHEVS) innerhalb der für ozeanische Gebirge charakteristischen subalpinen primären Zwergstrauchstufe dar. Diese Stufe erstreckt sich auf mehrere größere zusammenhängende Gebiete der

Kammregion oberhalb von 1250 (1200) bis 1300 (1350) m. Die Höhenlage der unteren Grenze dieser Stufe schwankt stark, als Folge der ausgeprägten lokalklimatischen Veränderlichkeit der Kammregion der Vogesen: „Kammeffekt", CARBIENER (1963, 1966b). Der Kammeffekt beruht auf einer hauptsächlich durch die Düsenwinde verursachten, komplizierten Isotherm-Verschiebung in der Kammregion. Die durch ihn bedingte, lokalklimatische Variabilität wird noch durch das eventuelle Vorhandensein von „anemo-orographischen" Systemen im Sinne JENIKS (1961), d.h. durch besonders windkanalisierende, auf Kammscharten auslaufende Täler, verschärft. Die drei beschriebenen Boden- und Vegetations-Pattern beschränken sich also alle auf das normal zur Hauptwindrichtung, d.h. Nord-Süd verlaufende Hauptkammgebiet zwischen dem Weißen See (Reisberg, 1300 m), dem Hohneck (1360 m) und dem Rothenbachkopf (1310 m).

Lokalisation der Thufure

Nah verwandt mit den isländischen Thufuren, befinden sich Frostbeulen-Pattern, d.h. großen Maulwurfshügeln ähnliche, regelmäßig in nur geringen Abständen (einige Dezimeter) über die Fläche zerstreute Erhebungen, in ebener Lage auf den höchsten und am stärksten windgefegten Kammflächen. Dies im Hohneck- (auf Granit) und Rothenbachkopf-Gebiet (auf Grauwacke), bei etwa 1300 bis 1350 m, besonders bei kleinen Paß-Scharten. Sie wurden schon 1934 von den Klimatologen und Island-Kennern REMPP und ROTHE als Kryoturbationsböden erkannt und erstmals beschrieben (1934, 1935). Ihre ökologische und vegetationsgeographische Bedeutung ist umso größer, als sie in den Vogesen auf gut dränierten Unterlagen (grober Granitgrus oder Grauwackeschutt) vorkommen (CARBIENER 1964) und im Schwarzwald (und ebenso im Jura!) zu fehlen scheinen.

Lokalisation der Girlandenböden

Auch sie wurden von den Klimatologen REMPP und ROTHE parallel zu den Thufuren erstmals beschrieben. Sie sind auf die nordost- (seltener nord- oder ost-)gerichteten Steilhänge der ehemaligen Gletscherkare des Hohneckmassivs (auf Granit) beschränkt. Die girlandenartig angeordneten, Riesentreppen bildenden Fließerde-Zungen kennzeichnen die Firnschnee-Nischen mit der am längsten anhaltenden Schneebedeckung, (durchnittlich bis Mitte Juli). Sie stellen eine durch die Firnschnee-Massen – die bis über 10 m Dicke erreichen können – verursachte Solifluktionsform dar. Diese Nischen befinden sich am oberen Hang der Kare an der Ostflanke des Hauptkammes sozusagen im Lee der Thufure zwischen 1250 und 1300 m ü.M. Ähnliche, aber morphologisch- und vegetationskundlich etwas abweichende Girlandentreppen zeichnen einige Gletscherkare des Feldberg-Massivs im Schwarzwald bei 1400–1450 m in ökologisch übereinstimmendem Milieu (auf Gneis!) aus.

Lokalisation der Zwerg-Torfhügel

Dieses bisher wenig untersuchte und auch uns noch am schlechtesten bekannte Pattern entwickelt sich stellenweise auf der anmoorigen Plateau-Hochfläche des nördlichsten Kamm-Abschnittes zwischen Tanneck und Reisberg (Weißer See) in Höhen zwischen 1250 und 1300 m. Es sind unregelmäßig, aber haufenweise angeordnete *Sphagnum*-Bulte, welche die anmoorige Heide in Kammnähe in relativ windgefegten Abschnitten durchsetzen. (Zur Morphologie und Ökologie dieser Kammabschnitte vgl. CARBIENER 1963).

Für die Beschreibung, Deutung und Ökologie der Thufure, sowie der Girlandenböden, verweisen wir auf unsere in französischer Sprache erschienene Arbeit (CARBIENER 1966a). Wir fassen hier nur kurz die wichtigsten und besonders pflanzensoziologischen Aspekte zusammen. Auf die Zwerg-Torfhügel dagegen gehen wir etwas näher ein, weil sie in der letztgenannten Schrift unberücksichtigt blieben.

2. *Ökologie und Vegetationsstruktur der Vogesen-Thufure*

Die Thufure bilden ein kleindimensionales Mosaïk: es sind Hügel von 15 bis 25 cm Höhe und 50 bis über 100 cm Durchmesser, welche durch ein unregelmäßiges Netz bildende Depressionen von 20 bis 60 cm Breite (manchmal mehr) getrennt werden. Die wichtigsten genetischen Phasen der Entwicklung dieser Bodenstruktur wurde 1966 folgenderweise beschrieben: 1. Ausgangsphase bildet die Mosaikstruktur, welche die primäre Zwergstrauch-Heide auf der Firstfläche oft aufweist. Das Pulsatillo micranthae (albae)-Vaccinietum uliginosi (CARBIENER 1966b) ist dort Borstgras-(*Nardus stricta*) und Drahtschmielen-(*Deschampsia flexuosa*)-reich, wobei die Zwergstrauch-Synusien regelmäßig und fleckenweise im Rasen verteilt sind. (Sehr ähnliche Vegetationsbilder sieht man auch auf windgefegten norwegischen Fjells!) Auf ebenen Flächen begünstigt dieses Vegetationspattern eine mosaïkartige, von der Wurzelstruktur der Synusien ausgehende Differenzierung der physikalischen Bodeneigenschaften, insbesondere des Bodenwasserhaushalts (Unterschiede in der Humusform und der Boden-Porosität). Der Bodenfrost (weitgehend schneefreie Kammlage!) intensiviert diese progressive Differenzierung des Vegetations- und Boden-Pattern, und leitet durch einen autokatalytischen Prozeß die Thufurbildung in die Wege. (Näheres siehe CARBIENER 1966a). Wir fassen hier nur kurz die wichtigsten Unterschiede zwischen den zwei Einheiten des Pattern zusammen.

Die Depressionen (Furchen) zwischen den Hügeln werden durch eine Nardus stricta-Deschampsia flexuosa-Synusie, d.h. eine dicht – und tief (über 50 cm) – wurzelnde Hemikryptophyten-Gesellschaft, die dem Pulsatillo albae-Vaccinietum nardetosum entspricht, besetzt. Die Hügel dagegen tragen eine moos- und flechtenreiche Zwergstrauchgesellschaft mit dominierendem *Vaccinium myrtillus*, eine Gesellschaft, die dem Pulsatillo albae-Vaccinietum cladonietosum, Variante vacciniosum entspricht. Es handelt sich also um eine sehr oberflächlich, hauptsächlich in den 10 ersten Zentimetern sehr grob wurzelnde (dicke trama-artig verflochtene *Vaccinium*-Rhizome) Chamaephyten- und Kryptogamen-Synusie. Tabelle I gibt eine Gegenüberstellung von Vegetationsaufnahmen beider Einheiten und Fig. 1 ein schematisches Bild dieser Struktur.

Tabelle I

Vegetationsmusterung im Bereich der Thufure

1–4 Vegetation der Thufur-Hügel (Pulsatillo albae–Vaccinietum cladonietosum)

1a–4a Vegetation der ein unregelmässiges Netz bildenden Furchen zwischen den Thufuren (Pulsatillo albae–Vaccinietum nardetosum). N° 3 und 4 entsprechen genetisch mit den Thufuren identischen „Strangböden" flachgeneigter Hänge, wo sie seitlich an die Thufur-Netze der First-Ebenen anschließen.

Aufnahme-Nummer	1	2	3	4	1a	2a	3a	4a
Meereshöhe	1270	1280	1300	1300				
Neigung	0	0	10°	20°				
Exposition	—	—	W	E				
Unterlage: GW = Grauwacke, G = Granit	GW	G	G	G				
Differentialarten der Hügel								
a) Phanerogamen								
Vaccinium myrtillus	5–4	4–4	2–2	4–3		+		
Vaccinium vitis-idaea	+	2–2	2–2	2–2		+		+
Pulsatilla alpina ssp. alba	2–2	2–1	2–1	2–2	+°	+°	+	
Genista pilosa	1–2	1–2	1–2	2–2	+	+		
Calluna vulgaris	+	+	4–4	1–3	+		+	
Luzula albida var. cuprina	1–2	+	2–2	+				
Deschampsia flexuosa	2–2	2–1	3–2	2–1	2–2		+	
Polygonum bistorta (steril)	2–1	1–1	2–1	1–1	+			
Melampyrum pratense ssp. alpestre	+		+	+				
Vaccinium uliginosum			+					
Empetrum nigrum			+					
Lycopodium clavatum			+					
Antennaria dioica			+					
b) Moose und Flechten								
Cladonia sylvatica	1–3	1–3	+	+				
Cetraria islandica	2–3	1–4	+	2–3				
Hylocomium splendens	+	2–2	2–2	3–3				
Rhytidiadelphus triquetrus	+	1–2	+					
Cladonia furcata	+	+	+					
Ptilidium ciliare	+	+		+	+			
Dicranum scoparium		+		1–3				
Cladonia chlorophaea			+					
Cladonia rangiferina		+						
,, mitis		+						
,, uncialis			(+)					
,, cf. squamosa		+						
Rhytidiadelphus loreus			+					
Differentialarten der Furchen								
Nardus stricta					3–3	5–4	2–2	1–3
Agrostis vulgaris				+	1–1	2–2	+	2–2

Aufnahme-Nummer	1	2	3	4	1a	2a	3a	4a
Meereshöhe	1270	1280	1300	1300				
Neigung	0	0	10°	20°				
Exposition	—	—	W	E				
Unterlage: GW = Grauwacke, G = Granit	GW	G	G	G				
Gentiana lutea					+	1–2	1–1	
Galium saxatile					+	1–2		+
Potentilla erecta	+	+	+	+	2–2	2–1	2–1	1–1
Selinum pyrenaeum	+	+		+	2–1	2–1	+	+
Succisa pratensis var. glabra					+			
Rhytidiadelphus squarrosus						+		
Indifferente								
Leontodon helveticus	+	1–1	+	2–2	2–1	2–1	1–1	1–1
Festuca rubra ssp. commutata	2–2	1–2		2–1	+	1–2	+	1–2
Luzula multiflora	+	+		+	1–1	1–1	+	
Meum athamanticum	2–1	1–1	+		1–2	2–1	1–1	
Pleurozium schreberi	2–2	2–3	1–2	2–3	+	2–2	+	
Polytrichum commune var perigoniale	2–2	+	+	2–1	1–2	2–2		
Sonstige								
Arnica montana	+°						+	
Carex pilulifera					+	+		
Sorbus aucuparia juven. (20 cm)			+	+			+	
Poa chaixii	+							+
Campanula rotundifolia	+			+				
Lotus corniculatus	+							
Hieracium umbellatum var. monticola	+							
Ranunculus nemorosus var. aureus								+
Carex leporina								+

Lokalisation:

1. Thufur-Netz auf der paßartigen Kammfläche zwischen Rothenbachkopf (1310 m) und Batteriekopf (1300 m).
2. Thufur-Netz auf der Kammscharte zwischen Hohneck-Hundskopf (1350 m) und Kastelberg (1350 m).
3. In Strangböden übergehende Thufure beim Falimont-Gipfel (1305 m), Westflanke.
4. Strangböden an der Ostflanke des Kastelberges in einem im Winter fast immer schneefrei-bleibendem Abschnitt. Trotz einiger morphologischer Ähnlichkeit besteht keine genetische Verwandtschaft mit den Girlandenböden.

Den Unterschieden in der Vegetationsstruktur entsprechen wesentliche Unterschiede in der Bodenstruktur. Tabelle II gibt eine Gegenüberstellung der Porositätsverhältnisse der oberen Bodenschicht (6 erste Zentimeter) beider Einheiten in Volumprozenten. Die Werte wurden mit der Stechzylinder-Methode gewonnen, die Mikroporosität als Wasserhaltevermögen des Bodens 24 Stunden nach Aufhören ergiebiger Regengüsse gemessen.

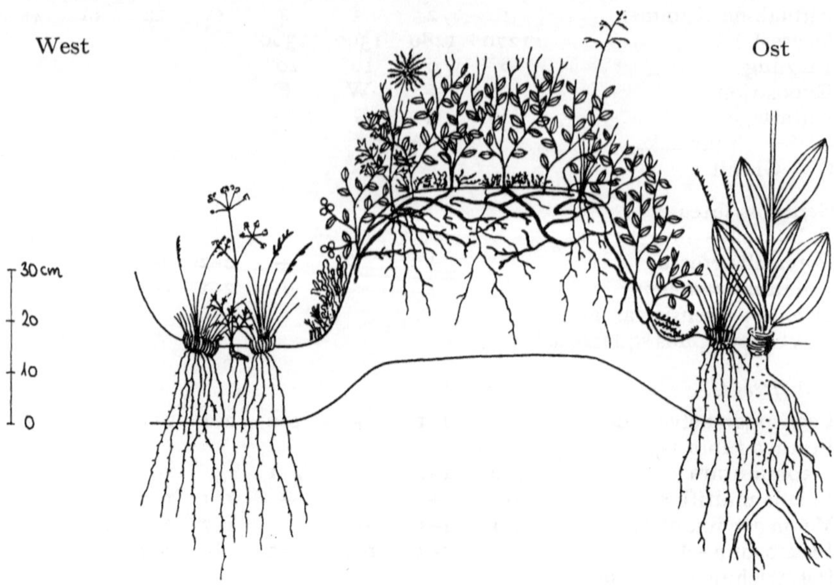

Fig. 1. Schema der Vegetations- und Wurzelstruktur eines Thufur-Musters der Hochvogesen. Untere Linie: ungefähre untere Grenze des Rohhumus (Moder).

Von links nach rechts:

Nardus stricta, Selinum pyrenaeum, Nardus, Cladonia mitis, C. furcata, Cetraria islandica, Vaccinium vitis-idaea, Anemone alpina, Vaccinium myrtillus (Triebenden regelmäßig erfroren!) und *Hypnaceae, Deschampsia flexuosa, Rhytidiadelphus loreus, Nardus, Gentiana lutea.*

TABELLE II

	Furchen Nardus-Synusie		Beulen Vaccinien-Synusie	
	Mittelwert	Streuung	Mittelwert	Streuung
Mikroporosität (Kapillarvolumen)	54,5	50–59	34	30–41
Makroporosität (Volumprozente)	24	22–31	50,5	47–54
Gesamtporosität	78,5	76,5–81	84,5	80–88
Spezifisches Gewicht der 105° getrockneten Erde (0–6 cm)	0,39	0,37–0,40	0,15	0,13–0,17
Glühverluste (dsgl.)	40,5	35–51	60	50–76

Trotz vorwiegend feinsandiger (Granit) oder schluffiger (Grauwacke) Textur der Bodenmineralien weist der Boden der *Nardus*-Furchen physikalische Eigenschaften auf, die mit denjenigen toniger Böden vergleichbar sind. Die Furchen fangen auch den Schnee auf und bleiben den ganzen Winter nur oberflächlich (aber sehr hart) gefroren. Die exponierten Beulen dagegen gefrieren im Winter progressiv (November-März) sehr tief. Ihre enorme Makroporosität erlaubt eine Wasseraufnahme selbst in gefrorenem Zustand während des Winters (ozeanisches Klima!), wie wir nachweisen konnten. Im Spätwinter kann der Wassergehalt einem Großteil der Gesamtporosität entsprechen, (wir maßen 400

Gewicht-Prozente, auf den bei 105° getrockneten Boden umgerechnet), wobei die Thufur-Hügel eine durch die Wurzel-Trama der *Vaccinien* stabilisierte Schwamm-Struktur aufweisen: (im Labor zum Auftauen gebracht, fließt eine Wasserlache aus ihnen aus!)

Die Untersuchung der Vogesen-Thufure gibt ein schönes Beispiel der entscheidenden Rolle der Vegetation in der Entstehung eines Frostboden-Reliefs. Die Beeinflussung der physikalischen Bodeneigenschaften (Porosität und Thermodynamik) durch die Vegetations-Struktur, (insbesondere Wurzelstruktur) und die von der Vegetation abhängigen Humusformen, sind die maßgebenden Momente und in diesem Fall besonders demonstrativ.

3. *Nivale Solifluktion: Ökologie und Vegetationsstruktur der Girlandenböden in den Hochvogesen*

Der Aspekt ist der von zungenartig die Steilhänge zerfurchenden und girlandenartig angeordneten Riesentreppen. Die noch relativ steilen Treppenstufen tragen nur eine schüttere, hauptsächlich von Moosen gebildete Vegetationsdecke. Die sehr steilen (bis über 45°), wulstartigen Wälle, die jede Treppenstufe nach unten begrenzen, haben die typisch talwärts konvexe Girlanden-Morphologie. Sie werden von Fragmenten der Subass. luzuletosum desvauxii des Pulsatillo albae-Vaccinietum uliginosi eingenommen. Die Luzula desvauxii-Subass. der primären subalpinen Zwergstrauchheide stellt eine chionokryophile Sondergesellschaft der nordexponierten Gletscherkar-Flanken dar. Diese Gesellschaft wird dort von einzelnen Adenostylion-Stauden durchsetzt und oft durch Adenostyleten oder verwandten Gesellschaften, sowie durch die Solifluktionstreppen unterbrochen.

Die Solifluktion wird bei der Schneeschmelze durch den Druck der im Spätwinter manchmal 10 m (sogar 15 m!) Mächtigkeit erreichenden Firnschneedecke auf eine von Schmelzwasser durchtränkte und über hartem unverwittertem Granit lagernden, relativ wenig mächtigen (1–2 m), Granitgrus- und Bodenschicht ausgelöst. Beim Ausapern durchlaufen jedes Frühjahr (Ende Juni–Juli) dezimeterbreite Risse die Treppenstufen und erhalten diese im Rohbodenzustand.

Das Vegetationsmuster entsteht in diesem Fall hauptsächlich durch passive Anpassung an die wurzelzerstörende Bodenmechanik. Fig. 2 gibt einen schematischen Vegetations- und Bodenquerschnitt durch eine Girlandentreppe. Wir unterscheiden drei Vegetationseinheiten:

1. Die unstabilen, wie wir sahen, in jährlichen Rythmen erodierten Treppenstufen mit grusreichen Rohböden werden von einer Barbilophozia floerkei–Dicranum starkei–Fragment–Gesellschaft besetzt. Diese nur teilweise deckende Gesellschaft schließt sich deutlich an das Salicion herbaceae an. Sie ist aber arm an Charakterarten, weil sie im Sommer stark austrocknen kann und ein sehr unstabiles Milieu bewohnt. *Sibbaldia procumbens* z.B. wurde teilweise ausgerottet oder verschwand seit dem 19. Jahrhundert auch aus natürlichen Gründen (positive Klimaschwankung). Für gut entwickelte Schneetälchen ist der Hochvogesen-Kamm immerhin noch etwa 150–

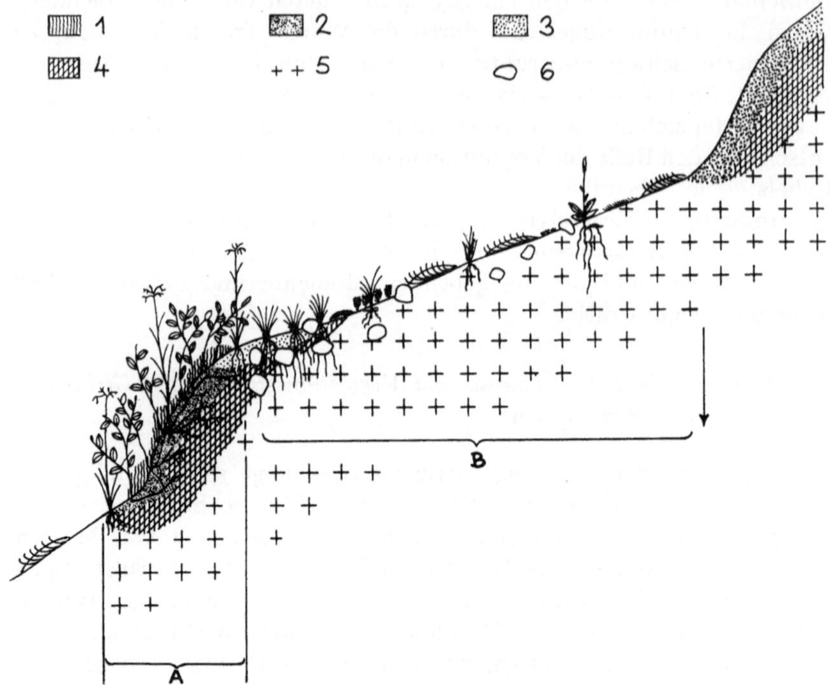

Fig. 2. Schema der Vegetations- und Boden-Catena einer Girlandenboden-Stufe der Vogesen.

1 Moos-Schicht, 2 Rohhumus (Moder), 3 Grauer Humus mit Granitgrus, 4 Leicht Eisen-angereicherter Granitgrus, 5 Roher Granit, 6 Steine

A Fragment des Pulsatillo-Vaccinietum luzuletosum desvauxii

B Barbilophozia floerkei-Dicranum starkei-Ges., unten Nardus stricta-Fazies

200 m zu niedrig (Rempp 1937: die theoretische Schneegrenze im Lee läge bei etwa 1500 m für eine Kammhöhe von 1550 m). Die Dicranum starkei-Gesellschaft, von der die Tabelle III ein Bild gibt, könnte auch als Pionier- (Initial-) Stadium der chionophilen Zwergstrauchheide gewertet werden. Es handelt sich aber um eine geomorphologisch bedingte Dauergesellschaft, die sich zwar räumlich verschiebt, bei der aber keine Sukzession beobachtet werden kann. Auch die pflanzensoziologische und Lebensform-Struktur ist ganz typisch für Schneetälchen-Gesellschaften.

2. Gegen den jede Treppe nach unten begrenzenden Wall tritt eine Nardus-stricta-Fazies der gleichen Dicranum starkei-Ges. auf.

3. Der steile Wall selbst wird durch Fragmente der eben genannten Luzula desvauxii-Subass. des Pulsatillo-Vaccinietum eingenommen. Dort findet man auch einen AC- oder sogar schwach podsoligen Boden mit einer 10–20 cm (und mehr!) dicken Moder-Humusschicht. Diese Gesellschaft kommt in den Vogesen gut mit

Tabelle III

Barbilophozia floerkei–Dicranum starkei–Fragment-Gesellschaft *der nivalen Girlandenböden-Rücken der Vogesen.*

Aufnahme Nummer	1	2	3	4	5	6
Meereshöhe	1260	1280	1270	1270	1320	1280
Neigung	20°	30°	30°	30°	35°	15°
Exposition	NE	NNE	N	N	N	ENE
Charakterarten						
Dicranum starkei	2–4	+	2–3	3–4	2–4	1–3
Pohlia cucullata	(+)		1–2			+
Sibbaldia procumbens	(+)					
Differentialarten						
Barbilophozia floerkei	2–3	2–2	3–3	2–2	3–2	3–3
Luzula desvauxii (Zergform!)	2–2	1–2		1–2	1–2	1–2
Lophozia wenzelii	+	+			+	
Oligotrichum hercynicum					1–3	+
Rhacomitrium sudeticum	1–4					
Begleiter a) Phanerog.						
Nardus stricta (Zwergform)	2–2	2–4	1–1	3–2	+	2–2
Leontodon helveticus („)	1–4	1–1	1–1	2–1	1–1	1–1
Deschampsia flexuosa(„)	2–2	1–2	+	1–1	1–2	
Vaccinium myrtillus juven.	+	1–2	1–2	2–2	+	2–3
Meum athamanticum	+	+		+	+	1–1
Selinum pyrenaeum		+	|	+		
Agrostis vulgaris	+	1–2				1–1
Calluna vulgaris juven.	+	+			+	
Lotus corniculatus		+			+	
Pulsatilla alpina ssp. alba juven.				1–1		+
Gnaphalium norvegicum		1–1			(+)	
Galium saxatile	+				+	
Anthoxanthum odoratum		+				
Lycopodium alpinum						+
b) Bryophyten						
Polytrichum commune var. perigoniale (minus)	3–3	1–3	2–2	1–2		1–1
Rhacomitrium canescens	1–4	2–3	2–2	1–3	2–4	
Pogonatum urnigerum var. crassum	1–2	1–2		1–2	1–2	1–2
Nardia scalaris	+	2–4	+		1–3	+
Ditrichum homomallum	+	2–4	+		+	1–4
Pleurozium schreberi	+		1–2	+	+	+
Pohlia sp.				+		+
Rhytidiadelphus squarrosus			+			+
Rhytidiadelphus loreus				+	+	
Ptilidium ciliare	+					
Pohlia nutans		+				
Polytrichum alpinum	+					
Dicranum scoparium			+			

Lokalitäten: Wormspel-Kar – Firnschnee-Nischen (südlich des Hohnecks): N° 1–4. Frankental-Kar, Nordflanke des Hohnecks: N° 5. Kastelberg – Schwalbennest – Firn-Nische: N° 6.

einer nur dreimonatigen Aperzeit aus. Durch ihr *Vaccinien*-Wurzelkorsett setzt sie der Solifluktion ein wirksames Hindernis entgegen und ist für die wulstförmige Morphologie der Treppenränder verantwortlich.

Im Schwarzwald ist das ökologisch vikarierende Vegetationspattern der nivalen Solifluktionsböden (Zastler Loch unterhalb Feldbergturm, bei etwa 1450 m) ziemlich abweichend entwickelt. Die dort stockende Gnaphalium supinum–Ligusticum mutellina–Nardus stricta–Gesellschaft (BARTSCH 1940, K. MÜLLER 1948, vgl. OBERDORFER 1957), überzieht ziemlich gleichmäßig den treppenzerfurchten Hang und wird nur durch die mehr oder weniger nackten horizontalen Stufen der Treppen unterbrochen. Das Vegetationsmuster ist also viel weniger differenziert. Dieser auffallende Unterschied den Vogesen gegenüber, (das Nardo–Gnaphalietum supinae hat eine deutlichere und vollkommenere Salicion herbaceae–Struktur als die Vogesen-Gesellschaft und wird kaum durch Zwergstrauch-Synusien zerlegt), kann nur geomorphologisch begründet sein. Trotz größerer Höhe (1450 m) ist nämlich die Dauer der Schneebedeckung eher geringer als in den „ozeanischen" Vogesen bei 1250 m, wie das Tabelle IV veranschaulicht. Zudem ist das Klima des Feldberggebietes sommerwärmer als dasjenige der Hochvogesen (vgl. FREY 1965), dies aus Gründen der geographischen Lage und der abweichenden Morphologie der Kammflächen.

Statt aus grobem Granitgrus besteht aber im Feldbergmassiv das Muttergestein aus sehr tiefgründigen und schluffigtonigen Gneis-Verwitterungsprodukten. Daher besteht trotz geringerer Neigung der Hänge der Firnschneenischen eine stärkere Anfälligkeit auf Solifluktion. Einerseits finden wir statt der Girlanden eine treppenrasenartige Morphologie; andererseits hat der Boden eine größere Wasserkapazität und bleibt deshalb in der Aperzeit länger und stärker feucht. Diese Ursachen (Morphologie – stark tätige Böden – und Wasserhaushalt, vielleicht auch gelegentl. Beweidung?) dürften die Unterdrückung der Zwergsträucher erklären. Man ersieht aus diesem Vergleich, wie stark geomorphologische Prozesse, unter gleichartigen klimatischen Voraussetzungen, die Vegetationsstruktur in abweichender Weise beeinflussen können. Wenn in den Vogesen die schneetälchenartigen Vegetationsflecken nur der Solifluktion ihr Vorkommen verdanken und so ein schönes Beispiel der von verschiedenen Forschern dargestellten und schon zitierten ökologischen Faktorenkompensation zwischen Dauer der Schneebedeckung und Solifluktion in kalten Klimagebieten bieten (näheres in CARBIENER 1966a), so ist daran bes. der schlechte Wasserhaushalt der groben Granitböden schuld! Denn unter gleichen klimatologischen und Schneebedeckung-Verhältnissen bedecken Salicion herbaceae–Gesellschaften ganze Hänge im Schwarzwald!

Bemerkenswert ist auch, daß die Vegetationstrilogie der nivalen Solifluktionstreppen ein Ebenbild der Zonation der Schneetälchen-Gesellschaften darstellt. Die phanerogamenarme Dicranum starkei–Moos–Gesellschaft, die sich aus solifluktionstoleranten Arten zusammensetzt, entspricht strukturell den Polytrichum sexangulare–Gesellschaften der Alpen und des Nordens. Die Nar-

Tabelle IV

Vergleichende Daten des Verschwindens der letzten Schneereste in Schwarzwald u. Vogesen

Jahr	Vogesen: Schwalbennest Firnmulde am Kastelberg 1260 m *Dicranum starkei-Barbilophozia floerkei*-Ges. und *Pulsatillo-Vaccinietum luzuletosum desvauxii* Girlandenböden-Catena	Schwarzwald Zastlerwächte 1460 m *Nardo-Gnaphalietum supini*	Unterschied Vogesen/Schwarzwald in Tagen
	Schnee verschwunden am		
1951	15 Sept.	24 August	+22
1952	26 Juli	20 Juli	+ 6
1953	26 Juli	25 Juli	+ 1
1954	9 Juli	18 Juli	− 9
1956	11 Juli	23 Juli	−12
1958	4 August	31 Juli	+ 4
1959	14 Juli	16 Juli	− 2
1960	3 Juli	21 Juni	+12
1961	4 Juli	10 Juli	− 6
1965	8 August	22 Juli	+12
1966	30 August	23 August	+ 7
1967	7 Sept.	4 August	+34
Mittel der 12 Jahre	1 August	25 Juli	+ 6

dus-Fazies, die schon ziemlich solifluktionsintolerante Phanerogamen aufnimmt (*Nardus!*), kann mit den *Nardus*-Aureolen, welche die azidophilen Schneetälchen meist säumen, gleichgestellt werden. Das Pulsatillo-Vaccinietum der Wülste endlich, fast gänzlich aus solifluktionsintoleranten Arten bestehend (Ausnahme: *Luzula desvauxii*), entspricht den oft um die Schneetälchen sichtbaren Kontakt-Assoziationen des Zwergstrauch-Gürtels. Die Illustration des eben erwähnten Falls von Faktorenkompensation wird somit vervollständigt: Solifluktionsintensität und Dauer der Schneebedeckung sind weitgehend austauschbare ökologische Faktoren.

Das Zwergtorfhügel-Pattern

Wir sahen bei der Lokalisation dieser Formation, daß auch hier die Geomorphologie der Kammregion eine landschaftsökologisch sehr wichtige Rolle spielt: die Zwergtorfhügel kommen nur in einem geomorphologisch abweichenden Abschnitt des granitischen Hauptkammgebietes vor. Dieses Gebiet stellt ein schwach nach Westen geneigtes Hochplateau dar; in dessen oberen primär hier aus geomorphologischen Gründen waldfreien Teil kaum verwitterter Granit ansteht (vgl. Ballon-Morphologie des Hohneck-Massivs, wo der Granit unter meterdickem Grus bis in die Gipfelregionen begraben bleibt!). Die Zwerg-Torfhügel stocken als unregelmäßig über eine anmoorige subalpine Calluno–

Vaccinietum uliginosi–Heide (BÜKER) – der ökologischen Vikariante des Pulsatillo–Vaccinietum auf anmoorigen Böden – zerstreute *Sphagnum*-Bulten, wenige hundert Meter unterhalb des Kamm-Firstes.

Beschreibung. Der Aspekt erinnert etwas an den der nordischen Inselmoore oder auch an große Thufure. Die Hügel sind aber größer als die der Thufure, bis zu 1 m hoch und über 1 m breit, viel stärker und unregelmäßiger zerstreut als bei Thufur-Formationen, manchmal sogar ziemlich isoliert. Der Durchstich dieser Hügel zeigt, daß es sich um *Sphagnum acutifolium* (dominierend) – *Sph. rubellum* – *Polytrichum strictum* – Bulten handelt, welche zum größten Teil lebend und wachsend, z.T. auch weitgehend bis völlig abgestorben sind. Im letzteren Fall wird der kaum zersetzte *Sphagnum*-Torf von einer oft dicken *Hypnaceen*-Decke (*Pleurozium schreberi, Hylocomium splendens, Rhytidiadelphus loreus*) überlagert. Alle Bulten werden durch eine niedrige Zwergstrauch-Synusie gekrönt, welche sie 40 bis 80% bedeckt. In wechselndem, scheinbar wenig determiniertem Mengenverhältnis durchmischen sich hier: *Vaccinium uliginosum, V. myrtillus, V. vitis-idaea, Calluna vulgaris, Genista pilosa, Empetrum nigrum* (s.l., wahrscheinlich *eu-nigrum*). *Genista pilosa,* welche in der subalpinen Stufe des Schwarzwaldes schon gänzlich fehlt und in den Vogesen – wie auch im Massif Central de France – bis auf den höchsten Gipfeln (selbst an der Lee-Seite der Thufure!) anzutreffen ist, verdeutlicht recht gut die subatlantische Klimatönung. Die innersten Torflagen können stark zersetzt sein, was auf ein hohes Alter gewisser Bulten schließen läßt. Genaue Untersuchungen und Datierungen stehen aber noch aus und werden für eine spätere Publikation vorbehalten. Der vorwiegend ombrogene Wasserhaushalt der Bulten verschlechtert sich beim Größerwerden derselben (sonn- und windausgesetzte Lage!). An vielen Stellen kann man eine abgestorbene Ostflanke (Regenwinde = Westwinde!) beobachten mit toten, von *Cladinen* und *Hypnaceen* überwachsenen *Sphagnen.* Fig. 3 zeigt einen schematischen Querschnitt einer Bulte.

Deutung. Man könnte mit ISSLER (1926* 1942) geneigt sein, diese Torfmoosbulten als rein biogene Erscheinung ohne weiteres abzutun. Die Frage ist aber, warum innerhalb der Heide die bestandbildenden Torfmoose nur in diesem eng begrenzten Abschnitt des Vogesenkammes hohe Bulten bilden, wogegen *Sphagnum acutifolium* in anderen Ausbildungsformen der Hochheide, in geschützten Lagen, große bodenbedeckende Teppiche bildet. Dies ist z.B. innerhalb der Pulsatillo–Vaccinietum–Heide, Subass. von Luzula desvauxii, auf der Westflanke (also in gleicher Exposition!) des Rainkopfs (Hohneck-Massiv), aber dort im schneereichem Waldgrenzbereich an steilerem und deshalb windgeschützterem Hang zu beobachten, oder auch an den nordexponierten Steilhängen der Gletscherkare des Hohneck-Massivs innerhalb derselben Pflanzengesellschaft, die dort mit den Girlandenböden-Formationen in Kontakt steht.

Wir glauben mit dieser Fragestellung die allgemeine und komplexe

* Noch undeutlich beschrieben und nicht von den Thufuren unterschieden!

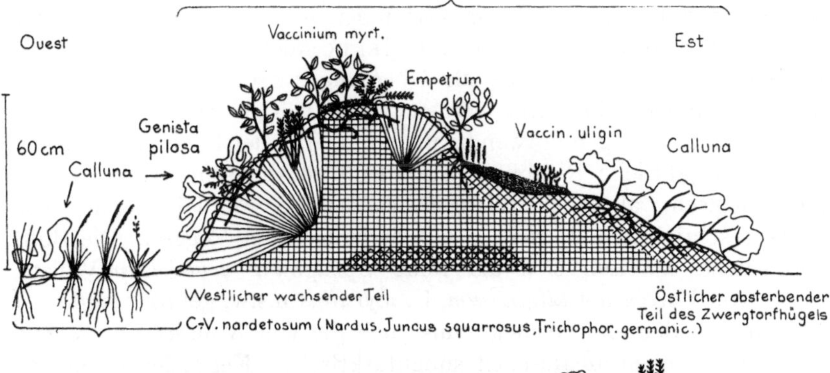

Fig. 3. Schematischer Querschnitt eines Zwergtorfhügels.
1 *Sphagnum*-Torf schwach humifiziert
2 *Hypnaceen*-Torf
3 Lebende *Hypnaceen*
4 *Lichenes, Cladinae*
5 *Sphagnum acutifolium* et *S. rubellum*
6 *Polytrichum strictum*

Frage der Bultenbildung in oligotrophen Mooren sowie die Problematik der klimatologischen Zonierung der Moor-Morphologie zu berühren. Die seit Osvald (1925) für Nord-Europa klassische, aber für mittlere Breiten mit ihren mannigfachen Lokalklimaten zu schematisch erscheinende Beziehung zwischen Moor-Morphologie und Allgemeinklima erhält durch unsere Feststellungen in den Hochvogesen einige Bestätigung. Wir erinnern daran, daß nach Osvald die eu-atlantischen Moore Nordeuropas eintönige, bultenfreie, alles überziehende Deckenmoore sind, in kontinentalen Gebieten aber durch den Frosthub bultenreiche und um so komplexere Moor-Formen entstehen, je stärker die Frostwirkung ist. Da die Zwerg-Torfhügel der luvseitigen Kammregion des Tanneck-Reisberg-Gebietes ziemlich regelmäßig aus der winterlichen Schneedecke hervorragen, und wir sie bis in den April hinein im Innern hartgefroren vorfanden, könnte es sich erweisen, daß die Frostwirkung einige Verantwortung bei der Bultenbildung der betreffenden *Sphagnen* hat. Für diese Annahme spricht auch die Existenz von typischen Übergangsformen zwischen den Zwerg-Torfhügeln und den Thufuren, wie wir sie in einer Kammscharte (Paß) beim Tanneck gefunden haben, sie aber hier jetzt nicht näher beschreiben konnten. Eine gewisse Verwandtschaft mit den Inselmooren des Nordens – dort sind die Übergangsformen zu den Thufuren besonders mannigfaltig – scheint sich damit zu bestätigen. Andererseits sind nämlich die eben geschilderten, deckenbildenden *Sphagnum acutifolium*-Überzüge gewisser feucht-geschützter Zwergstrauchheiden den ganzen Winter schneegeschützt und keiner Frostwirkung ausgesetzt. Alles paßt also in den Rahmen der Osvald'schen Erwägungen. Auch in der kontinentaleren Tatra beschreibt Jenik (1958) eine strangmoorartige Zwergtorfhügel-Formation inmitten der *Vaccinien*-Heide, ebenfalls leicht oberhalb der Waldgrenze bei 1800 m, aber dort im schneereichen Lee. In kontinentalen Gebieten kann nämlich Bodenfrost mit Schneereichtum verbunden sein, was besonders tätige Solifluktionsformen ergibt: die von JENIK auch als rein biogen beschriebene Formation könnte als Übergang zwischen Girlandenböden und Strangmooren bewertet werden. Dafür wären aber nähere ökologische Untersuchungen notwendig über den Grad der Frosteinwirkungen und deren jährliche Rythmen. Auffallend ist die sehr große, sowohl morphologische als auch pflanzensoziologische Ähnlichkeit der von JENIK beschriebenen Formation mit derjenigen der Vogesen. Die Bult-Durchstiche erweisen sich als reine *Sphagnum acutifolium*-Wülste, welche von *Vaccinium uliginosum, V. myrtillus* u.s.w. gekrönt sind.

Nicht unbedeutend erscheint uns auch die von AUBERT DE LA RUE (1965) auf den eu-ozeanischen subantarktischen Kerguelen-Inseln gemachte Feststellung, daß die dort torfbildenden *Azorella selago* (*Umbelliferae!*)-Bestände in niederen, frostarmen Lagen große, gleichmäßig die Geländeunebenheiten überziehende Decken bilden, währenddessen in etwas höheren, frostreichen Lagen sich die Formation in Einzelbulte auflöst.

Es bleibt noch zu untersuchen, wie die später bult-bildenden *Sphagnum*-Inseln in der subalpinen Heide entstehen.

Die Mosaïk-Struktur des Calluno-Vaccinietum als wahrscheinlicher Ausgangspunkt der Zwergtorfhügel-Pattern

Auf quadratkilometer-weiten Flächen zeigt das Calluno-Vaccinietum der die Zwergtorfhügel beherbergenden Kammfläche eine sehr augenfällige, landschaftsprägende Mosaïk-Struktur. Der Grundstock der Pflanzendecke wird durch eine anmoorige *Nardus*-Population gebildet, in welche einzelne Zwergsträucher und nässezeigende Arten wie *Molinia coerulea* var. *depauperata, Scirpus caespitosus* ssp. *germanicus* und *Juncus squarrosus* eingestreut sind. Wir rechnen ihn zum Calluno-Vaccinietum nardetosum, eine Gesellschaft, die sich an das Juncion squarrosi anlehnt. Dieser moosarme *Nardus*-Rasen, – der auch manchmal durch niedrige, aber ausgedehnte Calluna-Fazies ersetzt wird, – wird aber zudem in ziemlich regelmäßigem Muster durch kräftige *Vaccinium uliginosum – Vaccinium myrtillus* – Flecken (Herden) durchsetzt. Die floristische Zusammensetzung dieser Flecken steht der Vegetation der Bultgipfel sehr nahe, und wir rechnen sie zum Calluno-Vaccinietum vaccinietosum. Die Ursachen einer solchen auffälligen Vegetationsmusterung sind wenig geklärt; sie sind aber wohl vergleichbar mit den bei den Thufuren besprochenen Ursachen der ähnlichen Struktur des Pulsatillo-Vaccinietum in Kammnähe. Aber in der anmoorigen Kammregion ist diese Struktur viel verbreiteter und ausgeprägter als in der gut dränierten. Im Herbst, wo der Kontrast zwischen der roten Laubfarbe der *Vaccinien,* den düsteren Farben der anderen Zwergsträucher und den Gelb- und Grau-Tönen der *Gramineen* besonders hervorsticht, ist das Mosaïk am auffallendsten.

Die sparrigen Zwergstrauchhorste (insbesondere von *Vaccinium uliginosum*) bilden feucht-geschützte ökologische Nischen, in denen

Sphagnen Fuß fassen können. Dies dürfte der Ausgangspunkt der Bultbildung sein. (Das Gleiche nimmt Jenik in der Tatra an). Da aber die Zwergtorfhügel-Pattern viel enger lokalisiert sind als das Calluno-Vaccinietum-Mosaïk, scheint die Ökologie der Zwergtorfhügelbildung strengen und komplexen Faktoren unterworfen zu sein.

Wie die Thufure zumindest auf gut dränierten Böden zonale Erscheinungen sind (Carbiener 1964), so dürfte auch für die Zwerg-Torfhügel eine ähnliche Zonierung nachweisbar sein, die der oberen subalpinen Stufe in den subatlantischen Gebirgen Europas entspricht (oberhalb der Wald und Hochmoorgrenze).* Alle hier aufgezählten Fälle der durch Solifluktion oder Frosthub (Kryoturbation) beeinflußten Vegetationsstrukturen ergeben ein landschaftsökologisch einheitliches Bild dieser von uns (1966 b) in erneuerter Definition gefaßten, oberen subalpinen Stufe der Vogesen. (Z.T. mit der unteren alpinen Stufe anderer Autoren identisch). Diese Stufe entspricht den inselartig die höchsten oder klimatisch exponiertesten Firstgebiete der Hauptkammregion („Grande Crête") der Zentralvogesen einnehmenden primären Zwergstrauchheiden und den mannigfaltigen Pflanzengesellschaften der oberen Hänge der Gletscherkare über der Waldgrenze.

V. SCHLUSSBETRACHTUNG: WANDEL DER SOZIOLOGISCHEN STRUKTUR DER VEGETATION ÖKOLOGISCH VIKARIIERENDER FROST- UND SCHNEEBODEN-PATTERN

Die für die Vogesen beschriebenen Formen sind typische Grenzformen (klimatische Verbreitungsgrenze). Es sind sehr langsam evoluierende und wachsende Strukturen. Die ökologischen Kontraste innerhalb der Muster sind noch wenig scharf. Dementsprechend ist der Grad der soziologischen Differenzierung der die Muster bildenden Grundeinheiten schwach. Er erreicht dennoch bei den Girlandenböden den Grad der Assoziationsstufe (für eine der Einheiten ist die Assoziationsentwicklung jedoch nur fragmentarisch!), während bei den Thufuren und Zwerg-Torfhügeln die Differenzierung den Grad von Subassoziationen einer und derselben Assoziation nicht überschreitet. Die Evolution der soziologischen Differenzierung der geographisch vikariierenden Formen parallel zur Intensivierung der Bodenbewegungsprozesse ist nämlich keineswegs einheitlich. Bei den kryoturbationsbedingten Mustern ebener Lagen (Thufure, Polygonböden usw.) ist die Evolution der elementaren Vegetationseinheiten des Vegetations-Pattern divergierend, wenn sich die bodenphysikalischen Prozesse verstärken. Bei der Evolution der Solifluktionsböden dagegen ist dieselbe Evolution konvergierend. Dies ist zwar nur eine grobe provisorische Skizzierung. Wir möchten sie dennoch kurz darstellen.

* In unmittelbarer Nähe der Zwerg-Torfhügel gibt es aber in den Vogesen noch eigentliche Hochmoore (in Mulden, z.T. topogen!)

Geographische Evolution der kryoturbationsbedingten Vegetations-Muster ebener Lagen

Im Norden, in der alpinen Stufe der Alpen oder sonst in kontinentaleren, stärker frostgeprägten Landschaften entspricht den tätigeren, schnelleren und kräftigeren Entwicklungsphasen unterworfenen Mustern eine viel stärkere soziologische Differenzierung der Grundeinheiten. Wir erwähnten (S. 191) Thufur-Formationen, in denen die Buckel Loiseleurio–Vaccinion Windheide-Fragmente darstellen, die Furchen aber Salicion–herbaceae–Gesellschaftsfragmente beherbergen. Zwei Beispiele mögen dies kurz erläutern. Im Melchseegebiet (Nördliche Voralpen südl. Luzern, Innerschweiz) sahen wir bei rund 1950 m in der unteren alpinen Stufe unmittelbar über der Waldgrenze auf „frostempfindlichen" Liasmergeln ein sehr ausgeprägtes Thufur-Netz. Die bis über 40 cm hohen, antiklinal emporgewölbten Buckel trugen eine niedrige Spalierheide mit *Loiseleuria procumbens, Lycopodium alpinum, L. selago, Empetrum nigrum* s.l., den drei *Vaccinien* und vielen Strauch-Flechten. Das Bodenprofil darunter ist nanopodsolig mit stärkerer (5 cm) Mor-Humusauflage. Die Furchen waren durch einen artenarmen, zwergigen *Nardus*-Rasen besetzt und beherbergten *Soldanella pusilla, Primula integrifolia, Crocus albiflorus*. Der Boden darunter war humusarm, grau, pseudovergleyt. Wir beschrieben (1963) ein anderes Beispiel aus dem Sogne-Fjell (Südwest-Norwegen), wo ebenfalls auf mergeliger Unterlage die Thufure eine Phyllodoco–Vaccinion–Gesellschaft (Dahl) mit *Vaccinium uliginosum, Empetrum nigrum* s.l., *Phyllodoce coerulea, Betula nana, Salix lapponum, Cornus suecica, Trientalis europaea* beherbergten und die Depressionen eine Carex bigelowii–Nardus stricta–Gesellschaft mit *Gnaphalium supinum, Salix herbacea, Sibbaldia procumbens, Pinguicula vulgaris, Viola palustris* enthielten: ein typisch nordisch-subatlantisches Beispiel eines Thufur-Mosaïks. Wir fanden es auf einem paßartigen Plateau bei 1200 m Höhe, etwa 50 m über der Waldgrenze in der unteren alpinen Stufe.

In diesen Beispielen sind also ganz verschiedene Assoziationen im Vegetationsmuster durchflochten, jedesmal nämlich zu den Vaccinio–Piceetea und Salicetea herbaceae gehörend. Aktivere Bodenkinetik, kälteres Klima, (für die Genese der betreffenden Formen optimale Höhenstufe oder Breitenlage), reicheres pflanzengeographisches Milieu erklären diese Unterschiede den Vogesen gegenüber.

Geographische Evolution der nivalen Solifluktionsböden

Auf den Hängen wird die Vegetation viel stärker durch die Bodenbewegungen beeinträchtigt. Die solifluktionsbedingten Muster tendieren in diesem Fall, ganz im Gegensatz zu den Thufuren, sich zu vereinfachen, wenn sich die geomorphologischen Prozesse verstärken. Auf stark tätigen Girlandenhängen des Nordens oder der alpinen Stufe geht die gesamte Vegetation ziemlich unabhängig von der Dauer der Schneebedeckung in eine Salicetea herbaceae–Gesellschaft bzw. ein Muster von Einheiten dieser Klasse über. (In den schneearmen kontinentalen Zentralalpen wird die Solifluktion durch den Bodenfrost stark aktiviert!)

Man ersieht z.B. aus der Arbeit FURRER's, wie in der unteren alpinen Stufe des Schweizer Nationalparks sich die Girlanden und Zungenböden noch in ein Vegetationsmuster ähnlicher Prägung wie das in den Vogesen geschilderte gliedern, nämlich Salicetea herbaceae-Gesellschaften auf den Fließerde-Rücken, Seslerietalia-Gesellschaften auf den Wülsten, währenddessen die gesamte Vegetation in der oberen alpinen Stufe Salicetea herbaceae-Charakter annimmt. Im Norden ist aber dieser Trend viel deutlicher als in den Alpen, wo die Verhältnisse besonders komplex erscheinen. Bei stark aktiven Solifluktionsformen begraben die Wälle beim Vorwärtskriechen durch Überstülpen einen Teil ihrer Vegetation, was in vielen klassisch gewordenen Abbildungen gezeigt wird, (z.B. in WALTER 1960 (p. 463) und TROLL 1944).

Zusammenfassend und grob schematisierend ergibt sich, daß bei den Musterböden horizontaler Flächen sich die räumlichen Gegensätze bei Intensivierung der Prozesse stabilisieren. Das ergibt ein sehr scharfes, ausgeprägtes und bis zu einer gewissen Grenze (Brodelböden und andere, wechselnden Aufbau- und Abbauprozessen unterworfene Frostböden extrem kontinentaler Tundren) stabiles Vegetationsmosaïk (vgl. MATTICK 1951, der eine absolute Stabilität des Vegetationsmusters von aktiven Polygonböden Spitzbergens durch 15 Jahre hindurch nachweisen konnte!). Bei Solifluktionsböden der Hänge hingegen trachten sich die Gegensätze in der Vegetationsmusterung bei Intensivierung der raumzeitlichen Evolution zu entschärfen. Die Struktur des Vegetationspattern vereinfacht sich dann.

Das vergleichende ökologische, soziologische und strukturelle Studium der bodenkinetisch bedingten Vegetationsmuster ist sehr vielseitig auswertbar. Es trägt namentlich zu einer besseren genetischen und systematischen Kenntnis der Frost- und Schneebodenformen bei. Wie die Arbeiten DAHLS suggerieren, kann die Kenntnis der Vegetation erlauben, die Aktivität der Formen zu eichen. Wenn es auch kein einheitliches „Rezept" zur Behandlung der mannigfachen Aspekte von Vegetations-Pattern gibt (vgl. z.B. GOUNOT 1956), so sollte doch bei den kältebedingten Pflanzengesellschaften oberhalb der Waldgrenze ganz allgemein die Regel einer sorgfältigen Inachtnahme von Vegetationsmustern gelten. Wie schon einleitend betont, ist eine getrennte Aufnahme der erkennbaren Mosaïk-Bestandteile unbedingt erwünscht, dies umsomehr, als bei kleinmaßstäblichen Mustern die Versuchung einer globalen Erfassung groß ist, oder man auch geneigt sein könnte, gewisse Einheiten als „Initialstadien" zu verkennen, obwohl sie wohlumschriebene Dauergesellschaften darstellen können.

ZUSAMMENFASSUNG

Die in den Hochvogesen zu beobachtenden aktuellen Formen von Frostmusterböden und der nivalen Solifluktion sind nach Genesis und Verbreitung als zonale Erscheinungen zu bewerten. Sie können zur Charakterisierung einer subalpinen Stufe oder alpiner Enklaven mit herangezogen werden. Die wegen ungünstiger, frostunempfindlicher Bodenunterlage (tiefgründiger, durchlässiger, grober Granitgrus oder grober, feinerdearmer, periglazialer Grauwackeschutt) und ungenügender Höhenlage ziemlich begrenzt auftretenden Frost- oder Schnee-Bodenformen der Vogesen reihen sich in die Gruppe der „amorphen Frostmusterböden" von C. Troll, da die Vegetationsdecke im wesentlichen geschlossen bleibt. Jeder der festgestellten Typen ist streng an eine Serie stationnell sehr gut definierter ökologischer Gradienten gebunden und stellt ein selbständiges Biotop dar, das durch besondere Vegetationsformen ausgezeichnet ist. Allgemein lässt sich ein auf das topographische Bodenmosaïk abgestimmtes Mosaïk von Pflanzengesellschaften feststellen. Die Existenz sehr vieler mikrotopographischer Konvergenzformen zwingt jedoch zu großer Vorsicht in der genetischen und ökologischen Interpretation der bodenmechanischen Prozesse.

Für das Verständnis der Ökologie der Gesellschaften bleibt aber die Berücksichtigung der bodenmechanischen und bodenklimatologischen Eigenschaften unumgänglich.

1) *Frostmusterböden.* Mit kleindimensionalen topographischen Grundeinheiten: *die Thufure.* Unterlage: gut dränierter (wichtig!), tiefgründiger Granitgrus oder Grauwackefrostschutt. Die Differenzierung der Vegetation erreicht in den Vogesen nur den Grad der Subass. (Vegetationsdecke: Anemono alpinae–Vaccinietum uliginosi Eu-Nardion/Rhododendro–Vaccinion Kontakgesellschaft).

Die Vegetation spielt eine wesentliche, aktive Rolle in der Enstehung des Frostbodenreliefs. Dies im Zusammenhang mit den physikalischen Eigenschaften (Porosität und Thermodynamik), beziehungsweise den Humusformen und Wurzelstrukturen der Böden, die von den jeweiligen Vegetationseinheiten aufgebaut werden. Für die Thufure wird an Hand mehrjähriger Untersuchungen eine genetische Interpretation vorgeschlagen.

2) *Nivale Solifluktion*

Kommt an den steilen (35–40°) Nord- und Nordost-Hängen der ehemaligen Gletscherkare der elsässichen Seite des Vogesen-Kammes vor. Es handelt sich um zungenartig angeordnete Riesentreppen (2–3 m), die streng an die Orte stärkster und am längsten dauernder (bis Juli–August) Firn-Schnee-Ansammlungen gebunden sind. Genetisch sind sie mit den „Girlandenböden" von Troll verwandt. Das Erdfließen wird durch den Druck des Firns und monatelange Schneewasserdurchtränkung des Bodens verursacht.

Das Vegetationsmuster entsteht in diesem Falle hauptsächlich durch *passive* Anpassung an die wurzelstörende Bodenmechanik. Wir unterscheiden drei Einheiten. Die unstabilen, noch recht steilen (20°) Treppenstufen mit grusreichem Rohboden werden von einer sehr offenen, von Bryophyten dominierten Gesellschaft besiedelt, das Barbilophozio floerkei–Dicranetum starkei, das an das Salicion herbaceae anschließt (Vorkommen von *Sibbaldia procumbens*). Gegen den jede Treppe nach unten begrenzenden Wall tritt eine *Nardus stricta*-

Fazies der gleichen Gesellschaft auf. Der steile Wall selbst wird durch Fragmente der die Treppenstandorte umgebenden, chionophilen Luzula desvauxii–Vaccinium myrtillus–Ges. eingenommen mit humusreicherem Boden, einer Ges., die in den Vogesen sehr gut mit einer nur zwei – bis dreimonatigen Aperzeit auskommt und dem Erdfließen eine sehr wirksame Schranke setzt. Die schneetälchenartigen Vegetationsflecken verdanken also in diesem Falle nur der aktuellen Solifluktion ihr Vorkommen. Die Schneetälchenpflanzen sind keineswegs alle „ultrachionophil", und es besteht eine mesologische Faktorenkompensation zwischen Solifluktion und Dauer der Aperzeit, welche in höheren Breiten stark hervortritt. Das Nebeneinander-Vorkommen von scheinbar in ihrer ökologischen Konstitution entgegengesetzten Arten beweist den hier entscheidenden Einfluß der interspezifischen Konkurrenz.

3) *Zwergtorfhügel.* Kommen in einem landschaftsökologisch speziellen Teil des granitischen Vogesenkammes vor. Es handelt sich um bis zu 1 m hohe *Sphagnum acutifolium*-Bulte, die zum größten Teil lebend sind und eine über gewisse Flächen der anmoorigen Vikarianten der primären subalpinen Zwergstrauchheide (Calluno–Vaccinietum uliginosi Büker an Stelle des Anemono alpinae–Vaccinietum) zerstreute Formationen bilden. Über die Bedeutung von Frostwirkungen sowie die Zonalität dieses eigentümlichen Moor-Pattern wird diskutiert. Es scheint sich um eine typische Erscheinung des Waldgrenzbereiches zu handeln. Zusammen mit den anderen Frost- und Schneeboden-Formen tragen sie in den Vogesen zur Kennzeichnung der primären Zwergstrauchstufe über der Waldgrenze, die der Autor zur oberen subalpinen Stufe rechnet, bei.

SUMMARY

The actual manifestations of cryoturbation and of nival solifluction which are observed in the High Vosges, are of zonal character and therefore specially characteristic of the upper-subalpine and low-alpine level. According to the moderate altitudes (1250–1350 m), the generally dense and continuous vegetation is a reason why the corresponding „geometrical soils" („patterned ground") do not present a notable granulometric sorting of the pedologic material. They are classified as amorph-patterned frost or solifluction soils as mentioned by Troll. Every genetic type of soil movements singularises particular biotopes, bound to clearly defined stationary conditions and has its repercussions on the structure of the plant cover. One notices very often the formation of a mosaic of plant communities, traced on the topographic patterns which are the visible expression of the cryopedological or solifluctional movements. Due to the fact of the existence of various forms of microtopographic convergences, one should be prudent in the ecological and genetic interpretation of soil movement phenomena.

After having shown some examples of the different modalities of interaction between the geomorphological process and the properties of the subarctic-subalpine or arctic-alpine plant communities, these terms will be illustrated by examples from the Vosges.

1) *Frost soil phenomena*

Small size mosaics: the systems of „thufur" (soil hummocks).

In the case of the Vosges, (Anemono alpinae–Vaccinietum uliginosi), the vegetative segregation does not go beyond the level of the sub-association, but is much clearer at the alpine level and in the scandinavian (norvegian) subarctic zone.

The active participation of the vegetation for the genesis of these types of microrelief is very important, direct and especially indirect. This, in the cases of thufur, by the very differentiated means of physical properties (porosity and thermodynamics) of the types of humus occuring respectively under the hummocks and the hollows, and of the root structures which correspond at each of the two phytosociological unities of these mosaics, properties, whose studies have permitted the author to propose an explanation of the genetic processus of the thufur.

2) *Phenomena of solifluction dependent from late snow-beds*

This refers to systems of parallel „steps of soil tongues" connected to the „Girlandenböden" of Troll to be found on steep slopes (35°–40°) exposed to N and NE of old glacial cirques at the level of the most important „névés", staying regularly to July, sometimes August. The main genetic factor is the prolonged inbibition (April to July) of the soil by the melting water of the snow. The aspect is that of giant steps. One notices here specially an adaptation or passive resistance of the vegetation to the soil movements of root-destructive character. The mosaic is composed of three units. The denuded and gravelly steps with non evoluated, annually moving and eroded soil, are occupied by an association with a bryophytic dominant (Barbilophozio floerkei–Dicranetum starkei) connected to the ultrachionophilous plant communities of the alliance „Salicion herbaceae".

Downwards one notices a facies of *Nardus stricta* of the same association, announcing more stabilized soils, with a light humus-content, passing to the steep walls which limit these steps downwards. Every wall is colonised by fragments of a chionophilous community of *Luzula desvauxii* and *Vaccinium myrtillus* (cf. Rhododendro–Vaccinion) which is that of the general environment of these localities. This ligneous vegetation serves to stop the solifluidal movement and stands on a alpine raw-humus soil (Ranker). In the Vosges, a vegetative period of 2 to 3 months is sufficient to ensure the survival of this community. The existence of an ultrachionophilous alpine vegetation connected to the Salicion herbaceae snow-bed-communities is due only to the actual solifluction. It is an example of factor-compensation between solifluction and prolonged snow-cover, a very clear phenomenon in the high latitudes.

3) At least, a singular pattern of heather-moor, consisting by irregularly distributed hummocks of partially living *Sphagnum acutifolium*, and occuring in a peculiar part of the High-Vosges' top landscape, is discusssed. Soil-frost phenomena should have some responsibility in the genesis of that pattern. The different „patterned ground", i.e. soil-frost

and solifluxion phenomena of the High-Vosges, contribute to give an homogenous picture of the upper subalpine belt (i.e. the level across the timber-line) of this mountain.

LITERATUR
(1966 abgeschlossen)

Aubert de la Rue, E.: Remarques sur les tourbières des îles Kerguelen. – C.R. somm. Soc. Biogeographique, 371–72: 130–140. Paris 1966.

Bartsch, J. u. M.: Vegetationskunde des Schwarzwaldes. – Jena 1940. 229 pp.

Benninghoff, W. S.: Interaction of vegetation and soil frost phenomena. – Arctic **5**: 34–44. 1950.

Braun-Blanquet, J.: La végétation alpine des Pyrénées orientales. – Inst. espan. edafol. ecolog. fisiol. vegetal. Barcelona 1948. 306 pp.

— Pflanzensoziologie. 3. Aufl. – Wien 1964. 865 pp.

Bremer, H.: Musterböden in tropisch-subtropischen Gebieten und Frostmusterböden. – Z. f. Geomorphologie, N.S. **9**: 222–236. 1965.

Cailleux, A.: Repartition en altitude des aspects du sol liés au froid. – C.R. somm. Soc. Géolog. Fr.: 92–93. 1948.

Carbiener, R.: Les sols du Hohneck (Hautes Vosges). Leurs rapports avec le tapis végétal. – In: Monographie „Le Hohneck". Assoc. Philomatique d'Alsace. Strasbourg 1963. p. 103–153.

— La détermination de la limite naturelle de la forêt par des critères pédologiques et géomorphologiques dans les Hautes Vosges. – C.R. Acad. Sc. **258**: 4136–4138. Paris 1964a.

— Etude de la genèse des thufur, une forme de sol cryoturbé, dans les Hautes Vosges. – Ibid.: 5503–5505. Paris 1964b.

— Relations entre cryoturbation, solifluxion et groupements végétaux dans les Hautes Vosges (France). – Oecologia Plantar. **1**: 335–367. Gauthier-Villars 1966a.

— La végétation des Hautes Vosges dans ses rapports avec les climats locaux, les sols et la géomorphologie. Comparaison avec la végétation subalpine des moyennes montagnes d'Europe occidentale et centrale. – Thèse Paris-Orsay 1966b. 120 pp.

Costin, A. B.: A note on Gilgaï and frost soils. – J. Soil Sc., **6**: 31–34. Oxford 1955.

Dahl, E.: Rondane. Mountain vegetation in south Norway and its relation to the environment. – Skrifter Videnskab. Akad. Oslo **3** (1956), Oslo 1957. 374 pp.

Demangeot, A.: Observations sur les sols en gradins de l'Apennin central. – Rev. Géomorphol. dynam. **2**: 110–119. 1951.

Dücker, A.: Über Strukturböden im Riesengebirge. Ein Beitrag zum Bodenfrost u. Lössproblem. – Z. dtsch. geol. Ges. **89**: 113–129. 1937.

Ellenberg, H.: Die Vegetation Mitteleuropas mit den Alpen. – Stuttgart 1963. 943 pp.

Frenzel, B.: Die Vegetations- und Landschaftszonen Nord-Eurasiens während der Eiszeit und der postglazialen Wärmezeit. – Akad. Wissenschaft. Literatur (**13**) 165 pp.; (**6**) 167 pp. 1959/60.

Frey, C.: Morphometrische Untersuchung der Vogesen. – Cahiers de géographie jurassienne et rhénane. Basel 1965. 150 pp.

Frödin, J. M.: Über das Verhältnis zwischen Vegetation und Erdfliessen in den alpinen Regionen des schwedischen Lappland. – Lunds Universitets Arsskrift, N.F. **14**: 1–32. Lund 1918.

— Les associations végétales des hauts pâturages pyrénéens. Etude sur leurs affinités et sur leurs rapports avec les mouvements du sol. – Bull. Soc. Hist. Nat. Toulouse **52**: 21–53. Toulouse 1924.

FURRER, G.: Solifluktionsformen im schweizerischen Nationalpark. – Ergeb. wissensch. Untersuch. Schweiz. Nationalpark **4** (29). Chur 1954. 71 pp.
GOUNOT, M.: A propos de l'homogénéité et du choix des surfaces de relevés. – Bull. Serv. Carte Phytogéogr. B **1**: 7–17. Paris 1956.
HOPKINS, D. M. u. SIGAFOOS, R. S.: Frost action and vegetation patterns on Seward Peninsula, Alaska. – U.S. geol. surv. Bull., N° 974 C: 51–101. 1951.
ISSLER, E.: Les associations végétales des Vosges méridionales et de la plaine rhénane avoisinante. 2: Les garides et les landes. – Bull. Soc. Hist. Nat. Colmar **20**: 1–62. Colmar 1926.
— Vegetationskunde der Vogesen. – Jena 1942. 192 pp.
JENIK, J.: Torfhügel im Gebiet der Velka Kopa in der Hohen Tatra. – Sbornik prac o tatranskom Narodnom Parku **2**: 30–40. 1958.
— Kurzgefaßte Übersicht der Theorie der anemo-orographischen Systeme. – Preslia **31**: 337–357. Praha 1959.
KRAUSE, W.: Das Mosaïk der Pflanzengesellschaften und seine Bedeutung für die Vegetationskunde. Planta **41**: 240–289. Berlin 1952.
MATTICK, F.: Die Vegetation frostgeformter Böden der Arktis, der Alpen und des Riesengebirges. – Fedde Repert. Beih. **126**: 128–184. Dahlem b. Berlin 1941.
— Steinringbildung und Pflanzenwachstum auf Spitzbergen. – Ber. dtsch. bot. Ges. **65**: 41–45. Stuttgart 1952.
MULLER, S.: Isländische Thufure und alpine Buckelwiesen. Ein genetischer Vergleich. – Natur und Museum. 267–74, 299–304. Frankfurt/M. 1962.
NORDHAGEN, R.: Die Vegetation und Flora des Sylenegebietes. – Skr. Norske Videnskab. Akad. Oslo 1927. **1**. Oslo 1928. 612 pp.
OBERDORFER, E.: Süddeutsche Pflanzengesellschaften. – Jena 1957. 564 pp.
OSWALD, H.: Die Hochmoortypen Europas. – Veröff. geobot. Inst. Rübel Zürich **3**: 707–723. Bern 1925.
OSVALD, D. H.: Notes on the vegetation of British and Irish mosses. – Acta phytogeogr. suecica **26**. Uppsala 1949.
RAUP, H. M.: Vegetation and cryoplanation. – Ohio J. of Sc. **51**, 105–116. 1951.
REMPP, G.: La température au Grand Ballon et l'existence du hêtre sur les sommets et crêtes des Hautes Vosges. – Bull. Ass. Philomath. Als. **8**: 319–334. Strasbourg 1937.
— et ROTHE, J. P.: Sur les phénomènes actuels de nivation et d'accumulation neigeuse dans les Hautes Vosges. – C.R. Ac. Sc. **199**: 682–683. Paris 1934.
— Sur certaines formations du sol dans les Hautes Vosges: sentiers de vaches et réseaux de buttes. – Bull. serv. carte géol. Als. et Lorr. **2**: 214–225. Strasbourg 1935.
ROTHE, J. P. et HERRENSCHNEIDER, A.: Climatologie du Massif du Hohneck. In: Monographie „Le Hohneck". – Edit. Ass. Philomat. Als., 63–93. Strasbourg 1963.
SCHWARZENBACH, F. H.: Botanische Beobachtungen in der Nunatakkerzone Ostgrönlands. – Medd. on Groenland **163** (5). Kopenhagen 1961. 172 pp.
SIGAFOOS, R. S.: Frost action as a primary physical factor in Tundra plant communities. – Ecology **33**: 480–487. Durham, N.C. 1952.
SJÖRS, H.: Formations observées à la surface des tourbières boréales. Endeavour **20**: 217–224. London 1961.
TROLL, C.: Strukturböden, Solifluktion und Frostklimate der Erde. – Geol. Rundschau **35**: 545–694. Stuttgart 1944.
TÜXEN, R.: (Edit.) Pflanzensoziologie und Landschaftsökologie. – Bericht Intern. Symposion Stolzenau 1963. Den Haag 1968. 426 pp.
VANDEN BERGHEN, C.: Les landes tourbeuses et tourbières bombées à sphaignes de Belgique. – Bull. Soc. Roy. Bot. Belgique **84**: 157–226. Bruxelles 1951.
VERGER, F.: Les buttes (ou mottes) gazonnées des marais d'entre Loire et Gironde. – Rev. Géomorphol. dynam. **11**: 59–60. 1960.

Walter, H.: Standortslehre. – Stuttgart 1960. 566 pp.
Williams, P. J.: Some investigations into solifluction features in Norway. – The Geogr. J. **123**: 42–58. 1957.
— Climatic factors controlling the distribution of certain frozen ground phenomena. – Geogr. Ann. **43**: 339–347. 1961.

R. Tüxen:
Wie ist das Trichophoretum caespitosi zusammengesetzt? Wir sahen ein Bild davon, darauf sah man nur dominierendes *Trichophorum caespitosum*. Was wächst noch darin? Sind Sphagnen darin?

R. Carbiener:
Ich selbst habe die eigentliche Moor-Vegetation nicht studiert. Die Gesellschaft ist äußerst artenarm. Auf den Bulten kommt *Trichophorum caespitosum* fast allein vor. In den Schlenken wachsen auch Algen. Besonders auf den Steilhängen sieht man die zarten, kleinen Lebermoose.

E. Oberdorfer:
Es handelt sich in den Vogesen um die gleiche Gesellschaft, die wir auch im Schwarzwald haben, und die Bartsch als Sphagnum compactum–Trichophorum caespitosum–Gesellschaft beschrieben hat und die gewisse Beziehung zum Ericion tetralicis Nordwest-Deutschlands hat. Sie ist sehr artenarm: *Trichophorum caespitosum* ssp. *germanicum* dominiert, etwas *Juncus squarrosus* ist gelegentlich darin, und auch *Sphagnum compactum* als sehr charakteristische Torfmoosart.

R. Tüxen:
Ich darf dazu noch bemerken, daß diese Gesellschaft, wenn *Sphagnum compactum* darin ist, unserem Ericetum tetralicis ähnlich ist, in dem allerdings meist *Erica tetralix* dominiert und einige andere *Sphagnen* noch vorkommen können. Andererseits dominiert *Trichophorum caespitosum*, (ob in der ssp. *germanicum*?), in den Mooren im Oberharz, allerdings meist ohne *Sphagnum compactum*, aber mit anderen *Sphagnen*, wie das zur Genüge bekannt ist. Hier wäre eine lehrreiche Vergleichsmöglichkeit zwischen Vogesen und Schwarzwald im Süden und dem nördlichen atlantisch getönten Oberharz.

Wir hätten früher wahrscheinlich diese Kleinmosaik-Gesellschaften, die Sie in Ihren Bildern gezeigt, und deren Entstehung Sie so klar und überzeugend beschrieben haben, ohne Bedenken zum Teil als eine einzige Gesellschaft aufgenommen. Ich begrüße daher lebhaft Ihre Deutungen von der Entstehung dieser Gesellschaften. Denn daraus erkennt man doch, wie wichtig es ist, mit kleinsten Flächen bei der Analyse zu arbeiten, wenn man das Vegetationsmosaik und sein Gefüge hier richtig verstehen will. Ich bin Ihnen sehr dankbar, Herr Carbiener, für diese Hinweise.

H. Zeidler:
Ähnliches Mosaik auf Thufuren und den Senken dazwischen ist in den Zentralalpen oberhalb der Baumgrenze, z.B. im Ötztal oberhalb von

Obergurgl in über 2000 m Seehöhe zu beobachten. Auf den Kleinkuppen breitet sich ein flechtenreiches Empetro-Vaccinietum aus, in den in gleicher Höhe im Relief verlaufenden Senken Caricetum curvulae, frei von Flechten, aber moosreich als Folge der durch die Kleinmorphologie besseren Wasserverhältnisse und der längeren Schneebedeckung.

Den durch ihre Größe auffallenden Girlandenböden kann man die nur wenige Grad geneigten und unter 10 cm hoch getreppten Kalkrohböden (z.T. mit etwas Lößbeimischung) innerhalb des Trinio-Caricetum VOLK 1937 auf den fast vollständig entwaldeten Wellenkalkflächen am Rand der Gäufläche zum Abfall ins Maintal unterhalb Würzburgs anschließen. Durch einseitig in Richtung des Einfallens des Geländes gefördertes (mehr Erde und Wasser) zentrifugales Wachsen der Horste von *Carex humilis* wird die beim Gefrieren durch die entstehenden Eisnadeln gehobene Feinerde beim Tauen und (teilweisen) Zusammensinken um einen kleinen Betrag hangabwärts verlagert und hinter den in die gleiche Richtung bogig verlaufenden dichten *Carex humilis*-Horsten gestaut. Obwohl die mehrere cm mächtige Feinerde ein günstiges Substrat für manche Pflanzen wäre, sind diese Stellen doch fast immer ganz kahl. Denn in der Zeit häufigen Frostwechsels werden durch den Hub der wachsenden Eisnadeln die Wurzeln von im Herbst gekeimten Pflanzen abgerissen (VOLK 1937, 585), außerdem trocknet angesichts der geringen Niederschläge der Boden in der Vegetationszeit so stark aus, daß sich keine weiteren höheren Pflanzen ansiedeln können.

R. CARBIENER:

Nous voudrions rendre attentif aux nombreux phénomènes de convergence (se référer au texte de l'article: Des processus géomorphologiques différents peuvent réaliser, en des milieux microclimatiques eux-mêmes divers, des formes de microreliefs voire des groupements végétaux d'aspect et de structure comparables). D'où la nécessité d'une grande prudence dans l'interprétation. L'observation de M. ZEIDLER, concernant la présence de gradins de cryoturbation dans une pelouse xérothermique à Carex humilis est très intéressante parce qu'il semble que cette structure se rencontre fréquemment, et d'une manière caractéristique, dans le „Caricetum humilis" (Xerobromion). En effet, ISSLER (1942) mentionne l'existence de structures analogues au niveau des pelouses ouvertes à *Carex humilis* des collines xérothermiques de la région de Rouffach, en haute Alsace, mais ne les décrit et ne les interprète pas, quoiqu'il les compare, non sans raison, aux „Alvare" des iles calcaires de la Baltique (Öland). Ces formes de modelé du sol, dues probablement à la cryoturbation, associée à l'érosion pluviale, seraient ainsi tout aussi caractéristiques de ces pelouses semi-steppiques subcontinentales que le sont par ex. les gradins (Treppen) pour le Seslerion, ou les modelés de cryoturbation et d'érosion éolienne pour l'Elynion (Elynetum, Caricetum firmae). Nous aurions donc un exemple de plus de l'intervention de processus pédocinétiques dans la genèse de la structure morphologique caractéristique d'un groupement végétal.

Il nous semble aussi intéressant de relever l'universalité des phénomènes de convergence morphologique en Sciences naturelles. Nous évoquons dans l'introduction de notre communication l'exemple géomorphologique (cf. A. COSTIN). On peut en rapprocher les remarquables convergences morphologiques connues en botanique systématique ou en phytosociologie: espèces de position systématique très éloignée, donc de composition génique fondamentalement différentes, présentant une morphologie identique; associations végétales de structure et de physionomies semblables réalisées avec des ensembles d'espèces totalement différents, comme l'a par ex. relevé Emberger en comparant la végétation méditerranéenne européenne et australienne. Dans tous les cas la nature réalise avec des combinaisons de processus, de gênes ou d'espèces très différents des ensembles de structure et de morphologie semblables, sous la pression de facteurs écologiques soit identiques, soit très différents mais homologues dans certains de leurs effets.

H. ZEIDLER:
Diese Treppen- oder Girlanden-Böden im Trinio-Caricetum humilis werden keineswegs durch Bodenfließen, sondern durch eine Art Stemm-Aktion im Winter durch den Bodenfrost erzeugt. Man kann beobachten, wie im Winter der Boden etwa 3–4 cm hoch gehoben wird. Durch die ganz schwache Neigung wird durch Eisnadeln das Ganze hochgehoben und beim Tauen wieder heruntersinken, so daß auf diese Weise ein Hochstemmen und ein Wandern beim Schmelzen erfolgt.

VEGETATIONSSTRUKTUR UND MINIMUM-AREAL IN EINEM DÜNEN-TROCKENRASEN

von

E. VAN DER MAAREL
Botanisch Laboratorium Nijmegen

I. EINLEITUNG

Die hier zu erwähnende Minimum-Arealuntersuchung, gehört zu einer eingehenden Erforschung eines Dünen-Trockenrasens, die an anderer Stelle publiziert werden soll (VAN DER MAAREL 1966). Dieser Rasen von etwa einem ha ist ein Teil eines Altdünen-Komplexes auf Voorne, Niederlande. Das Gebiet ist über 2000 Jahre alt, und es zeigt das zugehörige typische abgerundete Relief. Diese Altdünen sind heute karbonatarm wegen der Ausspülung; die pH-Werte im oberen Bodenhorizont variieren von 4 bis 6. Lokal ist muschelreicher Sand aufgebracht, und dort sind pH-Werte von über 8 gemessen worden. Es gibt also einen deutlichen pH-Gradienten in diesem Gebiet.

Ein zweiter Gradient wird in der Feuchtigkeit des Bodens gefunden. In den tiefsten Stellen herrscht der Einfluß des Grundwassers; im Winter kommt es nahe an die Bodenoberfläche. Die höchsten Punkte aber liegen 3 bis 4 m höher und sind durchaus trocken, besonders an den Südhängen.

Das ganze Gebiet ist jahrhunderte lang (bis 1930) beweidet gewesen. Danach hat ein großer Teil dieses Gebietes als Golfplatz gedient. In den letzten 25 Jahren hat der biogene Einfluß sich beschränkt auf die menschlichen Aktivitäten, die bisher noch kaum verarmend sondern eher differenzierend waren.

Die Dünenrasen, die sich hier entwickelt haben, sind also in mannigfaltiger Weise räumlich und zeitlich bedingt. Es ist verständlich, daß die angedeutete große und mannigfaltige Variation im Milieu mit einer großen und Kontinuum-artigen Variation in der Vegetation verbunden ist. Aus dem untersuchten Gebiet von einem ha sind über 200 Phanerogamen bekannt.

Im großen Ganzen lassen sich drei Vegetationskomplexe unterscheiden:

1. Der echte Trockenrasen, mit offenen und geschlossenen Aspekten, und mit Arten wie *Festuca ovina, Corynephorus canescens, Festuca rubra* subvar. *arenaria, Galium verum, Thymus pulegioides, Plantago lanceolata, Agrostis tenuis, Hypochaeris radicata, Hypnum cupressiforme, Cladonia rangiformis.*
2. Feuchte Rasen in den tieferen Teilen mit höherer Vegetation und mit Arten wie *Calamagrostis epigeios, Anthoxanthum odoratum, Sieglingia decumbens, Cynosurus cristatus, Rhytidiadelphus squarrosus.*

3. Offene, niedrige Rasen auf karbonatreichen Trittstellen mit Arten wie *Poa annua, Sagina procumbens, Plantago coronopus, Trifolium campestre.*

2. ANALYSE DER VEGETATIONSSTRUKTUR

Innerhalb dieses Hektares wurde etwa 2000 qm mit anscheinend einer großen Variation in der Vegetationsdecke sorgfältig vegetationskundlich und milieukundlich untersucht. Der erste Schritt war eine genaue Beschreibung der Struktur.

Die vertikale Struktur wurde beschrieben mittels einer Schätzung des Deckungsgrades der Vegetation in Höhen-Intervallen. Die Intervalle sind geometrisch bestimmt, das heißt, ihre Grenzen verhalten sich logarithmisch und nicht linear. Die Breite des Intervalls ist etwa eine Einheit der log Skala mit der Grundzahl e = 2,718 (Tabelle I).

TABELLE I

Höhen-Intervalle in der Vegetation, einer ^{e}log. Skala gemäß.

Schicht	Intervall	Moose	Kräuter	Sträucher	Bäume
V0	0–1 cm	M0	H0		
V1	1,1 3 cm	M1	H1		
V2	4–10 cm	M2	H2		
V3	11–25 cm		H3	F3	
V4	26–60 cm		H4	F4	
V5	61–150 cm		H5	F5	
V6	151–400 cm		H6	F6	T6
V7	401–1000 cm		H7	F7	T7
V8	1001–3000 cm				T8
V9	3001–10000 cm				T9

Die horizontale Struktur wurde beschrieben mittels einer Bestimmung der Wuchsform und des Deckungsgrades der Wuchsformen und der Vegetationschichten.

Zugleich mit der Wuchsform wurde die Soziabilität der Arten bestimmt und zwar mit einer Skala, die der üblichen Skala BRAUN-BLANQUETS ähnlich ist. Die Unterschiede zwischen den Skalen sind folgende: die Ziffer 1 ist ersetzt durch 0, 2 durch 1 u.s.w. Dadurch werden die später zu erwähnenden Berechnungen erleichtert. Die alten Ziffern 4 und 5 sind zusammengefügt worden, denn für die meisten kleinen Probeflächen ist der Unterschied zwischen 4 und 5 abhängig vom Deckungsgrad.

In Tabelle II sind die wichtigsten Wuchsformen und die zugehörigen Soziabilitätsziffern angedeutet. In diesem sehr provisorischen Wuchsformensystem lassen sich viele Unterscheidungen des RAUNKIAERschen Lebensformensystems erkennen. Der Unterschied ist allerdings deutlich: das Hauptprinzip RAUNKIAERS, die Anpassung an die ungünstige Jahreszeit, ist in unserem Wuchsformensystem nicht in Betracht gezogen worden (vgl. VAN DER MAAREL 1966).

Tabelle II

Provisorisches Wuchsformensystem mit zugehörigen Soziabilität-Ziffern.

Wuchsform	Soziabilität	Braun-Blanquet Skala
Erectae	0	1
Decumbentiae	0	1
Bryo-Decumbentiae	0	1
Rosulatae	1 (2)	1
Caespitosae	1–2 (3)	2–3 (4)
Pulvinatae	1–2 (3)	2–4 (5)
Bryo-Pulvinatae	1	2–4 (5)
Tapetae	1–3	2–5
Bryo-Tapetae	1 (2)	2–5
Licheno-Tapetae	1 (2)	2–5

Die Deckung wurde, zusammen mit der Abundanz geschätzt nach der kombinierten Schätzung Braun-Blanquets. Die Werte dieser Skala wurden nach Dagnelie transformiert mittels der Bogen-Sinus-transformation, wie in Tabelle III angegeben ist.

Tabelle III

Transformation der Werte der Abundanz-Deckung Skala Braun-Blanquets.

Skala-Werte	Mittl. Deckung %	$2 \text{ BgSin} \sqrt{\frac{M.D.}{100}}$	Transf. Werte
r			—
x			—
1	2	0,28	0,5
2	10	0,64	1
3	35	1,27	2
4	65	1,87	4
5	90	2,50	5

3. Einteilung des Untersuchungsgebietes

Das Untersuchungsgebiet von 2000 qm wurde auf Grund der Struktur eingeteilt in über 1000 homogene Vegetationsflecke. Die Grenzen zwischen diesen Flecken wurden dort gezogen, wo sich die Struktur – die horizontale oder/und die vertikale Struktur – deutlich ändert, d.h. dort wo die Deckung einer Schicht oder einer Wuchsform eine Änderung von 20% oder mehr zeigt. Diese Änderungen vollziehen sich meistens auf ziemlich kurzen Strecken, etwa 1 bis 2 dm.

In dieser Weise werden Vegetationsflecke abgegrenzt, die extern homogen sind.

Intern können sie dennoch heterogen sein, aber die Unterschiede zwischen den verschiedenen Flecken sind immer größer als die Unterschiede innerhalb eines jeden einzelnen Fleckes. Es hat sich übrigens ergeben, daß diese Methodik, die allerdings noch ziemlich subjektiv ist, nur zu kleinen Abweichungen führt, wenn sie von verschiedenen Forschern angewandt werden.

4. DIE BESTIMMUNG DES MINIMUM-AREALS

An 10 der unterschiedenen homogenen Flecken in den drei genannten Haupttypen wurden in folgender Weise Minimum-Areal-Bestimmungen durchgeführt. In jedem Fleck wurden anfangs 10 oder 16 Quadrate von je 1/16 qdm, systematisch gewählt und die dort angetroffenen Arten notiert.

Darauf wurde dieselbe Anzahl Quadrate von je 1/8 qdm unabhängig von der vorigen Serie niedergelegt und wiederum auf ihre Arten untersucht. Immer wurden sowohl die Phanerogamen als auch die Moose und Lichenen notiert. Dieses Verfahren wurde fortgesetzt bis die totale Oberfläche des Fleckes erreicht war. Es ist verständlich, daß die Anzahl der Proben im Laufe dieser Verfahren zurückfällt auf 4 oder 2. Diese Analysen wurden in verschiedenen Weisen bearbeitet.

5. THEORETISCHES ÜBER DAS MINIMUM-AREAL

In der BRAUN-BLANQUET-Schule wird das Minimum-Areal oft definiert im Bezug zu der charakteristischem Artenkombination (BRAUN-BLANQUET 1964). Auch CAIN and CASTRO (1959) äußern sich in dieser Weise: „The minimal area of a community is the smallest area on which the community can develop its characteristic composition and structure".

Es wäre realistischer die Umschreibung des Minimum-Areals zu beziehen auf die totale homogene Probefläche, die untersucht werden kann. Man kann den klassischen Minimum-Arealbegriff dann definieren als diejenige Flächengröße, wo die Artenzahlzunahme stark abfällt, oder wo eine 10%ige Zunahme der Flächengröße zusammentrifft mit einer 10%igen Zunahme der Artenzahl (Tangenten-Methode von CAIN). Die übliche Minimum-Areal-Bestimmung mit der wohlbekannten Art-Arealkurve stimmt damit überein.

Abgesehen von Unvollkommenheiten in den Artenzahl-Bestimmungen – man zählt meistens nur eine Probe einer Fläche und die vorhergehende Probe wird jedesmal in die folgende mit einbegriffen – muß der folgende

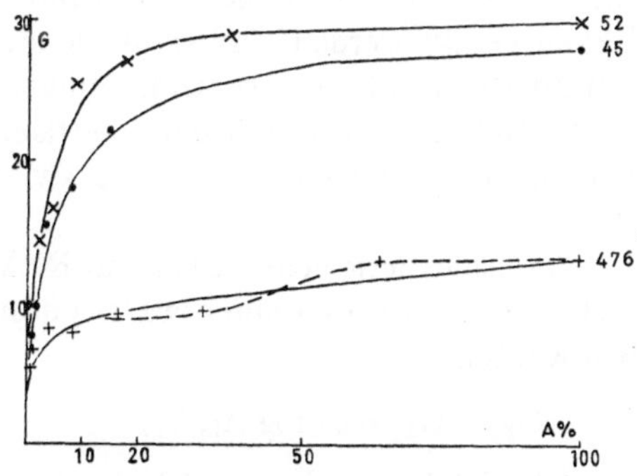

Fig. 1. x-Achse: % der Oberfläche; y-Achse: Mittlere Artenzahl. – Art-Arealkurve der Probeflächen 45, 52 und 476; doppelt lineare Darstellung der mittleren Artenzahl gegen % der Oberfläche. Total-Oberflächen 1800, 350 bzw 100 qdm.

Einwand genannt werden: Die Stelle des Knicks in einer derartigen Kurve hängt völlig ab vom gewählten Maßstab auf der x-Achse, wie CAIN and CASTRO (1959) schon deutlich gezeigt haben. Dazu kann angemerkt werden, daß der Knick in diesen Kurven bloß dadurch zustande kommt, daß die kleinen Flächengrößen am Anfang der x-Achse aneinander gedrängt werden. Der Kurvenverlauf ist überhaupt abhängig von dem Längenverhältnis von Abszisse zu Ordinate (vgl. die Kurve des Fleckes 52 in Fig. 1 und 2).

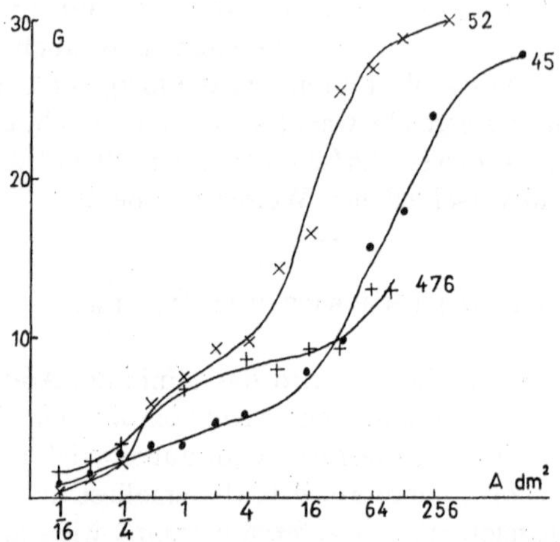

Fig. 2. x-Achse: Oberfläche in qdm; y-Achse: Mittlere Artenzahl. – Art-Arealkurve der Probeflächen 45, 52 und 476; halb-logarithmische Darstellung der mittleren Artenzahl gegen Verdoppelung der Oberfläche.

Diese Schwierigkeiten verschwinden, wenn die Oberflächen nicht linear, sondern logarithmisch dargestellt werden. Das steht zugleich in Übereinstimmung mit den theoretischen Erwägungen von WILLIAMS (z.B. 1964) und PRESTON (1962). Man verliert zwar mit diesem Verfahren den Knick in der Kurve, aber das Problem werden wir später noch lösen.

Die Theorie WILLIAMS' ist gegründet auf die sogenannte logarithmische Serie, die Theorie PRESTONS auf die lognormale Verteilung. Es würde zu weit führen, diese Theorien hier eingehend zu besprechen. Zusammenfassend kann gesagt werden, daß sie beide auf einen Zusammenhang zwischen Individuenzahl und Artenzahl hinweisen. Wenn man davon ausgeht, daß die Individuenzahl mit der Oberfläche proportional ist, so hat man einen theoretischen Zusammenhang zwischen Artenzahl und Oberfläche.

Die genannte logarithmische Serie geht zurück auf R. A. FISCHER. Für nicht zu kleine Oberflächen – in Rasen von etwa 1–4 qdm ab – kann sie wie folgt geschrieben werden:

$$G_2 - G_1 = \alpha^e \log A_2/A_1;$$

G = Artenzahl, A = Oberfläche, α – Index of Diversity. Diese Relation gilt nach WILLIAMS für uniforme Gebiete und bedeutet, daß innerhalb solcher Gebiete die Artenzahl linear zunimmt mit einer logarithmischen Zunahme der Oberfläche.

Die PRESTONsche Formel geht zurück auf O. ARRHENIUS und lautet:

$$\log G_2/G_1 = z \log A_2/A_1 + \log K;$$

z und K sind Konstanten. Auch diese Relation gilt nicht für kleine Individuenzahlen bzw. Oberflächen; die Artenzahl nimmt erst logarithmisch zu mit logarithmisch zunehmender Oberfläche, wenn „we reach a certain degree of completeness". PRESTON denkt im allgemeinen an Artenzahlen von mindestens 20 bis 30.

PRESTON ist der Meinung, daß die Konstante z, die ein Maß ist für die Neigungswinkel der Kurve, in verschiedenen Teilstücken der Kurve verschiedene Werte haben kann, abhängig von der räumlichen Verteilung der Individuen, also von der Mosaikbildung.

Die genannten Beschränkungen führen uns zu einer Schwierigkeit in dieser Dünen-Untersuchung. Denn die homogenen Vegetationsflecke, in denen das Minimum-Areal bestimmt worden ist, sind, wie schon erwähnt wurde, verhältnismäßig klein – sie variieren von 1 bis 18 qm. Die Total-Artenzahlen variieren von 10 bis 30.

Daraus ergibt sich die Gefahr, daß überhaupt keine Übereinstimmung mit irgendeiner theoretischen Voraussetzung zu finden ist. Andererseits war es natürlich intrigierend zu untersuchen, ob diese kleinen Flecke doch eine gewisse Selbständigheit im Sinne der Art-Individuum-Verhältnisse zeigen.

Kommen wir zuletzt zurück auf das Problem des verschollenen Knicks bei der logarithmischen Darstellung oder auf das Problem, wie das Minimum-Areal zu bestimmen ist. Wie BARKMAN (1964) und andere Autoren gezeigt haben, kann man doch wieder eine unregelmäßige Kurve bekommen, indem man nicht die Artenzahl, sondern die Zunahme der Artenzahl auf die Achse aufträgt. Minimum-Areale müssen sich dann ergeben durch ein Fallen in der Kurve. Man muß aber derartige Ergebnisse mit Vorbehalt werten, wenn man nichts über die Standard-Deviation der bestimmten mittleren Artenzahl weiß.

Ich habe nun das Minimum-Areal definiert als die Oberfläche, wo die mittlere Artenzahl (beziehungsweise die Anzahl der eufrequenten Arten mit $f > 75\%$) einen gewissen Prozentsatz der Artenzahl des totalen homogenen Vegetationsfleckes erreicht. – Es ergab sich nach dieser Entscheidung, daß dieses Verfahren auf DU RIETZ (z.B. 1930) zurückgeht.

Die Höhe dieses Prozentsatzes kann in folgender Weise festgestellt werden. Vergleichen wir eine Teilprobe mit dem totalen Fleck, dann ergibt sich eine gewisse floristische Verwandtschaft zwischen beiden. Wenn die Teilprobe 80% der Arten des totalen Fleckes enthält, dann ergibt sich eine floristische Verwandschaft von $\frac{2.80}{100 + 80}$ oder etwa 90% zwischen Probe und Fleck – berechnet mit der Formel von SØRENSEN. Die Formel von JACCARD kommt auf 80% Verwandtschaft: 80% erscheint also ein befriedigendes Niveau zu sein. (Für weitere Erwägungen hierüber, in denen die Modelle von WILLIAMS und PRESTON einbezogen werden, vgl. VAN DER MAAREL 1966).

6. ERGEBNISSE DER BESTIMMUNGEN DER ART–AREALKURVEN

In die Figuren 1 bis 7 werden nun einige Ergebnisse dargestellt.

Die Fig. 1, 2, 3 und 6 zeigen die Angaben von 3 der 10 Untersuchungsflecken und zwar von 3 ziemlich von einander verschiedenen Flecken.

Der Fleck 45 ist ein 60 cm hoher Rasen mit einer Vorherrschaft von Horstpflanzen, z.B. *Festuca ovina*, *Anthoxanthum odoratum* und *Sieglingia decumbens*.

Der Fleck 52 ist etwa von derselben Höhe und hat eine ähnliche Artenzusammensetzung mit *Anthoxanthum odoratum*, *Calamagrostis epigeios*, *Briza media* und *Holcus lanatus*, jedoch ist der Horstpflanzen-Anteil viel kleiner.

Der Fleck 476 ist eine sehr niedrige, artenarme Vegetation mit *Festuca rubra* subvar. *arenaria* als vorherrschender Art.

Fig. 1 zeigt das normale Bild der Art-Areal-Kurven bei klassischer Darstellung. Die Unregelmäßigkeiten in der 476-Kurve sind wegen der relativ hohen Varianz der Durchschnittwerte nicht berücksichtigt worden.

In Fig. 2 sind dieselbe Angaben linear-logarithmisch dargestelt, d.h. die Artenzahlen sind gegen die Verdoppelungen der Oberfläche aufgetragen worden.

In den Ergebnissen ist das Bild der logarithmischen Serie deutlich wieder zu finden, wenn es auch gewisse Unregelmäßigkeiten gibt. In den Flecken 45 und 52 nimmt die Zunahme der Artenzahl deutlich ab, wenn fast die ganze Oberfläche erreicht ist. Diese Erfahrung, die in unseren Untersuchungen allgemein ist, spricht für eine lognormale Verteilung im Sinne PRESTONS und nicht für die logarithmische Serie.

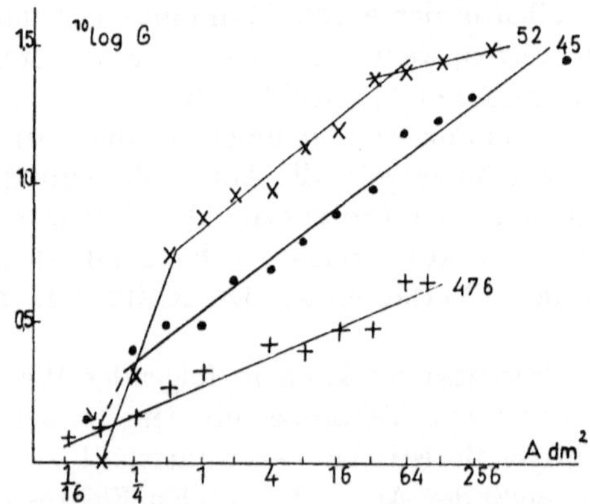

Fig. 3. x-Achse: Oberfläche in qdm; y-Achse: ^{10}log mittlere Artenzahl. – Art-Arealkurve der Probeflächen 45, 52 und 476; doppelt-logarithmische Darstellung der ^{10}log mittleren Artenzahl gegen Verdoppelung der Oberfläche.

Fig. 3 zeigt, daß bei zweifach-logarithmischer Darstellung gerade Linien oder doch gerade Strecken in den Kurven entstehen, wie PRESTON schon nachgewiesen hat.

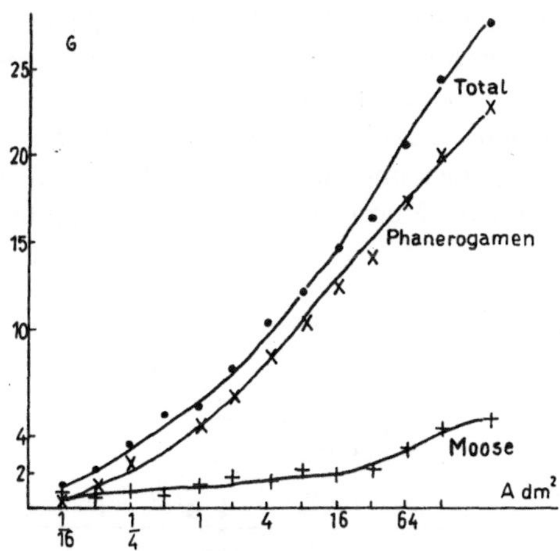

Fig. 4. x-Achse: Oberfläche in qdm; y-Achse: Mittlere Artenzahl. – Art-Arealkurve der Probefläche 7; Angaben für Phanerogamen und Moose + Lichenen getrennt dargestellt; halb-logarithmische Darstellung der mittleren Artenzahl gegen Verdoppelung der Oberfläche.

In Fig. 4 ist die Art-Arealkurve der Fleckes 7 dargestellt. Dieser Fleck ist ein Moos-reicher 30 cm hoher Rasen mit *Hypnum cupressiforme, Corynephorus canescens, Plantago lanceolata, Thymus pulegioides* usw. Wegen der relativ hohen Zahl der Moose schien es erwünscht die Kurven für Moose und Phanerogamen getrennt darzustellen. Es ergibt sich, daß jedenfalls die Phanerogamen-Kurve besser eine logarithmische Serie widerspiegelt.

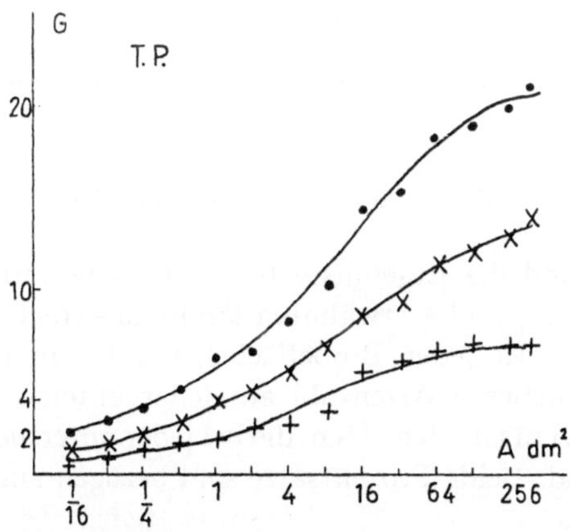

Fig. 5. x-Achse: Oberfläche in qdm; y-Achse: Mittlere Artenzahl. – Art-Arealkurve der Probefläche TP; Angaben für Phanerogamen und Moose + Lichenen getrennt dargestellt; halb-logarithmische Darstellung der mittleren Artenzahl gegen Verdoppelung der Oberfläche.

In Fig. 5 sind die Angaben eines Vegetationsfleckes des Tortulo-Phleetum dargestellt. Dieser Fleck ist neben dem eigentlichen Rasenkomplex aufgenommen worden, erstens wegen der abweichenden Struktur, zweitens, wegen der hohen Anzahl von Moosen und Lichenen, nämlich 7 auf 14 Phanerogamen. Die abundanten Arten in diesem Fleck sind *Sedum acre*, *Brachythecium albicans*, *Phleum arenarium*, *Festuca rubra* subvar. *areneria* und *Carex arenaria*.

Wie nach der hohen Anzahl der Moose zu erwarten war, haben die Kurven für Phanerogamen und für Moose + Lichenen einen ähnlichen Verlauf. Die Kurve für die Moose erscheint eine Sättigung zu zeigen.

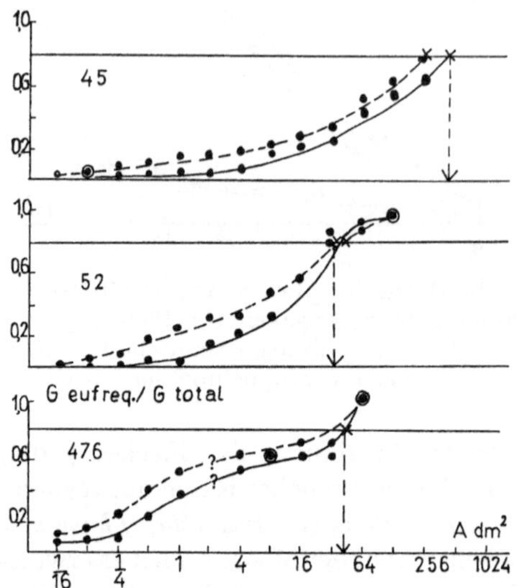

Fig. 6. x-Achse: Oberfläche in qdm; y-Achse: % der Artenzahl. – % mittlere Artenzahl (unterbrochene Linie) und % Zahl der eufrequenten Arten (ununterbrochene Linie) gegen Verdoppelung der Oberfläche für den Probeflächen 45, 52 und 476. Zugehörige Werte des Minimum-Areal, korrespondierend mit dem 80% – Niveau der eufrequenten Arten (mit Pfeilen angegeben). Minimum-Areal 45, 52 und 476: 430, 40 bzw 50 qdm.

7. ERGEBNISSE DER MINIMUM-AREAL-BESTIMMUNGEN

In Fig. 6 und 7 sind die Ergebnisse für 4 der 5 besprochenen Probeflächen nach den in 4 und 5 erwähnten Minimum-Areal Bestimmungen dargestellt worden. In jeder Probefläche sind bestimmt worden der Prozentsatz der mittleren Artenzahl auf jeder untersuchten Quadratgröße und der Prozentsatz der Arten, die bei jeder untersuchten Quadratgröße frequent sind. Beide Prozentsätze sind bezogen auf die Artenzahl des ganzen Fleckes.

Es ergibt sich, daß das 80%-Niveau für beide Prozentsätze bei ungefähr denselben Quadratgrößen erreicht wird: Ein Vergleich mit den Bestimmungen des Minimum-Areals nach CAIN hat ergeben, daß die CAIN-schen Werte etwa proportional sind mit den 80%-Werten; es gibt aber ziemlich große Abweichungen. Für allgemeine Anwendung kann die 80%-Eufrequenz-Methodik empfohlen worden.

Die Unterschiede zwischen den drei in Fig. 6 zusammen dargestellten Flecken 45, 52 und 476 sind interessant: 45 und 52 haben etwa dieselbe Artenzahl, aber ganz verschiedene Minimum-Areale; 52 und 476 haben etwa dasselbe Minimum-Areal, aber ganz verschiedene Artenzahlen (vgl. auch Fig. 3).

Der Fleck „TP" hat so viele Moose + Lichenen, daß die Eufrequenz-Kurven für Phanerogamen und Moose + Lichenen auch getrennt bestimmt sind. Es ergibt sich, daß die Moos-Kurve den anderen Kurven

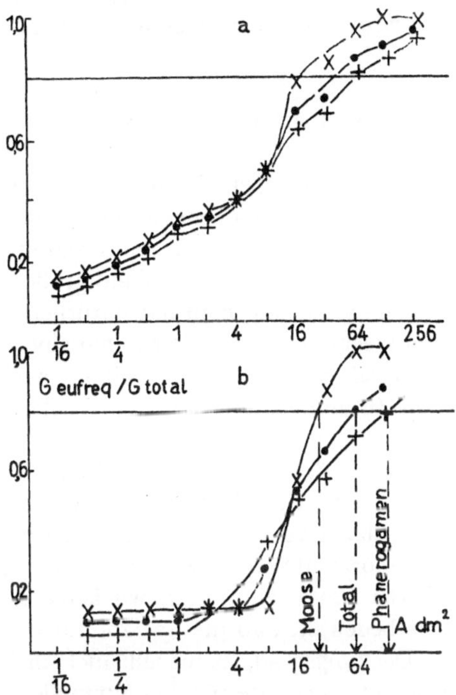

Fig. 7. x-Achse: Oberfläche in qdm; y-Achse: % der Artenzahl. – % Zahl der Arten (Fig. 7a) bzw. der eufrequenten Arten (Fig. 7b) gegen Verdoppelung der Oberfläche für die Probefläche TP. Angaben für Phanerogamen und Moose + Lichenen getrennt dargestellt. Frequenz-Minimum-Areal 70 qdm, für Phanerogamen 130 qdm, für Moose 25 qdm.

ähnlich ist und daß sich in dieser Weise leicht ein Minimum-Areal für die Moosschicht bestimmen läßt.

Es ist interessant eine derartige Minimum-Arealbestimmung einer Moos-Synusie zu vergleichen mit dem Methode von Barkman (1964). Er schließt auf einzelne Minimum-Areale für Synusien aufgrund von Unregelmäßigkeiten in seiner „Differentialkurve".

Aus unseren Fig. 4 und 5 ist nirgendwo ein Stillstand in der Artzunahme zu finden. Jedoch ist es aufgrund der Ergebnisse aus Fig. 7 gerechtfertigt Synusien getrennt auf Minimum-Areal zu untersuchen.

Es ist übrigens wohl zu erwägen, ob die Phanerogamen, die völlig beschränkt sind auf die Moos-Synusien, als Moose zu betrachten sind. Wir haben das in die dargestellten Figuren noch nicht getan, aber es gibt doch Anweisungen dafür: In unseren Bestimmungen sind auch Individuenzahlen von Phanerogamen auf Flächen von 1 qdm bestimmt worden. Nun kann man mit Hilfe der logarithmischen Serie die Art-Arealkurve vergleichen mit einer theoretischen Kurve, basiert auf der Individuenzahl auf einer bestimmten Oberfläche und dem gefundenen α-Wert.

Es ergab sich nun, daß die theoretische Kurve nur dann völlig mit der empirischen übereinstimmte, wenn die Zahl der *Sedum acre*-Individuen nicht mit im Betracht gezogen wurden. *Sedum acre* wächst in diesem Tortulo-Phleetum-Fleck fast ausschließlich in der Moosschicht, und dieses Verhalten wird in der Kurve zum Ausdruck gebracht.

8. MINIMUM-AREAL UND VEGETATIONSSTRUKTUR

Obwohl in der Literatur kaum etwas darüber zu finden ist, ist es doch ein naheliegender Gedanke, einen engen Zusammenhang zwischen Minimal-Areal und Vegetationsstruktur vorauszusetzen. Man weiß natürlich, daß das Minimal-Areal in einem Wald größer ist als dasjenige in einer Epiphytengesellschaft, und man hat natürlich auch wohl einige Ahnung, was dahinter steckt. BARKMAN (1964) hat einen Zusammenhang zwischen Minimum-Areal und Synusien-Aufbau nachgewiesen, und SEGAL hat schon den Zusammenhang mit der Wuchsform bei Wasserpflanzen hervorgehoben.

Meine Frage war, ob es möglich ist ein Modell zu bilden, mit dem die Verteilung von Arten auf Oberflächen einigermaßen vorausgesagt werden kann. Ich ging dabei aus von dem Gedanken, daß jede Pflanze mit einer bestimmten horizontalen Ausdehnung und einer bestimmten Höhe einen bestimmten Raum einnimmt, wo keine anderen Pflanzen wurzeln können. Das bedeutet, daß die Soziabilität der Arten, in Verbindung mit ihrem Deckungsgrad, eventuell auch in Verbindung mit ihrer Höhe, entscheidend sein sollte für das Minimal-Areal der Vegetation.

Ich habe nur vorläufig einen einfachen Exklusions-Index λ aufgestellt, wobei $\lambda = \Sigma\, D.Sz$ ist; (D = Deckung, ausgedrückt in transformierten Werten, und Sz = Soziabilität). Nun ergibt sich eine signifikante Korrelation zwischen λ und dem Minimum-Areal; der Korrelationskoeffizient ist $+ 0{,}94$. Wenn eine Korrektion für λ angebracht wird, indem man die Höhe mit im Betracht zieht, so wird die Korrelation noch etwas besser.

Es ist allerdings nur eine erste Anweisung, und sie bezieht sich nur auf eine beschränkte Serie von Vegetationstypen. Doch erscheint es anregend, mehr Ergebnisse zu gewinnen und mehr quantitative Bestimmungsmethoden des Index λ durchzuführen. Vielleicht wäre es möglich λ mittels einer Linien-Taxation-Methodik zu bestimmen.

Ein Zusammenhang zwischen Minimum-Areal und Vegetationsstruktur hat neben theoretischem Interesse natürlich auch praktische Bedeutung. Es ist z.B. möglich schnell ein Eindruck zu gewinnen von der aufzunehmenden Oberfläche in einer neuen Vegetationsanalyse mittels einer Bestimmung des Index. Auch kann man in der Literatur Tabellen auf Homogenität und Repräsentativität in den Probeflächegrößen untersuchen.

SUMMARY

During a detailed study of vegetation and environment of a highly differentiated dune grassland complex in the dunes of Voorne, The Netherlands, minimal area determinations and careful descriptions of vegetational structure were carried out.

The complex, 2000 sq.m., belongs to the Heveringen, an extensive zone of inner dunes, 1–1,5 km from the sea, dating from pre-Roman time and blown over between 1200 and 1600 A.D. It is now strongly decalcified; it has been under the influence of grazing during centuries, but grazing has stopped 1930.

The vegetation consists of a mosaic of 1. open and closed dry dune grasslands with *Festuca ovina, Corynephorus canescens, Festuca rubra* subvar. *arenaria, Galium verum, Thymus pulegioides, Plantago lanceolata, Agrostis tenuis, Hypochaeris radicata, Hypnum cupressiforme, Cladonia rangiformis* a.o.; 2. moist dune grasslands with *Calamagrostis epigeios, Anthoxanthum odoratum, Sieglingia decumbens, Cynosurus cristatus, Rhytidiadelphus squarrosus* o.a.; 3. open dwarf vegetation on hard, trodden soil with secondary shell enrichment, with *Poa annua, Sagina procumbens, Plantago coronopus, Trifolium campestre* a.o.

The structure of this complex was described by: 1. distinction of height intervals on a ^{e}log scale (e = 2,718...), 2. estimation of vegetation coverage in each interval, 3. determination of growth form and sociability of species.

The height intervals approximately follow ^{e}log values, the interval boundaries being 0–1, 2–3, 4–10, 11–25, 26–60, 61–150 cm, etc. Estimation of coverage was in % with 5% accuracy. Coverage percentages and abundance estimations were grouped into the classes of BRAUN-BLANQUETS combined estimation scale and used for calculations after arc-sinus transformation. A number of growth forms were distinguished. Sociability was estimated in relation to type of growth form with a threefold scale: The complex was divided into small areas that were considered internally homogeneous as for vegetational structure, i.e. different from surrounding areas in height distribution, coverage and/or dominant growth form. Each of the homogeneous areas (over 1000, thus with an average size of 2 sq.m.) was described separately.

In 10 of these areas, in addition to floristic and structural analysis, minimal area was determined via the following basic procedure: quadrats up from 1/16 sq.dm. with successive doublings were laid down at random (with a small systematisation for larger quadrats to prevent overlapping) were inspected on species number. (Number of small quadrats 10 or 16, of large quadrats 4; each new series was laid down independently).

Graphs were made of mean species number against area, mean species number against log area, log mean species number against log area and number of „eufrequent" species (with f $\geqslant$ 0.75) against log area.

Although it is commonly stated that species – area relationships are preferably to be studied on larger areas (WILLIAMS, PRESTON) in order to have more chance that the supposed underlying individual distribution, whether a log-normal or a logarithmic series one, will fit, the experience of the present investigation was that species-area curves for very small areas are on the whole as good, or as bad, as the curves for larger areas. This supports the hypothesis that our small areas are separate units, „isolates" in the sense of PRESTON, and that it is fully justified to divide a complex like this one into such small units.

Comparison of the number – log area and log number – log area graphs showed that in general neither graph fits into an ideal WILLIAMS or PRESTON curve. Each curve appears to have a straight line portion; in the log log plottings this portion is mostly larger.

Minimal area was defined in relation to the total homogeneous area investigated and described either as the area that bears at least 80% of the species of the total area, or as the area that bears eufrequent species to an amount of at least 80% of the total species number. The latter minimal area was preferred above the former one and above the minimum area determined by the 10% tangent method of CAIN.

It was considered, that minimal area must have much to do with the structure of vegetation, especially with the amount of sociability, i.e. the amount of concentration of plant biomass of one species on the surface within which other species fail to get rooted.

Strikingly enough hardly any connection between structure and minimal area is suggested in literature and no exact relation was known.

An „exclusion index" was created to measure the amount of plant concentration as described above. Factors are the sociability of each occurring species multiplied by its cover-abundance value. The sum of these products is denoted by λ. A fairly straight-line relation between λ and log minimal area was found. When a correction with log height of vegetation was included, the relation was still better.

It is supposed that a more quantitative method for the determination of λ by means of line transects will give better results in general.

Quantitative studies of the relation between structure and minimal areas are to be extended to other types of vegetations. It should be useful to get this suggested relationship tested by other investigators.

LITERATUR

BARKMAN, J. J.: Das synsystematische Problem der Mikrogesellschaften innerhalb der Biozönosen. – In: TÜXEN, R. (Ed.): Pflanzensoziologische Systematik. Bericht über das Internat. Symposion in Stolzenau/Weser 1964. Den Haag 1968.

BRAUN-BLANQUET, J.: Pflanzensoziologie. Wien 1964. 632 pp.

CAIN, S. A. and OLIVEIRA CASTRO, G. M. DE: Manual of vegetation analysis. – New York 1959. 325 pp.

DU RIETZ, G. E.: Vegetationsforschung auf soziationsanalytischer Grundlage. – ABDERHALDENS Handb. biol. Arbeitsmeth. **11** (5): 293–480, Berlin–Wien 1930.

MAAREL, E. VAN DER: On vegetational structures, relations and systems, with special reference to the dune grasslands of Voorne, The Netherlands. – Thesis. Utrecht 1966. 170 pp.

PRESTON, F. W.: The canonical distribution of commonness and rarity. – Ecology **43**: 185–215, 410–432. 1962.

WILLIAMS, C. B.: Patterns in the balance of nature. – London 1964. 324 pp.

E. Klapp:
Wir danken herzlich für Ihr außerordentlich umfangreiches Referat über die Verhältnisse der Dünen von Voorne. Sie haben allerdings an die Kapazität Ihrer Zuhörer große Ansprüche gestellt.

E. Dahl:
The highly important contribution would require a whole session for discussion so I must restrict myself to the question of minimal area.

The minimal area is important in practical plant sociology. This is due to the fact that in large homogenous stands one would not pay off in labour to analyze it all. Then a restricted sample is taken, so large, that the error by taking a smaller sample is small compared with the differences which the sociologist studies. Such a definition is quite sufficient for practical everyday-work but not very exact. If a more exact definition is required, mathematics and statistics must be introduced. The propably best definition would be probably one in relation to the maximum number of species in the community. This number is, however, unknown and one must then use a definition independent of knowledge of this number. This applies also to the definition of van der Maarel.

The usual way of determining the minimal area is by inspection of species-area-curves. But a visual inspection of these curves is not satisfactory as emphasized by van der Maarel.

A more precise definition is perhaps possible by means of the mathematical model of vegetation.

The model propesed by R. A. Fisher gives when a linear scale for species is employed and area on logarithmic scale a relation which is curved for smal areas and then becomes linear for larger areas. However this model when compared with actual vegetation gives too few per area for small areas. The reason for this is that the model does not take into account cover. Because of the cover the species-area curve rises more rapidly at first than expected from the model. One possible definition of minimal area could then be the rise when all species having an appreciable cover (according to a suitable definition) is inclued in the sample.

It seems also possible to give a definition of minimal area in terms of my index of uniformity (S/α). From an area-species-curve α can be determined and then the area is reflected for which S/α exceeds a predetermined level say 1.8. Since the index of uniformity is related to similarity of parallel samples this would take into account the desideration of keeping the error at a suitably low level by taking a limited sample.

E. van der Maarel:
I am very glad indeed that I have the opportunity to speak English now, since most of the literature has been written in English.

For the sake of simplicity I have not mentioned certain things which I could have mentioned, e.g. the index of diversity by Williams, I am glad that Dr. Dahl has explained us this index. I have calculated α; I haven't tried to correlate S/α with minimal area, but I can certainly do this. Something I have mentioned already: If you remember some of my graphs in a semi-log plotting. I wondered about the high inclination of the curve and I have tried to correlate it with the cover of the plants. In some cases the ,,kink'' in the curve coincided with the pattern of the ,,largepatterned'' species. In one case it was the grass *Anthoxanthum odoratum* with bunches of 2–3 dm diameter. So I fully agree with Dr. DAHL on this point.

One of the problems is that in most cases it was rather hard to calculate α. Mostly it is calculated from the difference in species numbers from two points on the graph. But often it was not easy to find a straight part in the curve.

Then some remarks to the words of Dr. BARKMAN:

He has said that PRESTON and WILLIAMS are ,,brothers'' which alternate each other when going through the minimal area curve. This is not completely true since I think PRESTON seems to be right on the largest areas. Perhaps it is useful to give another example taken from the book of WILLIAMS in which all data available to him from areas of which the number of species and the size of the area were known, are plotted. You can see that the general line in this graph, which logarithmic scales on the axes is continuing straightly towards the larger areas.

Then I would like to say something on your differential curve. My main objection is that you have to take care of the standard deviations of these determinations. Moreover it is suggested to plot it with a large scale on the y-axis. When you put your differential curve on a much smaller scale of the y-axis nobody would hesitate to draw a straight line through your points. In other words: you *might* be quite right in stating that your curve is indicating different minimal areas but there is a risk that your way of plotting is too suggestive and you ought to compare your figures with the standard deviations.

And then another thing I didn't explain. I have worked in a very complex grassland and I have said something on the differentiation in height classes but I didn't say that in practice it was hardly possible to discern real vegetation layers. It is just one continuous transition from the moss layer to the tallest layer. In such cases it is by no means apparent where you can expect different minimal areas.

Then you have asked if I have tried to get a correlation between the product of sociability and species number with minimal area. I did not try this so far, but I can certainly do so.

J. J. BARKMAN:

In the interpretation of number of species-log area curves WILLIAMS and PRESTON are both right and they are also both wrong: these ,,curves'' show alternating trajects of straight (sloping) lines (WILLIAMS) and curved trajects, becoming more or less horizontal (PRESTON). This goes on infinitely and is a consequence of the endless repetition of vegetation mosaics of ever growing scale. This is shown particularly well in case we graph the increase of species numbers against log area. I fail to understand why Mr. VAN DER MAAREL rejects this type of curve. His own curves, if looked at closely, confirm the above statement.

I also fail to see why coverage has been included in the indirect measure of homogeneity and minimum area; the latter only depends on:

number of species present average diameter of the individuals and average sociability (clustering) of the species as a measure of their more or less regular distribution. A product of these characters only, omitting average cover degree, would be sufficient.

Has the speaker checked the relation of this product to minimum area? Perhaps we may find then a linear relation, too. The great scattering of the points in the curve he made, does not make the linear character of it very convincing.

E. VAN DER MAAREL:
When large areas are concerned the PRESTON model fits indeed. The differential curve you are using has a slight risk, viz. the fall in a curve may be exaggereted. One has to take the standard deviation into account.

Finally in this grassland-complex the patterns are not very obvious.

W. G. BEEFTINK:
Ich möchte hinweisen auf den Unterschied, den MEIJER DREES 1954 in Vegetatio 5/6 (1954) gemacht hat zwischen qualitativen und quantitativen Minimum-Areal. Unter quantitativem Minimum-Areal versteht MEIJER DREES das Minimum-Areal, in welchem die floristische Zusammensetzung in Abundanz und Dominanz sich bei größeren Oberflächen sich nicht mehr ändert. Dabei zeigt sich, daß das quantitative Minimum-Areal größer ist als das qualitative, wie sich verstehen läßt. Ich selbst habe das quantitative Minimum-Areal in einigen Salzwiesen-Gesellschaften untersucht, um die Mindestgröße meiner Aufnahme zu bestimmen. Ich frage mich, warum außer MEIJER DREES und mir keine Untersucher bisher dieses Minimum-Areal untersucht haben, denn das quantitative Minimum-Areal ist bestimmt das entscheidende Kriterium.

E. VAN DER MAAREL:
Ich habe keine Erklärung für die geringe Aufmerksamkeit für den Begriff des quantitativen Minimum-Areals von MEIJER DREES. Vielleicht hängt dies zusammen mit der Schwierigkeit, es zu bestimmen, denn die Werte der kombinierten Schätzung sind gewissermaßen abhängig von der untersuchten Oberfläche. Ich glaube, es wäre ziemlich schwierig, das Vorkommen einer Art, z.B. von *Anthoxanthum odoratum*, gut zu schätzen auf einem Quadrat-Dezimeter. Das kann man überhaupt nicht machen.

Man kann natürlich sagen, ich schätze den Deckungsgrad und komme dabei auf 90%. Dann bekommt *Anthoxanthum* in diesem Quadratdezimeter 5 oder 9, je nach der verwendeten Skala. Aber im nächsten Quadratdezimeter fehlt *Anthoxanthum* überhaupt, und dann bekommt es keine Ziffer. Ich glaube, es ist sehr schwierig, eine Abundanz-Dominanz-Schätzung in Quadraten mit zunehmender Größe zu machen.

R. TÜXEN:
Ich hätte eine kurze aber dringende Bitte. Wir haben so viel vom Minimum-Areal gesprochen in den letzten beiden Tagen, und wir haben auch eine ganze Menge von Arbeiten zitiert gehört, die sicher nicht allen von

uns gleichmäßig geläufig sind oder waren. Ich würde es daher sehr begrüßen, wenn einer oder mehrere von Ihnen eine Bibliographie der Literatur zum Minimum-Areal machen würden für Excerpta. Wer wird sich dafür bereit erklären? Das Bedürfnis nach einer solchen Bibliographie ist ganz sicher vorhanden! (Sie erscheint demnächst in Excerpta Botanica, B, Sociologica 10(4).)

S. PIGNATTI:
In dem interessanten Vortrag von Kollegen VAN DER MAAREL haben wir gehört, daß, wenn ich gut verstanden habe, die Punkte der Kurven Durchschnittswerte waren, also der Durchschnitt von verschiedenen Beobachtungen. Der Durchschnittswert ist wichtig, aber er ist nicht alles. Wir kennen eine traurige Geschichte von einem alten Professor der Statistik, der durch einen Fluß gehen sollte. Er wußte, daß die durchschnittliche Tiefe 1/2 m betrug. Dann ist er gegangen. Glücklicherweise war das Wasser niedrig. Er ist immer weiter gegangen, und auf einmal war das Wasser 3 m tief, und er ist ertrunken. Er war ein Mann, der wirklich an Durchschnittswerte geglaubt hat. Also vielleicht sollte man diese Durchschnittswerte bei einer so umfangreichen Bearbeitung der Probleme der Minimum-Areale durch die Varianz-Rechnung derselben vervollständigen. Dadurch weiß man, wie die Änderungen in diesem Bereich sind. Ich selbst habe beobachten können, obwohl ich mich nie mit diesem Problem speziell beschäftigt habe, daß man in derselben Gesellschaft, wenn man wiederholt an verschiedenen Beständen mit den üblichen Methoden, die ziemlich ungenau sind, Minimum-Areal-Bestimmungen macht, ziemlich stark abweichende Resultate hat. Aber meines Wissens ist bisher noch nicht untersucht worden, welche Varianz diese Resultate haben. In diesem Falle würde die Kurve anders aussehen. Wenn wir nach der üblichen Methode arbeiten, (wir können das jetzt nicht logarithmisch darstellen), haben wir eine bestimmte Kurve für das Minimum-Areal. Mit der Untersuchung der Varianz könnten wir eine Kurve bekommen, in der wir einen Bereich, den Vertrauens-Bereich unserer Werte, begrenzen können. Vielleicht könnte man das weiter entwickeln. Wir nehmen immer an – und das ist vielleicht eines der wichtigsten Probleme bei dem Minimum-Areal – eine gewisse Fläche zu bestimmen, in welcher die Gesellschaft vollständig ist. Wir können uns aber auf die verschiedensten Werte beziehen, z.B. auf die Gesamtheit der Arten in den Bestand oder in der Assoziation oder auf irgendeinen empirischen Wert, sagen wir 80% oder so etwas. Das ändert natürlich die Bestimmungen ganz wesentlich. Wenn wir aber z.B. für die mittlere Artenzahl der Gesellschaft eine solche Varianz-Untersuchung machen würden, dann kommen wir wahrscheinlich zu einem Punkt, wo sich die beiden Vertrauens-Zonen mehr oder weniger kreuzen. Das könnte uns vielleicht einen logischen Wert geben. In einer bereits gut bekannten Assoziation könnte die standard-deviation der Minimumarealwerte mit der standard-deviation der mittleren Artenzahl verglichen werden.

Die beiden Konzepte des quantitativen und qualitativen Minimal-Raums, die Kollege BEEFTINK erwähnte, sind gebunden an verschiedene Ziele, die man anstrebt. Wenn man z.B. mit Salzpflanzengesellschaften arbeitet, dann muß man natürlich von vornherein den Minimal-Raum bestimmen. Aber wenn wir irgendeinen ungenauen Wert haben und dann eine Aufnahme machen, die z.B. viermal so groß ist, dann sind wir doch ziemlich sicher, auch wenn wir dieses Problem nicht vertieft studiert haben, daß wir richtig arbeiten. Dadurch erklärt sich wahrscheinlich, warum diesem so wichtigen Punkt bisher so wenig Bedeutung zugestanden wurde.

E. VAN DER MAAREL:
Man kann die Varianz berechnen auf Grund der kombinierten Schätzung. Das ist eine Möglichkeit. Dann gibt es keinen Zweifel darüber, daß die Varianz abnehmen wird, wenn die Quadratgrößen zunehmen. Ich habe die Varianz berechnet, und kam dabei auf ziemlich große Werte, besonders natürlich in den kleinen Flächen. Damit hat man die Möglichkeit ein Zwischen-Minimumareal zu erkennen. Aber wenn die Varianz von zwei Punkten eine gewisse Größe überschreitet, dann wird es sinnlos und es ist nicht so viel wert, daß die Mittelwerte einander gleich sind. Es ist immerhin möglich – und das hätte ich auch eigentlich machen sollen – die Varianzwerte in die graphische Darstellung hineinzubringen. Das werde ich sicher einmal machen.

E. W. RAABE:
Eine absolute Größe für das Minimi Areal einer Pflanzengesellschaft zu errechnen setzt voraus, daß der Abstand der Individuen der verschiedenen Arten zueinander in allen zur Untersuchung anstehenden Flächen überall derselbe wäre. Das ist aber nicht der Fall. Es gibt für Pflanzengesellschaften überhaupt kein errechenbares Minimi-Areal, das Anspruch darauf erheben könnte, absolut zu sein. Es gibt nur ein Minimi-Areal für jeweils einen einzelnen Bestand. Und in diesem einzelnen Bestand richtet sich das Minimi-Areal nach der Größenordnung, die wir als wünschenswert voraussetzen: Entweder dem bestimmten Winkel der Kurve oder einer bestimmten prozentualen Anzahl von Arten, 75, 80 oder 93,6 oder je nachdem, was wir gerade als wünschenswert ansehen, was weithin der Willkür unterliegt. Es gibt nur einen einzigen absoluten Wert innerhalb der Minimi-Areale, das ist der für nur eine einzige Art, der sich eben nach dem mittleren Abstand eines Individuums vom Nachbar-Individuum derselben Art richtet. Wenn wir eine sehr große Fläche haben und die einzelnen Individuen – vorausgesetzt, daß wir es mit einer homogenen gleichmäßigen Verteilung zu tun haben – in einer bestimmten Weise auf der Fläche angeordnet sind, dann erhalten wir als Minimum-Areal ein solches, das etwa dem Durchmesser dieser Fläche entsprechen muß. Wir können einen Kreis nehmen. Dann ist die Art mindestens einmal darin vorhanden. Nun sind aber in jedem einzelnen praktischen Fall die einzelnen Arten nicht gleichmäßig so eng verteilt. Die Art A ist so verteilt; die Art B hat eine viel weitere Verteilung. Um diese Art zu erfassen, brauchen wir eine ganz andere Größenordnung, die eben die mittlere Entfernung dieser Arten in diesem Bereich erfaßt, der automatisch den kleineren Teil einschließen muß. Und so geht das weiter. Und nun kommt es darauf an, wieviel Arten in einem großen Bestand

wollen wir im Minimi-Areal enthalten haben, die also zu der Artenkombination gehören sollen oder nicht. Das hängt von der Größe der Einzelfläche ab, d.h. der Fläche, in der die Beobachtungsfläche liegt. Wenn diese Fläche, wie wir es heute morgen gesehen haben, nur einen ganz kleinen Umfang von $\frac{1}{2}$ m² hat, dann können wir nicht darüber hinausgehen. Dann wird das Minimi-Areal in dieser kleinen Fläche bestimmt von den wenigen Arten, die noch darin sind. Wenn wir aber eine sehr große Fläche haben, wie wir sie etwa von manchen Hochflächen in unseren Mittelgebirgen kennen – ich erinnere mich an solche Flächen der *Nardus*-Rasen auf der hohen Rhön, dann brauchen wir für *Nardus* ein Minimi-Areal von 5 × 5 cm. *Nardus stricta* bedeckt auf diesen Hochflächen, die sehr intensiv von Schafen beweidet werden, 95%. Dazu kommen aber sehr viele andere Arten, die aber viel weiter verteilt sind. Und da haben wir nun etwa eine *Viola*-Art aus der *subalpina*-Gruppe, die etwa alle hundert Meter einmal vorkommt. Für diese Gesamtfläche, die 20 km lang und 5 km breit ist, ist diese eine sehr charakteristische Pflanze. Wenn wir sie aber in unserem Minimi-Areal mit erfassen wollen – und sie gehört als bezeichnende Art mit hinein, dann brauchen wir eine Untersuchungsfläche von 100 × 100 Metern. Kein vernünftiger Vegetationskundler würde darauf kommen solche Riesenflächen zu untersuchen.

Nun ist aber diese Verteilung innerhalb der einzelnen Beobachtungsflächen verschieden. In der einen Beobachtungsfläche hat eine Art einen bestimmten mittleren Abstand. In einer benachbarten Fläche steht die gleiche Art aber viel dichter beieinander, obwohl es genau derselbe Vegetationstyp sein kann. Dann brauchen wir für diese Art also eine kleinere Fläche als Minimi-Areal. Und so ist jedes Minimi-Areal von Fläche zu Fläche immer etwas unterschiedlich, und es gibt keinen absoluten Wert, solange wie wir nicht sämtliche existierenden Ausprägungen dieser Gesellschaft in die Analyse mit einbezogen haben, um einen Mittelwert zu erreichen.

So müssen wir uns darauf beschränken in etwa Mittelwertgrößen anzugeben. Dieses Minimi-Areal aber, das wir errechnen können, ist immer ein solches, das erst rückläufig errechnet werden kann. Wir können niemals von vornherein sagen: wir haben hier ein Nardetum, folglich haben wir es hier mit einem Minimi-Areal von diesen oder jenen Kreisgrößen zu tun. Es fragt sich, ob diese enormen mathematischen Anstrengungen, die für die Berechnung eines Minimi-Areals bisher unternommen sind, diesen Zeitaufwand für den Praktiker wirklich lohnen. Wenn wir hinauskommen, dann wissen wir aus alter Erfahrung, soviel m² brauchen wir etwa um eine Heide, soviel um einen Großseggen-Bestand, einen Buchenwald und dergleichen mehr zu analysieren. Es kommt weiter dazu, daß das Minimi-Areal, das sagten Sie heute morgen schon, von der Größe der einzelnen Arten abhängig ist. Die Moose haben von Natur aus einen mittleren Artenabstand von vielleicht $\frac{1}{2}$ cm. Die Buche hat einen Abstand von vielleicht 20 m. Können wir das beides noch zusammen gleichmäßig erfassen? Schon bei der Strauchschicht und in der Krautschicht wird das schwierig. So kommen einem manchmal diese Berechnungen des Minimi-Areals wie geheime Attentate auf die Vegetationskundler vor, um sie davon abzuhalten, sich noch weiterhin mit diesen Dingen zu beschäftigen. Man könnte dasselbe auch von der Problematik von Herrn RODI sagen mit der Klassifizierung der Komplexe. Sollen wir uns so festlegen auf eine Unmenge von neuen Termini technici, oder sollen wir es lieber, um praktisch arbeiten zu können, nicht doch mit etwas größeren, vielleicht etwas ungenaueren, aber brauchbaren Begriffen genug sein lassen? (Zustimmender Beifall).

E. VAN DER MAAREL:
Dr. RAABE hat so viel gesagt, daß ich es hier nicht alles beantworten kann. Die Frage des Zeitaufwandes ist natürlich immer wichtig und richtet sich auch nach den praktischen Anwendungen. Es gibt allerhand psychologische Einstellungen zur Vegetation: eine sehr grobe Einteilung war die in Praktiker und Theoretiker. Ich glaube, daß, wenn man einmal eine Fragestellung hat, die den Theoretikern wichtig erscheint, dann denkt man nicht an Zeitaufwand, dann macht man gerade das, was man für notwendig hält. Das erscheint dann in der Tat ziemlich zeitraubend für andere Leute. Aber ich glaube, daß man sich die Zeit nehmen sollte, wenn man wirklich davon überzeugt ist, daß es nicht anders und besonders nicht schneller geht. Das ist natürlich eine schwierige Frage. In meinem Fall war es ziemlich besonders. Ich habe mit sehr kleinen Flächen zu tun. Die ganze Fläche von etwa 2000 m² ist ein ziemlich homogener Dünen-Rasen. Es ist vielleicht gut, hier zu erwähnen, daß ich mit den Rasen-Spezialisten aus Wageningen Prof. DE VRIES und anderen im Gelände darüber diskutiert habe. Es ergab sich, daß sie mehr oder weniger zwei Typen in dem ganzen Rasen unterschieden und in beiden eine Art Frequenz-Bestimmung machten nach ihren eigenen Methoden. Natürlich bekommt man dann ein gewisses Bild von dieser Vegetation. Dagegen kann ich sagen, und das habe ich getan, daß es für meine Fragestellung nicht weit genug ist. Denn man übersieht in dieser Weise ganz wichtige und auch ganz evidente Unterschiede zwischen den kleinen Vegetationsflecken. Man kann hier z.B. leicht mit den floristischen Verwandtschafts-Zahlen zeigen, daß zwei nahe beieinander liegende Vegetations-Flecken mit je etwa 30 Arten, also ziemlich reiche Vegetationen, eine floristische Verwandtschaft von weniger als 50% und in manchem Fall sogar noch weniger haben, d.h. daß es sich hier um ganz verschiedene Typen handelt. Diese Typen wurden mit einer rohen Methode nicht voneinander getrennt. Es ist hier dieselbe Frage: Man kann einen Komplex als relativ homogen betrachten, und das hat Sinn. Aber das hängt völlig davon ab, was man machen will. Ich habe dasselbe Gebiet kartiert in einer großen Vegetationskartierung.

Ich habe auch eine praktische Absicht damit gehabt. Ich mußte nämlich beurteilen, ob die Fläche auf Grund der Struktur unterschieden war, ob wirklich reelle Einheiten dort waren, und ob sie in Hinsicht auf ihre Floristik, d.h. ihre Zusammenhang zwischen Individuen und Arten als Einheiten aufgefaßt werden können. Ich habe mit dieser Methodik entscheiden können, daß gewisse Flächen zu klein waren, und diese habe ich dann in den folgenden Verwandtschafts-Berechnungen und Tabellen nicht in Betracht gezogen. Noch etwas zum Problem des Art-Minimum-Areal. Ich glaube das Problem ist noch etwas verwickelter, denn es ist nicht nur der mittlere Abstand, sondern auch das ganze Verhalten jeder Art, und da kann man die Soziabilität mit in Betracht nehmen, das hat man gemacht mit einem ziemlich enttäuschenden Ergebnis.

Man hat von jeder Art in einer bestimmten Vegetation die Individuen gezählt und dann für eine bestimmte Quadratgröße die Varianz der Anzahl bestimmt. Dann hat man diese Varianz-Werte von Quadraten gleicher Größe, aber mit zunehmendem Abstand verglichen. Die These war, daß bei einem bestimmten Abstand zwischen den Probe-Quadraten die Varianz einen niedrigen Wert erreicht. Das zeigt für diese Art dann ein gewisses Minimum-Areal. Nun ergab sich, daß keine zwei Arten dasselbe Verhalten zeigten, und daß es eigentlich aus diesem Grund nicht möglich war, überhaupt ein Minimum-Areal anzugeben. Das war die Prüfung, daß die Vegetation prinzipiell nicht homogen ist, und daß man sie auch nicht als eine homogene Gegebenheit betrachten kann. Ich glaube, daß wir darin nicht vollständig einig sein können, Aber es war doch ein wichtiges Ergebnis.

Ihr Beispiel des *Nardus*-Rasens kann ich nicht beurteilen, aber es wäre doch möglich, mit der Anwendung einer detaillierten Technik die Stellen mit *Viola*, die untereinander verhältnismäßig weit entfernt sind, als abweichend von den *Nardus*-Rasen anzuerkennen. Es ist schwierig zu beurteilen, wieviel Zeit man mit einer Untersuchung verbringen soll, aber jedenfalls ist entscheidend die Psychologie des Untersuchers. Selbstverständlich ist es pragmatisch, davon auszugehen, daß es kein Minimum-Areal s.s. gibt, jedoch lohnt sich die Mühe, die Verteilung der Arten im Raum zu korrelieren mit der Struktur der Vegetation.

E. Dahl:

Ich möchte zu den Bemerkungen von Dr. Raabe sagen, daß dies Interesse für das Minimi-Areal gar keinen verborgenen Angriff auf die praktische Pflanzensoziologie bedeutet. Wir haben auch keine Trennung zwischen den praktischen Pflanzensoziologen, die relevés machen und die Arbeit ausführen und den Theoretikern, die nur mit Mathematikern arbeiten und nie eine gute soziologische Analyse machen.

Wir wissen, daß unsere Wissenschaft verschiedener Kritik ausgesetzt ist, und diese Kritik müssen wir ernst nehmen. Wir müssen in derselben Sprache wie diese Kritik in einer Weise antworten, die verständlich ist. Und wir müssen uns auch in die Situation der Kritiker hineindenken, um mit ihnen fruchtbar zu sprechen. Bei der Bereinigung der Tabellen führen wir vielleicht ein gewisses subjektives Element ein, so daß das Resultat vielleicht viel mehr unserer Auffassung der Natur entspricht, als es wirklich eine Deckung mit der Natur hat. Alles dieses sind Fragen, die wir ernst nehmen müssen. Diese Diskussion über das Minimum-Areal ist ein Versuch, diese Fragen zu beantworten. Vielleicht kommen wir soweit, daß wir mehr neutrale oder objektive Kriterien haben, um zu entscheiden, wann es richtig ist, eine Analyse zu verwerfen. Wir wissen alle, daß das Minimum-Areal ein Begriff ist, der in der Pflanzensoziologie notwendig ist. Alle beschäftigen sich mit dem Minimum-Areal. Aber was meinen wir mit diesem Begriff?

Wir müssen zu einer Konvention kommen darüber, was man unter dem Minimum-Areal verstehen soll. Man sollte wissen, welche der Definitionen des Minimum-Areals der betreffende Forscher benutzt. Gerade für solche Untersuchungen, wie sie hier vorgetragen wurden, ist das unbedingt notwendig.

S. SEGAL:
Ich habe versucht in ganz verschiedenen Vegetationen mit meinen Studenten Minimi-Areale zu bestimmen und zwar auf drei Weisen: Ich habe nach der universellen Weise, wie ich gestern schon erzählt habe, die Artenzahl aufgetragen gegen den Logarithmus der Oberfläche und auch in der Weise BARKMANS die Zunahmen der Artenzahl aufgetragen gegen den Logarithmus der Oberfläche. Wenn wir die Artenzahl gegen den Logarithmus auftragen, dann ergibt es sich in sehr verschiedenen Gesellschaften, soweit es darin eine deutliche Struktur gibt, daß wir im Gegensatz zu dem, was VAN DER MAAREL gefunden hat, öfters eine treppenförmige Kurve erhalten. Wir haben sie sowohl in der Dünen- als auch in der Halophyten-Vegetation gefunden.

Diese Kurve ist leicht zu verstehen. Die Logik für das Auftragen des Logarithmus auf die Abzisse ist klar: 1. ist unsere Methode logarithmisch. Wir arbeiten mit exponentiellen Vergrößerungen und 2. ist es notwendig, weil die Skala ausgedehnt ist. Wir bekommen also mit einer logarithmischen Skala mehr Einsicht als mit einer linearen Skala. Diese Methode ist nicht schwierig anzuwenden, und darum liegt es sehr nahe, sie zu versuchen. Ich fange an mit kleinen Flächen, z.B. von 1 cm^2, nicht etwa mit sehr großen Arealen, z.B. von 1 m^2. So lassen sich in dieser Weise etwas grob kleine strukturelle Einheiten nachweisen. Mit dieser Methode kann man auch den Index von DAHL gut brauchen.

Die Logik für evtl. logarithmische Skalen der Artenzahl ist mir unklar.

Über die weitere Methoden des Herrn VAN DER MAAREL kann ich schwer urteilen. Sie haben jedenfalls einen Nachteil: man muß sich von vornherein die Wuchsformen oder Schichten wählen, was etwas Subjektivität hinein bringen kann.

Die Methode von BARKMAN mit der Zunahme der Artenzahl auf der Ordinate habe ich auch versucht. Theoretisch ist diese Methode geeignet. Aber wir haben bis jetzt nicht mehr Resultate gehabt als mit den anderen Methoden. VAN DER MAAREL hat meiner Meinung nach recht, wenn er sagt, daß kleine Abweichungen in dieser Weise vergrößert erscheinen.

WERTUNG DER STRUKTURELLEN MERKMALE DER WALDHOCHMOOR-VEGETATION

von

R. NEUHÄUSL, Průhonice

Die Waldhochmoore sind eine boreo-kontinentale und (submontan-) montane Formation, deren soziologische und syntaxonomische Wertung großen Meinungsverschiedenheiten unterliegt. Verbreitet ist die Ansicht, daß die Boden- und Feldschicht-Synusien in einem freien und einem lebenden, mit einem lockeren Baumbestand bestockten Hochmoor soziologisch gleichwertig seien. Die Autoren betrachten dabei waldartige Hochmoor-Gesellschaften als Fazies, Phasen, Subassoziationen oder als andere waldlosen Hochmoor-Gesellschaften untergeordnete Einheiten. Andererseits besteht die Ansicht, daß vor allem die Gesellschaftsmorphologie ein entscheidendes Merkmal für die Vegetationsgliederung sei, und die diesem physiognomischen Unterschied zwischen Wald- und freiem Hochmoor eine große soziologische Bedeutung zuschreibt. In solchen Fällen werden die Waldhochmoor-Gesellschaften von den eigentlichen Hochmoor-Gesellschaften als selbstständige Klassen oder Ordnungen unterschieden.

Es besteht aber auch die Ansicht, daß die elementaren Einheiten der Hochmoorvegetation homogene, mosaikartig verteilte Kleingesellschaften (z.B. Bulten-, Schlenken-Gesellschaften usw.) darstellen.

Die Waldhochmoore bieten ein außerordentlich geeignetes Material, an welchem man die Bedeutung der strukturellen Merkmale für syntaxonomische, synökologische und syngenetische Erwägungen demonstrieren kann.

Die hier vorgelegten Erwägungen und Schlußfolgerungen sind vor allem auf einer eingehenden Analyse eines Spirken-Hochmoores in der Böhmisch-Mährischen Höhe (Tschechoslowakei) begründet; die Resultate der speziellen Untersuchung werden an anderer Stelle publiziert werden, und wir beschränken uns hier nur auf eine Verallgemeinerung der gewonnenen Erkentnisse.

Die Baumschicht eines Waldhochmoores (Spirke oder Waldkiefer) ist gewöhnlich gruppenartig verteilt. Sie wird von mehr oder weniger geschlossenen Baumgruppen gebildet, zwischen denen freie Lichtungen verbleiben (Fig. 1). Die horizontale Verteilung der Bäume ist daher deutlich ungleichmäßig (cf. z.B. die gleichmäßige Verteilung von Waldkiefer in einem Kiefernwald auf einem entwässerten Torflager: Ass. Vaccinio uliginosi–Pinetum in Fig. 2).

Die Höhenunterschiede zwischen einzelnen Bäumen in den einzelnen Gruppen sind verhältnismäßig gering; auch das Höhen-Niveau verschiedener Gruppen in einem standörtlich einheitlichen Vegetations-

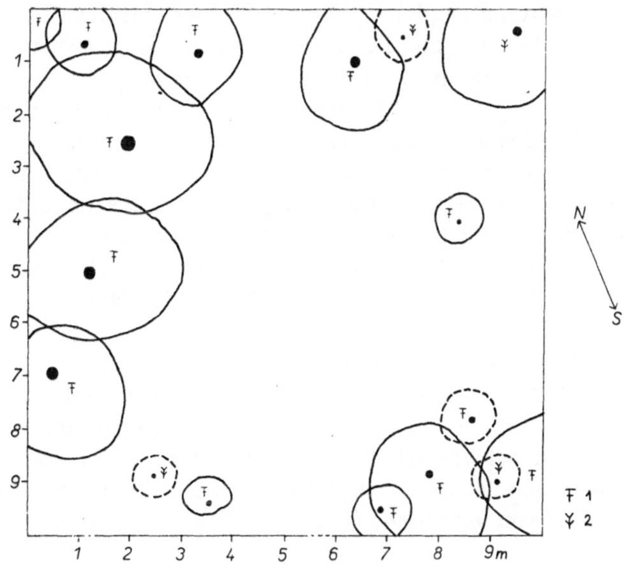

Fig. 1. Horizontale Projektion der Baum- und Strauchschicht eines Spirken-Hochmoores.
———— Bäume – – – – Sträucher
1 *Pinus silvestris* 2 *Pinus uliginosa*

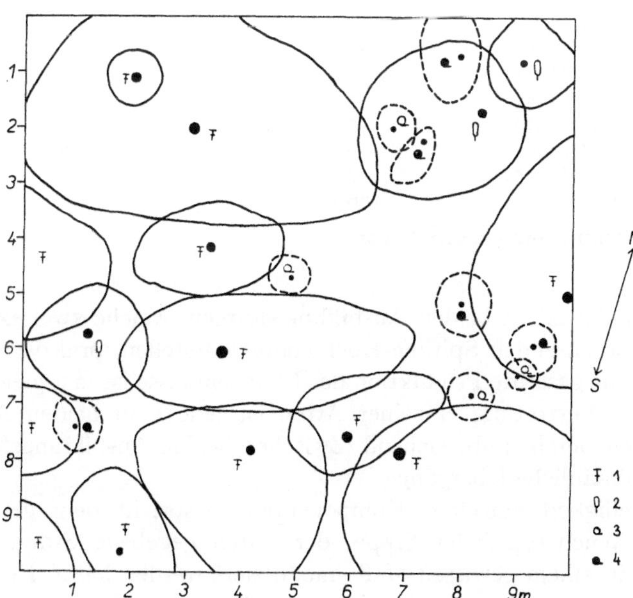

Fig. 2. Horizontale Projektion der Baum- und Strauchschicht eines Kiefernwaldes (Vaccinio uliginosi–Pinetum) auf einem entwässerten Torflager.
———— Bäume – – – – Sträucher
1 *Pinus silvestris* 2 *Betula alba* 3 *Sorbus aucuparia*
4 *Frangula alnus*

segment ist relativ ausgeglichen, so daß der Bestand die Physiognomie eines lichten Waldes besitzt. Die Altersunterschiede zwischen einzelnen Bäumen sind jedoch ziemlich groß (bis einige Dezennien). Die Sträucher (in Hochmooren überwiegend strauchartige Wuchsformen Baumbestand bildender Arten) bilden keine zusammenhängende Schicht; sie kommen meist vereinzelt oder in kleinen lockeren Gruppen von 2–4 Exemplaren vor. Die Sträucher sind ungleich hoch; Altersunterschiede machen sich in den ersten Dezennien durch ihre verschiedene Höhe daher gut bemerkbar. Die Höhenunterschiede verschwinden später allmählich, jedoch erst, wenn die Sträucher in das Niveau der Baumschicht heranwachsen.

Die Feldschicht wird in Waldhochmooren vor allem von Zwergsträuchern und Wollgras gebildet. Die Vitalität, Verteilung und Soziabilität der Feldschicht-Arten hängt sehr von der Artenzusammensetzung und Wachstumsgeschwindigkeit der Moosschicht ab. In wachsenden Waldhochmoor-Gesellschaften wurden die Feldschicht-Arten in folgenden Mengenverhältnissen gefunden: (s. Tab. I). Die Artenzusammensetzung

TABELLE I. Produktion der Pflanzenmasse in der Feldschicht eines Spirken-Hochmoores

Art	Feuchtere Ausbildungsform Trockene Pflanzenmasse in g/l m²	%	Trockenere Ausbildungsform Trockene Pflanzenmasse in g/l m²	%
Eriophorum vaginatum	142	76	79	38
Vaccinium oxycoccos	32	17	4	2
Andromeda polifolia	2	1	—*	—
Vaccinium vitis-idaea	7	4	36	18
Vaccinium uliginosum	1,5	1	7	3
Vaccinium myrtillus	—*	—	80	39
Melampyrum pratense ssp.	2	1	—*	—
	186,5		206	

* Die Art kommt nur vereinzelt vor.

der Feldschicht ist in beiden Ausbildungsformen, welche zwei extreme Flügel des wachsenden Spirken-Hochmoores darstellen, praktisch identisch, auch die gesamte Produktion der Pflanzenmasse ist fast gleich, die quantitative Vertretung einzelner Arten ist jedoch in beiden Ausbildungsformen ziemlich abweichend. Zwischen beiden Ausbildungsformen bestehen allmähliche Übergänge.

Die Geselligkeit einzelner Komponenten entspricht dem genetisch bedingten Wuchstyp jeder Sippe, der durch gegebene Standortsbedingungen in einem gewissen Maße modifiziert werden kann. Den Verhältnissen eines wachsenden Hochmoores sind am besten das tiefwurzelnde und vertikal nachwachsende *Eriophorum vaginatum*, dann das in der lebenden Torfmoosschicht oder knapp unter dieser wurzelnde *Vaccinium oxycoccos* adaptiert. Auch das einjährige *Melampyrum pratense* kann in der lebenden Torfmoosschicht seinen ganzen Lebenszyklus gut absolvieren. Als echte Differentialarten der Waldhochmoor-Gesellschaften kann man die Chamaephyten *Vaccinium uliginosum*, *V. myrtillus* und *V. vitis-idaea* betrachten. Diese Arten wachsen hier meistens mit verminderter Vitalität, in der feuchten Ausbildungsform fast an der Grenze ihrer Lebensmöglichkeiten, was nicht nur durch die extreme Nährstoffarmut und das hohe Grundwasser, sondern vor allem durch die Konkurrenz der schnellwachsenden Moosschicht bedingt ist. Die erwähnten Chamaephyten-Arten wachsen am häufigsten in kleinen lockeren Gruppen oder Kolonien, welche durch vegetative Verbreitung entstehen. Die einzelnen Gruppen sind voneinander isoliert. Es ist weiter wichtig, daß Torfmoose auch den Raum zwischen einzelnen Sproßachsen dieser Pflanzen anfüllen und sie im Bereich der Bodenoberfläche voneinander isolieren. In gegenseitige Berührung kommen die in Gruppen aus dem gemeinsamen Wurzelsystem wachsenden Einzelsprosse erst wieder in einer 5 bis 20 cm über der Bodenoberfläche liegenden Schicht. In Fig. 3 ist die strukturelle Einordnung der Feld- und Bodenschicht auf vertikalen Profilen dargestellt. Die Bodenschicht von Spirken-Hochmoorgesellschaften wird in erster Linie von *Sphagnum recurvum* gebildet. Diese Art wächst in ausgedehnten zusammenhängenden Teppichen, sie ist eine grundlegende torfbildende Pflanze.

Sphagnum recurvum bildet keine echten Bulten und Schlenken, kann aber nicht nur feuchtere Depressionen, sondern auch trockenere Erhebungen bewachsen. Unter den häufigsten Begleitarten von *Sphagnum recurvum* findet man *Sphagnum magellanicum*, welches eine Tendenz zu bultartigem Wuchs zeigt. *Sphagnum acutifolium* (in kleinen Kolonien oder Gruppen) scheint gewissermassen Schatten von Bäumen oder Zwergsträuchern zu bevorzugen. Eine ähnliche Verteilung zeigt auch *Sphagnum girgensohnii*, welches vor allem auf den feuchtesten Stellen wächst. *Sphagnum rubellum*, und andere *Sphagnum*-Arten kommen nur außerordentlich selten vor.

In der Bodenschicht gesellen sich zu den Torfmoosen auch andere Moose. Am häufigsten ist *Aulacomnium palustre*, mit einer breiteren ökologischen Amplitude; es begleitet alle Bodenschicht-Vereine. An den *Sphagnum recurvum*-Grundbestand sind die nur vereinzelt und selten vorkommenden Arten *Dicranum bergeri*, *Ptilidium ciliare*, *Leptoscyphus anomalus* u.a. mehr oder weniger gebunden. Eine gewisse Tendenz zur Besiedlung von Erhöhungen (Pseudobulten) zeigen *Polytrichum commune*, *P. strictum* und Flechten. Ein wichtiger Bestandteil der Waldhochmoor-Gesellschaften sind auch die Arten *Pleurozium schreberi*, *Hylocomium splendens*, *Dicranum scoparium*, *D. undulatum*, welche in der Regel in kleinen Gruppen Baum- und Strauch-Stämme säumen oder eine bestimmte Gebundenheit an Chamaephyten-Kolonien erkennen lassen.

Die Struktur der Waldhochmoor-Gesellschaften kann man auch als einen synusiellen Komplex auffassen. In der Baumschicht kommen zwei Vereine in Frage und zwar der *Pinus uliginosa*-Verein und der *Pinus silvestris*-Verein. In der Strauchschicht gesellen sich die Individuen nur selten in eine soziologische Einheit mindestens von synusiellen Wert; eine solche Tendenz wurde nur bei *Pinus uliginosa* beobachtet. Eine der wichtigsten Arten der Feldschicht ist *Eriophorum vaginatum*, welches

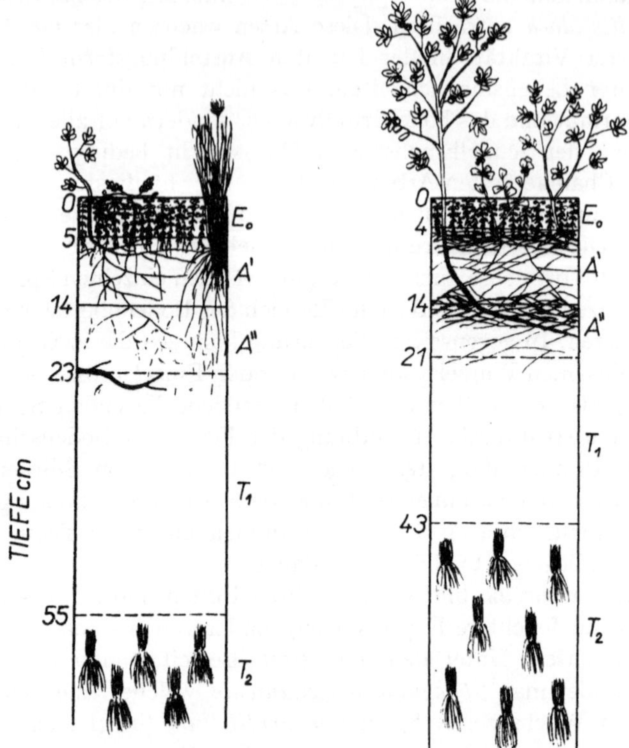

Fig. 3. Vertikale Profile durch Feld- und Bodenschicht eines Spirkenhochmoores. Links feuchtere Ausbildungsform, rechts trockenere Ausbildungsform. E_0 – Bodenschicht, *A'*, *A''* – Bodenhorizonte, T_1, T_2 – Torfschichten.

fast nur in isolierten Einzelhorsten vorkommt. Diese Horste stellen nur Polykormonen aber keine eigentliche soziologische Einheit dar. In einen einzigen Verein gesellen sich die Chamaephyten *Vaccinium uliginosum*, *V. myrtillus* und *V. vitis-idaea* zusammen. (Diese Arten besitzen auch einen gemeinsamen Wurzelraum – s. Fig. 3). *Vaccinium oxycoccus* stellt jedoch eine selbständige synusielle Einheit dar. In der Bodenschicht spielt die wichtigste Rolle zweifelsohne der *Sphagnum recurvum*-Verein (mit *Aulacomnium palustre*, *Sphagnum rubellum*, *Dicranum bergeri* u.a.). Als selbständige synusielle Einheit der Bodenschicht muß man in Spirken-Hochmooren noch den *Pleurozium schreberi*-Verein (mit *Hylocomium splendens* und *Dicranum scoparium*), den *Sphagnum acutifolium*-Verein (mit *Leucobryum glaucum*, *Aulacomnium palustre*, *Pleurozium schreberi* und *Dicranum undulatum*), den *Polytrichum*-Verein (*Polytrichum commune*, *P. strictum*, *Sphagnum magellanicum*), und den fragmentarisch entwickelten *Sphagnum magellanicum*-Verein betrachten. Flechten bilden einerseits epiphytische Vereine auf Baumstämmen und Ästen, andererseits Vereine auf nicht mehr wachsenden Bulten-Scheiteln.

Die gegenseitige Beziehungen einzelner Vereine sind in einem Schema (Fig. 4) dargestellt. Wir können, im Grunde genommen, independente

Vereine, soziologisch abhängige und standörtlich gebundene Vereine unterscheiden. Zu den independenten Vereinen gehören die *Pinus uliginosa-*, *Pinus silvestris-*, *Vaccinium oxycoccus-* und *Sphagnum recurvum-*Vereine sowie auch *Eriophorum vaginatum*-Horste. Der Chamaephyten-Verein zeigt eine gewisse Abhängigkeit von der Baumschicht, *Pleurozium schreberi-* und *Sphagnum acutifolium*-Vereine sind von der Baumschicht und Chamaephyten-Vereinen abhängig (soziologische Dependenz). Für standörtlich abhängige Vereine erachten wir die Bulten-Synusien: *Polytrichum*-Verein, *Sphagnum magellanicum*-Verein und Flechten-Vereine.

	Verein
Baum-schicht	Pinus uliginosa
	Pinus silvestris f.
Strauch-schicht	Pinus uliginosa
Feld-schicht	Eriophorum vaginatum
	Chamaephyten
	Vaccinium oxycoccos
Boden-schicht	Sphagnum recurvum
	Pleurozium schreberi
	Sphagnum acutifolium
	Polytrichum
	Sphagnum magellanicum
	Flechten

Fig. 4. Schematische Darstellung der Dependenz einzelner Vereine in einer Spirken-Hochmoorgesellschaft.

Die soziologisch charakterisierten Synusien, bzw. ihre Kombinationen, kann man auch als Konsortium-Gemeinschaften auffassen. (Das Konsortium sowietischer Autoren ist eine Gruppe von Organismen, welche durch ihre Lebensprozesse aneinander gebunden sind). Dies erweist sich am besten, wenn man die syngenetische Stellung von Waldhochmoor-Gesellschaften in Betracht zieht. Als eine Ausgangsgesellschaft von Waldhochmooren ist das *Recurvum*-Moor zu betrachten. Dieses ist eine oligotrophe, in subkontinental getönten Gebieten sehr verbreitete Gesellschaft, die unter einem gewissen Einfluß nährstoffarmen Grundwassers (Injektionen von unterirdischen Quellen, Zuflüsse u.a.) entsteht. Nur dadurch ist die Bildung eines oligotrophen *Sphagnum*-Torfes in Gebieten mit relativ geringen Niederschlägen (unter 700 mm im Jahr) möglich, z.B. in subkontinentalen Gebieten von Deutschland, der Tschecho-Slowakei, Polens, Ungarns usw. Das *Recurvum*-Moor ist eine zwischenmoorähnliche Formation, in welcher jedoch einige Hochmoor-Arten vorkommen können (*Carex pauciflora, Sphagnum magellanicum, S. rubellum,* sowie auch *Eriophorum vaginatum, Vaccinium oxycoccus, Drosera rotundifolia* u.a.) und typische Zwischenmoor-Arten fehlen; man kann es schon in die Klasse Oxycocco-Sphagnetea einreihen.

Das *Recurvum*-Moor ist jedoch im bezug auf sein Wasserregime sehr empfindlich. Falls der Nachschub von Grundwasser aus verschiedenen

Gründen (durch spontanes Moorwachstum, geänderte hydrologische Verhältnisse u.a.) geringer wird, entstehen während der Vegetationsperiode in Abhängigkeit vom subkontinentalen Klimaregime ziemlich veränderte Wachstumsbedingungen. In sommerlichen Dürreperioden trocknet die lebende *Sphagnum recurvum*-Schicht in den obersten 3–5 cm ganz aus (in der Dürreperiode des Jahres 1957 wurde im untersuchten *Recurvum*-Moor auch ein Wassergehalt von 21% des Trockengewichtes und von 0,37 Volumenprozenten festgestellt). Da das Wachstum von *Sphagnum recurvum* nur auf einen apikalen, wenige Zentimeter langen Abschnitt des Stämchens beschränkt ist und es einer guten Wasserversorgung unbedingt bedarf, ist der vertikale Zuwachs solcher Moore in subkontinentalen Klimabedingungen während eines Teiles der Vegetationsperiode stark gehemmt oder ganz unterbrochen. Diesen Umstand erachten wir als die wichtigste Ursache, welche die Ecesis der Keimlinge anspruchloser, den Torfmoor-Bedingungen adaptierter Bäume und Chamaephyten, sowie auch ihre weitere Entwicklung ermöglicht. In etwas tieferen Schichten, wo Chamaephyten, Bäume und Sträucher wurzeln, bestehen gerade während der trockenen Sommerperiode die relativ günstigsten Feuchtigkeitsverhältnisse. Zusammenfassend kann man daher sagen, daß die Temperaturverhältnisse in subkontinentalen Gebieten das Wachstum der wichtigsten Torfmoos-Gemeinschaften während der Vegetationsperiode bedeutend beschränken (mit Ausnahme der Fälle, in denen das Grundwasser dauernd und ergiebig ergänzt wird) und gleichzeitig für das Einbürgern und Wachstum von Zwergstrauch-, Strauch- und Baumarten relativ gute Bedingungen bieten. Der rasche Übergang vom *Recurvum*-Moor zum Waldhochmoor ist daher eine natürliche Erscheinung, welche in den letzten Jahrhunderten durch menschliche Tätigkeit (Entwässerung, Entwaldung usw.) noch beschleunigt wurde. Das Waldhochmoor betrachten wir also nicht als eine absterbende Hochmoor-Formation, sondern als eine Dauer-Gesellschaft subkontinentaler Hochmoore (oder ihrer größeren Teile), die den bestehenden, für oligotrophe Torfbildung notwendigen hydrologischen und klimatischen Verhältnissen entspricht. Nach den neueren hydrologischen Untersuchungen entstehen oligotrophe subkontinentale Hochmoore an Stellen, wo das Grundwasser aus Quellen dauernd ergänzt wird. Die periodische Austrocknung der Moosschicht führt auf einer Seite zu einer Verlangsamung des Wachstums des Moores, auf der anderen Seite aber auch zu einer Beschränkung der Evaporation der Torfmoose (die trockene Torfmoosschicht isoliert den feuchten Torf von der bodennahen Luftschicht), was zu einem relativen Überschuß an Grundwasser und zu einer eventuellen Zwischenmoor-Entwicklung führen sollte. Wie schon erwähnt wurde, können jedoch unter den bestehenden Bedingungen auf diesen Mooren auch Zwergsträucher und Bäume wachsen, welche infolge ihrer Transpiration Wasser den unteren feuchten Horizonten entnehmen. Bei unseren Untersuchungen wurde festgestellt, daß die Feldschicht eines Spirken-Hochmoores während einer Dürreperiode für ihre Transpiration ungefähr 2,0 bis 3,6 kg H_2O pro 1 m^2 und 1 Tag verbraucht. Vergleichen wir diese Werte mit den Angaben von Overbeck und Happach, die bei *Sphagnum recurvum* während der Vegetationsperiode bei guter Wasserversorgung die Verdunstung von ca. 2,7 bis 8,3 kg H_2O pro 1 m^2 und 1 Tag festgestellt haben, so können wir sagen, daß die Zwergstrauch-, Strauch- und Baumschicht eines Waldhochmoores eine ungefähr gleiche Wassermenge der Luft übergibt wie die mit Wasser dauernd gut versorgte *Sphagnum recurvum*-Narbe. Eine Waldhochmoor-Gesellschaft steht in einem ähnlichen hydrologischen Gleichgewicht wie ein eigentliches baumloses Hochmoor. Wie kann man aber die erwähnte Struktur von Waldhochmooren erklären? Warum bewachsen die Holzarten und Zwergsträucher, die durch Transpiration den Boden stark entwässern können, nicht das ganze Hochmoor und warum beendigen sie nicht seine torfbildende Tätigkeit? Das kann man nur durch eine biologisch entstandene und dauernd bestehende Heterogenität der Gesellschaft erklären. Schon im *Recurvum*-Moor entstehen kaum bemerkbare, jedoch ökologisch wichtige Erhebungen und kleine Depressionen, in welchen die *Sphagnen* bedeutend abweichende Wachstumsmöglichkeiten finden. Ebenso haben einzelne torfbildende Feldschichtarten (*Eriophorum vaginatum, Vaccinium oxycoccus, Drosera rotundifolia* u.a.) sowie auch verschiedene Moose, ziemlich abweichende physiologische Ansprüche und üben verschiedene ökologische Funktionen aus. Dadurch entsteht schon in einem baumlosen Hochmoor eine biologisch bedingte standörtliche Heterogenität. Nur geeignete Stellen (und nicht die ganze Fläche) können daher, wie oben erklärt wurde, ein geeignetes Mikromilieu für Zwergsträucher oder Baumkeimlinge bieten. Durch Transpiration und biologische Tätigkeit der Zwergsträucher und Gehölze überhaupt, verstärkt sich die innere ökologische Heterogenität des Waldhochmoores. Man muß jedoch betonen, daß das gesamte ökologische Regime des Waldhochmoor-Ökosystems, vor allem die hydrologischen Verhältnisse, dem Hochmoor-Regime und nie dem Haushalt einer Waldformation entspricht. Darum verhalten sich die Synusien der Baum-, Strauch-, und Zwergstrauch-Schicht vom synphysiologischen Standpunkt aus als fremde Komponenten des Hochmoor-Ökosystems und besitzen daher einen Wert von Bestandteilen mehr oder weniger selbständiger Konsortien.

Noch ausgeprägter ersieht man diese Gesetzmäßigkeit bei den kontinentalen *Sphagnum magellanicum*- oder boreokontinentalen *Sphagnum fuscum*-Bulten-Waldhochmooren. In der dynamischen Entwicklung ersetzen sich gegenseitig die einzelnen Konsortien, ähnlich wie die Bulten und Schlenken in eigentlichen Hochmooren, was uns bis zu einem gewissen Maße berechtigt, den Konsortien-Komplex als eine soziologisch einheitliche (im Sinne und für den Gebrauch der systematischen Pflanzensoziologie) Waldhochmoor-Gemeinschaft zu betrachten.

ZUSAMMENFASSUNG

Die Waldhochmoore stellen eine Formation dar, in welcher Elemente verschiedener Wuchsformen, mit gegensätzlichen ökologischen Ansprüchen und verschiedenen synphysiologischen Funktionen nebeneinander leben. Deshalb wird ihre syntaxonomische Stellung oft sehr verschieden gewertet. In diesem Referat versucht der Verfasser am Beispiel von Erforschungen eines Spirken-Hochmoores in der Böhmisch-Mährischen Höhe (Tschechoslowakei) die Funktion von strukturellen Elementen zu erklären.

Zuerst werden die einzelnen Schichten charakterisiert, die Baumschicht mit *Pinus uliginosa* und *P. silvestris* f., die Strauchschicht mit denselben Arten, die Feldschicht, welche die gleiche Artenzusammensetzung und fast die gleiche gesamte Pflanzenmasse-Produktion in feuchter sowie auch trockener Ausbildungsform zeigt (s. Tab. I), und die Moosschicht, die von *Sphagnum recurvum* beherrscht wird.

Innerhalb einzelner Schichten wurden die feinsten soziologischen (synusiellen) Einheiten, Vereine, unterschieden, es sind dies in der Baumschicht *Pinus uliginosa*- und *Pinus silvestris*-Vereine, in der Strauchschicht *Pinus uliginosa*-Verein, in der Feldschicht Chamaephyten- und *Vaccinium oxycoccus*-Vereine (*Eriophorum vaginatum*-Horste bilden keine echte soziologische Gemeinschaft), in der Bodenschicht *Sphagnum recurvum-*, *Pleurozium schreberi-*, *Sphagnum acutifolium-*, *Polytrichum-*, *Sphagnum magellanicum-* und Flechten-Vereine. Es wurden weiter independente, soziologisch abhängige und standörtlich gebundene Vereine unterschieden (s. Fig. 4).

Das Wesen der strukturellen Bestandteile eines Waldhochmoores vom dynamischen und funktionellen Standpunkt aus ist auf Grund von Konsortium-Gemeinschaften besser zu erklären (ein Konsortium ist eine Gruppe von Organismen, welche durch ihre Lebensprozesse miteinander verbunden sind). Die primäre Ursache der Entwicklung von Waldhochmoor-Konsortien ist eine natürliche Heterogenität, welche durch eine verschiedene physiologische Wirkung moorbewohnender Pflanzen schon im waldlosen Hochmoor (in unserem Falle im *Recurvum*-Moor), besonders unter subkontinentalen Klimabedingungen entsteht. Infolge des spezifischen Klima-Regimes subkontinentaler Gebiete kommt es während der Vegetationsperiode (Dürreperioden) einerseits zu einer vorübergehenden Austrocknung der lebenden Torfmoos-Schicht, wodurch das Moor-Wachstum bedeutend gehemmt wird, andererseits entstehen günstige lokale Bedingungen für ein Einbürgern adaptierter Holz- und Chamaephyten-Arten. Dadurch wird die synökologische und synphysiologische Heterogenität noch größer, jedoch das gesamte ökologische Regime des Waldhochmoor-Ökosystems als auch die syndynamischen Prozesse bleiben weiter den Prozessen eines eigentlichen Hochmoores analog. Das Waldhochmoor wird daher als eine Dauergesellschaft betrachtet, in der spezifische zeitliche und räumliche Verhältnisse des Wachstums von Torfmoosen die Ecesis von angepaßten Bäumen und Chamaephyten ermöglichen, ohne das Moor-Wachstum zu beenden. Die Existenz von Bäumen, Sträuchern und Chamaephyten auf dem Waldhochmoor, die im wesentlichen fremde Komponenten des Hochmoor-Ökosystems darstellen, bringt eine Bildung gesetzmäßiger Konsortien mit sich, deren Bestandteile die Synusien der Baum-, Strauch- und Zwergstrauchschicht, sowie auch weitere soziologisch abhängige Vereine werden.

1. Holzreste von *Pinus uliginosa* kann man auch in den unteren Torfschichten finden.
2. Die Spirkenmoore sind voneinander isoliert und sehr oft liegen sie in der Buchenwaldstufe (Sudeten, Böhmisch-Mährische Höhe, Südböhmen, Schweizer Jura). Sie haben keinen Kontakt mit dem subalpinen Legföhren-Gürtel. Es handelt sich um sehr alte geographische Isolation von *Pinus uliginosa,* welche wahrscheinlich schon vom Spätglazial diese Moore (in bestimmten Nischen) besiedelt.
3. Der gegenwärtige Regenerationsprozess des Spirkenhochmoores wurde erklärt. Die Regeneration verläuft nicht auf der ganzen Fläche gleichzeitig, sondern beginnt nach dem örtlichen Ausfall von alten Bäumen oder Baumgruppen.
4. Die Transpiration der Feldschicht des Spirkenhochmoores wurde mit den Angaben von OVERBECK und HAPPACH verglichen, welche unter kontrollierten Bedingungen bei stabilem Grundwasserstand gewonnen wurden. Die Feldschicht des Spirken-Hochmoores transpiriert fast die gleiche Wassermenge wie die feuchte *Sphagnum*-Narbe. Unter Baumgruppen ist daher der Wasserentzug noch bedeutend höher.

SUMMARY

The forest peat-bogs represent a formation in which there live, side by side, elements of various growth forms with antagonistic ecological requirements and different synphysiological functions. That is why their syntaxonomic position is frequently evaluated divergently. In the present paper the author attempts on examples obtained in the research of a peat-bog wooded by *Pinus uliginosa* at the Bohemia-Moravia elevation (in Czechoslovakia) to elucidate the function of the structural elements.

At first have been characterised the individual layers, the tree layer with *Pinus uliginosa* and *P. silvestris,* the scrub layer with the same species, the herb layer that exhibits the same species composition and almost the total plant mass production in moist as well as in dry variant (see Tab. 1), and, finally, the moss layer dominated by *Sphagnum recurvum.*

Within the individual layers the finest ecological units – synusiae – are differentiated; in the tree layer there are the *Pinus uliginosa* and *P. silvestris* synusiae, in the scrub layer there is the *Pinus uliginosa* synusie, in the herb layer the chamaephytes and *Vaccinium oxycoccus* synusiae (*Eriophorum vaginatum* tussocks form no genuine sociological community), in the moss layer there are *Sphagnum recurvum, Pleurozium schreberi, Sphagnum acutifolium, Polytrichum, Sphagnum magellanicum* and the lichen synusiae. Then, there have been differentiated independent, sociologically dependent synusiae as well as those bound on the habitat (see Fig. 4).

The existence of the structural components of a forest peat-bog vegetation seen from the dynamic and functional point of view has to be elucidated on the basis of consortium communities (consortium is a group of organisms interconnected through their life processes with one another). The primary cause of the development of peat-bogs consortia is a natural heterogenity which arises through a different physiological activity of the bog-residing plants as early as in the peat-bog of undeveloped tree-layer (in our case in the *Recurvum*-blanket bog) especially under the subcontinental climatic conditions. Owing to the specific climatic regime of the subcontinental area there sets in during the vegetative period a temporary desiccation of the living moss layer whereby the growth of the peat-bog gets considerably hindered on one hand, and on the other hand there appear advantageous local conditions for an ecesis of the adapted trees and chamaephytes. The synecological and synphysiological heterogeneity gets thereby extended but the total ecological regime of the forest peat-bog ecosystem as well as the syndynamic processes remain analogical to the processes of the typical high moor (Hochmoor). The forest peat-bog is, therefore, to be looked upon as a permanent community in which the temporary and the spacious conditions of the *Shpagnum* moss growth make possible the ecesis of the adapted trees and chamaephytes without terminating the peat-bog growth. The existence of trees, shrubs and chamaephytes on the peat bog which in essence represent foreign components of the peat-bog ecosystem is conducive to the formation of regular consortia, the components of which become synusiae of tree, scrub and dwarf scrub layers as well as other sociologically dependent synusiae.

E. DAHL:
I would like to compliment upon this interesting piece of work and also draw some parallels to corresponding results obtained especially by the Swedish workers OSVALD, GRANLUND, SJØRS and WICKMAN by consideration of the interrelationships between water movement in bogs and the vegetational complexes.

Important is OSVALDS recognition of the different vegetational complexes in a raised bog, especially the building complex, the equilibrium complex and the erosional complex. Which of these complexes occupy an area of bog surface depends upon the permanent ground water level in the bog. If this level is near the surface the complex is normally a building complex, if it is low the surface is in its erosive phase.

The level of ground water in a bog or part of a bog depends upon the balance between the net amount of water received by the surface and the net transport of water away from the surface. Apparently most of the water received is transported away by subsurface drainage while the surface drainage is less important.

In a raised bog in equilibrium with climate there is also a dynamic shift between these complexes. In one place an erosion channel may develop, the surrounding areas are drained and the surface goes into an erosional complex with *Pinus* and *Pleurozium*. At a later stage the channel may be overgrown, the water level rises, the adjacent areas go over to building complexes and *Pinus* and *Pleurozium* die out. In this way the bog maintains itself as a complicated and dynamic vegetational complex. Apparently the features described by Dr. NEUHÄUSL correspond fairly well to similar features in Scandinavian bogs.

If peat is cut from a bog the permament ground water level over quite considerable areas can be affected and therefore even a limited cutting can seriously affect an entire bog.

J. J. MOORE:
Bei uns sind die Moore fast waldlos. Aber ab und zu kommt ein Baum vor wie auf der Steppe. Und wo ein Baum kommt, ein *Pinus silvestris* oder vielleicht eine oder zwei Birken findet man fast dieselben Arten, wie Sie sie beschrieben haben (mit Ausnahme von *Vaccinium uliginosum* und *V. vitis-idaea*). Vielleicht sind sie nur 1/1000% von unseren Oberfläche. Aber wo sie vorkommen, ist es ganz wie in diesen Waldhochmooren der ČSSR. Das ist doch bemerkenswert. Sie haben gesagt, daß diese Hochmoore Dauergesellschaften sind. Sie haben ein Profil gezeigt, wo unten keine Holzreste zu sehen waren. Ist das richtig, oder sind sie nur nicht gezeigt? Holzreste wären der beste Beweis für eine Dauer-Gesellschaft.

R. NEUHÄUSL:
Die Frage der Dauer-Gesellschaften auf Hochmooren war lange sehr umstritten. Aber jetzt gibt es dafür nicht nur diese indirekten Beweise, sondern auch direkte Untersuchungen in Bohrungen. Man kann Holz (nicht nur Pollen, das ist selbstverständlich) in solchen Waldhochmooren schon in der atlantischen Periode feststellen. Ich möchte auch auf eine andere Tatsache aufmerksam machen. Diese Hochmoore sind meistens – dies ist der Fall in der ČSSR und auch im Schweizer Jura konnte ich solche Verhältnisse gut beobachten – ganz isoliert und wachsen am meisten in der Fagion-Stufe, meistens in Inversionslagen. Von *Pinus uliginosa*, die eine gute Art ist, von der Legföhre der alpinen Stufe taxonomisch gut getrennt ist, konnte man sich nicht vorstellen, wie diese Art in der jüngeren Zeit wie z.B. in der subatlantischen Periode sich verbreiten konnte. Hier ist die phytogeographische Grundlage dafür. Der dritte Grund ist die Beobachtung, die man auf einem Hochmoore bei Bohrungen machen kann. Diese Hochmoore sind praktisch flach, und die Spirken wachsen in solchen Gruppen bis zu einer gewissen Höhe und zu einem gewissen Alter. Unter den Spirkengruppen ist der Zuwachs des Moores etwas beschränkt. Anderswo ist der Zuwachs etwas rascher, das ist natürlich durch die hydrologischen Verhältnisse bedingt.

Die Unterschiede in den Grundwasserständen betragen in solchen Fällen bis 40 cm. Das ist ziemlich viel. Wie kommt es aber zu der Regeneration? Die Spirken an den trockenen Stellen erreichen 10–11 m Höhe. In dem weichen Boden sind sie aber unstabil, ein starker Wind kann diese Bäume fällen. Dann entsteht ein Loch. Die Stämme fallen zu Boden. Teilweise beginnt die Regeneration der Spirken aus den Ästen direkt, die sich einwurzeln. Aber das ist nicht der häufigste Fall. Wo das Grundwasser an der Bodenoberfläche steht, wachsen *Sphagnum cuspidatum* und viel *Sphagnum recurvum*. So können sich diese Gesellschaften also permanent erneuern.

E. Dahl:
Es ist sehr schwierig zu erklären, daß das Umfallen von *Pinus* eine Erhöhung des Grundwasserstandes mit sich bringt. Denn wir haben gehört, daß der Verbrauch an Wasser nicht sehr verschieden ist, wo *Pinus* oder wo *Sphagnum recurvum* wächst. Es gibt verschiedene Faktoren, welche die Bewegung des Grundwassers im Moore beeinflussen. Wenn sich z.B. eine Erosionsrinne gebildet hat, wird sie das hydrologische Regime im ganzen Areal beeinflussen. Man muß also das weitere Areal und die hydrologischen Beziehungen darin berücksichtigen.

Ich bin mit Dr. Neuhäusl einig, daß solche Vegetationskomplexe eine permanente Erscheinung sind, die sich nie in irgendwelchen Vegetationstypen der Mineralböden entwickelt. Es ist daher auch natürlich, diese *Pinus*-Typen in die Moorvegetationstypen einzureihen.

DAS VEGETATIONS- UND BODENMOSAIK EINER WALDINSEL AUF MINERALBODEN IM DONAUMOOS

von

DIETER RODI, Schwäbisch Gmünd

Bei der Erforschung der Vegetation des nordwestlichen Tertiär-Hügellandes in Oberbayern fiel auf, daß in dem heute fast ausschließlich von Nadelwäldern bestockten Gebiet auf den „Mineralbodeninseln" des Donaumooses und in seinen Randlagen noch naturnahe Laubwälder erhalten sind, die leider zur Zeit teilweise in Nadelforsten umgewandelt werden. Um die Gesetzmäßigkeiten der Zusammenhänge zwischen Boden und Vegetation in ihrer mosaikartigen Verbreitung besser studieren zu können, wurde eine aus dem Niedermoor herausragende, bewaldete Sandinsel, das ungefähr 25 ha große Dachsholz, südlich Neuburg/Do., boden- und vegetationskundlich kartiert. Die Untersuchungen im nordwestlichen Tertiär-Hügelland sind noch nicht abgeschlossen. Das Referat will deshalb nicht endgültige Ergebnisse mitteilen, sondern Probleme aufzeigen, die anschließend diskutiert werden mögen.

I. DIE LANDSCHAFT DES DONAUMOOSES UND SEINER RANDGEBIETE

(vgl. auch H. FEHN in MEYNEN und SCHMITHÜSEN 1953 sowie VOGEL 1961)

1. *Das Klima:* Aufgrund seines Beckencharakters und des Regenschattens der Schwäbisch-Fränkischen Alb zeigt das Donaumoos eine stark kontinentale Prägung: rund 650 mm Jahresniederschlag, 17–18°C Juli-Temperatur, nur 140 frostfreie Tage jährlich (Umgebung: 160–170 Tage), 50–100 Nebeltage im Jahr. Der für die Eichen-Hainbuchenwaldfrage wichtige Index: $\frac{\text{Juli-Temperatur} \times 1000}{\text{Jahres-Niederschlagssumme}}$ (ELLENBERG 1963, p. 196–197) liegt zwischen 25 und 28, d.h. schon ziemlich nahe an dem Wert 30, der für die Buche einen „Grenzwert" darstellt.

2. *Die Geologie:* Durch die im Diluvium entstandene Donau-Niederterrasse zwischen Neuburg und Ingolstadt wurden die Donaumoos-Gewässer aufgestaut. Dadurch konnte sich Niedermoor-Torf ausbilden, der im Südwesten bis zu 7 m mächtig wurde und seit der Trockenlegung nach 1790 teilweise stark zusammengesackt ist. Der West- und Südrand des Donaumooses besteht wie die bereits genannten Mineralbodeninseln

aus der Obermiozänen Süßwasser-Molasse, die dort als kalk- und glimmerhaltiger Sand mit teilweise stark tonigen Zwischenlagen ausgebildet ist. Am Westrand tritt auch diluvialer Decklehm auf.

3. *Die Böden:* Die im Dachsholz verbreiteten Bodentypen sollen durch kurze Profilbeschreibungen vorgestellt werden:

Entwässertes Niedermoor (1)

A_0	0– 1 cm	Mull
A	0–20 cm	locker-krümeliger, schwarz., sandiger Torf, pH 6
T_1	20–50 cm	braunschwarzer, sandiger Torf
T_2G	50–90 cm	schwarzbrauner, sandiger Torf

Gley-Braunerde aus sandigem Lehm bis sandigem Ton (2)

A_0	0– 2 cm	Mull
A_1	0–10 cm	hum., lo-krü., schwbr., sandiger Lehm bis Ton, pH 6
A_3	10–30 cm	brauner, mäßig lockerer, sandiger Lehm bis Ton
(B)g	30–60 cm	grauer, rostfleckiger, sandiger Lehm bis Ton, dicht

Schwach pseudovergleyte Braunerde aus tonigem Sand (3)

A_0	0– 1 cm	Moder
A_1	0–10 cm	schwbr., schluff., lehmiger Sand, pH 5–6
A_3	10–20 cm	brauner, schluffiger, lehmiger Sand
g(B)	20–60 cm	rostbrauner, schwach fleckiger, sand. Ton bis t. S.

Pseudovergleyte Braunerde aus lehmigem Sand (4)

A_0	0– 1 cm	Moder
A_1	0–10 cm	hum., schwbr., lockerer, schwach lehmiger Sand, pH 5
A_3	10–30 cm	brauner, lockerer, schwach lehmiger Sand
g(B)	30–70 cm	dichter, graubr., rostfleckiger, lehmiger bis t. Sand

Schwach podsolige, schwach pseudovergl. Braunerde aus schwach lehmigem Sand (5)

A_0	0– 1 cm	Moder
A_1	0– 3 cm	schwarzbr., lockerer, schwach lehmiger Sand
A_3	3–10 cm	brauner, schwach lehmiger Sand, pH 5
(B)	10–60 cm	hellrostbrauner, schwach lehmiger Sand
g(B)	60–90 cm	hellrostbrauner, schwach fleckiger, schw. lehm. Sand

Podsolige Braunerde aus schwach lehmigem Sand (6)

A_0	0– 2 cm	dichter Moder
$A_{1/2}$	0– 2 cm	violettgrauer, lockerer, humoser, schwach lehmiger, feiner Sand
A_3B	2–10 cm	brauner, sehr schwach lehmiger, feiner Sand, pH 4, 5–5
(B)	10–90 cm	hellrostbr. bis ockerbr., schwach l. Feinsand

Pararendzina (bis Parabraunerde) aus schwach lehmigem Sand (7)

A_0	0– 1 cm	Mull
A_1	0–10 cm	hum., schwbr., lockerer, schwach lehmiger Sand, pH 7
A_3B	10–40 cm	brauner, lockerer, schwach lehmiger Sand
BC	40–60 cm	grauer, kalkhaltiger, glimmerreicher, feiner Flinzsand

Betrachten wir die Bodenkarte (Fig. 1), so fällt eine deutliche, ungefähr den Höhenlinien (Querschnitte vgl. Fig. 3) parallel verlaufende Zonierung auf: Die Umgebung des kartierten Gebietes besteht aus entwässertem Niedermoor, das an einigen Stellen in den Wald hineinreicht. Daran schließt sich an den flach ansteigenden Hängen geringfügig von Anmoor bedeckte Gley-Braunerde aus tonigem Sand an.

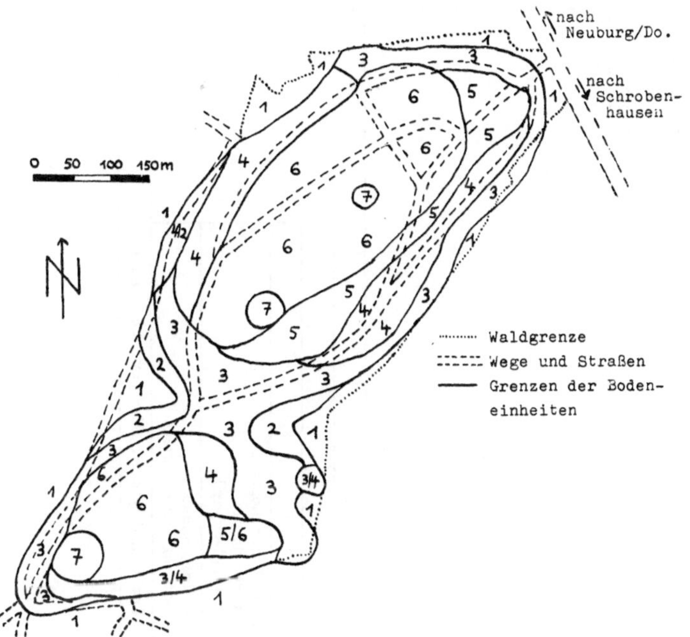

Fig. 1. Bodentypenkarte des Dachsholzes (aufgenommen am 4.10.1965)
1 = Entwässertes Niedermoor (z. T. über Gley aus tonigem Sand)
2 = Gley-Braunerde (bis Braunerde-Gley) aus sandigem Ton
3 = Schwach pseudovergleyte Braunerde (Para-Braunerde) aus tonigem Sand
4 = Pseudovergleyte Braunerde aus lehmigem Sand
5 = Schwach podsolige, schwach pseudovergleyte Braunerde aus schwach lehmigem Sand
6 = Podsolige Braunerde aus schwach lehmigem Sand
7 = Pararendzina (bis Para-Braunerde) aus schwach lehmigem Sand
3/4, 5/6 etc. = Übergänge

Mit einer weiteren Heraushebung aus dem Grund- und Sickerwasserbereich nimmt die Vergleyung ab, (Schwach pseudovergleyte Braunerde aus tonigem Sand). Wo von den darüber liegenden, weniger stark tonigen Böden Sand abgeschwemmt wurde und am Hangfuß liegenblieb, bildete sich die Pseudovergleyte Braunerde aus schwach lehmigem Sand. Auf eine im Untergrund nur noch ganz schwach pseudovergleyte Braunerde folgt auf den Rücken die Podsolige Braunerde aus schwach lehmigem Sand. An drei Stellen konnte der Boden den soeben geschilderten Grad der Reifung nicht erreichen, weil in der Umgebung von Dachsbauten (Dachsholz!) kalkhaltige Sande immer wieder an die Oberfläche geschafft werden.

II. DIE VEGETATION

Die im Dachsholz vorgefundenen Waldgesellschaften setzen sich aus Erlen-Eschenwäldern (Pruno–Fraxinetum OBERD. 53), Eichen-Hainbuchenwäldern (Querco–Carpinetum TX. 1937) und Hain-

TABELLE I. *Kartierungsschema der Laubwaldgesellschaften des Dachsholzes*

Alno-Pad. Kn. 42 em. Mat. et R. 57 Pruno-Fr. Ob. 53	Carpinion betuli Oberd. 57 Querco-Carpinetum (Galio-Carp. Oberd. 57 et Stellario-Carp. Oberd. 57) stachyetosum	caricetos. briz.	typicum typ. Var.	Luzula-Var.	luzuletosum	Luzulo-Fagion Lohm. et Tx. 54 Luzulo-Fagetum (Mel.-Fag. Ob. 57) typ. Subass.
Quercus robur						
Prunus padus Alnus glut.	Carpinus betulus, Tilia cordata					Quercus petraea
						Fagus silvatica
Frax. exc., Acer pseudoplatanus						
Humulus lupul. (Rhamn. cath.) (Berb. vulg.)						
Evonymus europ., Rubus caes.						
Lonicera xylosteum, Crataegus ox. et mon., Corylus avellana, Cornus sanguinea (Viburnum opulus et lantana, Daphne mezereum)						
Rubus idaeus, Rubus fruticosus, Rhamnus frangula						
	Galium silvaticum, Dactylis polygama					
		Stell. hol.	Festuca heteroph., Convall. m., Carex montana Melic. nut., Carex digitata, Carex flacca Melittis m., Camp. pers., Astrag. glycyphyll.			
Filipend. ulm.				Solidago virgaurea Lath. nig., Silene nutans		
Anemon. ran., Ran. ficaria Aconit. lycoct., Prim. elat.		Carex briz.		Luz. luz., Polytr. att., Mel. prat., Luz. pilosa		
Stach. silv., Desch. caesp. Mnium undul., Circ. luct., Ran. auricom., Paris quadr. Knautia silv., Eurh. swartz. (Asar. europ., Viola mirabil.)						
Pulm. obsc., Brach. silv., Aegopod. podagrar., Sanicul. europ., Lath. vern., Adoxa moschatel., Vicia sepium, Glechoma hederacea		Anemon hep., Asperula od.,	Lamium gal., Ajuga rept.,	Vaccinium myrtillus, Deschamps. flex., Pleurozium schreberi Hypnum cupr., Veronica off.		
Anem. nem., Viola silv., Mil. eff., Camp. trach., Polyg. multifl., Carex silv., Eurhynch. striat Geum urban., Poa nem., Phyt. spic., Cath. und., Fest. gig., Maj. bif., Frag. vesc., Mycel. mural.						

TABELLE II. *Kartierungsschema der Fichten- und Forchenforsten des Dachsholzes*

Fichten–Forchen–Forst				Forchen-Fichten-Forst	
Weiderich-	Kohldistel-	Seegras-	Goldruten-	Heidelbeer-	Weißmoos-
Pinus silvestris (Hauptholzart), Picea abies Carpinus betulus (vereinzelt in Strauch- und Krautschicht)				Pic. ab. (Haupth.), Pinus silv. Fagus silvatica (vereinzelt)	
Rubus idaeus, Rubus frutic., Rhamnus frangula, Sambucus nig.					
Lysimach. vulg. Galium boreale Lythr. salic. Scutell. gal. Galium pal.		Carex briz.	Solid. virgaur. Convall. majal.		Leucobryum gl.
Cirsium olerac., Primula elat., Desch. caespitosa, Mnium undul., Paris quadr., Stachys silvat., Knautia silvatica		Polytrichum attenuatum, Pleurozium schreb., Vacc. myrtill., Luzula pilosa, Luzula luzuloiydes, Carex pilulifera, Hylocomium splendens, Deschampsia flexuosa			
Aegopodium podagr., Geran. rob., Brach. silv., Ajuga reptans					
Dryopteris spinulosa, Athyrium filix-femina, Mycelis mural., Viola silvatica, Oxalis acetosella, Fragaria vesca, Galium rotundifolium, Mnium cuspidatum, Eurhynchium striatum, Anemone nemorosa, Scleropodium purum					

simsen-Eichen-Buchenwäldern (Luzulo-Fagetum MARKGR. 1932 em. MEUSEL 1937 = Melampyro-Fagetum OBERD. 1957) sowie den entsprechenden Nadelholz-Forstgesellschaften zusammen.

1. *Die Vegetationstypen des Dachsholzes*

a. Die Laubwaldgesellschaften: Die in Tabelle I dargestellte charakteristische Artenkombination wurde aufgrund von 52 Vegetationsaufnahmen aus dem Donaumoos und seiner Randgebiete zusammengestellt. Da es sich um eine lokale Gliederung handelt, wurden die Assoziations- (A) und Verbandskennarten (V) nicht gekennzeichnet. *Quercus robur* ist in allen 3 Assoziationen vertreten. Im Erlen-Eschenwald herrschen feuchtigkeitsliebende Arten vor: *Prunus padus* (A-Pruno-Fraxinetum), *Alnus glutinosa, Fraxinus excelsior, Acer pseudoplatanus, Filipendula ulmaria* und die auch im Waldziest-Eichen-Hainbuchenwald vertretene *Anemone ranunculoides*- und *Stachys silvatica*-Gruppe (meist V-Alno-Padion). Die Eichen-Hainbuchenwälder sind durch *Carpinus betulus* (V-Carpinion) und *Tilia cordata* (V-Carpinion) gekennzeichnet. *Fraxinus excelsior* und *Acer pseudoplatanus* finden sich zusätzlich im Waldziest-Eichen-Hainbuchenwald. *Fagus silvatica* (V-Fagion), die mit *Quercus petraea* ihren eindeutigen Schwerpunkt im Hainsimsen-Eichen-Buchenwald hat, tritt auch in den trockenen Typen der Eichen-Hainbuchenwälder auf. Von den Carpinion-Verbandskennarten der Krautschicht sind nur *Galium silvaticum* und *Dactylis polygama* in allen Einheiten regelmäßig vertreten. *Stellaria holostea* bevorzugt den Seegras-Eichen-Hainbuchenwald und *Festuca heterophylla* ist nur im Typischen und besonders im Hainsimsen-Eichen-Hainbuchenwald stet. Die noch mit *Festuca heterophylla* aufgeführten Arten sprechen (nach Dr. TH. MÜLLER mündlich) dafür, die trockenen Eichen-Hainbuchenwälder (Typische und Luzula-Subass.) zum Galio-Carpinetum OBERD. 57, die feuchten (Carex brizoides- und Stachys silvatica-Subass.), davon insbesondere den Seegras-Eichen-Hainbuchenwald, zum Stellario-Carpinetum OBERD. 57 einzuordnen. Da eine endgültige Klärung noch aussteht, wurde zunächst der neutralere Name Querco-Carpinetum benützt. *Solidago virgaurea* und *Convallaria majalis* gehen (entgegen den Angaben von Tab. I) im Gesamtgebiet in geringem Umfange auch noch in die wärmeliebenden Ausbildungsformen des Hainsimsen-Eichen-Buchenwaldes.

b. Die Forstgesellschaften: Aus 26 Aufnahmen wurde annähernd parallel zu den untersuchten naturnahen Laubwaldgesellschaften die entsprechende charakteristische Artenkombination der Typen herausgearbeitet (Tab. II). Auf dem Standort des Typischen Eichen-Hainbuchenwaldes sind im Dachsholz keine Nadelwälder vorhanden. Im Bereich der Erlen-Eschen- und Eichen-Hainbuchenwälder dominiert die Forche über die Fichte: Fichten-Forchen-Forst, im Bereich der Hainsimsen-Eichen-Buchenwälder ist es gerade umgekehrt: Forchen-Fichten-Forst. Im Dachsholz sind die Forsten meist im Kontakt mit den entsprechenden naturnahen Laubwaldgesellschaften, so daß die dort kennzeichnenden Arten bei den Nadelwäldern nicht ganz fehlen.

2. *Allgemeine Gesichtspunkte zur räumlichen Gliederung des Vegetationsmosaiks* (zur Veranschaulichung vgl. Fig. 2 und 3)

a. Da in den bisher auf diesem Symposion gehaltenen Referaten das Vegetationsmosaik kleinster Räume (z.B. bei CARBIENER innerhalb einer Thufure oder bei NEUHÄUSL in einem Spirkenhochmoor) besprochen wurde, wir aber das Vegetationsmosaik eines größeren Raumes behandeln wollen, soll auf die unterschiedliche Betrachtungsweise, insbesondere bei Verwendung des Begriffes Gesellschaftskomplex = Vegetationskomplex, aufmerksam gemacht werden.

b. ELLENBERG (1956, p. 100) benützt „Gesellschaftskomplex" allgemein: „Pflanzengesellschaften, die auf mosaikartig miteinander verbundenen Standorten mehr oder minder regelmäßig vorkommen, nennt man einen Gesellschaftskomplex". Bei PASSARGE (1965, p. 204) ist

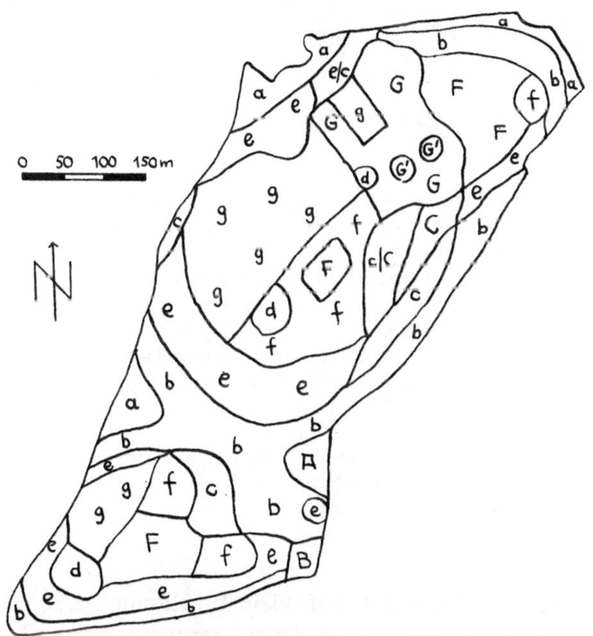

Fig. 2. Karte der realen Vegetation des Dachsholzes bei Stengelheim südlich Neuburg/Do. (aufgenommen am 4.10.1965)

a = Pruno-Fraxinetum
b = Querco-Carpinetum stachyetosum
c = Querco-Carpinetum caricetosum brizoidis
d = Querco-Carpinetum typicum, Typische Variante
e = Querco-Carpinetum typicum, Luzula-Variante
f = Querco-Carpinetum luzuletosum
g = Luzulo-Fagetum (Melampyro-Fagetum) typicum
A = Weiderich-Fichten-Forchen-Forst und gestörtes Pruno-Fraxinetum
B = Kohldistel-Fichten-Forchenforst (fragm.)
C = Seegras-Fichten-Forchen-Forst oder Vorwald aus Birke und Kiefer mit Carex brizoides
F = Goldruten-Fichten-Forchen-Forst
G = Heidelbeer-Forchen-Fichtenforst
G′ = Weißmoos-Forchen-Fichtenforst

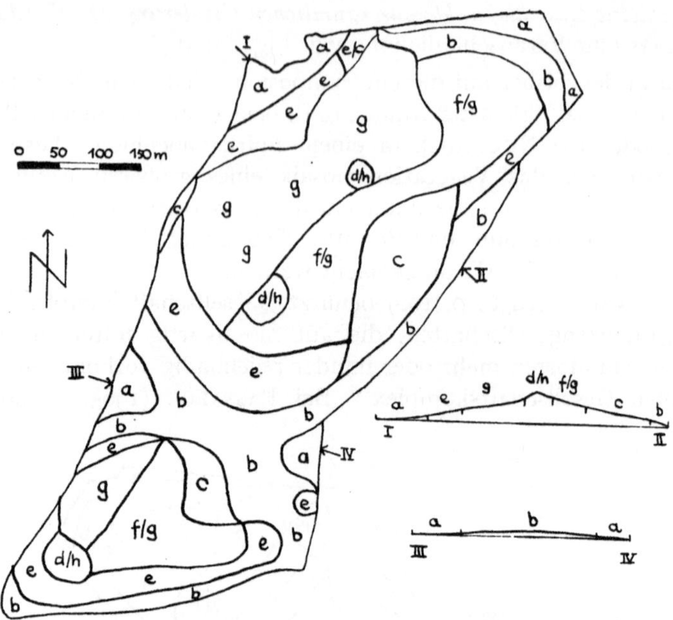

Fig. 3. Karte der heutigen potentiellen natürlichen Vegetation des Dachsholzes bei Stengelheim (aufgenommen am 4.10.1965)
a = Pruno–Fraxinetum
b = Querco–Carpinetum stachyetosum
c = Querco–Carpinetum caricetosum brizoidis
d = Querco–Carpinetum typicum, Typische Variante
e = Querco–Carpinetum typicum, Luzula–Variante
f = Querco–Carpinetum luzuletosum
g = Luzulo–Fagetum (Melampyro–Fagetum) typicum
h = Asperulo–Fagetum typicum
f/g und d/h = Es kann nicht sicher angegeben werden, ob es sich um die eine oder andere Form handelt
Querschnitte, I–II, III–IV überhöht

eine Verengung des Begriffes auf kleinste Räume (z.B. Bulten von Großseggenbeständen und dazwischen vorkommenden Lachen) zu beobachten: „Ein Gesellschaftskomplex ist somit das räumliche und zeitliche Neben- (oder Durch-)einander von zwei voneinander unabhängigen (zumindest aber nicht direkt abhängigen), ungleichwertigen meist physiognomisch-strukturell verschiedenen Vegetationseinheiten, die i.d.R. unter merklich unterschiedlichen ökologischen Bedingungen leben – auch wenn sie vielfach am gleichen Wuchsort gedeihen". TÜXEN (1957, p. 219) und SCHMITHÜSEN (1959, p. 164) verstehen unter einem Gesellschaftskomplex bzw. (landschaftlichen) Vegetationskomplex das für eine Gegend charakteristische Gesellschaftsinventar. Das in diesem Referat zu besprechende Vegetationsmosaik entspricht dem bei TÜXEN und SCHMITHÜSEN genannten Gesellschaftsinventar. Da der Begriff Vegetationskomplex (Gesellschaftskomplex) häufig nur noch bei der kleinsträumigen Betrachtung angewandt wird, wollen wir den Begriff „Vegetationsmosaik" benützen, dabei muß zwischen dem Mosaik der

„realen Vegetation" und dem der „heutigen potentiellen natürlichen Vegetation" unterschieden werden.

α. Reale Vegetation: In der Kulturlandschaft tatsächlich vorhandene Vegetationstypen: Naturnahe Wälder und die durch stärkeren menschlichen Einfluß daraus hervorgegangenen Ersatzgesellschaften. Innerhalb einer Standortseinheit („Fliese" nach SCHMITHÜSEN 1959, p. 123) (z.B. Entwässertes Niedermoor) können in der realen Vegetation neben der natürlichen Schlußgesellschaft (z.B. Erlen-Eschenwald) auch die entsprechenden Ersatzgesellschaften (z.B. Weiderich-Fichten-Forchenforst, Kohldistelwiese oder Sumpfkressenflur) in engem Kontakt miteinander vorkommen: Mosaik der Kontaktgesellschaften (vgl. TÜXEN 1957, p. 216) oder „homologe Gesellschaften" (SCHMITHÜSEN 1959 p. 147).

β. Heutige potentielle natürliche Vegetation (heutige natürliche Schlußgesellschaften): Die Vegetation, die sich nach Aufhören des menschlichen Einflusses (schlagartig) auf jeweils bestimmten Standorten (Fliesen) einstellen würde (vgl. TÜXEN 1957, p. 201, TRAUTMANN 1962, p. 59), z.B. Erlen-Eschenwald auf entwässertem Niedermoor.

c. Tabelle III soll die zum Problemkreis „Vegetationskomplex" von verschiedenen Autoren benützten Begriffe darstellen. Die hinter der Abkürzung des Autornamens angeführte Zahl bedeutet die Seitenzahl aus folgenden Veröffentlichungen:

B = BRAUN-BLANQUET 1964, D = DU RIETZ in ELLENBERG 1956, p. 100, M = MÜLLER, TH.: Mosaikkomplex und Fragmentkomplex, Referat desselben Symposions, P = PASSARGE 1965, S = SCHMITHÜSEN in MEYNEN-SCHMITHÜSEN 1953 (ohne Seitenangaben), S = SCHMITHÜSEN 1959 (mit Seitenangaben), T = TÜXEN 1957.

TABELLE III

insträumige Betrachtung 1 : 1000 u. größer) ellschaftskomplex P204 etationskomplex M, P204	Fragmentkomplex M, Mosaikkomplex D, M, P204 Durchdringungskomplex P204, Überstellungskomplex P207, Zonationskomplex D = Gürtelkomplex B735 = Gürtelungskomplex P204		
inräumige Betrachtung 1 : 10 000 bis 1 : 100 000) ellschaftskomplex T219 etationskomplex S164 sengefüge (niederer nung) S126	heut. pot. nat. Veg. T201 (Standort) Fliese S123	 (Vegetation) kleinste Einheit d. natürl. Schlußgesellsch. S125, T206, B639	reale Vegetation T201 Mosaik d. natürl. Schlußgesellschaft mit den entsprech. Ersatzgesellschaften T215 = homologe Gesellschaften S147
	Fliesengruppe S	Zonierung der natürl. Schlußgesellschaften	
	Fliesenkomplex S	Mosaik der natürlichen Schlußgesellschaften	
ßräumige Betrachtung 1 : 100 000 u. kleiner)		Vegetationsregion D Vegetationsstufe D	

3. Die räumliche Anordnung der Vegetation des Dachsholzes und ihr Vergleich mit der Bodenkarte (vgl. Fig. 1–3).

a. Die reale Vegetation (Fig. 2): Für die Laubwälder wurden kleine, für die entsprechenden Forsten große Buchstaben benützt, sodaß man aus der Karte sofort die homologen Gesellschaften erkennen kann.

b. Die heutige potentielle natürliche Vegetation (Fig. 3): Die naturnahen feuchten Laubwaldgesellschaften der realen Vegetation entsprechen ungefähr denen der heutigen potentiellen natürlichen Vegetation, weil dort die Buche nicht konkurrenzfähig ist (vgl. auch ELLENBERG 1963, p. 208 ff). Schwierigkeiten für eine Beurteilung bieten vor allem die auf basenarmen bis basenreichen Braunerden aus schwach lehmigen Sanden stockenden Eichen-Hainbuchenwälder der realen Vegetation, die trotz des relativ kontinentalen Klimas buchenreich sind. Auf diesen Standorten kann zunächst nicht beurteilt werden, inwieweit die Hainbuche durch Mittelwaldwirtschaft jahrhundertelang begünstigt wurde. Ursprünglich wurde vermutet, daß die im Untergrund schwach pseudovergleyten (Typ Nr. 5, Fig. 1) oder die anlehmigen Böden in der realen Vegetation einen Eichen-Hainbuchenwald, die weniger anlehmigen und nicht pseudovergleyten einen Hainsimsen-Eichen-Buchenwald tragen würden. Die Kartierung der realen Vegetation ergab, daß hainbuchenfreie Bestände, die auch in der Krautschicht keine Carpinion-Arten zeigten, nur an den nach Nordwesten geneigten Hängen gefunden wurden.

Eine Sonderstellung nehmen die drei durch Dachsbauten eutrophierten Standorte ein. Dort haben sich sehr viele Nährstoffzeiger (z.B. *Asperula odorata* und *Lilium martagon*) eingefunden. Die Säurezeiger treten völlig zurück (Querco-Carpinetum typicum, typ. Var.). Es wäre möglich, daß sich an diesen Stellen in der heutigen potentiellen natürlichen Vegetation ein Asperulo-Fagetum typicum (= Melico-Fagetum typicum Knapp 1942) einstellen würde, das bisher im Gebiet in der realen Vegetation noch nicht gefunden wurde.

c. Vergleich der Karte der heutigen potentiellen natürlichen Vegetation mit der Bodentypenkarte: Das Vegetationsmosaik des Dachsholzes weist eine höhenlinien- und expositionsbedingte Zonierung auf, bei der das allmähliche Aufsteigen aus dem Grundwasser- und Hangsickerwasserbereich den ökologischen Hauptfaktor aufzeigt, was auch aus Tabelle IV deutlich hervorgeht. Der Seegras-Eichen-Hainbuchenwald bevorzugt dabei die Pseudovergleyte Braunerde aus lehmigem Sand.

TABELLE IV. *Vegetation und Böden des Dachsholzes*

Naturnaher Wald	Forst	Bodentyp
Pruno-Fraxinetum	Weiderich–Fi.–Fo.–F.	Entwässertes Niedermoor
Q.–C. stachyetosum	Kohldi.–Fi.–Fo.–F.	Gley-Braunerde aus sand. Ton
Q.–C. caricetos. briz.	Seegras–Fi.–Fo.–F.	Pseudovergl. Brerd. a. schw. l. S.
Q.–C. typ., typ. Var.	—	Pararendzina a. schwach l. Sand
Q.–C. typ., Luz. Var.	—	Schw. pseudovgl. Bre. a. t. Sand
Q.–C. luzuletosum	Goldrut.–Fi.–Fo.–F.	Schw. po. (u. psvgl.) Bre. a. schw. l. Sa
Luzulo-Fagetum	Heidelb.–Fo.–Fi.–F. Weißmoos–Fo.–Fi.–F.	Schw. pods. Brerd. aus schw. l. S.

III. ZUSAMMENFASSUNG

Nach einer kurzen Klärung der Begriffe: Mosaik-Komplex, Fliesenkomplex, Gürtelkomplex, Zonationskomplex und Fliesengruppe an einem schematischen Beispiel soll eine kurze Einführung in die Landschaft des Untersuchungsgebietes unter besonderer Berücksichtigung der Geologie und des Klimas gegeben werden.

Anschließend sollen die in der aus dem Donaumoos sich leicht erhebenden ungefähr 30 ha großen Waldinsel verbreiteten Bodentypen besprochen werden (Niedermoortorf, Gley-Braunerde, Schwach podsolige Braunerde). Die reale Vegetation dieses Waldstückes setzt sich aus dem Pruno-Fraxinetum, dem Querco-Carpinetum, dem Luzulo-Fagetum (Melampyro-Fagetum) sowie den entsprechenden Forstgesellschaften zusammen. Ein „Kartierungsschema" soll die typischen Artenkombinationen der einzelnen Einheiten erläutern. Unter Zuhilfenahme der Boden- und Vegetationskarte (reale Vegetation) wurde auch eine Karte der heutigen potentiellen natürlichen Vegetation entwickelt.

Beim Vergleich dieser drei Karten soll versucht werden, das Vegetationsmosaik in seiner Gestalt durch ökologische und anthropozooische Faktoren zu erklären. Gewisse Schwierigkeiten bereitet dabei die Abgrenzung des Querco-Carpinetum zum Luzulo-Fagetum in der heutigen potentiellen Vegetation.

SUMMARY

The vegetation and soil mosaic of a wooded island on mineral soil in Donaumoos.

After a short clarification of the terms: Mosaik-Komplex, Fliesenkomplex, Gürtelkomplex, Zonationskomplex and Fliesengruppe a short introduction in the landscape of the study area with special regard to the geology and climate will be given.

In addition, the soils of the slightly elevated and wooded island of about 30 hectares in the Donaumoos will be discussed (Basin Peat, gleyed Brown Earths, weakly podzolised Brown Earths). The present vegetation of this piece of woodland is composed from the Pruno-Fraxinetum, the Querco-Carpinetum, the Luzulo-Fagetum (Melampyro-Fagetum) and of the derived forest communities. A mapping scheme should explain the typical species combinations of the individual units. With the help of the soil and vegetation map (present vegetation) a map of the potential natural vegetation was developed.

By comparison of these three maps an attempt will be made to explain the mosaic pattern of the vegetation using ecological and anthroprozoological factors. Definite difficulties exist thereby for the separation of the Querco-Carpinetum from the Luzulo-Fagetum in the present potential natural vegetation.

LITERATUR

BRAUN-BLANQUET, J.: Pflanzensoziologie. 3. Aufl. – Wien, New York 1964.

ELLENBERG, H. in WALTER, H.: Einführung in die Phytologie **IV** (1). Aufgaben und Methoden der Vegetationskunde. – Stuttgart 1956.

— Einführung in die Phytologie **IV** (2). Vegetation Mitteleuropas mit den Alpen. – Stuttgart 1963.

MEYNEN, E. & SCHMITHÜSEN, J.: Handbuch der Naturräumlichen Gliederung Deutschlands. Bundesanstalt für Landeskunde. 1. Lfg. – Remagen 1953.

OBERDORFER, E.: Süddeutsche Pflanzengesellschaften. – Jena 1957.

PASSARGE, H.: Zur Frage der Probeflächenwahl bei Gesellschaftskomplexen im Bereich der Wasser- und Verlandungsvegetation, Feddes Repertorium, *Beih.* **142**. Berlin 1965 (vgl. auch die Beiträge von GROSSER, HOFMANN, SCAMONI und STÖCKER in demselben Heft).

SCHMITHÜSEN, J.: Allgemeine Vegetationsgeographie. – Berlin 1959.

TRAUTMANN, W.: Erläuterungen zur Karte der potentiellen natürlichen Vegetation der Bundesrepublik Deutschland, Blatt 85 Minden. Stolzenau/Weser 1962.

TÜXEN, R.: Die heutige potentielle natürliche Vegetation als Gegenstand der Vegetationskartierung. – Berichte zur Deutschen Landeskunde **19** (2). Remagen 1957.

VOGEL, F.: Erläuterungen zur Bodenkundlichen Übersichtskarte von Bayern 1:500000. – München 1961.

E. KLAPP:
Ich möchte mich nur zu einer Teilfrage äußern. In der letzten Gliederung haben Sie, wie zu erwarten, auf der Pararendzina das Carpinetum typicum in der Typischen Variante. Aber bei der ersten Wiedergabe der Böden hieß es Pararendzina bzw. Parabraunerde. Und das wäre eine höchst merkwürdige Entwicklung. Denn die Pararendzina wird sich zunächst zu einer hochbasengesättigten Braunerde entwickeln. Und erst dann vielleicht in langer Zeit zu einer Parabraunerde und auf der Parabraunerde würde man wahrscheinlich kein Typicum in Typischer Variante finden. Also ich glaube, daß die Bezeichnung Pararendzina richtiger ist als Parabraunerde.

D. RODI:
Es wäre vielleicht tatsächlich sinnvoller, man würde hier verbraunte Pararendzina sagen und nicht, wie ich das zunächst angeschrieben hatte, Pararendzina oder evtl. Parabraunerde. Besser wäre wahrscheinlich, man würde sagen Pararendzina oder verbraunte Pararendzina. Außerdem ist es sehr häufig so, daß man im Gelände eine Parabraunerde, vor allem wenn es sich noch um gestörte Verhältnisse handelt, gar nicht ganz einfach in der Morphologie des Profils erkennen kann, weil zur Erkennung dieser Lessivierung häufig Schlämm-Analysen notwendig sind, die ich mit den Methoden, die mir zur Verfügung standen und in der Zeit, die ich darauf verwandt habe, nicht durchführen konnte.

Es war in meiner Zusammenstellung an der Tafel nicht mein Ziel, eine Begriffsinflation hervorzurufen. Sondern ich hatte nur die Begriffe, die bereits in der Literatur benützt waren, einmal übersichtlich zusammengestellt und versucht, nun die Betrachtungsweise der einzelnen

Autoren zu zeigen, da das, war ich Ihnen hier als Vegetations-Mosaik gezeigt habe, in einer anderen Dimension gewesen ist, als das Problem der Vegetations-Komplexe, die in den vorhergehenden Vorträgen gezeigt wurden. Um das klar herauszustellen, hatte ich diese übersichtliche Darstellung gebracht und auch die Begriffe geklärt.

ÜBER MANTEL- UND SAUMGESELLSCHAFTEN DES VERBANDES QUERCION PUBESCENTIS-PETRAEAE

von

J. Michalko, Bratislava

Die Problematik der Existenz von Übergangsgesellschaften zwischen steppenartigen Trockenrasen und Waldgesellschaften des Quercion pubescentis-petraeae-Verbandes ist auch in kontinentalen Gebieten Europas unbestritten. Die ökologischen Verhältnisse des Waldrandes (direkte und reflektierte Licht- und Wärmebestrahlung, besonders Mikroklima) sind die wichtigsten Faktoren, die die Spezifizität dieser Gesellschaften bedingen. Schon lange Zeit berücksichtigt auch die forstliche Praxis die standörtliche Besonderheit dieser Streifen.

Die Analyse und Bewertung dieser Gesellschaften ist oft sehr schwierig. Es treffen hier Arten von Wald-, Saum- und Steppengesellschaften zusammen. Diese Gesellschaften kommen meistens nur fragmentarisch vor, und so bilden sie einen mosaikartigen Assoziationskomplex. Ihre Struktur ist kompliziert, was hier schon früher erwähnt wurde.

Im Zusammenhang damit erlaube ich mir die Aufmerksamkeit auf die Fälle zu lenken, wo die Struktur der Waldgesellschaften homogen ist, wenn auch in diesen Gesellschaften Wald-, Saum- und Steppen-Arten gemeinsam vorkommen. Die Saum-Arten haben in solchen Wäldern so günstige Bedingungen, daß sie den vollen Lebenszyklus absolvieren können. Die Saum- und Mantel-Arten haben im Wald ebenso gute Lebensbedingungen, wie andere Trockenwald-Arten; die Steppen-Arten dagegen (z.B. *Festuca sulcata* s.l. usw.) blühen hier selten und erhalten sich meistens nur vegetativ. Gegen Osten steigt die klimatische Kontinentalität und Steppen-Arten erreichen hier auch in Hochwäldern den vollen Lebenszyklus (blühen, tragen Früchte usw.). Als Beispiel solcher Gesellschaften kann ich die Waldphytozoenosen der Löss-Platten und des Löss-Hügellandes von Südeuropa anführen. Die Gesellschaften stellen jedenfalls eine abweichende Assoziationsgruppe des Quercion pubescentis-petraeae-Verbandes dar. Es handelt sich um die Assoziation Acero (tatarici)-Quercetum pubescentis-roboris, welche die ungarischen Autoren in einen selbständigen Verband reihen. Die sowjetischen Autoren beschrieben diese Gesellschaften vor allem aus Moldavien und aus der Südwest-Ukraine unter verschiedenen Namen (Quercetum stepposum, brachypodiosum, herbosum, pooso (angustifoliae)-andropogosum, siehe z.B. T. S. Gejdeman et al., Tipy lesa i lesnye associacii Moldavskoj SSR, Kišinev 1964). Die klimatischen Bedingungen, Kontinentalität (Niederschläge unter 600 mm), Bodenverhältnisse (Tschernosem und verbraunter

Tschernosem auf Löß) und allmählicher Übergang in Waldsteppen- und Steppenzone ermöglichen ihr Vorkommen.

Diese Waldgesellschaften haben eine homogene Struktur nur im Falle, wenn sie normal bewirtschaftet werden und verhältnismäßig gut erhalten sind. Die Arten, wie z.B. *Phlomis tuberosa, Dictamnus albus, Melica altissima, Veronica teucrium, Vinca herbacea, Inula salicina, Lathyrus pannonicus* und eine ganze Reihe ähnlicher Arten, werden zu Bestandteilen dieser Gesellschaften. Einige alte Reliktpflanzenarten in anderen Gebieten (z.B. *Carex pediformis, C. transsilvanica* etc.) vertragen die Beschattung von lichteren Holzarten (*Quercus, Pinus*).

Wenn diese Wälder anthropisch stark beeinflußt sind (durch Beweiden, durch devastierte Waldbenutzung), dann verlieren sie die floristische Homogenität und so entstehen auch hier Vegetationskomplexe mit einem stark modifizierten Aufbau und einer veränderten Artenstruktur. In Moldavien nennt man diese Wald- und Steppenkomplexe „grnecy".

Im westlichen Teil Südost-Europas sind diese Waldgesellschaften sehr artenreich. Die Baumschicht wird von vier Eichen-Arten (*Quercus robur, Q. pubescens, Q. cerris, Q. petraea*) gebildet, und auch andere Holzarten sind beigemischt. Die Strauch- und Krautschicht sind artenreich. Je östlicher desto mehr vermindert sich die floristische Buntheit dieser Gesellschaften. In der Baumschicht bleiben nur *Quercus robur, Acer tataricum* und nur selten andere Arten. In der Feldschicht kommen allmählich einige Arten der höheren soziologischen Einheiten nicht mehr vor, und es treten hier neue Steppenelemente auf. Hier beginnt schon die osteuropäische Waldsteppenzone.

Die soziologische Klassifikation dieser Waldgesellschaften ist eine andere Frage. Die Arten, die im ganzen Gebiet des Quercion pubescentis-petraeae-Verbandes für Waldmantel und für Waldsaum typisch sind, muß man auch hier zu diesen Gruppen reihen. Es ist aber möglich, daß einzelne dieser Arten selbständige Populationen bilden, und daß sie als selbständige Sippen betrachtet werden können. Es geht hier um eine sogenannte Dekumbation der Vegetationsschichten (nach sowjetischen Autoren), oder vielleicht um eine Synusionverschiebung (was hier schon erwähnt wurde). Diese Waldgesellschaften sind ein gutes Beispiel dafür, wie eine homogene Struktur der Pflanzengesellschaften zu verschiedenen phytozönologischen Ansichten führen kann.

ZUSAMMENFASSUNG

Der Vortrag macht auf die Problematik einiger für Lößplatten Südost-Europas charakteristischer Waldgesellschaften, welche im Übergang in die Waldsteppen-Zone Ost-Europas sind, aufmerksam. Die Saumgesellschaft des Quercion pubescentis-petraeae-Verbandes sind in West-Europa auffallend und gut erkennbar, jedoch im östlichen (kontinentalen) Teil Südosteuropas sind sie von den Waldgesellschaften schwer zu unterscheiden, da sie einen mosaikartigen Assoziationskomplex bilden.

Es handelt sich hier um eine Synusion-Verschiebung oder um eine sogenannte Dekumbation (nach sowjetischen Autoren). Viele Arten bilden hier selbständige für die soziologische Klassifikation wichtige Populationen. Diese Waldgesellschaften sind ein gutes Beispiel dafür, wie eine homogene Struktur der Pflanzengesellschaften zu verschiedenen phytozönologischen Anschauungen führen kann.

SUMMARY

This lecture calls attention to the problem of wood communities on loess lowlands, characteristic for south-eastern Europe. The mentioned wood communities form the transitional community to forest steppe zone of east Europe. The forest margin herb communities of the Quercion pubescentis–petraeae alliance are in west Europe expressive and well distinguished, but in eastern (continental) part of south Europe they are differentiated very sharply from wood communities, because of their mosaic association complex.

In the present lecture is dealt with synusium layer or with so-called dekumbation (according to the Soviet authors). Many species form isolated populations, important for the sociological classification, here. These wood communities are a good example to show, how the homogenious structure of plant communities can lead to different opinions of phytosociologists.

R. Tüxen:
Wir finden im Westen und Nordwesten Europas sehr klare Saum- und auch Mantel-Gesellschaften als selbständige räumlich, zeitlich, soziologisch und funktionell ganz selbständige Gesellschaften, während im Südosten, in den kontinentalen Gebieten, eine diffusere Verteilung jener Arten vorhanden ist, die bei uns selbständige Gesellschaften bilden.

Wenn man also von uns aus sieht, so sagen wir, es sind selbständige Gesellschaften, Assoziationen, Verbände, Ordnungen und vielleicht sogar eine Klasse. Wenn man vom Kontinentalen her sieht, so könnte man eine gegenteilige Meinung haben, indem man sagt, dort im kontinentalen Gebiet ist das Verhalten dieser Arten normal und an ihrer Grenze im Nordwesten oder Norden Europas haben sie eben eine Sonderstellung.

Das Problem ist nicht so weit verschieden von der Auffassung der Systematik der Unkrautgesellschaften unserer Äcker. Wir haben zunächst, von uns ausgehend hier, eine Klasse, eine Ordnung sogar, ich darf an Sissings Violetalia arvensis erinnern, gehabt, während vom Mediterran-Gebiet aus gesehen – Oberdorfer hat das dann zunächst übernommen, und wir haben uns angeschlossen – zwei Klassen vorhanden sind. Es kommt darauf an, von welchem Gebiet aus man dieses Problem betrachten sollte. Und das scheint mir ein Kernproblem zu sein. Ich wäre dankbar, wenn darüber noch nachgedacht werden würde.

E. Oberdorfer:
Ich möchte noch einen ganz anderen Gesichtspunkt in diese Diskussion bringen. Wir haben früher diese Saumarten: *Geranium sanguineum*,

Peudedanum cervaria u.a. als Quercetalia pubescentis-Arten betrachtet. Diese Arten, und das ist mir früher schon immer aufgefallen, haben aber nach ihrer Areal-Geographie gar nichts mit der Flaumeiche und mit den Flaumeichen-Gesellschaften zu tun. Wenn man in den südlichen SO-Raum kommt – und ich bin ja mit Freund ZEIDLER in N-Griechenland und Thrazien gewesen, wo wir sehr schöne Hochwälder gesehen haben mit *Quercus cerris*, *Quercus frainetto*, mit *Carpinus orientalis* usw. Wir haben darin nichts gesehen von *Geranium sanguineum* oder von *Peucedanum cervaria*. Wenn man nach Italien oder nach S-Frankreich kommt in das eigentlich voll entwickelte *Quercus pubescens*-Gebiet herein, da werden – das können mir die italienischen Kollegen bestätigen – auch die Arten *Geranium sanguineum* oder *Dictamnus albus* zu Seltenheiten.

Es ist sehr auffällig, daß alle Arten, die wir in die Klasse Trifolio-Garanietea gestellt haben, eine eurosibirische Verbreitung haben. *Geranium sanguineum* hat seine Hauptverbreitung von hier bis nach Sibirien und tropft nur so noch in das *Quercus pubescentis*-Gebiet hinein. *Peucedanum cervaria*, *Bupleurum falcatum* und andere Arten haben den Schwerpunkt ihrer Verbreitung im eurosibirischen Raum. Natürlich ist ja nun gerade das pannonische Gebiet ein Kontakt- und Verzahnungsgebiet dieser subkontinentalen Gesellschaften mit den submediterranen *Quercus pubescens*-Gesellschaften. Darum ist hier die Analyse besonders schwierig. Aber wenn man es vom Süden her, vom vollentwickelten *Quercus pubescens*-Gebict und vom subkontinentalen Gebiet her betrachtct, so sind das doch zwei verschiedene Gruppierungen mit verschiedenen ökologischen Ansprüchen.

TH. MÜLLER:
Wir müssen außerdem davon ausgehen, daß das ja ein ganz anderes Klima-Gebiet ist. Entsprechende Erscheinungen haben wir auch bei den mehr mitteleuropäisch-kontinentalen Gesellschaften der Festuco-Brometea und der Thero-Brachypodietea im Mediterran-Raum. Dazu kommen noch unsere europäischen Sedo-Scleranthetea-Gesellschaften. Sie sind charakterisiert durch verschiedene Arten, die aber im Mediterran-Gebiet mit seinem ganz anderen Klima als Charakterarten der Thero-Brachypodietea fungieren. Warum soll es bei den Flaumeichen-Wäldern in einem ganz anderen Klimabezirk im Verzahnungsgebiet nicht genau dieselbe Erscheinung geben?

S. PIGNATTI:
Ich möchte Prof. MICHALKO eine Frage stellen, die er vielleicht schon beantwortet hat in seinem ganz kurzen Vortrag, und vielleicht ist mir das entgangen. Was sind diese Fragmente oder diese Eindringungen einer Steppenvegetation im Walde? Ist das mehr bodenbedingt, etwa weil am Rande des Waldes sich der Boden so verschlechtert, daß die Steppenarten eindringen können, oder ist es mehr klimatisch und mikroklimatisch durch Lichtwirkung, Trockenheit usw. bedingt?

J. MICHALKO:
In Osteuropa ist das Klima ausgesprochen kontinental. Das ist die

wichtigste Frage. Dazu kommt der Löß, z.B. auf der Krim. Es ist etwas anderes im Kalkgebiet. Aber in der Ukraine und in Morawien, auch in Pannonien liegt der Übergang zur Waldsteppenzone.

E. Dahl:
The question how clearly the border communities associated with forests can be recognized depends on the structure of the forest. If the forest from climatic or edaphic reasons are structural open, then the difference in light conditions in the forest and along its border is small and the border communities become indistinct. This is the case with the open oligotrophic pine forests in Norway, which has no distinct border communities. The darker spruce communities have distinct border communities, often in connection with anthropogeneous influence. Near Langesund in Norway there are pine forests on soils normally occupied by spruce. In this pine forest several of the characteristic species of the spruce border communities occur. Perhaps have these characteristic species had their niche in the pre-spruce forests of pine in Norway, while today they have their niche along the anthropogenous borders of the spruce forests.

R. Neuhäusl:
Ich möchte die Frage aus einem anderen Gesichtspunkt stellen, und zwar: wenn wir von den kontinentalen Hochwäldern ausgehen und ihre Struktur studieren, stellen wir fest, daß diese Wälder die sogenannten Saum- und Steppenarten beinhalten. Die Frage ist, sind es also Wälder oder Mosaike von Saumarten und Reste von Wäldern. Ich möchte sagen, daß es die Wälder sind, in denen gerade die kontinentalen Arten – wie Herr Prof. Oberdorfer hier sehr gut erklärt hat – ihren Optimum-Bereich haben. Es ist nichts Besonderes, daß diese Arten gerade im Westen, in Mitteleuropa und in Nordwesteuropa, die besten Verhältnisse am Rande der Wälder finden, wo die Licht- und Wärmeintensität größer ist, und hier eine sehr klare selbständige Gesellschaft bilden.

Gibt es in diesen kontinentalen Wäldern auch Mantel- und Saumgesellschaften? Ich glaube, daß es sie gibt, ganz gut ausgebildete Gesellschaften. Aber sie sind von anderen Arten gebildet. Ich möchte sagen, die Existenz von Mantel- und Saumarten ist eine generelle, sie ist keine westeuropäische Erscheinung. Aber das Problem liegt in ihrer Klassifikation. Im Kontinent existieren Mantelgesellschaften, Saumgesellschaften und Waldgesellschaften, auch nicht nur Waldfragmente.

R. Tüxen:
Ich möchte an das anknüpfen, was eben Herr Neuhäusl sagte, daß diese im Südosten und im kontinentalen Gebiet vorhandenen Waldarten bei uns in das Licht und in die Wärme an die Säume gehen. Ich könnte ein Beispiel auf viel kleinerem Raum nennen: *Stellaria holostea*, eine Querco-Carpinetum- oder Carpinion-Art, ist in Süddeutschland und in Süd-Niedersachsen eine ausgesprochene Waldpflanze. Aber an der Wesermündung nördlich von Bremen, wo die Böden arm werden, bildet *Stellaria holostea* einen Anfang Juni ausge-

sprochenen weißen Saum, wenn sie blüht, am Rande der Eichenwälder und meidet die Wälder. Das ist ganz auffällig. Und ich habe, als ich im vorigen Jahre dort eine Karte der potentiell natürlichen Vegetation machen mußte, ernsteste Zweifel daran gehabt, ob wir in NW-Deutschland, wenigstens im Flachlande, *Stellaria holostea* als eine Kennart des Querco-Carpinetum regional betrachten können. Denn hier im Flachlande ist ihr Optimum im Saum und nicht im Walde. Das betrifft nicht die allgemeine europäische Stellung.

R. NEUHÄUSL:
Ich möchte gern zu dem, was Prof. TÜXEN sagte, noch ein weiteres Beispiel mit *Stellaria holostea* anführen. Diese in unserem Gebiet gute Carpinion-Art ist auch in der Fagion-Zone verbreitet. Das hat unsere Kartierungen gestört. Wenn wir diese Art in der Fagion-Zone treffen, dann ist sie immer nur eine Saum-Art, keine Wald-Art.

R. CARBIENER:
La transgression d'espèces dites „forestières" vers les associations de lisières (Saumgesellschaften) et prairiales, en répons à des variations déterminées des conditions climatiques générales (humidité plus grande et températures plus basses), est un fait d'observations courante. Ce phénomène constitue une des nombreuses vérification du concept si riche de la „relative Standortskonstanz" de WALTER. L'exemple cité par M. TÜXEN concernant le comportement de *Stellaria holostea* en Allemagne du Nord-Ouest se vérifie dans le Massif Central Français. On y constate que cette espèce est abondante dans les chênaies de basse altitude et se rencontre aussi dans les associations subrudérales de lisières (climat subatlantique). Elle se raréfie dans les hêtraies montagnardes, disparaît dans les hêtraies subalpines mais réapparaît à l'étage subalpin extra-forestier dans des groupements à la fois chionophiles et thermophiles. On la trouve ainsi dans les Vacciniaies à *Sorbus chamaemespilus* du Forez, dans certaines Calamagrostidaies des Monts-Dore à 1700 m.

Ajoutons que *Convallaria majalis* présente un comportement fort semblable sauf qu'elle ne quitte jamais la forêt à basse altitude. Le muguet constitue même, au delà de la limite de la forêt une excellente caractéristique du Calamagrostidion arundinaceae tant dans les Vosges, qu'en Forêt Noire (OBERDORFER) et dans les Monts-Dores.

J. LEBRUN

Mesdames, Messieurs, mes chers Collègues!

Il eut été normal que ma dernière intervention à ce Colloque eut lieu à la fin de cet après-midi, au moment de sa clôture. Pressé par les exigences des horaires, je crains ne pouvoir le faire en temps opportun. Permettez-moi donc de prendre congé dès à présent.

J'aurais souhaité saluer personnellement chacun de vous avant mon départ, mais comme je ne pourrai le faire, veuillez accepter collectivement mes plus vives salutations et l'expression de ma grande sympathie.

Le dixième Colloque de l'Association internationale de Phytosociologie est suffisamment avancé maintenant pour que l'on puisse déja tirer quelques conclusions, non pas seulement d'ordre scientifique mais aussi d'ordre technique pourrait-on dire, touchant le déroulement de ses travaux.

En réalité, j'ai été fort frappé au cours de ces quatre journées par l'apport réel des nombreux exposés faits à la tribune et davantage encore par la qualité et l'ampleur des échanges de vues, la pertinence des discussions auxquelles ils ont donné lieu. J'y vois la marque d'un véritable colloque meublé et animé comme il se doit.

Je désire par conséquent vous féliciter de cette belle et constructive activité qui témoigne adéquatement du caractère vivace et progressif, – l'emploi du terme dynamique est tout à fait de circonstance, – de l'Association internationale de Phytosociologie.

Avant de prendre définitivement congé, je tiens à me faire l'interprète de tous les participants pour dire notre très sincère appréciation à tous ceux qui ont organisé ce symposium et ont contribué au plein succès de son déroulement. Nous savons tous qu'une réunion de ce genre exige beaucoup de préparation et requiert beaucoup d'altruisme de la part des organisateurs. Ce ne sont pas seulement les aspects matériels des séances mais aussi leur programmation comme encore les discussions d'après-session qui exigent énormément de diligence et de doigté. Les récréations qui nous ont été accordées, l'accueil dont nous avons bénéficié laisseront à tous un souvenir agréable et fort vivace.

Je ne saurais féliciter et remercier tout le monde comme il convient. Je tiens toutefois à dire notre spéciale gratitude à l'infatigable et toujours jeune Professeur R. TÜXEN auquel j'exprime notre profonde sympathie.

J'associe enfin à ces chaleureuses congratulations tous ceux qui lui ont apporté leur concours et ont ainsi contribué au plein succès de ces assises!

M. WRABER:

Wir danken aus vollem Herzen unserem Herrn Präsidenten für seine guten anerkennenden und aufmunternden Worte. Wir bedauern, daß er nicht bis zum Schluß bleiben kann und hoffen, ihn auch das nächste Mal hier unter uns sehen zu können!

Bon voyage Mr. le Professeur, nos hommages aussi à Madame LEBRUN.

PFLANZENSOZIOLOGISCHE STRUKTURPROBLEME AM BEISPIEL KANARISCHER PFLANZENGESELLSCHAFTEN

von

E. OBERDORFER, Karlsruhe

Über die Vegetation der Kanarischen Inseln ist insbesondere im Zeitalter der klassischen Pflanzengeographie im letzten Jahrhundert und um die Jahrhundertwende sehr viel und eingehend berichtet worden.

Es wurden dabei durchweg die damals geltenden normativen und deduktiven Methoden verwendet, d.h. die Vegetation wurde nach abgeleiteten Prinzipien, nach Wuchsformen oder nach einem vorgefaßten Standort gegliedert.

Es schien deshalb besonders reizvoll zu untersuchen, wie weit die dabei gewonnenen Schemata mit dem Leben induktiv gewonnener, auf der Identität der Flora beruhender Einheiten erfüllt werden können. Nur solcherart abgeleitete Abstraktionen können nach Ökologie und Struktur überhaupt einheitlich sein. Dabei galt unser besonderes Interesse dem immergrünen Lorbeerwald, der seinem Aufbau nach ein randlich erhaltener Restbestandteil der im Tertiär durch ganz Europa verbreiteten immergrünen Wälder darstellt.

Bevor wir auf dieses Thema eingehen, sei aber zunächst kurz die Vegetationsgliederung der Inseln, so wie sie schon die klassische Pflanzengeographie abgeleitet hatte, dargestellt (Fig. 1).

Da die Inseln auf 28° nördl. Breite in der Passatzone liegen, ist das

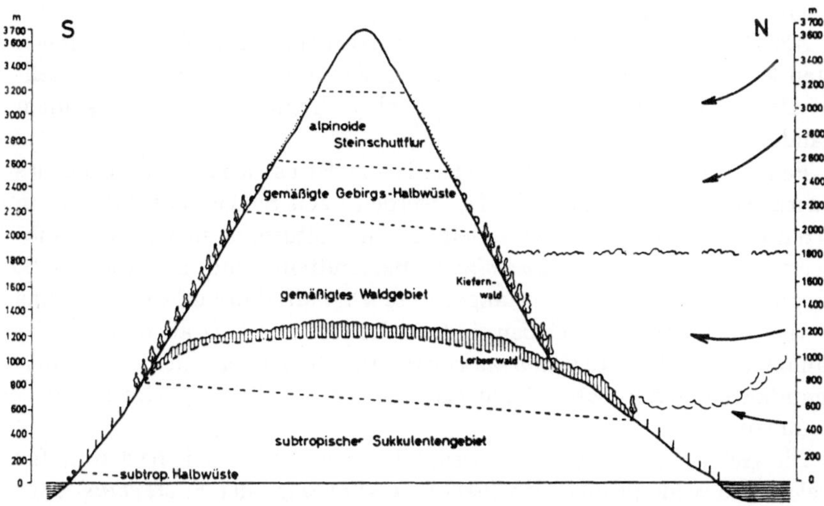

Fig. 1. Die Vegetationszonen von Teneriffa (Kanarische Inseln).

Klima generell niederschlagsarm, wüstenhaft! Wüstenhaft ist auch die Vegetation der flachen, wenig über das Meer sich erhebenden Inseln. Da, wo aber die Inseln zu höheren Bergen ansteigen, wie auf Teneriffa, entwickelt sich vor allem auf der Passat-ausgesetzten Nordseite, dadurch, daß der meernahe Wind zum Aufsteigen gezwungen wird, eine fast ganzjährig vorhandene Wolkenbank, die soviel Feuchtigkeit spendet, daß in deren Bereich Wälder existieren können. Bei großer Feuchtigkeit, lage- oder bodenbedingt sind es die immergrünen Laubwälder mit *Laurus canariensis*, bei geringerer Durchfeuchtung die Nadelwälder mit der Kanarischen Kiefer (*Pinus canariensis*). Unter der Wolkenbank schließen Sukkulenten-Gebüsche an, die schließlich im Lee der Inseln oder auf den flachen niederschlagsarmen Inseln in eine echte saharosindische Halbwüste übergehen können, die sich nicht nur physiognomisch, sondern auch floristisch von dem makaronesischen Sukkulentengebüsch deutlich abhebt und unbedingt davon unterschieden werden sollte.

Auch über den Wäldern der Wolkenzone entwickelt sich eine Halbwüste, die mediterran-montanen Charakter hat und mit ihren Kugelbüschen als Gebirgs-Halbwüste bezeichnet werden kann.

Nun aber zu den soziologischen Problemen der Kanarischen Wälder, wobei wir in diesem Zusammenhang unser Augenmerk dem Lorbeerwald zuwenden und von seinem Gegenspieler, dem kanarischen Kiefernwald, absehen wollen.

Eine eingehende soziologische Analyse zeigte, daß dieser Lorbeerwald keineswegs eine „natürliche Einheit" ist, wie es die seither bekannten Listen oder tabellenartigen Zusammenstellungen vermuten ließen. Er zerfällt in floristisch charakteristisch geschiedene Gesellschaften, die Ausdruck wechselnder Feuchte- oder Temperaturgrade sind. Wie alle Wälder dieser Erde sind schließlich vom ausgewogenen Waldbild selbst sehr scharf die Verlichtungsgesellschaften, die Mantel- und Degradationsgebüsche, sowie die Säume und schließlich die offenen, aber deutlich dem Wald noch zugeordneten niederwüchsig offenen Ersatzgesellschaften zu unterscheiden.

Als Beispiel sei ein feuchter und ein trockener Komplex geschildert. Man kann auch von Serien reden, da es sich nur selten um Dauergesellschaften, vielmehr meist um menschlich bedingte Entwicklungsstadien handelt.

Feuchte Waldgesellschaften, wie z.B. die Persea indica–Laurus canariensis–Gesellschaft, werden nach Schlag oder Brand in artenreiche Gebüsche abgewandelt, die in Kulturnähe meist sehr brombeerreich sind (*Rubus ulmifolius*). Bestandteile sind außerdem z.B. *Isoplexis canariensis*, deren abgeleitete *Digitalis*-Formen auch bei uns Verlichtunspflanzen geblieben sind. In die Hecke gehört auch als Spreizklimmer die bekannte *Canarina canariensis* die zu den schönsten Kanarenpflanzen gehört und deren nächste Verwandte in Ostafrika vorkommen.

Die Gebüsche werden von mesophilen Staudensäumen begleitet, für welche die wilden Cinerarien (*Senecio tussilaginis* oder *S. cruentus*) oder *Oxalis cernua* bezeichnend sind. Der floristische Gehalt der ganzen Serie wird sehr stark von endemischen oder disjunkt in Lorbeerwaldgebieten anderer Erdteile vorkommenden Arten bestimmt.

Auf den mehr trockenen Standorten z.B. der reinen Laurus canariensis-Gesellschaft entwickelt sich ein anderer Komplex. An die Stelle des Waldes treten nach Degradation artenärmere Baumheide-Gebüsche mit *Erica arborea* und *Myrica faya*, im Saum entwickelt sich eine Ginsterheide und mit ihr oft alternierend ein Therophytenrasen. Diese mehr trockenen Degradationstufen tragen im Gegensatz zu den entsprechenden Stufen der feuchten Serie überwiegend mediterranen Charakter.

Offenbar hängt dies damit zusammen, daß die Feuchtigkeit der Waldstufe im Sommer in erster Linie durch Nebelauskämmen der Bäume und hohen Gebüsche gewonnen wird, alle in ihrer Feuchtigkeit rein vom Regenniederschlag abhängigen, offenen, nur nieder bewachsenen Standorte aber, trotz häufiger Nebel einer ausgeprägten Sommertrockenheit mediterraner Art ausgesetzt sind.

Ganz objektiv gilt hier in der Passatzone der Satz, daß die Inseln veröden müßten, wollte man den Wald der Wolkenstufe ganz entfernen.

Nun aber zu einem speziellen Strukturproblem, auf das uns die Betrachtung der Komplexe der mehr trockenen Lorbeerwald-Standorte geführt hat. Die Auflösung der Gebüsche und Säume erfolgt oft unregelmäßig. Sehr häufig ergeben sich Bilder, bei denen, wie schon gesagt, einzelne höhere Baumheiden mit kleineren Ginstergruppen und offenen Therophytenflächen abwechseln. Selbstverständlich müssen die einzelnen Steine dieses Mosaiks soziologisch gesondert behandelt werden (Fig. 2).

Kann man aber auch so verfahren, wenn wir unterhalb der Waldstufe im Bereich der Sukkulenten-Gebüsche ein ähnliches Nebeneinander der Wuchsformen beobachten, im Bereich einer Euphorbia canarien-

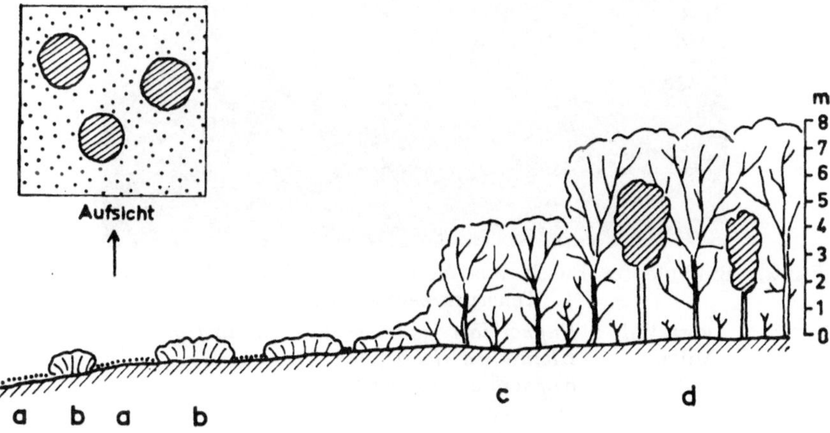

Fig. 2. Vegetationsprofil aus dem Lorbeerwaldgebiet Teneriffas (Tegueste, 550 m).

a: Therophytenweide (Helianthemetalia guttati)
b: Kleinstrauch-Heide (Micromerico-Genistion)
c: Baumheide-Gebüsch (Fayo-Ericion arboreae)
d: Baumheide-Gebüsch und einwachsender *Laurus canariensis* (schraffiert)

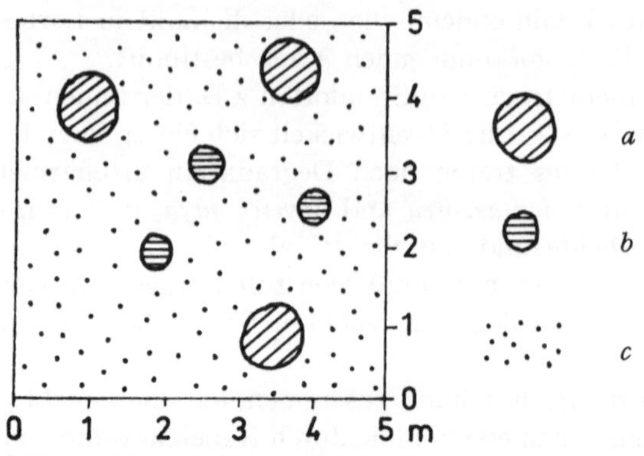

Fig. 3. Aufriß des Kanarischen Sukkulenten-Busches (vgl. Fig. 4).
a -*Euphorbia regis-jubae*
Plocama pendula, *Kleinia neriifolia*
b -*Lavandula pinnata*
c -*Andropogon hirtus* und Therophyten

Fig. 4. Sukkulenten-Busch aus dem subtropischen Trockengebiet von Teneriffa bei Santiago.
vorn links: *Euphorbia regis-jubae* und *Plocama pendula*
Mitte: *Kleinia neriifolia*
rechts: *Euphorbia canariensis*

sis-Gesellschaft z.B. einen *Andropogon hirtus*-Rasen, in dem einzelne Gruppen niederer *Lavandula multifida*-Büsche und Einzelexemplare höherer crassicauler *Euphorbia*-Arten, von *Kleinia neriifolia* oder *Plocama pendula* stehen (Fig. 3 u. 4)?

Trotz der Ähnlichkeit im Bild der Lebensformen-Zusammensetzung müssen aber diese Mosaike ganz verschieden beurteilt werden.

Fig. 5. *Launaea spinosa*-Halbwüste auf Teneriffa bei El Medano.

Das Baumheide-Ginster-Therophyten-Mosaik ist ein labiles Mosaik, das sich in keinem soziologischen Gleichgewichts-Zustand befindet. Ohne Zutun von Mensch und Tier, würden sich die Phanerophyten rasch zusammenschließen und die Therophyten und Chamaephyten überwachsen. Rasen-Gesellschaft, Ginster-Gestrüpp und Baumheide-Gebüsch können jeweils großflächig eigene Gesellschaften bilden, ohne die Bestandteile der anderen Kombinationen zu enthalten.

Anders im Sukkulenten-Gebüsch. Den Zwergsträuchern und höheren Sukkulenten-Büschen gelingt es auf Grund des Wassermangels nie zu einem dichteren Vegetationsschluß zu gelangen. Das Wuchsformenmosaik bildet ein stabiles Gleichgewicht (stabiles Mosaik) und muß deshalb als soziologische Einheit behandelt werden. Wenn ich im Lorbeerwald-Gebiet trennen muß, sind wir hier beim Sukkulentenbusch gezwungen zusammenzufassen. Der lichte Trockenbusch bildet nur scheinbar ein System voneinander unabhängiger Wuchsformen-Gruppen. In Wirklichkeit besteht trotz seiner Offenheit gegenseitige Abhängigkeit der nebeneinander geordneten Gruppen, ähnlich wie in mesophilen Wälder die übereinander geordneten Lebensformengruppen voneinander abhängen. Die Regulation im Trockenbusch erfolgt im Kampf um das wenige Wasser.

Artenreiche, aber offene, aus verschiedenen Lebensformen zusammengesetzte stabile Mosaike (Systeme), die als floristisch-ökologische Einheiten behandelt werden müssen, kommen in subtropischen Trockengebieten öfter vor und sind dafür charakteristisch.

Werden die Verhältnisse noch extremer, d.h. wird der niederschlagsbedingte Wassermangel noch größer, entwickelt sich auf den kanarischen Inseln zwar mit der saharo-sindischen *Launaea spinosa*-Halbwüste ein sehr fremdartiges Bild (Fig. 5). Das Modell der soziologischen Struktur ist uns aber jetzt wieder leichter verständlich als im Falle der sukkulenten Trockenbuschgesellschaften (des Kleinio-Euphorbion canariensis). Solche offenen, artenarmen, lebensformgleichen Gesellschaften sind auch der gemäßigten Zone nicht fremd, teils, wie hier, als Klimax-, teils auch als Dauergesellschaften, immer von pionierartigem Charakter. Wir denken an die Kältewüsten der Hochgebirge mit den Thlaspeetea, an Dünen (Ammophiletea) oder Felsbesiedlungen (Asplenietea).

Wenn die Formation der Wälder in der tropischen wie in der gemäßigten Zone die am höchsten organisierten Pflanzengesellschaften hervorbringt, so umschließen die Formationen der subtropischen Dorn- und Sukkulenten-Gebüsche oder auch gewisser subtropischer Trockenwälder sicher die am kompliziertesten aufgebauten Pflanzengesellschaften, die wir auf der Erde kennen.

SUMMARY

After a short description of the division of vegetational cover of the Canary Isles and of some plant-communities there two similar vegetational structures are described, one of them from the area of laurel forest, the other one from the area of succulent scrub. It is pointed out that analytically these two structural types have to be handled very different: In the area of the laurel forest there is an unstable mosaic, arisen from forest-degradation and consisting of different components partly of grasses and herbs partly of dwarf shrubs, which have to be regarded separately. In the area of succulent scrub however there are stable mosaics forming a sociological-ecological unit. Such stable mosaics like these show a diversity of growth forms and are characteristic of wide areas of subtropical arid regions whereas they are mostly lacking in humid regions and also in semideserts.

H. SUKOPP:
Für die Beschreibung der hier gezeigten Strukturen speziell also für das erste und für das letzte kann man vielleicht gut die Terminologie von MONOD benutzen. Er hat in der Sahara zwischen diffuser und kontrahierter Vegetation unterschieden. Diffuse Vegetation ist der Typ, der uns hier meistens gut vertraut ist und kontrahierte Vegetation haben wir in dem letzten Bild und vielleicht am deutlichsten gestern in den Bildern von Herrn FOLLMANN aus der Wüste gesehen. Diese Begriffe der kontrahierten und der diffusen Vegetation hat ja dann auch STOCKER in seinen Arbeiten aus Afrika übernommen. Diese Unterscheidung ist uns in unseren Gegenden nicht so geläufig, aber Sie haben als letztes ja auch Beispiele für solche Strukturtypen bei uns genannt. Das ist also eine ganz fruchtbare Unterscheidung.

R. CARBIENER:
L'exemple canarien des landes à Papilionacées suffrutescentes (à *Spartium junceum*), en tant que formation instable, d'origine anthropique, de remplacement des forêts hygrophiles de l'étage des brouillards (Nebelwald) des versants exposés aux vents de mer, suggère la comparaison aux

nombreuses formations de physionomie, de structure et de signification syngénétique identiques rencontrées tout le long de la façade occidentale du continent européen.

Lorsque le climat local est du type allochtone, donc humide et doux, l'on rencontre, en remplacement des forêts caducifoliées, ces formations à Génistées buissonnantes (*Spartium junceum, Cytisus purgans, Sarothamnus scoparius, Ulex* div. sp.) parfois mêlées d'Ericacées, ou de Genévriers (*Juniperus*) si caractéristiques mais pauvres en espèces, instables, (préparant la régénération forestière) et donc d'étude ingrate souvent délaissée. De la région pyrénéo-cantabrique à l'Irlande, des Iles britanniques au Danemark, des montagnes de la Corse, du Massif Central au Vosges et à la Forêt Noire, ces formations présentent le plus souvent, sous l'influence du pâturage, l'aspect d'une mosaïque de deux groupements. Dans une lande ou pelouse du Calluno-Genistion ou du Nardo-Galion, les buissons de Génistées sont plus ou moins régulièrement dispersés, chaque touffe formant un fragment d'une association particulière préparant la régénération forestière. Cette deuxième association ne contient aucune caractéristique en dehors des espèces édificatrices et de leurs parasites éventuels. Elle se distingue seulement par la présence de quelques espèces différentielles „forestières" ou nitratophiles „des coupes forestières" qui sont par ex. *Teucrium scorodonia, Digitalis purpurea, Rubus idaeus, Epilobium spicatum* pour le Sarothamnetum des Vosges, ces mêmes espèces avec en plus *Conopodium denudatum, Senecio cacaliaster, Calamagrostis arundinacea* etc. dans le groupement à Cytisus purgans des Monts-Dore. La nécessité établie par OBERDORFER pour la Sarothamnaie (1958), de bien séparer des deux constituants de telles mosaïques semble devoir être généralisée à l'ensemble des peuplements végétaux de ce type. Mais elle n'est pas toujours d'application aisée du fait de la variabilité de leurs aspects évolutifs.

E. DAHL:
The question of problem of mosaics between dense shrubs dispersed in a more open vegetation arises also in alpine areas where shrubs like *Juniperus communis* and *Betula nana* behave in this way. However in special localities such shrubs form closed communities which then can be adequately described, and also in certain localities the vegetation in between occurs in sufficiently large pure stands. In this case the two communities should be definitely described. But if the structure so rigid is that the components never part, then POORE suggests that the complex should be described as a unit, of course with remarks of the association of species within the complex.

W. LÖTSCHERT:
Die Bilder, die uns Prof. OBERDORFER gezeigt hat, haben mich lebhaft an die Verhältnisse in Mittel-Amerika erinnert. Dort hat man im Grenzgebiet zwischen El Salvador, Honduras und Guatemala einen Wald unter dem eigentlichen Nebelwald, der bei etwa 2000 m Höhe beginnt, der zusammengesetzt ist aus Kiefern und Eichen. Es ist *Pinus ocarpa,*

und sechs verschiedene *Quercus*-Arten kommen dort vor. Wenn diese Kiefern-Eichenwälder geschlagen werden, dann entwickeln sich dort ganz ähnliche Ersatz-Gesellschaften, wie diejenigen, die wir von der hygrophilen Serie gesehen haben, mit *Fuchsia*, mit *Lantana*-Arten, und es sind auch ähnliche Saumgesellschaften dort vorhanden, wohl in einer konvergenten Ausbildung wie auf den Kanarischen Inseln. Es handelt sich um ein subtropisches Klimagebiet. Das ist im allgemeinen nur an feuchteren Standorten der Fall und an solchen Stellen, die vom Nebel noch beeinflußt werden. Auf der anderen Seite gibt es solche offene Gesellschaften auf den Vulkanen, die dort ausgebildet sind, so ähnlich wie sie uns Prof. Tüxen gestern vorgeführt hat. Dort gibt es *Agaven*-Bestände von einer endemischen *Agave*-Art die mit anderen xerophilen Sträuchern durchsetzt, die aber insgesamt offen sind. Der Unterschied zwischen beiden geht abgesehen von der Befeuchtung durch Nebeleinwirkung darauf zurück, daß dort auch verschiedenartiger Untergrund ansteht. An den Vulkanen steht ein lockerer poröser Tuff an, während es sich im anderen Falle um Verwitterungsböden handelt, die natürlich eine ganz andere Wasserführung haben. Meine Frage wäre in diesem Zusammenhang, ob Sie vielleicht auch Gelegenheit und Zeit hatten, auf die Verschiedenartigkeit des Untergrundes im Zusammenhang mit der Ausbildung dieser verschiedenen Ersatzgesellschaften zu achten.

S. Pignatti:
Wie ist es mit dem Saison-Rhythmus bei der Lorbeer- und bei dieser maquienartigen Vegetation? Diese Vegetationstypen können vieles sagen über die Verhältnisse, die im Mittelmeer herrschen. Aber im Mittelmeer haben wir doch ein Klima mit ziemlich gut getrennten Jahreszeiten, also eine vegetative Jahreszeit und eine Ruhe-Jahreszeit. Ich möchte wissen, ob etwas Ähnliches auf den Kanarischen Inseln besteht, oder ob es dort anders steht.

E. Oberdorfer:
Ich danke sehr für die Anregungen, die ja zum größten Teil kein Widerspruch waren und keinen Widerspruch herausfordern, sondern nur wertvolle Ergänzungen darstellten. Zu den gestellten Fragen über die Bodenunterschiede und den Saison-Rhythmus darf ich noch sagen, daß es natürlich – und das war uns auch sehr eindrucksvoll – in der subtropischen Sukkulenten-Stufe der *Euphorbia*-Gesellschaften, die auch in der alten pflanzengeographischen Literatur als etwas Einheitliches dargestellt werden, daß es da natürlich sehr scharf, und zwar edaphisch bedingt, verschiedenartig zusammengesetzte Gesellschaften gibt: also z.B. die kakteenähnlichen *Euphorbien*, wie *Euphorbia canariensis*. Sie kommen nur immer auf den trockenen Böden vor, entweder auf Felsrippen oder auf solchen jung-vulkanischen im Wasserhaushalt sehr schlechten, trockenen Lavaströmen und Lavaböden, während da wo etwas mehr Feinerde oder die Wasserführung etwas besser ist, eine ganz andere Gesellschaft natürlich mit verbindenden Arten vorkommt. Ohne weiteres können wir nach unserer Methode auch hier arbeiten und die verschiedenen Gesellschaften mit ihren Charakterarten erkennen und zu

Verbänden zusammenfassen, die hier in dem subtropischen Sukkulentenbusch-Gebiet vor allem edaphisch durch die verschiedene Wasserführung, verschiedenes Poren-Volumen der Böden differenziert und gegeneinander abgesetzt werden.

Saison-Rhythmus ist im Lorbeerwald kaum ausgeprägt. Der Lorbeerwald existiert daraus und kann nur daraus existieren, daß er ein gleichmäßiges und feuchtes Temperatur-Klima hat während des ganzen Jahres, und dieser Ausgleich findet durch diese ständig vorhandene Passatwolke statt. Die meisten dieser Lorbeerwald-Arten können gleichzeitig blühen und fruchten, und zwar während des ganzen Jahres. Da gibt es z.B. auch eine *Camelliaceae, Visnea mocanera* mit einer hübschen kleinen *Camellien*-Blüte, an der man immer Blüten und Früchte nebeneinander hat. Natürlich findet eine gewisse Häufung wohl auch in der etwas feuchteren Winter- oder Frühjahrszeit statt. Da ist vielleicht die Phänologie etwas anders. Aber es sind nur feine Unterschiede im phänologischen Gang während des ganzen Jahres, weil eben hier das Klima vollkommen ausgeglichen ist durch die Passatwolke.

Ganz anders ist es oben in der mediterran-montanen Gebirgshalbwüste, und anders ist es auch im subtropischen Sukkulenten-Gebüsch, wo nun der mediterrane Klima-Rhythmus sich bemerkbar macht. Die Sukkulenten-Gebüsche, die ich vorhin gezeigt habe, oder Halbsukkulenten-Gebüsche, blühen und sind beblättert während des Winters und im Sommer. Wenn dann im Juni/Juli eine ausgeprägte Trockenzeit kommt, werfen sie ihre Blätter ab. Dann sieht das phänologische und physiognomische Bild ganz anders aus, nur daß dem Mittelmeer gegenüber die Phänologie etwas verschoben ist. Wenn man auf die Kanarischen Inseln im April kommt, sieht es in der unteren Sukkulenten-Gebüschstufe schon aus wie im Mittelmeergebiet im Juni oder Juli: hochsommerlich. Die Hauptentwicklung ist hier in den Wintermonaten oder in den frühesten Frühjahrsmonaten zusammengedrängt.

DIE ZAHL DER AUF DEM MINIMI-AREAL VORKOMMENDEN GEFÄßPFLANZENARTEN ALS MAß FÜR DIE FRUCHTBARKEIT DER WALDBÖDEN

von

Z. PRUSINKIEWICZ
Institut für Bodenkunde der N. Copernicus-Universität,
Toruń, Polen

I.

Die in letzter Zeit üblich gewordene enge wissenschaftliche Zusammenarbeit der Pedologen und Pflanzensoziologen – insbesondere in den Wäldern – hat schon bekanntlich zu vielen, sehr wichtigen praktischen Schlüssen und theoretischen Neuauffassungen beigetragen. Auch die Fassung des Begriffes „Waldbodenfruchtbarkeit" muß von neuem, unseren heutigen Kenntnissen entsprechend, angepaßt werden.

Die vorliegende Arbeit unterwirft daher unsere bisherigen Vorstellungen über die Bodenfruchtbarkeit zunächst einer kritischen Analyse, sowie die Möglichkeiten ihrer quantitativen Beurteilung und diskutiert neue eigene Vorschläge in dieser Hinsicht.

II.

In den ersten wissenschaftlichen Auffassungsversuchen aus dem vorigen Jahrhundert verstand man unter der Bodenfruchtbarkeit einfach „eine Summe aller physikalischen und chemischen Bodeneigenschaften". Man dachte damals garnicht an eine Gegenüberstellung der Bodeneigenschaften und der entsprechenden Pflanzenbedürfnisse und faßte die Fruchtbarkeit als ein ausschließlich bodeneigenes Merkmal auf.

Die etwas späteren Vorschläge überschätzten dagegen einseitig die Bedeutung der chemischen Bodeneigenschaften, was mit der damals stürmischen Entwicklung der Agrochemie im Zusammenhang stehen dürfte. Solche Meinung ist noch heute in vielen modernen Lehrbüchern für Bodenkunde anzutreffen, wie dies z.B. in dem berühmten Werke von BUCKMAN and BRADY (1962) der Fall ist, wo es heißt: „The term fertility refers to the inherent capacity of a soil to supply nutrients to plants in adequate amounts and in suitable proportions".

Auch in der Forstwirtschaft ist noch heutzutage die Ansicht sehr verbreitet, daß zwischen dem Silikatgehalt und der Bonität der dort wachsenden Kiefernbestände ein enger Zusammenhang besteht (siehe z.B. KUNDLER 1958).

Die zwar nicht gänzlich zutreffende, aber einst übliche Identifizierung der Bodenfruchtbarkeit mit dem pflanzenaufnehmbaren Nährstoffgehalt der Böden, hatte jedoch seinerzeit auch positive Folgerungen gehabt, indem sie zur ökologischen Auffassung des Fruchtbarkeitsproblems beitrug. Es handelt sich nämlich um die unmittelbare Gegenüberstellung der Bodeneigenschaften gegen die edaphischen Bedürfnisse der Pflanzen. Aber in einer ganz ausdrücklichen Form erscheint die ökologische Betrachtungsweise des Fruchtbarkeitsbegriffes erst in der allgemein bekannten WILIAMS'schen Definition (1950): „Bodenfruchtbarkeit ist eine Fähigkeit des Bodens alle edaphischen Lebensbedürfnisse der Pflanzen zu befriedigen". Diese lapidare Formulierung hat auch heute von ihrer Aktualität nichts verloren und bildet weiterhin einen Ausgangspunkt für alle neuzeitlichen Definitionen der Bodenfruchtbarkeit.

Solche Begriffe, wie „Pflanze" und „edaphische Bedürfnisse" sind aber bei WILIAMS noch ziemlich abstrakt behandelt. Erst N. P. KARPIŃSKI (1954) hatte diese Begriffe konkreter aufgefaßt. Nach seiner Definition ist die Fruchtbarkeit „eine Fähigkeit des Bodens die Wasser-, Nährstoff-, Reaktions- usw. Bedürfnisse verschiedener Pflanzenarten und -Abarten während der ganzen Vegetationsdauer unmittelbar zu befriedigen".

Die obige Auffassung bringt leider auch manches relativistische Element in der Fruchtbarkeitsdefinition mit sich, weil doch die edaphischen Bedürfnisse verschiedener Pflanzenarten und -Abarten meistens recht verschieden sind. Es ergiebt sich daraus, daß man eigentlich die Bodenfruchtbarkeit für jede einzelne Art getrennt betrachten müßte.

In einer etwas anderen Richtung entwickelt EHWALD (1963) die WILIAMS'sche Grundformulierung, indem er schreibt: „Bodenfruchtbarkeit ist die Fähigkeit eines Bodens die Lebensbedürfnisse der Pflanzen im Rahmen der durch die übrigen Standortsfaktoren gegebenen Möglichkeiten zu befriedigen". Dasselbe dürfte wohl die Auffassung von LAATSCH (1964) bedeuten: „Die Bodenfruchtbarkeit ist zunächst ein Faktor, der den Pflanzenertrag mitbestimmt", als auch die zwar nicht glücklichste Formulierung von SCHEFFER und LIEBEROTH (1957), welche die Bodenfruchtbarkeit als den „Wirkungsanteil des Bodens an Wachstum und Entwicklung geschlossener Bestände von vorwiegend höheren Pflanzen" verstehen wollen.

Verfolgt man die Entwicklung des Begriffes „Bodenfruchtbarkeit" im Lichte der oben angeführten Definitionen, so kommt man zum Schluß, daß die Mehrzahl der heutigen Forscher auf die ehemals traditionelle Auffassung dieses Begriffes, im Sinne eines ausschließlich bodeneigenen Merkmales, verzichtet hat. An seiner Stelle hat sich die ökologische Betrachtungsweise gut eingebürgert, welche die entsprechenden Bodeneigenschaften den edaphischen Bedürfnissen verschiedener Pflanzenarten gegenüberstellt und die übrigen Standortsfaktoren mitberücksichtigt.

Streng genommen müßte man also eher von einer Standorts- und nicht Bodenfruchtbarkeit sprechen. Der letztgenannte Fachausdruck wird auch noch heutzutage – wohl aus Gewohnheitsgründen – in der Umgangssprache, sowie in der wissenschaftlichen Literatur gern gebraucht und nicht zuletzt deswegen, weil man die Produktionseffekte der

Böden oder der Standorte immer auf irgendeine Flächeneinheit umzurechnen pflegt.

Auch der Pedologe spricht schlechthin von der Fruchtbarkeit des Bodens, anstatt des Standortes, wenn er die das Pflanzenwachstum fördernden Bodenfaktoren von allen anderen Standortsbedingungen isolieren will. Man darf aber dabei nicht vergessen, daß solch eine Isolierung nur einen sehr beschränkten Sinn hat, weil doch ein und derselbe Boden in verschiedenen Umweltverhältnissen einen gänzlich verschiedenen Wert besitzt.

III.

Wenn man in letzter Zeit von einer gewissen Stabilisierung bzw. Kristallisierung der Auffassung und Bedeutung des Begriffes „Bodenfruchtbarkeit" sprechen kann – was aus den oben angeführten Literaturangaben und Überlegungen deutlich hervorgeht – so ist das mit der zahlenmäßigen Bestimmung des Fruchtbarkeitsgrades noch keineswegs der Fall. Die diesbezüglichen Literaturhinweise sind meistens unzureichend und manchmal sogar irreführend.

Eine seltene Ausnahme in dieser Hinsicht ist die Formulierung von LAATSCH (1964): „Ein Boden von hohem Fruchtbarkeitsgrad hat die Fähigkeit, den Wurzeln gepflegter und standortsgemäßer Bestände alles das reichlich und dem Bedarf entsprechend anzubieten, was sie zur Stoffproduktion aufnehmen müssen, nämlich Wasser, Wärme, Sauerstoff und die mineralischen Nährelemente". Aber auch diese Auffassung gibt keine genügenden Auskünfte für eine objektive, zahlenmäßige Beurteilung des Fruchtbarkeitsgrades. Schwierigkeiten dieser Art haben sogar manche Pedologen veranlaßt, von einer Unbestimmtheit der Bodenfruchtbarkeit zu sprechen (vgl. dazu z.B. LINSER 1965).

M. KWINICHIDZE (1957), einer der polnischen Vertreter dieser Ansicht, schreibt ausdrücklich, daß man der Fruchtbarkeit keinen Zahlenwert beimessen könne. E. EHWALD (1963) lehnt zwar die Meßbarkeit der Bodenfruchtbarkeit grundsätzlich nicht ab, ist aber der Meinung, daß sie, ähnlich wie jede andere Fähigkeit (Potenz) nur indirekt – auf Grund ihrer Erscheinungen – beurteilt werden könne.

Diese Auffassung ist wohl richtig, weil weder die Pedologie, noch die Ökologie zur Zeit über Mittel verfügen, die alle physikalischen, chemischen und biologischen bodenfruchtbarkeitsbestimmenden Parameter einer unmittelbaren Analyse unterziehen könnten. Leider aber rufen alle bisher vorgeschlagenen Kriterien – die eine indirekte Beurteilung des Fruchtbarkeitsgrades quantitativ ermöglichen sollten – viele ernste Bedenken hervor. In der forstwissenschaftlichen Praxis z.B. dient bekanntlich die Bestandesmittelhöhe als Kennzeichen der sogenannten Standortsbonität. Aber schon PLINIUS (s. STRACK 1854) richtete darauf die Aufmerksamkeit: „Ein Boden, auf welchem hohe Bäume prangen, ist darum noch nicht für Alles gut, ausgenommen für diese Bäume".

In der Landwirtschaft dient als Fruchtbarkeitsmaßzahl meistens die Ertragsgröße der Kulturpflanzen. Dieses einfache Kriterium ist jedoch

– wenngleich es auch für manche praktischen Zwecke einen Sinn hat – vom theoretischen Standpunkt aus vollkommen wertlos. Denn einmal pflegt der Landwirt die unterirdischen Pflanzenteile als Ertrag zu betrachten, das andere Mal die oberirdischen Triebe oder nur den Samen oder die Früchte, manchmal dagegen die grünen Blätter oder aber die verholzten Stengel.

Nicht viel besser ist es auch dann, wenn als die den Fruchtbarkeitsgrad anzeigende Größe, die ganze produzierte Biomasse angesehen wird. Es kommt nämlich nicht selten vor, daß solche Böden, die auf keinen Fall als fruchtbar bezeichnet werden können, weit größere Biomassen-Mengen liefern als solche, die in jeder Hinsicht bessere Eigenschaften besitzen. So kann z.B. die jährliche Trockenmasse-Produktion der oligotrophen Hochmoore erstaunlich groß sein. Nach F. OVERBECK und H. HAPPACH (1957) liegt diese Produktion, abhängig von der dominierenden *Sphagnum*-Art, zwischen 2 und 10 Tonnen pro Hektar. Gewaltige Biomasse-Produktion haben wir auch auf den armen Dünensandböden der Inseln Uznam (Usedom) und Wollin beobachtet (PRUSINKIEWICZ 1961). Unsere Untersuchungen ergaben, daß dort der Jahresertrag der oberirdischen Pflanzenteile des Adlerfarns in einer Periclymeno–Quercetum pteridetosum–Pflanzengesellschaft etwa 14 bis 15 Tonnen Trockenmasse pro Hektar betrug. Zum Vergleich sei hervorgehoben, daß der Weizen bei guten Erträgen insgesamt nur etwa 9,5, und die Zuckerrübe ungefähr 12 Tonnen an Trockenmasse pro Hektar produzieren.

Sehr interessant in dieser Hinsicht sind auch die Beobachtungsergebnisse von M. J. DĄBROWSKI (1953) an verschiedenen Waldstandorten des Nationalparks von Białowieża. Die jährliche Produktion der Bodenvegetationsmasse war in dem fruchtbaren Querco–Carpinetum 2 bis 3 Mal kleiner, als in dem armen Pino–Vaccinietum, wo sie 5,6 t/ha ausmachte.

Weitere Schwierigkeiten tauchen bei der Biomasse-Bestimmung der Waldbäume auf, da dort die Volumenmessung verwendet wird. Die volumetrischen Kennzeichen der Biomasse eignen sich aber zum Vergleich der Bodenfruchtbarkeit noch weniger, als die nach der Gewichtsmethode erhaltenen. Dies zeigt sich am deutlichsten bei der Gegenüberstellung des porösen Holzes einer schnellwachsenden Baumart (z.B. Pappel) mit dem dichten und schweren Holze einer langsam wachsenden Art (z.B. Eiche).

Anstatt der Gewichts- oder Volumenbestimmung schlägt neuerdings F. HOFFMANN (1963) die Messung der in der Pflanzenmasse gebundenen Kalorienmenge vor und glaubt damit ein gut theoretisch begründetes und bequemes Vergleichsmittel der Fruchtbarkeit gefunden zu haben. Es wäre dasselbe Verfahren, wie in der Landwirtschaft beim Futterwert-Vergleich mit Hilfe der sogenannten Getreideeinheiten (oder Hafereinheiten, Stärkewerten usw.). Der Kalorienwert der produzierten organischen Substanz hängt aber in keinem Falle nur von der Bodenfruchtbarkeit ab. Er stellt vielmehr eine spezifische Eigenschaft jeder Pflanzenart dar und kann somit nicht die Fruchtbarkeitsstufe der Böden anzeigen.

Ein ziemlich großes Ansehen hat sich letztens bei den Bodenbiologen die Ansicht erobert, daß die Abundanz der Bodenorganismen in einem sehr engen Zusammenhange mit der Bodenfruchtbarkeit stünde und sich als eine vorzügliche Maß-Einheit auswerten ließ. So schreibt z.B. der österreichische Bodenzoologe H. FRANZ (1954): „so bildet die Besatzdichte mit Kleintieren auf den Kulturböden einen verläßlichen Maßstab für deren Ertragsfähigkeit".

Sehr verbreitet ist außerdem die Meinung, daß zwischen der Fruchtbarkeit und der Mikrobenzahl oder Mikroben-Aktivität auch eine gute Korrelation bestände. Die neuesten diesbezüglichen Forschungen haben aber die Ansichten jener Pedobiologen nicht bestätigt. Es wurde im Gegenteil nachgewiesen, daß z.B. die Abundanz der Bodenmilben der leistungsfähigsten Waldstandorte derjenigen der armen Waldböden sehr oft bedeutend nachsteht (MÄRKEL 1958, PRUSINKIEWICZ 1962, RAJSKI 1961).

Eine zuverlässige Erklärung dieses scheinbaren Paradoxon können wir in den biozönotischen Grundprinzipien THIENEMANN's finden (vgl. TÜXEN 1956):

1. „Je variabler die Lebensbedingungen einer Lebensstätte, um so größer die Artenzahl der zugehörigen Lebensgemeinschaft.
2. Je mehr sich die Lebensbedingungen eines Biotops vom Normalen und für die meisten Organismen Optimalen entfernen, um so artenärmer wird die Biozönose, um so charakteristischer wird sie, in um so größerem Individuenreichtum treten die einzelnen Arten auf".

Beide angeführten Gesetzmäßigkeiten können in einem Diagramm veranschaulicht werden (Fig. 1), welches das Verständnis dieses scheinbaren Paradoxon erleichtern wird. Gleichzeitig ersieht man daraus, daß

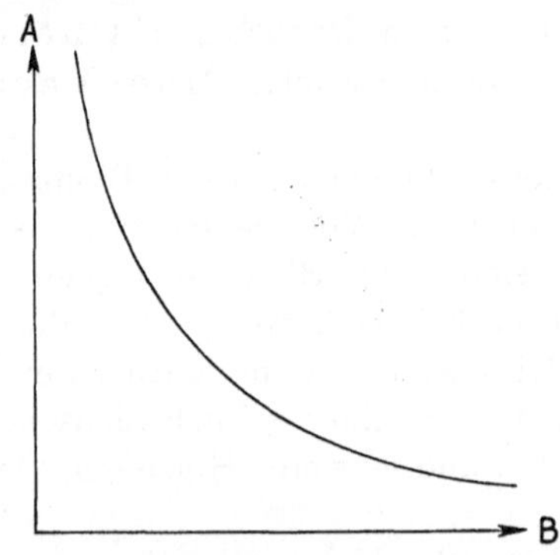

Fig. 1. A – Individuen-Reichtum der Arten
B – Artenzahl in der Assoziation

nicht der Individuenreichtum sondern eher die Artendichte als Maßzahl der Boden- oder Standortsfruchtbarkeit dienen könnte.

In demselben Sinne hat sich kürzlich auch W. LAATSCH (1964) geäußert, indem er schreibt: „Je fruchtbarer ein Standort ist, um so artenreicher war seine natürliche Vegetation und um so unabhängiger war diese in ihrer Stoffproduktion vom Witterungsverlauf". Die Arbeit von LAATSCH enthält aber leider kein Beweismaterial zur Unterstützung dieser wohl richtigen Feststellung.

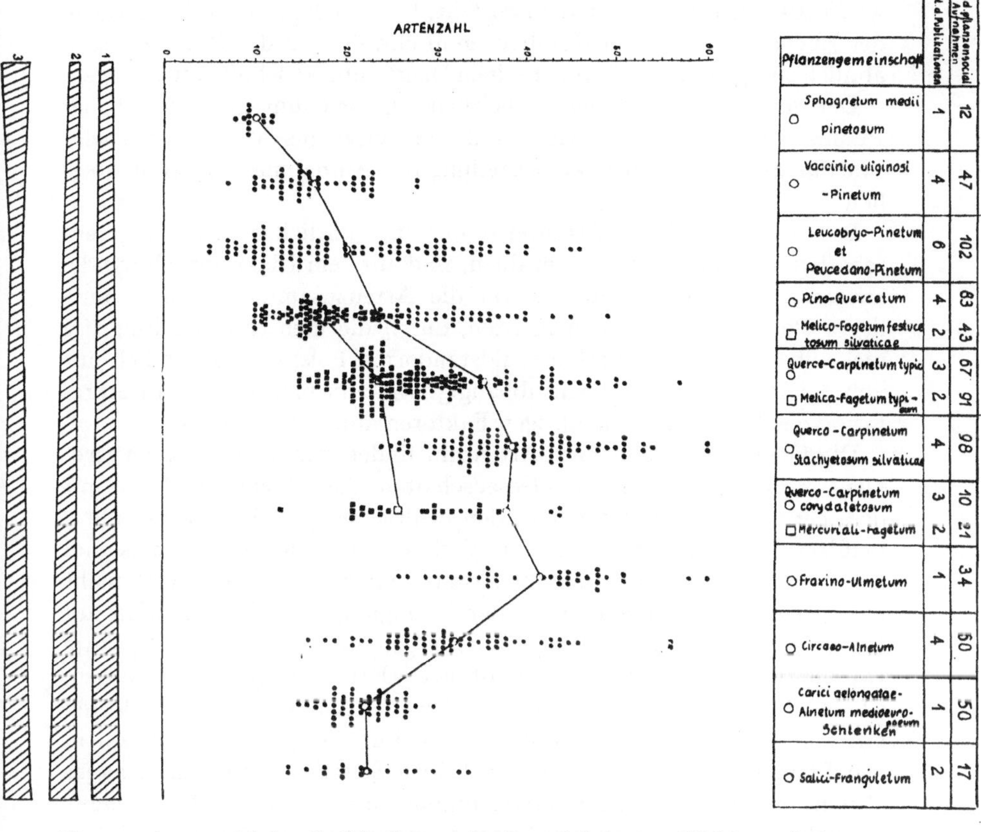

Fig. 2. Artenzahl der Gefäßpflanzen in den wichtigsten Waldassoziationen Polens
1. Menge der pflanzenaufnehmbaren Nährstoffe
2. pH 3. Bodenfeuchtigkeit 4. Humusgehalt

Um diese Lücke auszufüllen, haben wir die Artenstruktur der wichtigsten polnischen Waldphytozönosen anhand der publizierten Pflanzenaufnahmen, überprüft (PRUSINKIEWICZ, PLICHTA 1965). Glücklicherweise besitzen die neuen pflanzensoziologischen Arbeiten meistens auch die wichtigsten pedologischen Analysen-Daten, und deshalb waren wir imstande, eine ziemlich gute Vorstellung über die herrschenden Bodenverhältnisse in den untersuchten Pflanzengesellschaften zu gewinnen.

Als Material für unsere Analyse dienten uns die Ergebnisse von 735 pflanzensoziologischen Aufnahmen, die zahlreichen polnischen Veröffentlichungen entnommen worden sind. Die Ergebnisse wurden in einem Koordinatensystem dargestellt (Fig. 2), wobei die Ordinate die Zahl der auf dem Minimi-Areal vorkommenden Gefäßpflanzenarten in sämtlichen Phytozönosen, die Abzisse dagegen die durchschnittlichen Werte der wichtigsten Bodeneigenschaften, (wie Menge der pflanzenaufnehmbaren Nährstoffe, Reaktionswerte, Bodenfeuchtigkeit und Humusgehalt), in einer schematischen Weise veranschaulichen. Die richtige Reihenfolge der Phytozönosen im Diagramm wurde auf Grund unserer früheren Spezialuntersuchungen im Nationalpark von Białowieża (PRUSINKIEWICZ 1964) aufgestellt. Da die edaphischen Bedürfnisse der Buchen- und Eichen-Hainbuchenmischwälder in der Regel ziemlich ähnlich sind, wurden sie auf denselben Diagramm-Abschnitt aufgetragen.

Der leider nicht immer einheitliche Erforschungsgrad sämtlicher Pflanzengesellschaften, sowie das ihr oft unvergleichbare „Volumen" sind für die ungleichmässige Verteilung der Aufnahmezahl verantwortlich.

Die arithmetischen Mittelwerte der in sämtlichen Pflanzengesellschaften vorgefundenen Artenzahlen, sind auf dem Diagramm durch die ausgezogene Linie verbunden. Da die Artenzusammensetzung sämtlicher Phytozönosen in den meisten, durch die menschlichen Eingriffe nicht übermäßig veränderten Waldstandorten Polens grundsätzlich nur von der Bodenbeschaffenheit abhängig ist, kann man bei der Interpretation des Diagramms die übrigen Faktoren außer Acht lassen.

Die kleinste Gefäßpflanzen-Artenzahl finden wir in den Sphagnetum medii pinetosum-Gesellschaften der Hochmoorböden mit dem geringsten Nährstoffgehalt, den niedrigsten pH-Werten und übermäßigen Wassermengen. Bei den Verbesserung des Bodenklimas und Nährstoffgehaltes steigt auch die Artenzahlkurve steil, wenn auch nicht ganz gleichmäßig, empor. Nach der Erlangung einer Kulmination auf Böden, die zwar nur mittlere Nährstoffgehalte, aber gleichzeitig gute Durchlüftungs- und Wasserverhältnisse (Krümelstruktur) aufweisen, ist wieder eine deutliche Abnahmetendenz der Artenzahl auf Standorten mit mangelhafter Aeration festzustellen. Für die geringe Artenzahl in den Pflanzengesellschaften auf den beiden Seiten unseres Diagrams ist also die ungenügende Sauerstoffversorgung verantwortlich. Dazu kommt noch die mangelhafte Nährstoffversorgung der Pflanzen auf der linken Seite des Diagramms.

Die in einer bestimmten Pflanzengesellschaft vorkommende Artenzahl unterliegt gewöhnlich gewissen periodischen Schwankungen. Als der theoretisch beste Fruchtbarkeitsindikator wäre also der entsprechende Mittelwert anzusehen. Von zwei Böden, die ungefähr die gleichen Mittelwerte der Artenzahl aufweisen, wäre derjenige fruchtbarer, dessen Artenzahl-Schwankung kleiner ist. Bei Böden die auch in dieser Hinsicht einander ähneln, könnte man eventuell die Fruchtbarkeit noch weiter auf Grund der produzierten Biomasse abstufen.

Eine unentbehrliche Bedingung für die Bestimmung der Bodenfruchtbarkeit auf Grund der Artenzahl der Gefäßpflanzen ist die Homogenität des phytosoziologischen Aufnahme-Areals. Diese Forderung ist aber leider nicht immer leicht zu verwirklichen, wie z.B. im Falle des Carici elongatae-Alnetum, das bekanntlich eine mosaikartige Struktur besitzt. Dank der Anwesenheit von zahlreichen oftmals ziemlich hohen Kuppen und der dazwischenliegenden Schlenken ist deren Ökologie und Pflanzen-Zusammensetzung deutlich verschieden. Wir haben hier eigentlich mit zwei – zwar eng aneinander gekoppelten – aber doch ganz verschiedenen Pflanzengesellschaften zu tun, und deshalb müßte man in diesem Falle eigentlich die Pflanzenliste für jeden Bestandteil getrennt zusammenstellen.

Zwischen den von uns analysierten pflanzensoziologischen Arbeiten, die Aufnahmen aus dem Carici elongatae–Alnetum enthielten, hatte nur eine einzige das Postulat der ökologischen Homogenität erfüllt. Alle anderen Veröffentlichungen mit zu hohen Artenzahlen für das Carici elongatae–Alnetum, wurden in unserem Diagramm nicht berücksichtigt. Bei dieser Gelegenheit sei noch erwähnt, daß in der Übergangszone zwischen zwei verschiedenen Phytozönosen, d.h. in der sogenannten „Ökotone", in der Regel eine deutliche Erhöhung der Artenzahl festgestellt werden kann. Eine deutliche Verminderung der Artenzahl, im Vergleich zum sonstigen Mittelwert, zeugt dagegen meistens von einer Degradation des Standortes.

Die obigen Ausführungen dürften wohl die prinzipielle Richtigkeit und Anwendbarkeit der Ansicht genügend bestätigen, daß die Artenzahl der auf einem Minimi-Areal vorkommenden Gefäßpflanzen als eine zuverläßge Maßeinheit der Bodenfruchtbarkeit angesehen werden kann, wenigstens auf solchen Waldstandorten, die durch die Einflüsse des Menschen nicht allzusehr verändert wurden. Auf Grund einer eingehenden Analyse aller in unserem Diagramm zusammengestellten pflanzensoziologischen Aufnahmen, haben wir eine achtstufige Fruchtbarkeitsklassifikation für Waldböden vorgeschlagen (Tabelle). Sie ist vorläufig nur als eine erste Annäherung zu betrachten, die in Zukunft durch weitere Untersuchungsergebnisse ergänzt wird.

Übersicht der Bodenfruchtbarkeitsklassen

Bodenfruchtbarkeitsklasse	Bezeichnung	Artendichte im Minimi-Areal
I	äußerst fruchtbare Böden	> 50
II	sehr fruchtbare Böden	41–50
III	fruchtbare Böden	31–40
IV	ziemlich fruchtbare Böden	25–30
V	mittel fruchtbare Böden	19–24
VI	wenig fruchtbare Böden	13–18
VII	unfruchtbare Böden	6–12
VIII	sehr unfruchtbare Böden	< 6

Überall dort, wo ein dynamisches Gleichgewicht zwischen dem Standort und der Pflanzendecke besteht, dürfte eine richtige Beurteilung der Fruchtbarkeitsklasse eines Waldbodens auf Grund der Gefäßpflanzen-Artenzahl keine größeren Schwierigkeiten bereiten. Ein solches Gleichgewicht ist vor allem in den Naturschutzgebieten, wie auch in den standortsgemäß gepflegten älteren Beständen zu erwarten. Dort dagegen, wo irgendeine größere Störung in der Biozönose stattgefunden hatte, und die Regenerationsvorgänge noch nicht völlig abgeschlossen sind, kann man die potentielle Bodenfruchtbarkeit indirekt bestimmen, indem man (in Gedanken) eine ideelle Rekonstruktion der „heutigen potentiellen natürlichen Vegetation" im Sinne von R. TÜXEN (1956) durchführt.

Es sei zum Schluß noch einmal hervorgehoben, daß man in den bisherigen pflanzensoziologischen Untersuchungen der Artendichte zu wenig Aufmerksamkeit widmete. Die in der vorliegenden Arbeit zusammengebrachten Beweise und Ausführungen haben wohl deutlich genug gezeigt, daß die Berücksichtigung der Artenzahl sowohl dem Pedologen, als auch dem Pflanzensoziologen viele neue und wichtige Auskünfte über die untersuchten Pflanzengesellschaften und deren Standorte geben kann.

ZUSAMMENFASSUNG

Die seiner Zeit sehr verbreitete, rein chemische Betrachtungsweise des Bodenfruchtbarkeitsproblems entspricht dem heutigen Stande unseres Wissens nicht mehr. Als Resultat einer langen Entwicklung hat sich schließlich in der Pedologie eine ökologische Auffassung des Begriffes „Bodenfruchtbarkeit" durchgesetzt. Die meisten Fachkollegen verstehen heute darunter die Fähigkeit des Bodens alle edaphischen Bedürfnisse verschiedener Organismen, im Rahmen der durch die übrigen Standortsfaktoren gegebenen Möglichkeiten zu befriedigen (Ehwald 1963, Laatsch 1964). Diese Definition bringt aber, trotz ihrer guten theoretischen Begründung, auch gewisse Schwierigkeiten mit sich. Es wurde nämlich von mancher Seite hervorgehoben, daß sich die so aufgefaßte Fruchtbarkeit nicht mehr quantitativ bestimmen ließe (Kwinichidze 1957, Linser 1965).

Dem gegenüber haben unsere eigenen Untersuchungen gezeigt, daß die Zahl sämtlicher Gefäßpflanzenarten, die bei bestimmten edaphischen Bedingungen auf dem Minimi-Areal vorkommen, als eine gute Maßeinheit des Bodenfruchtbarkeitsgrades dienen kann (Prusinkiewicz 1964, 1965).

Auf Grund einer eingehenden Analyse von einer Anzahl pflanzensoziologischen Aufnahmen und dazu gehörigen Bodenbeschreibungen, die zahlreichen polnischen Veröffentlichungen entnommen wurden (Fig. 1), ist eine achtstufige Waldbodenfruchtbarkeits-Klassifikation vorgeschlagen worden (Tab.). Sie stützt sich auf die Artendichte der Gefäßpflanzen, die auf dem Minimi-Areal vorkommen. Dort, wo die Vegetation stark vom Menschen beeinflußt ist, kann man die potentielle Bodenfruchtbarkeit indirekt bestimmen, indem man eine ideelle Rekonstruktion der „heutigen potentiellen natürlichen Vegetation" im Sinne von R. Tüxen (1956) durchführt.

SUMMARY

THE NUMBER OF VASCULAR PLANT SPECIES ON THE MINIMUM AREA AS A MEASURE FOR THE FOREST SOIL FERTILITY

The most important conclusions from the considerations and studies discussed in this paper may be summarized as follows:

1. The ecologic interpretation of the concept of soil fertility has lately, in result of a long evolution, found general acceptance in soil science.

By soil fertility we understand at present the potence of the soil to satisfy all edaphic needs of various organisms within the range offered by the other habitat factors.

2. Fertility is a measurable soil property, though some scientists are of different opinion. As quantitative measure may serve the number of vascular plant species living under given edaphic conditions on an area not smaller than the minimum area characteristic for given association. The higher the soil fertility, the richer in species will be its natural plant cover.
3. From analysis of over 700 phytosociologic records, collected from numerous publications on forest associations in Poland, was elaborated the first project of an 8-grade fertility classification for our forest soils, which is based on the number of vascular plants living on the minimum area.
4. Where the vegetative cover is much deteriorated by the activity of man, the potential soil fertility can by estimated by means of a abstractive reconstruction of the „contemporary potential natural vegetation" after TÜXEN.
5. Closer attention should in phytosociologic investigations be given to the analysis of the degree of species differentiation in the particular floristic association. The analysis made in the present study indicates that the results obtained in this way may yield many new and significant informations on the examined plant associations and their systematic order.

LITERATUR

BUCKMAN, H. O., BRADY, N. C.: The nature and properties of soils. – New York 1962.

DĄBROWSKI, M. J.: Badania and biomasa runa prowadzone przez Filię Instytutu Badawczego Leśnictwa w Białowieży. – Ekologia Polska **1** (1): 45–56. Warszawa 1953.

EHWALD, E.: Zum Begriff und Wesen der Bodenfruchtbarkeit. – Deutsche Akademie der Landwirtschaftswissenschaften zu Berlin (DDR). Sitzungsberichte **12** (14). Berlin 1963.

FRANZ, H.: Bodenzoologie als Grundlage der Bodenpflege. – Berlin 1950.

HOFFMANN, F.: Betrachtungen zum Begriff der Bodenfruchtbarkeit. – Wissenschaftl. Z. Techn. Univ., Dresden **12** (1). Dresden 1963.

KARPIŃSKIJ, N. P.: Osnovnyje voprosy sovremiennogo počvoviedienija. – Počvoviedienije **1**. Moskva 1954.

KUNDLER, P.: Abhängigkeit der Bodenentwicklung der natürlichen Waldgesellschaft und der Kiefernwuchsleistung vom Silikatgehalt der Sandböden im Gebiet des norddeutschen Pleistozäns. – Angewandte Pflanzensoziologie **15**: 31–41. Stolzenau/Weser 1958.

KWINICHIDZE, M.: Żyzność gleb jako podstawowe zagadnienie gleboznawstwa i agrochemii. – Materiały Zjazdu Polskiego Towarzystwa Gleboznawczego w Gdańsku, 4–7.IX, 1957, Referaty p. 3–19. PTGleb Poznań-Bydgoszcz 1958.

LAATSCH, W.: Der Aufbau fruchtbarer Waldböden. – Mitteilungen aus der Staatsforstverwaltung Bayerns **34**. München 1964.

LINSER, N.: Fassung und Bedeutung des Begriffes „Bodenfruchtbarkeit". – Z. Pflanzenernähr., Düng. Bodenkunde **108** (2): 115–123. Weinheim 1965.

MÄRKEL, K.: Über die Hornmilben (Oribatei) in der Rohhumusauflage

älterer Fichtenbestände des Osterzgebirges. – Arch. Forstwesen **8** (6/7): 450–501. Berlin 1958.
OVERBECK, F. & HAPPACH, H.: Über das Wachstum und den Wasserhaushalt einiger Hochmoorsphagnen. – Flora **144**: 335–402. Jena 1957.
PLINIUS: Naturgeschichte (Übersetzt von Ch. F. LEBRECHT STRACK) **2** (17): 173. Bremen 1854.
PRUSINKIEWICZ, Z.: Zagadnienia leśno-gleboznawcze na obszarze wydm nadmorskich Bramy Świny. – Badnia Fizjograficzne nad Polską Zachodnia **7**. Poznań 1961.
— Skład akarofauny glebowej jako wskaźnik żyzności gleb. – Biuletyn Instytutu Ochrony Roślin **18**: 77–85. Poznań 1962.
— & KOWALKOWSKI, A.: Studia gleboznawcze w Białowieskim Parku Narodowym. – Roczniki Gleboznawcze **14**. Warszawa 1964.
— & PLICHTA, W.: Naukowe problemy żyzności gleb leśnych i kryteria jej ilościowej oceny. – Roczniki Gleboznawcze **15** (2). Warszawa 1965.
RAJSKI, A.: Studium ekologiczne-faunistyczne nad mechowcami (Acari, Oribatei) w kilku zespołach roślinnych. I. Ekologia. – PTPN Prace Komisji Biologicznej **25** (2). Poznań 1961.
SCHEFFER, F. & LIEBEROTH, I.: Was versteht man unter Bodenfruchtbarkeit, -ertragsfähigkeit und -ertragsleistung? – Deutsche Landwirtschaft. **8**: 272–275. Berlin 1957.
THIENEMANN, A.: Grundzüge einer allgemeinen Ökologie. – Arch. Hydrobiol. **35**: 267–285. Stuttgart 1939.
TÜXEN, R.: Die heutige potentielle natürliche Vegetation als Gegenstand der Vegetationskartierung. – Angewandte Pflanzensoziologie **13**. Stolzenau/ Weser 1956. Desgl.–Ber. z. dt. Landeskunde 19 (2). Remagen.
WILLIAMS, W. R.: Gleboznawstwo-Podstawy rolnictwa. Warszawa 1950.

E. W. RAABE:

Die hier gezeigte Tabelle über die Artenzahlen auf der einen Seite und die Bodenfruchtbarkeit auf der anderen Seite in den Wäldern des untersuchten polnischen Raumes ist ja frappierend. Nun erhebt sich die Frage, ob die hier aufgestellte Hypothese zu einer Theorie, einer Gesetzmäßigkeit, einer Regel erweitert werden darf. Wenn wir ganz allgemein die Zusammenhänge betrachten, so glaube ich, können wir nicht ohne weiteres sagen, daß, je größer die Artenanzahl im Minimi-Areal (Minimalraum) ist, desto größer – im Verhältnis zu einem anderen Fleck – die Bodenfruchtbarkeit sein müsse. Das entspricht sich sicherlich nicht unbedingt, das kann zufällig sein. Um das an einem ganz extremen Beispiel zu veranschaulichen: Im *Puccinellia*-Rasen haben wir eine mittlere Artenanzahl von drei Arten. Dann haben wir unsere Grünländereien im mitteleuropäischen Raum in den verschiedenen Höhenstufen und kommen dann in jene Gründländereien im alpinen Bereich S-Tirols, die in einer Höhenlage von etwa 2100 m auf einer Flächen größe von 5 × 5 m ungefähr 70–80 Arten enthalten. Da müßte man sagen, daß die Fruchtbarkeit dieser 2100 m hoch gelegenen Böden entsprechend größer wäre als die Fruchtbarkeit der Andel-Rasen. Das ist ein sehr extremer Vergleich. Aber es gilt bei all diesen Dingen ja, daß eine Regel, eine Gesetzmäßigkeit nur dann Anspruch erheben kann, gültig zu sein, wenn sie auch in den Extrem-Fällen zutreffend ist. Wir können also sicherlich nicht sagen, daß je höher die Artenanzahl ist, desto höher die Bodenfruchtbarkeit sein müßte. Die Anzahl der Arten, die in einem Gebiet vorkommt, ist nicht von der Fruchtbarkeit – wobei der Begriff Boden-Fruchtbarkeit jedesmal genau definiert werden müßte – abhängig, sondern davon, wie ausgeglichen die verschiedensten ökologischen Faktoren an einem Standort wirksam werden. Je stärker ein einziger ökologischer Faktor oder eine Faktorengruppe wirksam wird, umso mehr Pflanzenarten werden von vornherein – da sie nicht mehr konkurrenzfähig sind – ausgeschlossen. Da haben wir den Andel-Rasen, die *Salicornia*-Bestände auf Salz-Standorten, die eben nur von wenigen Arten vertragen werden können. Je weniger aber der Salz-Einfluß wirksam wird, umso ausgeglichener die verschiedenen ökologischen Faktoren sich auswirken können, umso größer wird die mittlere Artenanzahl auf dem Minimi-Areal. So ist also damit eine andere Betrachtungsweise zumindest gleichzeitig mit einzuführen.

Wie sich diese Verhältnisse etwa auswirken können, zeigt sich in unseren *Nardus*-Rasen. In unseren Mittelgebirgen haben wir als Ersatzgesellschaften der verschiedenen Buchen- oder Tannen-Fichtenwälder allenfalls die Goldhafer-Wiesen, die sehr artenreich sein können, wo wir 40, 50, 60 Arten in diesen Wiesen antreffen können. In dem Augenblick aber, wo diese Wiesen einem Faktor unterstellt werden, der sich sehr intensiv auf die Zusammensetzung auswirkt – nämlich der Beweidung durch Schafe-sinkt die Artenanzahl außerordentlich schnell auf derselben Flächengröße auf einen ganz kleinen Bruchteil zusammen. Wo vor einigen Jahren in der Wiesenwirtschaftsweise noch 50–60 Arten vorhanden waren, ist dann im anschließenden *Nardus*-Rasen die Artenzahl auf 12, 15, 18 Arten zusammengeschrumpft, wobei die Bodenfruchtbarkeit – grundsätzlich gesehen – jedenfalls anfänglich etwa dieselbe geblieben sein möchte.

E. van der Maarel:

I would like to agree with Prof. Raabe in this respect that I cannot believe in a direct correlation between soil fertility and species richness, may we say species diversity. But I should like to add something to the possible underlying delation which is perhaps not exactly what Prof. Raabe was telling about but something more differentiated. Then we have to take into account the relations between temporal variation, also that to say special variation on one hand and stability or instability on the other hand. And now it seems to be that when an environment tends to be instable, than at the same time one ecological factor – it does no matter so much which one – dominate the environment and does limit the species number. The less a community has this factor of instability the more special variation is tolerated in such environments and thus the more species are able to find particulated niches in this environment. And so it would be very useful to try to get parameters to measure both special variation and temporal stability. When we could find some parameter it would be quite possible so get a very straight correlation between this combined variation the theory of van Leeuwen.

J. Wolterson:

Ich glaube Prof. Raabe hat nicht gut verstanden, was der Schreiber von diesem Bericht gemeint hat. Er hat über Waldgesellschaften gesprochen und nicht über Rasen. Dazu hat er über Bodenfruchtbarkeit gesprochen, und Bodenfruchtbarkeit muß man immer beziehen auf irgendwelche Vegetation, Pflanzen oder Produktion irgendwelcher Pflanzen. Wir haben hier eine Tabelle neben dem Aufsatz und darin sind die verschiedenen Waldgesellschaften aufgenommen. Es würde mich gar nicht wundern, wenn man eine ganz gute Parallele finden würde zwischen der Anzahl von Pflanzen in den verschiedenen Pflanzengesellschaften und der Produktion von diesen Wäldern. Zwar ist noch nicht darüber geredet worden, aber es wäre vielleicht gut, daß man sich nachher danach erkundigen würde. Es handelt sich also hier um einen speziellen Fall dieser Vegetationen, und man darf nicht die Ergebnisse auf alle Wuchsformen beziehen.

E. DAHL:
The important question raised by the paper is how structural characters as number of species in the minimal area, the rise of the minimal area should also be included, depends upon the ecological factors. This is a fundamental question in vegetation science which must be attacked by analytical means. I am quite prepared to believe that under restricted conditions e.g. in coniferous communities in certain areas in Scandinavia, that a relation between species number and soil fertility exists, but this can hardly be generalized.

P. SEIBERT:
Herr WOLTERSON hat gemeint, daß man sich in der Diskussion auf den Wald beschränken müsse, aber ich möchte jetzt auch für den Wald Beispiele nennen, wo Wälder mit einer sogar sehr hohen Artenzahl es nur zu einer geringen Produktionsleistung bringen. Wir haben – ich erinnere an die Wälder des Erico-Pinion – die Artenzahlen zwischen 50 und 60 und Höhenleistungen unter extremen Bedingungen von vielleicht insgesamt 5–6 m Baumhöhen haben. Aber auch bei den vielleicht hier in diesem Kreis bekannteren Wäldern gibt es Beispiele: das Luzulo-Fagetum ist eine sehr artenarme Gesellschaft mit 8–10 Arten im Typicum. Es ist aber in der Produktionsleistung und in der Bodenfruchtbarkeit besser als etwa das Querco-Betuletum mit Artenzahlen von 15–25.

Innerhalb des Luzulo-Fagetum sind nicht nur die fruchtbaren Oxalis- und Athyrium-Varianten artenreicher, sondern auch die ärmeren Vaccinium- und Cladonia-Varianten.

J. WOLTERSON:
Ich möchte noch kurz erwidern, daß es sich hier um spezielle Assoziationen gehandelt hat, und daß innerhalb derselben nur die Gefäßpflanzen in Betracht gezogen sind. Wenn man die Kryptogamen einbezieht, dann ergeben sich vielleicht ganz andere Relationen.

E. W. RAABE:
Nur ein ganz kurzes Beispiel aus Schleswig-Holstein dafür, daß der Vorschlag, der hier gemacht wurde, an die Stelle der Artenanzahl die Produktionskraft eines Bodens zur Beurteilung für die Fruchtbarkeit zu

setzen, vielleicht etwas mehr Aussicht hat allgemein akzeptiert zu werden. Wir haben eine ganze Reihe von wunderschön ausgebildeten Vegetationstypen oder Assoziationen und Teile von solchen von unseren Halmfrucht- (Wintergetreide-)Gesellschaften. Ihre Artenanzahl nimmt vom sandigen zum schweren Lehm hin ab. Dort, wo wir im Wintergetreide etwa eine mittlere Artenzahl von 27–28 haben, hat dieser Boden eine Leistungsfähigkeit von ungefähr, ganz grob gerechnet, 25–28 dz Weizen pro ha. Das ist nicht allzuviel: es sind keine Weizenböden. Sobald wir in unsere eigentlichen normalen Weizenböden kommen, nehmen die Unkräuter der Menge nach entschieden ab.

Wir haben dann noch 18–20 verschiedene Pflanzenarten in der Unkrautgesellschaft und die Produktionskraft steigt. Wir haben 35–38 dz Weizen pro Hektar in der Ernte bei normalen Jahren. Das ist der mittlere Ertrag der Weizenböden Schleswig-Holsteins. Im Extremfalle aber in unseren neuen jüngeren四Kögen ist die Unkrautgesellschaft in diesem Wintergetreide so minimal entwickelt, daß wir Mühe haben, überhaupt 5–8 Arten zu finden, selbst wenn wir größere Flächen nehmen. Die Produktion beträgt aber 80–85–90 dz Weizen pro Hektar. Also ein genau gegensätzlicher Verlauf der Produktionsfähigkeit und der Abnahme der Artenanzahl auf dem Minimi-Areal.

R. CARBIENER:

Les commentaires précédents montrent qu'il ne faut pas généraliser la règle établie par PRUSINKIEWICZ. La relation entre la richesse en espèces d'une association forestière et sa productivité, tant au sens scientifique (accroissement annuel de la biomasse), qu'au sens pratique (production de bois), n'est pas toujours positive. Certes il se trouve d'autres exemples en Europe de corrélations positives entre le nombre moyen d'espèces vasculaires de l'aire minimale d'un groupement et sa productivité. Il est interéssant d'étudier et de préciser de telles corrélations. (Mais il est toujours nécessaire d'exclure les cryptogames dont le nombre est souvent inversement proportionnel à la fertilité du fait qu'ils caractérisent précisément les associations les plus ouvertes, à végétation phanérogamique réduite).

Il semble que la relation mise en exergue par l'auteur (P.)se vérifie en général le plus aisément à l'intérieur d'une association, d'un groupe d'associations ou d'une alliance nettement définies soumises à des conditions climatiques identiques et non extrêmes. Le facteur ,,fertilité du sol'' ainsi extrapolé se répercute alors souvent dans la richesse floristique. Mais dans des régions climatiques défavorables à la forêt, soit sèches (exemple de l'Erico–Pinion, très riches en espèces mais peu productif), soit froides (région subalpine ou subarctique) la relation peut ne plus se vérifier, surtout en ce qui concerne la productivité forestière. Le facteur limitant est alors de nature climatique et non édaphique. Voici un exemple pris dans les Hautes Vosges. Les hêtraies subalpines rabougries formant la ceinture forestière ultime appartiennent à une unique association: L'Acero–Fagetum. Les sous-associations qu'on y distingue (CARBIENER, inédit) se caractérisent entre autres, comme c'est souvent le cas, par le nombre moyen d'espèces par relevé. Ce nombre relativement stable à l'intérieur de chaque sous-association est typique pour chacune d'elles. Cette richesse en plantes vasculaires varie ainsi du simple au triple. Or pour autant qu'on puisse l'estimer d'après la physiognomie de la forêt qui reste inchangée dans tous les cas, la productivité en bois de cette hêtraie, très faible, ne varie guère. Les hêtres, tous stériles, vivent dans des conditions thermiques subléthales. Les différences de productivité ne semblent s'exprimer ici qu'au niveau de la strate herbacée.

Par ailleurs, il a été prouvé que la classique correlation entre la productivité forestière et les types de sols pouvait, elle aussi, se trouver en défaut. Ainsi des podzols, considérés généralement comme peu productifs et recelant une végétation vasculaire strictement oligotrophe et pauvre en espèces, peuvent, dans certains cas, porter des forêts d'un rendement comparable à celles poussant sur les sols bruns classiquement fertiles, et riches sur le plan floristique, grâce à l'exploitation par les racines des arbres des couches profondes du sol pour autant qu'il n'y a pas de concrétionnement des horizons d'accumulation.

G. Lawrentiades:
From this discussion it can be concluded that such methods as those proposed for the study of the ,,Minimum Areal'' are valuable for special homogeneous communities which are composed of a large number of species. Furthermore, they can be applied in communities with uniform ecological conditions and for special purposes.

EINIGE STRUKTURELLE MERKMALE MITTELEUROPÄISCHER WALDGESELLSCHAFTEN

von

D. MAGIC, Bratislava

Der natürliche Aufbau und die innere räumliche Struktur der Waldbestände ist der Erfolg des Konkurrenzkampfes: sie entsprechen den Lichtansprüchen einzelner Holzarten und auch der Korrelation zwischen ihren ober- und unterirdischen Organen. Indirekt spiegeln sie auch die Vitalität der Gehölze wider, die bei den Vegetationsaufnahmen gewöhnlich nicht gewertet wird.

Für den sozialen Aufbau der Holzbestände und ihre Artenzusammensetzung, die durch den Lichtbedarf und den Zusammenhang mit den Nachbarbäumen ausgeprägt wird, ist ein wichtiger, entscheidender Faktor die Baumhöhe, d.h. die Vegetationsschichtung (Stratifikation). Parallel mit ihr entwickelt sich die Baumkrone als Mittel eines unerbittlichen Kampfes um Lebensraum und Licht. Es ist zweifellos, daß die Schichtung der natürlichen Waldbestände die Dynamik der Waldphytozönosen ausdrückt. Einzelne Schichten der natürlichen Waldbestände ersetzen die Klassen der Sozialklassifikation in einschichtigen Holzbeständen (z.B. KRAFT'sche Baumklassen-Einteilung).

Die gewöhnliche Stratifikation der Waldphytozönosen in 4 Schichten E_3 (Baumschicht), E_2 (Strauchschicht), E_1 (Krautschicht) bezw. E_0 (Moosschicht) kann diese bedeutenden Eigenschaften der Waldphytozönosen nicht ganz genügend darstellen. In ungleichartigen, gemischten und stärker geschichteten Waldbeständen unseres gemäßigten Klimas haben auch die Forstwissenschaftler (LEIBUNDGUT 1953, OLBERG 1953, 1955, MAGIN 1956, ASSMANN 1954) die Einteilung in mehrere Baumhöhenschichten relativer Mächtigkeit vorgeschlagen. Diese sind äußerlich gut erkennbar und lassen auch die Wuchsenergie erkennen. Alle forstlichen Klassifikationen haben wenigstens 3–4 Schichten (z.B. dänische Baumklassen-Einteilung und auch noch die Strauchschicht. So teilen sie das Baum-Inventar in Oberstand (vorherrschende, herrschende und mitherrschende Bäume), Zwischenstand (zwischenständige Bäume) und Unterstand (unterständige Bäumchen) ein. Diese verfeinerte Stratifikation bedeutet eine genauere Darstellung der räumlichen vertikalen Verteilung der Assimilationsorgane, gibt also die wirklichen Verhältnisse wieder und ist auch für die forstliche Praxis besser geeignet. Sie erleichert einen gründlichen Vergleich der Vegetationsaufnahmen aus größeren Gebieten. Es wäre noch erforderlich, für die Holzarten, die als Bäume oder Sträucher wachsen (*Acer campestre*, *Acer tataricum*, *Prunus avium*, *Corylus avellana*, *Crataegus* sp., *Quercus pubescens*, *Fraxinus ornus* u.a.) die Kriterien zum Einreihen in E_3 oder E_2 genauer zu formulieren und dann auch konsequent einzuhalten.

Der Aufbau, die Raum- und Artenstruktur eines Holzbestandes bestimmter Waldphytozönosen sind gesetzmäßig und sollen als charakteristisches, zönotaxonomisches Merkmal betrachtet werden. Bei grober Vegetationsschichtung, wo die Baumschicht nicht unterteilt wird, ist dieses Strukturmerkmal nicht ausgeprägt. Im Querco-Carpinetum erreicht die Hainbuche die Hauptbestandhöhe, dagegen wächst sie im Potentillo albae-Quercetum meistens nur im Zwischenstand, d.h. sie erreicht nicht die Hauptkronenschicht. Ebenso wächst *Acer tataricum* im Acero tatarici-Quercetum zusammen mit den Eichen in derselben Kronenschicht, während sie im Querco-Carpinetum in der Strauchschicht bleibt, oder höchstens als Zwischenstand-Holzart vorkommt.

Diese wichtigen Merkmale sollen auch in zönologischen Tabellen dargestellt werden. Die verfeinerte Vegetationsschichtung führten schon mehrere Autoren, wie z.B. HULT (1881), DU RIETZ (1921) u.a. an. KLIKA unterscheidet E_0 bis zu 5 cm, E_1 bis zu 1 m, E_2 von 1–3 m. In der Baumschicht E_3 werden zwei Unterschichten getrennt: E_3a mit Zweigen in einer Höhe von 3–5 m und E_3b mit höher wachsenden Zweigen. Auch die Strauchschicht teilt er in E_2a (Höhe 1–2 m) und E_2b (von 2–3 m).

Eine noch genauere Stratifikation der Waldbestände mit relativer Mächtigkeit einzelner Schichten bearbeitete ZLATNÍK (1938). Seine Einteilung ist folgende:

Schicht 1. Vorwachsende Bäume des Hauptbestandes.
2. Herrschende Bäume der Kronenschicht des Hauptbestandes – sie bilden eigentlich den Schwerpunkt der Kronenschicht.
3. Bäume unter der Baumkronenschicht des Hauptbestandes, aber höher als die Hälfte der Baumhöhe der Schicht 2.
4. Bäume zwischen der Baumhöhe der Klasse 3 und Brusthöhe (1,3 m).

Die Strauchschicht wird in drei Unterschichten zerteilt und zwar:

5_{1a} von 1,3–0,5 m Höhe.
0,5 bis zur Erdoberfläche. Zu diesen zwei Unterschichten gehört der Jungwuchs ohne Cotyledonen.
5_2 Keimlinge der Holzarten mit Cotyledonen.

Weil in der fünfstufigen Skala für Abundanz und Dominanz (nach BRAUN-BLANQUET) das Intervall der einzelnen Stufen 20% beträgt, können die Angaben der Menge gröber, d.h. nicht genau sein. Es wäre besser die Ermittlung der individuellen Zahl (Abundanz) und des Deckungsgrades (Dominanz) für die Holzarten prozentuell (auf 5% abgerundet) anzuführen. Das Zeichen + bleibt für Mengen weniger als 5%. Für die Kontrolle soll man auch den Deckungsgrad jeder einzelnen Schicht angeben. Der prozentuelle Gesamtbetrag des Deckungsgrades aller Holzarten in einer Schicht soll natürlich der Schicht-Deckung entsprechen.

Der Deckungsgrad aller Gehölzschichten zusammen kann auch höher (aber nicht niederer) als der Gesamtdeckungsgrad, d.h. der Deckungsgrad des Holzbestandes oder Kronenschlußgrad des Bestandes sein.

Eine nützliche Ergänzung dieser funktionellen Differenzierungsklassen und Baumklassen-Einteilung wären die nummerischen Angaben über den Brustdurchmesser des Bauminventares und auch über die Baumhöhe aller Hauptholzarten des Waldbestandes. Ihre numerische Darstellung wäre folgende:

Ø 1,3 (8)–12–*20*–24–(30) cm
Höhe: (6)–10–*18*–(20) m

(Stämme mit 8 cm Durchmesser sind selten, öfter kommen Stämme mit 12 cm Durchmesser vor. Am häufigsten sind Bäume von 20 cm Dicke (Holzmasseträger). Einige Bäume erreichen auch 24 cm Durchmesser und ganz selten sind auch Stämme von 30 cm Dicke). Diese Angaben ermöglichen eine Holzmasseschätzung auch im Falle, daß die Bestandfläche taxatorisch nicht gemessen wird; so kann man die Holzproduktion oder Leistungsfähigkeit der Bestände als eventuelles Klassifikations-Hilfsmerkmal, besonders bei genaueren Altersangaben, ausnützen.

Weiter möchte ich einige Worte über die Häufungsweise (Soziabilität) der Gehölze sagen. Soziabilität als die Art des Geselligkeit-Wachstums gibt Aufschluß über die Weise des Individuen-Zusammenschlusses und beantwortet die Frage, wie die Individuen bezw. die oberirdischen Sprossen einer Art gruppiert sind. Theoretisch gilt sie auch für die Gehölze. Die übliche fünfstufige Skala: 1 = Einzelsprosse, Einzelstämme, 2 = gruppen- oder horstweise wachsend, 3 = truppweise wachsend (kleine Flächen und Polster), 4 = in kleinen Kolonien wachsend oder ausgedehnte Flächen oder Teppiche bildend, 5 = große Herden (großflächiges, zusammenhängendes Vorkommen) ist für die Baumholzarten nicht ganz geeignet. Wenn man die Stämme berücksichtigt, können Bäume die höchsten Stufen der Soziabilität überhaupt nicht erreichen. Vielleicht kann man der Unklarheit der Soziabilitätsschätzung der Bäume zuschreiben, daß diese gleich, d.h. ebenso hoch wie die Abundanz und Dominanz (wenn man mehr die Baumkronen berücksichtigt) oder geringer (wenn man wirklich die Stämme und ihre Gruppierungsweise berücksichtigt) war. So kann man z.B. bei Eichen Angaben 4.4, 4.2, oder auch 4.1 und für die Hainbuche 3.3 oder 3.2 (vielleicht auch in derselben Aufnahmefläche) finden. Manchmal wird die Soziabilität bei Holzarten einfach ausgelassen. In der Mittelwaldform, wo Stockausschläge und auch aus Samen gewachsene Bäume vorkommen, ist es schwer die reelle Soziabilität anzugeben. Es ist aber zweifellos, daß die Soziabilität besonders für die Waldsteppengesellschaften und Karstwälder sehr wichtig ist. Es wäre also nützlich die Soziabilitätsbewertung bei Holzarten klarzulegen und auch ihre nummerischen Angaben zu vereinigen. Wenn man die Breite der Soziabilität einzelner Waldgesellschaften angeben will, wäre es gut die abweichenden Werte von der durchschnittlichen Soziabilität mit einer zweiten in Klammern geschriebenen Ziffer, auszudrücken.

Das Problem der Soziabilität tritt bei der Wertung der Sämlings- und Jungwuchsschicht (Menge, Repartition und Dichte der Holzarten) hervor. Die wirklichen Verhältnisse der Soziabilität dieser Schicht in der

Aufnahmefläche haben für die natürliche Verjüngung große Bedeutung. Die durchschnittliche Soziabilität (verteilt auf die ganze Aufnahmefläche) ist abweichend von der wirklichen Soziabilität. Für die forstliche Praxis wäre es geeigneter die Amplitude, d.h. ihre Unter- und Obergenze anzugeben. Gegenenfalls wäre es noch besser, wie es einige Autoren (z.B. ZLATNÍK) machen, die abweichende, inselartige (auf kleinerer Fläche als ein Viertel der Aufnahmefläche) vorkommende Soziabilität als Exponenten zu den übrigen numerischen Angaben über die Soziabilität zu schreiben. Die so geschriebenen Angaben drücken die Struktur und Dynamik des Waldbestandes besser aus.

Es bleibt die Frage offen, ob man diese Vorschläge nur in Vegetationsaufnahmen, d.h. im Terrain, oder auch in phytozönologischen Tabellen als Klassifikations-Hilfsmittel benützen soll. Die Methoden der Klassifikation entwickeln sich und so muß man daran denken, daß die Vegetationsaufnahmen auch in dieser Hinsicht so genau und detailliert, wie nur möglich sein sollen. Man soll dies nicht als Zeitverlust ansehen, auch in dem Falle nicht, wenn einige Angaben gegenwärtig nicht für die Tabellen ausgenützt werden.

ZUSAMMENFASSUNG

Die Gesellschaftsschichtung als ein gesetzmäßiges zönotaxonomisches Merkmal, in dem nicht nur die Dynamik, die Vitalität, der Lichtbedarf, sondern indirekt auch die Konkurrenzfähigkeit einzelner Holzarten mit der Schätzungsskala gewertet wird, soll in Tabellen, vor allem für Waldphytozönosen dargestellt werden.

Dabei wäre es notwendig die übliche Einteilung der Stratifikation (E_3, E_2, E_1 und E_0) in 3–4 Gehölzschichten (außer der Strauchschicht) verfeinert und durch genauere Kriterien zwischen E_3 und E_2 darzulegen.

Die fünfstufige Abundanz- und Dominanz-Skala ist für die verfeinerte Stratifikation nicht ganz ausreichend. Es wäre daher besser diese Merkmale in allen Schichten der Holzarten prozentual (auf 5% abgerundet) anzugeben. Bei der Baumschicht sollte auch der Stammbrusthöhen-Durchmesser und auch die Baumhöhe geschätzt und numerisch angeführt werden (zur Beurteilung des Wachstums und der Holzproduktion).

Bei Holzarten sind die Soziabilitätskriterien konsequent schwer einzuhalten. Bei der Schätzung wird einmal die Gruppierung der Bäume oder der Stämme, einandermal wieder die der Kronen (ihrer Fläche) berücksichtigt. Deshalb soll man bei Gehölzarten die Bedeckung einzelner Schichten prozentual angeben. Die Abundanz und Dominanz soll man in ihrer ganzen Spannweite, d.h. bis zu ihrer Unter- und Obergrenze und die abweichenden Werte auf kleinen Flächen im Exponent verzeichnen.

Die Beschreibung der Gesellschaften im Gelände soll so genau und detailliert wie möglich erfolgen, auch in dem Falle, daß einige Angaben in Tabellen nicht angewandt werden. Für die Textbearbeitung sind sie von großer Bedeutung.

SUMMARY

SOME FEATURES OF COMPOSITION OF MIDDLE-EUROPEAN FOREST COMMUNITIES

The stratification of communities as a taxonomic feature expressing the dynamics, vitality and need of light, but indirectly also the competitive ability of wood species is to be given more exactly on forest communities.

The currently used stratification (E_3, E_2, E_1 respectively E_0) would have to be refined at least in 3–4 strata (except for bush stratum) and the criteria between E_3 and E_2 defined more exactly.

The five degrees scale for abundance and dominance is not sufficient for that refined stratification. Therefore it would be better to specify these features (characteristics) for wood species in percentage (rounded off 5 per cent). It is necessary for the tree stratum to quote also the diameter interval in breast height of stems and the height of tree for the purpose of appreciation of production.

It is very difficult to keep consequently the criteria of sociability in wood species. At its estimation now the grouping of trees, and now the grouping of crowns (their surface) is taken into consideration. Therefore it is necessary for wood species to give exactly the covering of strata in percentage. The abundance and dominance have to be stated within all their spread i.e. their lowest and highest limit and the deviations from that to be noted down numerically by exponent.

The description of plant communities in the field has to be very exact and detailed even in the case that some data will not be tabulated.

Bratislava, 23.2.1968. Translated by M. Puobišová.

LITERATUR

Assmann, E.: Waldertragskunde. Organische Produktion, Struktur, Zuwachs und Ertrag von Waldbeständen. – BLV Verlaggesellschaft, München, Bonn, Wien 1961.

Braun-Blanquet, J.: Pflanzensoziologie 3 Aufl. – Wien, New York 1964.

Klika, J.: Nauka o rostlinných společenstvech (Fytocenologie). – Praha 1955.

P. Seibert:

Es war davon die Rede, ob man bei der Soziabilitätsschätzung der Bäume sich auf die Stämme oder auf die Baumkrone beziehen solle. Diese Streitfrage ist auch bei uns schon öfter aufgetaucht, und ich meine, sie ist eigentlich sehr leicht zu beantworten. Denn wir brauchen ja nur zu überlegen, was wir denn sonst tun. Wir schätzen ja immer die Soziabilität der gesamten Pflanze und nicht von Pflanzenteilen. Wir müssen, wenn wir jetzt einen geschlossenen Baumbestand haben mit einem geschlossenen Kronendach, die Soziabilität mit 5 einschätzen und nicht mit 1 bezogen auf die Stämme. Dann müßten wir ja konsequenterweise bei einer *Oxalis*-Herde auch 1 schätzen, weil ja die Oxalis-Stämmchen auch einzeln stehen.

D. Magic:
Das ist wahr. Aber die Definition entspricht den oberirdischen Sprossen. Man sollte vielleicht nach der Definition schätzen.

E. W. Raabe:
Die Soziabilität, die wir normalerweise in unseren pflanzensoziologischen Tabellen angeführt sehen, ist eine recht problematische Erscheinung. Einmal sollte klipp und klar eine Einigung erzielt werden, was wir unter Soziabilität überhaupt verstehen wollen. Denn, was wir heute schätzen, ist sehr unterschiedlich und hat auch gar nichts miteinander zu tun. Ich meine, wir sollten unter Soziabilität die mehr oder minder gleichmäßige Verteilung einer Art über die Untersuchungsfläche auffassen. Wenn also eine Art gleichmäßig dispergiert ist, so daß der mittlere und der tatsächliche Abstand zwischen den einzelnen Individuen in der Untersuchungsfläche ungefähr derselbe bleibt, erhält sie den normalen Wert 1. Wenn aber die einzelne Art sich komprimiert zu kleinen Grüppchen und dazwischen weniger Individuen vorhanden sind, dann hat erst eine Soziabilitätsangabe einen wirklichen Wert. Wenn aber die Soziabilität über eine gewisse Gruppenbildung sogar noch hinausgeht, dann heißt das letzten Endes nichts anderes, als daß wir gar keine einheitlichen Vegetationsaufnahmen gemacht haben, sondern daß wir verschiedene Gesellschaften, eben wie wir das aus den Hochvogesen gesehen haben, zusammengefaßt haben. Hier wäre also eine Bewertung von 4 oder 5, wenn in dieser Weise geschätzt worden ist, eigentlich der Nachweis dafür, daß kein einheitlicher Vegetationsfleck aufgenommen wurde. Nachdem, was ich eben gesagt habe, müßte *Phragmites* etwa, wenn es dicht an dicht steht, und in der Untersuchungsfläche 95% bedeckt, mit 1 bewertet werden. Es ist vollkommen gleichmäßig dispergiert.

Mit der Angabe der Soziabilität soll die Abweichung von der idealen gleichmäßigen Verteilung (Soziabilität 1) angedeutet werden. Wenn in einer geschlossenen *Phragmites*-Fläche, in der das Reth gänzlich homogen verteilt ist, aber nach landläufigem Gebrauch *Phragmites* mit der Soziabilität 5 gekennzeichnet wird, so entspricht das nicht dem Sinn der Angabe. Jede gleichmäßige Verteilung, unabhängig von der Menge, verdient die Soziabilität 1. „In großen Herden" etwa kann immer nur bedeuten, daß die betreffende Art innerhalb der Aufnahme in großen Herden vorkommt. Jede andere Auslegung ist Unsinn. Zum anderen, wenn Horstpflanzen wie *Molinia, Festuca ovina* u.a. grundsätzlich mit dem Soziabilitätswert 3 gekennzeichnet werden, so ist auch dieses nicht konsequent. Es gehört bei diesen Arten zur Gegebenheit, daß sie horstig wachsen, das ist ihre natürliche Art, und diese Natürlichkeit darf nicht irreführend gekennzeichnet werden. Wenn *Molinia* mit ihren Horsten ganz gleichmäßig über die Untersuchungsfläche verteilt ist, dann verdient sie die Soziabilität 1. Die bisherige Anwendung der Soziabilitätswerte vereinigt unterschiedliche Begriffe. Diese Werte in Tabellen aufzunehmen sollte übrigens nur dann geschehen, wenn sie auch gebührlich ausgewertet werden.

Ein zweites Problem: Wir wollen die vom Optimal-Fall (Ideal-Fall) abweichende Gruppierung mit der Soziabilität bewerten. Das heißt, wir müssen die natürlichen Wuchsformen einer Pflanzenart mitberücksichtigen. *Poa pratensis*, *Agropyron repens* und solche Arten werden im Grünland durch ihre lange Rhizom-Bildung gleichmäßig dispergiert auftreten können. Es gehört bei diesen Arten zum natürlichen Erscheinungsbild, daß jeder einzelne Halm einzeln für sich herauskommt. Auf der anderen Seite gehört es aber zum natürlichen Wuchsbild, daß bei Arten wie *Festuca ovina*, *Molinia coerulea* u.ä. die Einzelhalme des einzelnen Individuums ganz kompakt beeinander liegen und von sich aus, ob sie wollen oder nicht, einen dichten geschlossenen Komplex bilden, und daß wir es hier mit einzelnen Individuen oder Komplexen von Individuen, die aber natürlich so sein müssen, zu tun haben, und daß wir nicht einen *Festuca ovina*-Bult automatisch etwa mit einer 3 bewerten, wie das gelegentlich geschieht. Wir haben hier also zwei ganz verschiedene Soziabilitäts-Begriffe, die wir in unseren Aufnahmen in der Regel leicht durcheinander bringen. Auf diese Problematik wollte ich aufmerksam machen.

J. J. BARKMAN:
Die Soziabilität ist ja angefochten, und es gibt Leute, die sagen, sie hänge ganz von der Art ab. Jede Art hat ihre eigene spezifische Soziabilität. Andere sagen: innerhalb gewisser enger Grenzen. Und deshalb wird sie auch bei der Synthese meistens nicht verwertet. Es gibt heutzutage immer mehr Leute, die auch wegen der hohen Druckkosten bei den Tabellen die Soziabilität weglassen. Es ist die Frage, warum man sie überhaupt noch notiert, wenn man sie doch wieder wegläßt in der Synthese, oder wenn man sie in die Tabellen setzt aber nicht verwendet. Ich glaube für die Synsystematik ist sie weniger wichtig, es sei denn als zusätzliches Hilfsmittel, um den Treuegrad einer Art zu bestimmen. Wenn man bei ein und derselben Art vergleicht, wie die Soziabilitätsverhältnisse in verschiedenen Gesellschaften sind, dann ist der artspezifische Charakter der Soziabilität also eliminiert. Aber bei Strukturuntersuchungen ist die Soziabilität sehr wichtig. Und darüber sprechen wir ja auf diesem Symposium. Ich bin ganz mit Prof. RAABE einverstanden, daß man dabei zwei Soziabilitäten durcheinander wirft, nämlich die Gruppierung der Sprosse bei einem Individuum und die Gruppierung der Individuen. Deshalb auch die Methode, daß man z.B. bei *Molinia* oder *Festuca ovina* der Soziabilität zwei Ziffern gibt, wobei beide berücksichtigt sind.

Zur Frage, ob man nur die Stämme nimmt oder die Konturen, ist zu sagen: wenn man bei den Kräutern die Konturen nimmt, muß man es bei den Bäumen auch tun. Wir sind aber so klein, daß wir, wenn wir in einen Wald hineingehen, die Stämme eher sehen als die Bäume. Wären wir Riesen, die von oben her einen Wald aufnehmen würden, dann wäre die Frage gar nicht vorhanden. Wir müssen es ganz gut verstehen, daß die Methodik der Soziologie auch von der Größe des

Menschen abhängt. Deshalb sind die Moosgesellschaften auch so vernachlässigt. Wenn wir kleine Käfer wären von 2 mm, dann wären die Moosgesellschaften, die jetzt Verbände sind, schon längst Klassen. Und die Bäume hätten wir noch nicht untersucht, es sei denn, daß wir ganz gute Feldstecher hätten.

Noch ein Wort zur BRAUN-BLANQUET-Skala der Soziabilität:

Auch wenn man die Konturen der Bäume nimmt, gibt es im Gelände manchmal Streit, ob in einem Buchenwald, wo die Konturen fast aneinanderschließen, Soziabilität 1 oder 5 gegeben werden soll. Wenn sie aneinanderschließen, wird sie aber 1, nicht 4 oder 3. Und das ist gerade der beste Beweis, daß etwas mit der Soziabilität nicht stimmt. Ich möchte das so erläutern, daß die Soziabilitäts-Skala von BRAUN nicht linear, sondern rhythmisch ist, indem sowohl die Soziabilität 1 als auch 5 sich auf eigene regelmäßige Verteilung der Individuen beziehen (unterdispers), und es dann auch schwierig ist zwischen 1 und 5 zu unterscheiden. Die Ziffer 2 entspricht etwa der normalen Zufallsverteilung, die Ziffern 3 und 4 einer zu unregelmäßigen (unterdispersen oder wie WHITTAKER sagt „dumped" or „aggregated") Verteilung. Man würde also erwarten, daß die Ziffer 2 die am häufigsten vorkommende wäre.

Aber in Wirklichkeit ist die Ziffer 3 oft genau so häufig. Das hat, wie GOUNOT gezeigt hat, verschiedene Ursachen, wie vegetative Ausbreitung, Barochorie, Autochorie, Synaptospermie und Häufung der Diasporen durch Windhemmung usw. Dies ist vielleicht nur eine überflüssige Ergänzung zu dem, was Prof. RAABE schon gesagt hat.

E. VAN DER MAAREL:
Ich möchte noch etwas hinzufügen. Ich glaube, daß es hier um unterdispers und überdispers geht. Unterdispers ist wie eine Normal-Verteilung, d.h. at random-Verteilung; diese höheren Soziabilitätswerte sind also überdispers.

J. J. BARKMAN:
Nein, das ist nicht wahr.

E. VAN DER MAAREL:
Ich glaube nicht, daß eine ganz normal disperse Verteilung mit der Ziffer 2 überstimmt. Wenn man eine normal disperse Verteilung beobachtet, dann ist der allgemeine Eindruck 1 und nicht 2.

Die Ziffer 2 entspricht nicht dem Zustand von „normaldisperser Verteilung", sondern eher die Ziffer 1.

R. NEUHÄUSL:
Falls es sich um die Soziabilität im Sinne von BRAUN-BLANQUET handelt, spielt die Verteilung der Arten auf der Fläche keine Rolle. *Festuca ovina* z.B., die in kleinen Horsten wächst, besitzt die Soziabiltät 2 nicht nur im Falle, daß sie nur einmal vorkommt, sondern auch in Fällen, wenn sie auf der ganzen Fläche homogen vertreten ist. Man muß die Soziabilität und Repartition (s. SCHUSTLER 1926) als zwei selbständige Merkmale unterscheiden.

S. HEJNÝ:
Wenn wir bei den Struktur-Begriffen der Arten in den Gesellschaften ganz konsequent sein wollen, dann müssen wir von den Phytocenosetypen im früheren Sinn von BRAUN-BLANQUET und PAVILLARD ausgehen. Das bedeutet, daß man jede Art in verschiedenen Gesellschaften in ihren Strukturmerkmalen mehr beobachten muß. Nicht nur den Sproß, sondern auch die Wurzelschicht. Z.B. wurde gesagt, manchmal hat *Fagus* 5 an der Oberfläche. Aber manchmal ist die Saugkraft der Wurzelschicht von *Fagus* sehr wichtig, besonders für die Bildung unserer Fageten, besonders der Fageta nuda. Das sind verschiedene Probleme, die wir aber ganz konsequent gründlich studieren müssen. Leider wurde ihnen in diesem Symposium nicht viel Aufmerksamkeit gewidmet. Sie sind aber eine sehr gute Brücke zwischen den Struktur- und Syndynamikproblemen.

D. MAGIC:
Ich bin einverstanden, daß es sich um zwei verschiedene Begriffe handelt. Für die Praxis sind diese Schätzungen im Terrain besonders bei den Holzarten sehr wichtig. Dort kommen auch einzelne, und auch die vegetativ oder von menschlicher Tätigkeit beeinflußten Pflanzen, die strauchartig wachsen, vor; dabei müssen die Repartition, die Gruppierungsweise, die horstartige und andere Verjüngungsweisen geschätzt werden. Ich wollte die geobotanischen Ergebnisse der forstlichen Praxis zugänglich machen. Sie muß aber das alles weiter bearbeiten und ausnützen. Alle diese Begriffe müssen theoretisch eindeutig und klar sein. Darum habe ich auf diese Problematik hingewiesen.

BEITRAG ZUR ERFORSCHUNG DER URWALDSTRUKTUR REINER BUCHENWÄLDER

von

Ž. Košir

Die starken wirtschaftlichen Eingriffe in die Buchenwälder haben den Einblick in die ureigene Struktur der reinen Buchenwälder und in ihren natürlichen Lebensablauf verwischt.

Um die Struktur der Wälder analysieren zu können, müssen wir parallel die Prozesse des Wiederaufbaues, des Wachsens, der Verjüngung und des Absterbens der Baumarten im Zusammenhang mit dem Milieu und mit den Eigenschaften der Baumarten studieren, die verschiedene Fähigkeiten haben, sich in den einzelnen Phasen der zyklischen Sukzession zu behaupten. Die Struktur der Wälder spiegelt sich endlich als Resultat aller exo- und endodynamischer Prozesse, die sich in der Gesellschaft in der Zeit ihrer Gestaltung abwickeln.

Der Wiederaufbau der reinen Buchenwälder der Krim (Sowiet Union) stellt sich heute als Beispiel des Nachfolge-Wiederaufbaues (fortlaufender Wiederaufbau) dar im Gegenteil zur progressiven ununterbrochenen Erneuerung der Baumarten als allgemein bekannte Erneuerungsart, z.B. von einigen Tannen- und Fichtenwäldern.

Um die Vorstellung von der natürlichen zyklischen Entwicklung einiger reiner Buchenwälder in Slowenien zu bekommen, haben wir mit der Strukturanalyse der Buchen-Urwälder im Gorjanci-Gebirge begonnen.

Wir haben zwei Gesellschaften der reinen urwaldartigen Buchen-Urwälder erforscht: einen steilen, kühlen Hang (35°, Höhe 950 m.ü.M.) mit flachgründiger Rendzina, der zum Arunco–Fagetum (Paraklimax) gehört, und einen flacheren (bis 10°) kühlen N-Hang (1050 m.ü.M.) mit tiefgründiger Braunerde auf Kalkstein, der zur Klimaxgesellschaft des Savensi–Fagetum gehört.

Wir haben die Stellung aller Bäume, Stöcke, gefallenen Stämme und des Jungwuchses aufgenommen und eine Vorstellung über die Verteilung der Bäume auf der Fläche bekommen; mit einem Schnitt durch den Wald (in einer Tiefe 10–20 m) ferner eine Vorstellung über die Baum-Schichtung.

Die Bäume sind gruppenartig nach verschiedenen Höhen und Durchmessern angeordnet, was sich in gruppenartiger, mehrschichtiger Waldstruktur spiegelt. Die Lage der Gruppen im vertikalen Schluß ist von ihrer Entwicklungsphase bedingt: der Jungwuchs, Vorwuchs und Nachwuchs (unterdrückte und überalterte Bäume), die unterständigen Bäume in Einfügung in die herrschende Schicht und der Oberstand selbst. Die höchste Baumschicht und die Jungwuchsschicht sind entschieden

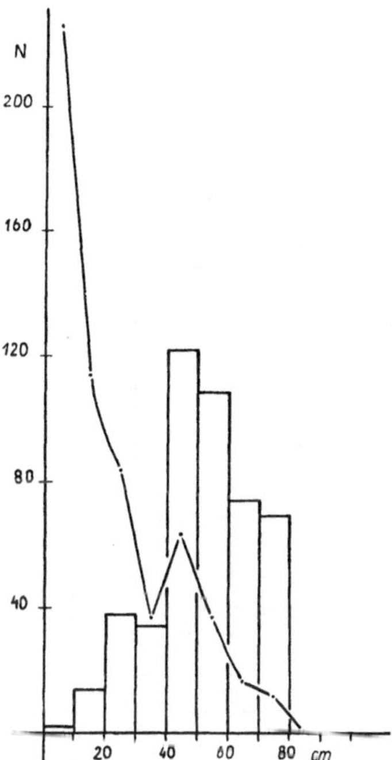

Fig. 1. Arunco-Fagetum Fl. 1, (0,25 ha)

betont (Stammzahlkurve). Je größer eine Baumgruppe der gleichen Entwicklungsphase ist, desto mehr bekommen wir den Eindruck einer gleichaltrigen und einstufigen Waldentwicklung. Das Absterben der Bäume erfolgt auf der ganzen Bodenfläche. Es sterben einzelne Bäume ab, manchmal in kleineren Gruppen, wo sich mit dem Niederreißen eines Baumes die Stabilität der angrenzenden Bäume verringern kann, oder wo die Baumriesen beim Fallen die Nachbarn vernichten.

Auf solchen Stellen beginnen die unterständigen, überalterten Bäume sich rasch in die höhere Baumstufen einzufügen; gleichzeitig erscheint neuer Jungwuchs, der sich in der weiterer Entwicklung zusammen mit dem Vorwuchs in die nächsten Baumstufen einfügt, oder in einer gewissen Stufe standhält, oder aber abstirbt.

Die Zeitperiode, in welcher einzelne Bäume absterben, ist nicht nur durch die Lebensdauer einer Baumart bedingt; vielmehr beeinflussen sie noch viele Faktoren der Umwelt, in welchem sich ein Baum entwickelt hat.

Zwischen diesen müssen wir zuerst das Extrem des ökologischen Komplexes bestimmter Waldgesellschaft erwähnen: starke Hang-Neigung, flachgründiger Boden, undurchlässiges, bröckeliges Substrat z.B. bieten der Bäumen nicht die gleichen Möglichkeiten der Verwurzelung (Arunco-Fagetum) wie auf den nicht so extremen Standorten der benachbarten Gesellschaft Savensi-Fagetum. Mit dem Wachstum in Stärke und Höhe kommt hier das labilere Verhältnis zwischen den heranwachsenden Bäumen und der gegebenen Umwelt deutlich zum Ausdruck. Die Bäume scheiden bei bestimmter Stärke und Höhe unter dem Einfluß

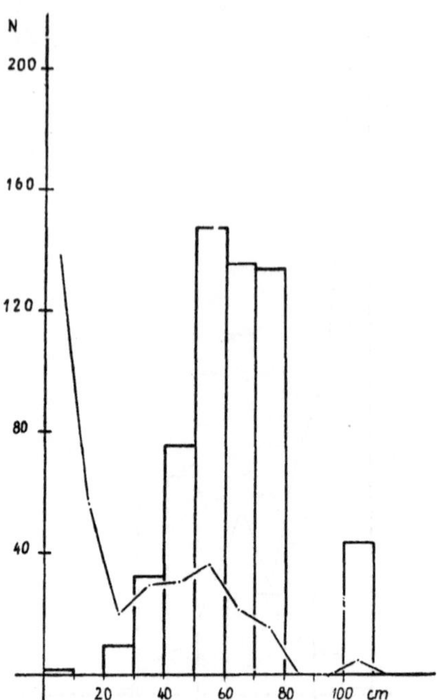

Fig. 2. Savensi-Fagetum Fl. 2, (0,37 ha).

sonst ungefährlicher Winde und nassen Schnees rasch aus den Beständen aus. Die Bäume lösen sich von Boden ab, noch bevor sie die maximalen Durchmesser und Höhen erreicht haben oder noch, bevor sie sich der Grenze der Lebensdauer ihrer Art, die wir von anderen Standorten kennen, genähert haben.

Im Arunco-Fagetum ist der durchschnittliche Durchmesser der Bäume (stärker als 10 cm) 33 cm bei durchschnittlicher Höhe 18,3 m. Der maximale Durchmesser erreicht 74 cm und die Höhe 31 m. Vom Alter physiologisch entkräftete Bäume gibt es in diesem Typ wenige. Im Savensi-Fagetum ist der durchschnittliche Durchmesser 42 cm bei einer mittleren Höhe von 23,2 m. Dementsprechend ist der maximale Durchmesser erheblich höher. In unserer Fläche trafen wir einen Baum mit 105 cm Durchmesser und die höchste Haumhöhe von 38 m. Die Bäume scheiden hier vor allem wegen physiologischer Entkräftung aus und mit der damit verbundenen Erscheinung größere Wiederstandsunfähigkeit gegen die abiotischen und biotischen Einflüsse der Umgebung. Der Einfluß des extremen Standortes auf das Wachstum des Bestandes drückt sich beim Vergleich der Verteilung der Holzmasse aus. In Arunco-Fagetum liegt der Schwerpunkt der Holzmasse bei Durchmessern von 40 bis 60 cm, im Savensi-Fagetum aber von 50 bis 80 cm.

Die weiteren Gründe für das vorzeitige Absterben eines Baumes sind sein individueller Stand im Walde und unter welchen Bedingungen der Baum diesen Ort besetzt hat. Die Bestände jeder Gesellschaft sind mosaikartig zusammengesetzt, was sich in allen ihren Komponenten, im Boden, in der Luft und in der organischer Umwelt spiegelt. Durch die

Baumalter auf dem Stock:

Model baum	d_{cm}	h_m	Alter	Model baum	d_{cm}	h_m	Alter
1	1,9	2,5	33	5	2,9	1,5	41
2	5,6		70	7	2,2		30
	13,5	11,5	111		3,4		75
3	1,05		20		4,0		105
	3,90		76		6,8		137
	4,70		106		19,8		185
	9,90		154		22,0		208
	10,90		190		31,4		244
	11,70		217		39,4		291
	13,00		242		47,8		331
	14,20		277		54,4		368
	15,10	12,0	313		69,4	28,0	391
4	4,4	2,5	53				

Lage des Baumes oder der Baumgruppe in diesem Mosaik ist seine Lebensfähigkeit und seine Lebensdauer bedingt.

Dem Absterben und Ausscheiden der Bäume, besonders aus der Oberschicht folgt, übereinstimmend mit der gesteigerten Belichtung die beschleunigte Verjüngung unter der unterbrochenen Kronenschicht und das kontinuierliche Einfügung des gegebenen Jungwuchses und Unterwuchses in der herrschenden Schicht. Dabei muß man betonen, daß stark überalterte Buchen im Unterwuchs ihre Vitalität behalten und auch noch nach 100 und mehrjährigem Vegetieren unter der dichten Schicht fähig bleiben, schnell ihren Höhen- und Stärkenzuwachs zu vergrößern und sich in dem Oberstand einzufügen.

Die Baumgruppe, die sich in einem bestimmten Zeitabschnitt in das Bestandes-Mosaik einbaut, ist deshalb in ihrem Alter sehr heterogen. Der Durchmesser, die Höhe und die augenblickliche Lage des Baumes im Urwald bieten keine verläßlichen Kriterien für die Feststellung ihres Alters: dafür müssen wir noch den Lebenslauf des Baumes kennen. Das Absterben der Bäume im Oberstand ist zwar am stärksten bemerkbar und hat auch die am meisten bemerkbaren Folgen, doch sterben die Bäume in allen Stufen ab. Die Lebensdauer unterdrückter Bäume ist kürzer, doch hier finden wir noch immer Bäume, die bis 313 Jahre alt werden. Auch auf die Stelle dieser Bäume treten andere aus dem Unterwuchs und aus sekundären Verjüngungspunkten. Natürlich ist dieser Prozess weniger auffällig merkbar, wenn auch nicht minder kontinuierlich.

Der Buchenwald erneuert sich so ununterbrochen allein; in mosaikartigem Geflecht fügen sich die Bäume in die einzelnen Schichten ein- und ebenso scheiden sie aus. Die Entwicklung des Waldes läuft im Grunde nach gleichen Grundsätzen wie die Entwicklung des gemischten Tannen-Buchenwaldes, d.h. nach dem Prinzip ununterbrochener mosaikartiger Erneuerung, nur sind die Gruppen betonter und kommen mehr zum Ausdruck. Das bringen wir mit der einartigen Baumzusammensetzung des reinen Buchenwaldes zusammen, die Konkurrenz nach Ausscheiden im Rahmen der Gattung lokalisiert, während im Tannen-

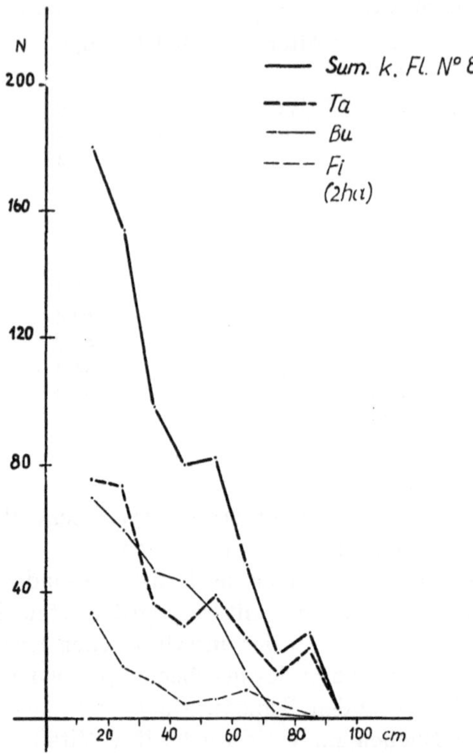

Fig. 3. Abieti–Fagetum dinaricum–Tannen-Buchen-Urwald (Klekovača, Grmeč) nach TREGUBOV.

Buchenwald die Konkurrenz zwischen den verschiedenen Baumarten abläuft, wobei noch spezifische Eigenschaften der anderen Baumart zum Ausdruck kommen und damit zur vollendeteren Ausnützung des Bodens und des Lichtes führen.

Weitere Einblicke in die Zusammensetzung der Baumschicht des Buchen-Urwaldes bekommen wir durch die Analyse dendrometrischer Daten der Bäume. Ich kann hier nur die grundlegenden Charakteristika angeben:

Wie der Standort des Arunco–Fagetum weniger günstig ist, so sind alle Daten für diese Gesellschaft bescheidener mit Ausnahme der Zahl der Bäume, die aus den gleichen Gründen zunimmt. Die Größe der Holzmasse pro ha bewegt sich zwischen 456 und 581 m^3 im Unterschied zum Tannen-Buchenwald, wo in unseren Verhältnissen die Holzmasse zwischen 700 bis 1000 m^3 pro ha (manchmal auch höher) liegt. Der Unterschied ist als Resultat kleinere Vollholzigkeit, Durchmesser und Höhen der Buchen. Sonst ist der Standort des Savensi–Fagetum nach Produktion übrigens der gleiche, wenn nicht besser als im Abieti–Fagetum dinaricum.

Die Verteilung der Holzmasse nach verbreiteten Stärkeklassen ist im Arunco–Fagetum 11:34:55 und nähert sich damit der bekannten Verteilung im Tannen- und Buchenwald (6–19:22–32:48–71). Bei

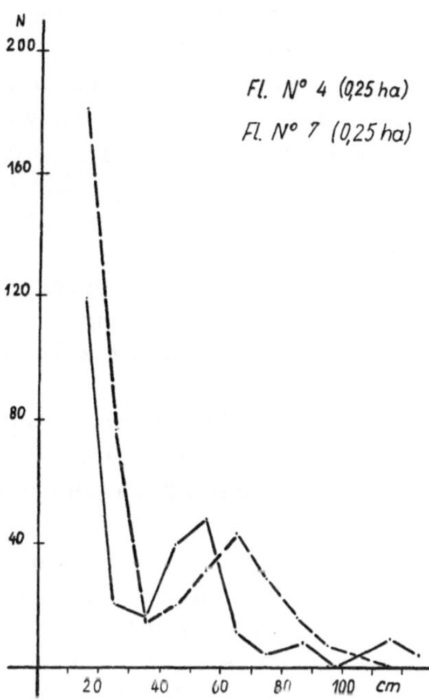

Fig. 4. Abieti–Fagetum dinaricum – Tannen-Buchen-Urwald (Klekovača, Grmeč) nach TREGUBOV.

günstigeren Standortverhältnissen verschiebt sich diese Beziehung zum Vorteil des stärkeren Durchmessers, und wir haben das Verhältnis 3:18:79, mit welchen sich eine größer Gestaltungstendenz zu Horsten oder Gruppen andeutet.

Die Frequenzkurve der Baumzahl hat einen ähnlichen Verlauf wie in einigen schon bekannten Tannen- und Buchen-Urwäldern. Die Zahl der Bäume mit einem Durchmesser von 35–65 cm ist merklich vergrößert, die Kurve geht hier in eine glockenähnliche Form über. So wie in manchen Tannen- und Buchen-Urwäldern konstatieren wir auch im reinen Buchen-Urwald eine Tendenz zur Gruppengestaltung. Solche Waldentwicklung können wir uns mit der Tendenz und der Fähigkeit des „Sicheinfügens" der Tanne und der Buche in die Oberschicht, deren Höhe und Durchmesser aber durch die biologischen Eigenschaften der Gattung und der Umwelt begrenzt sind, erklären. Der Zeitabschnitt des glockenartigen Aufstieges der Frequenzkurve ist die Zeit der optimalen Entwicklung der Bäume. Vor diesem Zeitpunkt suchen die Bäume ihren Platz in dem Bestand, nach diesem Zeitabschnitt aber fangen sie an ihre Lebenskraft zu verlieren und sich aus dem Bestand herauszulösen. Hier kommt die individuelle Lage eines Baumes im Walde und seine Entwicklung in der Vergangenheit völlig zum Ausdruck. Die Frequenzkurve der erörterten Waldgesellschaften ist also nicht typisch, sie stellt die Übergangsform zwischen charakteristischen Kurven für Plenterwald und für Hochwald dar. Die Altersanalysen der Buchen beziehen sich auf das gleiche Urwald-Objekt, doch auf seinen Rand, weil dieser nicht geschützt ist. Im Objekt selbst ist das Alter von einigen Bäume, die der letzte Sturm niederrissen hat, festgestellt worden.

Die grundsätzliche Feststellung, die aus den gesammelten Daten folgt, ist, daß die Buche in unterdrückten Schichten um 300 Jahre durchhält. Nach diesem Zeitabschnitt kann sie sich in neugestalteten Verhältnissen mit aller Vitalität in die Oberschicht einfügen. Die Altersanalyse zeigt ähnliche Tendenzen, wie sie auch bei der Tanne bekannt ist, obwohl hier die Baum-Schichtung mehr betont ist.

Die Buche hat größere Fähigkeit zur Einfügung als die Tanne, was wir ihrem größeren Anspruch an Licht und ihrer größerer Anpassungsfähigkeit an die Umweltveränderung in der zyklischen Gesellschaftssukzession zuschreiben.

Zusammenfassung: die urwaldähnliche Form der reinen Buchenwälder des Arunco–Fagetum und des Savensi–Fagetum entsteht in ununterbrochenem Verjüngungsprozeß. Durch den besseren Standort und die längere Lebensdauer der Buche ist die gruppenartige (mosaikartige) Waldstruktur stärker betont. Das spiegelt sich von allem in der mehrstufigen Schichtung und der truppweisen Anordnung der Bäume in verschiedenen Stärken und Höhen wider. In der Oberschicht fügen sich die Bäume aus allen anderen Schichten ein, in welchen die Buche die Fähigkeit vitaleren Wuchses unter entsprechenden Bedingungen

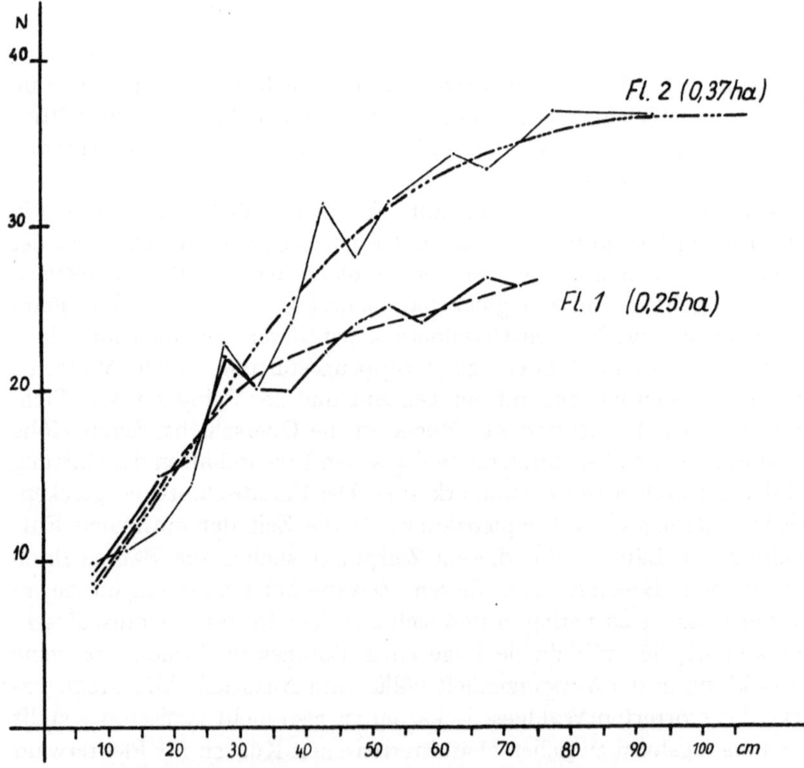

Fig. 5. Höhenkurve für die Buche: Fl. 1 Arunco–Fagetum (N = 97), Fl. 2 Savensi–Fagetum (N 81).

auch nach Jahrzehnten unterdrückter Lage behielt. Die Beschirmung ändert sich auf kleinen Flächen ununterbrochen, doch die Buche vervollständigt sie rasch mit betonter Einfügungskraft in die mehrstufige Schichtung.

ZUSAMMENFASSUNG

Erforscht sind zwei Gesellschaften der reinen Buchenwälder: Arunco-Fagetum auf steilem Hang und flachgründigem Rendzina-Boden und Savensi-Fagetum auf kühlem Hang mit tiefgründiger Braunerde auf Kalkstein. In diesem Rahmen sind die grundlegenden strukturellen Merkmale festgestellt:

1. Gruppenartige Anordnung der Bäume nach verschiedenen Höhen und Stärken und gruppenartige, mehrschichtige Waldstruktur mit betonter Oberschicht und mit Jungwuchs. Auf kleinen Flächen treffen wir die Bäume in verschiedenen Höhen und Stärken; an der Stelle der abgestorbenen Bäume aber kräftigere Entwicklung des Jungwuchses.
2. Die Stammzahlkurve zeigt ähnlichen Verlauf wie sie in plenterwaldartigen Tannen-Buchenwäldern Bosniens bekannt ist: Die Stammzahl der stärksten Bäume ist betont.
3. Der Buche erneuert sich so ununterbrochen allein; in Mosaik-Geflecht fügen sich die Bäume in den einzelnen Schichten ein und gerade so scheiden sie aus. Die Entwicklung des Waldes verläuft im Grunde nach gleichen Grundsätzen wie die Entwicklung des gemischten Tannen- und Buchen-Urwaldes, d.h. nach dem Prinzip ununterbrochener mosaikartiger Erneuerung. Nur die Gruppen sind betonter und kommen mehr zum Ausdruck.
4. Nach dendrometrischen Werten der einzelnen Buchen können wir noch nicht auf ihr Alter schließen. Darum müssen wir mehr über ihren Lebenslauf wissen. Die Buche hat die Eigenschaft einige Jahrzehnte und sogar Jahrhunderte unter dichter Beschirmung zu leben und sich dann in neuentstandenen Verhältnissen nach dem Absterben der Bäume der Oberschicht kräftig in die nächste Baumschicht einfügen zu können.
5. Auf dem besserem Standort des Savensi-Fagetum ist kräftiger ein gruppenartiger Bestandesaufbau ausgebildet, während sich der schlechtere Standort der Arunco-Fagetum-Gesellschaft mehr der plenterwaldähnlichen Struktur annähert.

SUMMARY

The natural structure of pure beech-forests is closely examined in the virgin forest of Gorjanci Mountains: in the Arunco-Fagetum (steep and cool slopes with dolomitic rendzina) and in the Savensi-Fagetum (calcareous brown soil on moderate slopes and cool expositions).

The chosen plots are dendrometrically treated, the distribution of trees is shown three-dimensional and in its stratification. A special stress is laying upon age determination of trees in particular layers.

Analyses have shown the similar stand structure of both communities in virgin forest form, originating in the perpetual regenerational process. The better a site and the longer a lifetime of a beech is, the more it is emphasized the mosaical group construction of stands which is reflected in the multi-story stratification and tufty distribution of trees of different diameters and heights. The trees of all other layers are growing into the dominating layer for the reason that a beech-tree is preserving its ability of repeated intensive growth also after decades of oppressive position. The vertical closure in stand is continuously changing, however the beech is completing it quickly with its expressive power of growing into all layers. The age analysis of beechtrees is showing that the beech can grow into the upper tree layer also after hundred and more years of oppressing position (in shrub layer or in the lowest tree layers). A more stressed story-stratification as it is known with fir-tree, is a reflex of vegetational properties of tree species.

R. TÜXEN:
Ich habe im vorigen Jahre die Freude gehabt, mit meinen tschechischen Freunden einen Urwald von etwa 400 Jahren alter Buchen zu sehen. Ich bin eigentlich überrascht von dem Ergebnis, das wir eben gehört haben, daß die Buche sich so gruppenweise verjüngt. Ich habe mir immer vorgestellt, daß die Buche sich auf größerer Fläche verjüngt, etwa wie es die Forstleute machen unter Schirm oder ähnlich. Ich möchte jetzt gerne wissen, ob bei dieser gruppenweisen Verjüngung sich Schlaggesellschaften von *Atropa* oder anderen Schlagarten wie *Arctium nemorosum* einstellen, oder ob sie in dem natürlichen Urwald-Zyklus fehlen.

Ž. KOŠIR:
Es gibt keine ausgesprochen betonte Schlaggesellschaften. *Atropa belladonna* kommt hier nicht vor. Wohl kann man eine Verschiebung von Pflanzen bemerken, z.B. im Arunco–Fagetum einen etwas größeren Deckungsgrad von *Lonicera xylosteum, Lonicera epigena,* ohne daß sie vorherrschend würden.

Es gibt auch Verschiebungen anderer Pflanzenarten. Das ist ganz mosaikartig, je nach den Lichtverhältnissen der Verjüngung usf.

Es gibt keine ausgesprochene betonte Kahlfläche. Aber wo wir Wirtschaftswald haben, kommen stark betont auf der Kahlfläche eine *Melampyrum*- und eine *Sambucus*-Art usw. vor. Im Arunco–Fagetum geht diese Erneuerung etwas anders vor sich. Wenn eine Lücke etwas größer ist, wenn z.B. mehrere Bäume gefallen sind, dann kann mehr Ahorn aufwachsen. So entsteht eine Gruppe von Ahornen.

Bei der Verjüngung kann also eine Pionierart eine etwas größere Bedeutung bekommen; auch die Ahorne, die später auch in die obere Baumschicht, wenn auch nur vereinzelt, kommen. Sie bleiben dann darin.

Der Ahorn ist dann immer jünger als die Buche.

VEGETATIONSFORSCHUNG UND -KARTIERUNG IN SLOWENIEN

von

Maks Wraber, Ljubljana

Die Pflanzensoziologie hat ihren Ursprung in der klassischen Pflanzengeographie und bedeutet mit ihrer verhältnismäßig kurzen Entwicklungsperiode von kaum einem halben Jahrhundert den Höhepunkt der vegetationskundlichen Forschung. Dank den grundlegenden Ideen und der genialen Verfassung des pflanzensoziologischen Systems, die wir dem Begründer der modernen Vegetationskunde, Josias Braun-Blanquet und seiner Schule verdanken, erfreut sich dieser Wissenschaftszweig eines ungeahnten Aufschwunges und einer geradezu stürmischen Entwicklung, die in knappen 2 3 Jahrzehnten ganz Europa eroberte und sich auch auf anderen Kontinenten immer stärker durchsetzt. Es ist nicht zuletzt die vielfache Anwendungsmöglichkeit und der zunehmende praktische Wert, welche die moderne Pflanzensoziologie so sehr gefördert und ihr die entscheidende Rolle nicht nur in der Vegetationskunde, sondern auch in vielen naturgebundenen Wissenschaftszweigen und biotechnischen Fächern verliehen haben.

Jugoslawien gehört zu jenen Ländern, die sich unter den ersten der neuen, anfangs noch stark umstrittenen und vielfach angegriffenen pflanzensoziologischen Lehre von Braun-Blanquet und seiner Zürich-Montpellier-Schule angeschlossen und die Richtung der Vegetationsforschung unentwegt in die neue Bahn eingeleitet haben. Namen wie Ivo Horvat, Stjepan Horvatić, Igor Rudski, Gabrijel Tomažič, Vladimir Tregubov u.a.m. bestätigen unsere Behauptung. Bereits im Jahre 1925 veröffentlichte I. Horvat seine erste pflanzensoziologische Studie über die Vegetation der Lička Plješevica im Dinarischen Gebirge. Im Grenzgebiet Sloweniens arbeitete E. Aichinger und machte sich mit seiner Monographie über die Vegetation der Karawanken (1933) auch für Slowenien verdienstvoll. In der Nachkriegszeit trat eine größere Zahl von jüngeren Geobotanikern, Schülern der genannten Erstkämpfer, in die Arena der pflanzensoziologischen Vegetationskunde und bereicherte mit zahlreichen Publikationen das vegetationskundliche Schrifttum unseres Landes.

Das in eifriger und mühsamer Arbeit gesammelte Tatsachenmaterial drängte nun immer mehr zu zusammenfassenden und übersichtlichen Grundwerken, die wir an erster Stelle unserem leider viel zu früh gestorbenen Prof. Ivo Horvat verdanken. Dadurch wurde eine feste und zuverlässige Unterlage geschaffen für die ersten Versuche der Vegetationskartierung, die von einzelnen Forschern oder Forschungsanstalten unternommen wurden und die sich auf engere Landesteile bezogen. Die pflanzensoziologische Kartographie ist eine logische Fortsetzung der Vegetationsforschung, eigentlich eine dokumentarische Festlegung und Veranschaulichung der fast unübersehbaren Fülle von Ergebnissen der pflanzensoziologischen Forschungstätigkeit. Eine auf dem Grunde der neuesten pflanzensoziologischen Erkenntnisse über die so komplexe Natur der Pflanzengesellschaften erstellte und mit modernen technischen Mitteln ausgeführte Vegetationskarte ist die Krone aller vegetationskundlichen Bemühungen, eine nie hoch genug eingeschätzte Urkunde vom aktuellen Zustand des Vegetationsmantels der Natur, die als sichere Grundlage zu Vergleichszwecken auch für spätere Zeiten ihren realen Wert beibehalten wird. Es ist also verständlich, daß die kartographische Darstellung der Vegetationsdecke in den meisten Ländern Europas und auch außerhalb unseres Kontinentes stark gefördert wird. In fortgeschritteneren Ländern wurden und werden immer mehr offizielle Stellen errichtet mit der Aufgabe, nach den bewährten Gesichtspunkten der pflanzensoziologischen Lehre die Vegetationsdecke zu erforschen und sie mit gut erprobten technischen Mitteln zu kartographieren. Als Resultat solcher Tätigkeit ist bereits eine große Menge von Vegetationskarten erschienen, und immer mehr sind im Erscheinen begriffen. Unter den bekannten haben die Vegetationskarten vom Gorski Kotar in Kroatien (1:25.000), von I. HORVAT und seinen Mitarbeitern erstellt, Aufsehen erregt durch ihre wissenschaftliche, technische und ästhetische Vollkommenheit.

Die Vegetationskarten unterscheiden sich nach dem Maßstab, ob sie nämlich groß-, mittel- oder kleinmaßstäbig sind, weiter nach dem gesetzten Ziel, welchem sie dienen sollen, sei dieses auf rein wissenschaftliche oder praktische Zwecke gerichtet. Aber auch Karten mit praktischer Zielsetzung können ohne feste wissenschaftliche Grundlage der Pflanzensoziologie nicht erstellt werden, ohne Gefahr eines Fehlschlages zu laufen. Gewöhnlich sind es rein wissenschaftliche Vegetationskarten, auf deren Grunde durch Eichung der Pflanzengesellschaften die sogenannten abgeleiteten Karten (sensu R. TÜXEN) gewonnen werden, die gewissen praktischen Zwecken dienen sollen.

Auch in unserem Lande machte sich immer stärker das Bedürfnis fühlbar, auf Grund eines einheitlichen Planes und einer einheitlichen Methodik die theoretische und materielle Grundlage für eine allgemeine Vegetationskartierung des ganzen Landes zu schaffen und diese Arbeit in Gang zu bringen. Es ist wiederum das Verdienst von IVO HORVAT, dem es gelang, nach wiederholten Beratungen mit führenden Pflanzensoziologen des Landes methodische Richtlinien für die kartographische Vegetationsaufnahme des Landes aufzustellen, die maßgebenden Behörden von der Notwendigkeit und vom Nutzen eines solchen Unternehmens zu überzeugen und schließlich ein amtliches Organ in der Form eines staatlichen Koordinierungskomitees zu errichten, das nun seit 1963 die begonnene Kartierungsarbeit leitet, beaufsichtigt und begutachtet. Dieser Koordinations-Ausschuß beauftragte in jeder jugoslawischen Volksrepublik eine wissenschaftliche Anstalt mit der Organisation und Führung der kartographischen Vegetationsaufnahme. In Slowenien

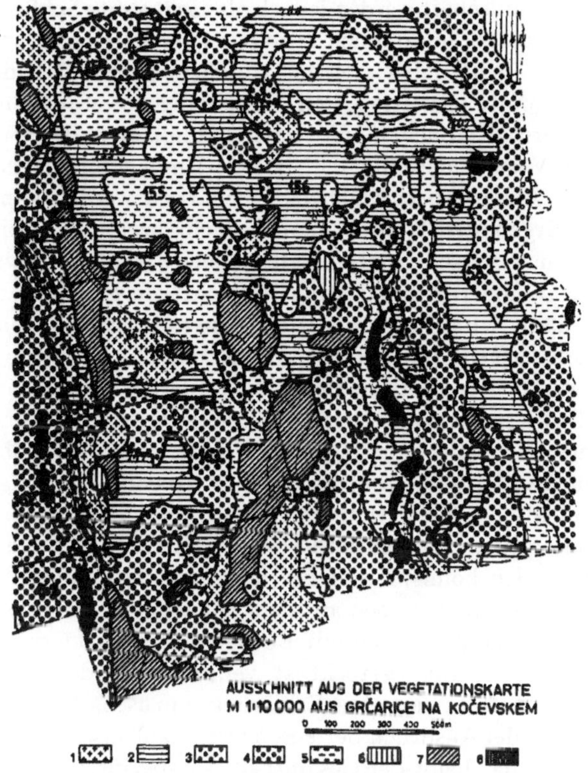

Fig. 1.

1 Abieti-Fagetum din. typicum
2 Abieti-Fagetum din. omphalodetosum
3 Abieti-Fagetum din. festucetosum
4 Abieti-Fagetum din. aceretosum
5 Abieti-Fagetum din. scopolietosum
6 Abieti-Fagetum din. mercurialetosum
7 Abieti-Fagetum din. neckeretosum
8 Aceri-Fraxinetum illyricum

betreut diese verantwortungsvolle Aufgabe das Biologische Institut der Slowenischen Akademie der Wissenschaften und Künste in Ljubljana. Die Kartierungsarbeit wird vom Bund und von den Volksrepubliken finanziert, auch interessierte wirtschaftliche Organisationen tragen mit Geldzuwendungen dazu bei, wenn es sich um genauere Vegetationsaufnahme wirtschaftlich bedeutender Objekte handelt. Außerhalb dieses einheitlichen amtlichen Programms beschäftigen sich mit der Vegetationskartierung noch das Institut für Wald- und Holzwirtschaft Sloweniens und das Büro für waldwirtschaftliche Planung, beide in Ljubljana, deren kartographische Aufnahmen ausschließlich von waldwirtschaftlichen Organisationen bestellt werden und unmittelbar deren Interessen dienen müssen.

Die allgemeine oder Standardskartierung wird im Maßstab 1:50.000 oder 1:100.000 ausgeführt, gewisse geographisch-ökologisch in sich abgeschlossene, vegetationskundlich interessante und repräsentative

Teilstücke der Landschaft werden jedoch als sogenannte Schlüsselobjekte in größerem Maßstab, gewöhnlich 1:10.000 oder seltener 1:25.000, aufgenommen. Man geht dabei von der Überlegung aus, daß durch eine gründliche Vegetationsanalyse von planmäßig ausgesuchten Landesteilen ein tieferer Einblick in die Gesetzmäßigkeiten des Erscheinens verschiedener Vegetationseinheiten, in ihre Entwicklungsdynamik und ihre Wechselbeziehungen zur Umwelt erschlossen werden kann. Die so gewonnenen Ergebnisse können dann auf ein breiteres Gebiet ausgedehnt, also zum gewissen Grade verallgemeinert werden, was sowohl in theoretischer als auch in praktischer Hinsicht von großem Vorteil und Nutzen sein kann. Vom Standpunkt der Anwendungsmöglichkeiten der pflanzensoziologischen Forschungs- und Kartierungsresultate bedeutet dies einen wertvollen Beitrag zur Förderung der Wirtschaftszweige, deren Tätigkeit auf die grüne Naturdecke angewiesen ist, in erster Linie also der Land- und Waldwirtschaft. Die Waldbetriebskarten der meisten europäischen Länder sind ja im Maßstab 1:10.000 angefertigt, so daß pflanzensoziologische Kartierungsergebnisse unmittelbar auf forstliche Betriebsunterlagen übertragen und von der forstlichen Praxis sehr gut ausgewertet werden können. Es möge dazu der abgebildete Ausschnitt einer Vegetationskarte 1:10.000 aus dem Dinarischen Gebirge (Grčarice bei Kočevje), das hauptsächlich mit Buchen-Tannenwäldern (Abieti-Fagetum dinaricum) bestockt ist, verglichen werden.

Es sei uns gestattet, hier eine Erklärung einzuschalten. Jede Vegetationseinheit ist der Ausdruck der besonderen ökologischen Verhältnisse ihres Standortes, das heißt der Gesamtheit der spezifischen mikroklimatischen, edaphischen, orographischen und biotischen Faktoren, welche dem Standort ein spezifisches Gepräge verleihen. Es muß in diesem Zusammenhang die allgemein erkannte und überall anerkannte Feststellung hervorgehoben werden, die insbesondere für die forstliche Praxis von grundlegender Bedeutung ist, daß nämlich die ökologische Spannweite unserer dominanten Waldbaumarten immer viel breiter ist als die ökologische Amplitude der Pflanzengesellschaften, denen sie angehören. Man darf also die Standortsverhältnisse nicht allein nach den dortselbst vorkommenden Baumarten beurteilen, sondern muß vielmehr die Ökologie der entsprechenden Pflanzengesellschaften berücksichtigen, um bei der Wahl der zu fördernden, wirtschaftlich erwünschten Holzarten und beim Bestimmen ihres prozentualen Massenanteils nicht Fehler zu begehen und statt Nutzen wirtschaftlichen Schaden zu verursachen. In Ländern, wo diese Erkenntnis sich durchgesetzt hat, ist die Pflanzensoziologie zur besten und viel gesuchten Helferin der Waldwirtschaft geworden und vermittelt der waldbaulichen Praxis wertvolle Richtlinien für eine zweckmäßige, auf biologischen Prinzipen und Gesetzmäßigkeiten des waldbaulichen Produktionsprozesses beruhende Bewirtschaftung des Waldes. In ähnlicher Weise kann die Pflanzensoziologie auch der Landwirtschaft von großem Nutzen sein. Da die landwirtschaftlichen Kulturen (Wiesen, Weiden, Äcker usw.) noch stärker dem Einfluß der wirtschaftlichen Eingriffe unterliegen, müßte jeder menschlichen Intervention, welche eine Neubegründung, Änderung oder Verbesserung (Melioration) einer landwirtschaftlichen Kultur zum Ziel hat, unbedingt ein pflanzensoziologisches Gutachten zugrunde liegen. Der Vegetationskarte fällt diesbezüglich ein ganz besonderer Wert zu, denn sie ist die Veranschaulichung und räumliche Festlegung der Nutzungsmöglichkeiten eines gegebenen Oberflächenstückes und ermöglicht die richtige, zweckmäßige und zielbewußte Einschätzung seines Ertragsvermögens. Die Vegetationskarte eines größeren Landstückes oder sogar des ganzen Landes ist somit die sicherste Inventarisation und Rayonisierung der produktiven Flächen nach dem Grade und der Art ihrer Nutzungsfähigkeit.

Um die komplexe Problematik der Pflanzengesellschaften in ihrer Abhängigkeit von den Umweltfaktoren besser klären zu können, werden für eine möglichst vielseitige Bearbeitung der Schlüsselobjekte auch Sachverständige der Klimatologie, Geologie, Petrographie und Bodenkunde herangezogen. Einen ganz besonders wertvollen Beitrag liefert die bodenkundliche Erforschung und Kartierung im selben Maßstab. Die bodenkundliche und die pflanzensoziologische Kartierung einiger Schlüsselobjekte verlief unabhängig voneinander. Es sind gerade deswegen die Ergebnisse beider Karten um so eindrucksvoller und erfreulicher in ihrer Übereinstimmung bezüglich der Verbreitung der Vegetations- und Bodeneinheiten. Schon ein Blick auf die Vegetations- und Bodenkarte eines Schlüsselobjektes überzeugt von der Wahrheit des Gesagten. Die Grenzlinien und Gestaltformen der ausgeschiedenen Vegetations- und Bodeneinheiten stimmen in groben Zügen gut überein, mancherorts überdecken sie sich verblüffend genau.

Man bleibt aber nicht bei der rein wissenschaftlichen Festlegung der erarbeiteten, karten- und kommentarmäßig niedergelegten Forschungsresultate. Um den waldwirtschaftlichen Forderungen und Bedürfnissen möglichst weit entgegenzukommen, machte man einen großen Schritt weiter, indem man eine Karte der sogenannten standörtlichen und waldbaulichen Typen erarbeitet. Es werden zu diesem Zweck zwei, drei oder mehrere Vegetationseinheiten mit ähnlicher floristischer Zusammensetzung, mit ähnlichen ökologischen Ansprüchen, ähnlicher Entwicklungstendenz und ähnlichen wirtschaftlichen Auswertungsmöglichkeiten zu einem Ganzen vereinigt; diese Gebilde gelten als waldbauliche operative Einheiten, für die eine einheitliche Waldbautechnik angewandt werden kann.

Der waldwirtschaftliche Betrieb erhält damit eine unmittelbar brauchbare Unterlage für operative Waldeinrichtungspläne und waldbautechnische Eingriffe. Diese operativen Bewirtschaftungseinheiten stellen eine mehr oder minder gelungene Synthese der reinen wissenschaftlichen Prinzipien und der waldwirtschaftlichen Gesichtspunkte dar; diese Synthese wird erzielt in verständnisvoller Zusammenarbeit zwischen Pflanzensoziologen und Forstleuten. Die sich auf solche operativen Einheiten beziehenden, von Pflanzensoziologen unter Mitarbeit von Forstleuten ausgearbeiteten biotechnischen Richtlinien bieten der Waldwirtschaft wertvolle Hinweise für vernünftige, fernsehende, naturnahe Bewirtschaftung des nie hoch genug zu schätzenden grünen Waldgutes. Die Nachfrage der waldwirtschaftlichen Organisationen nach solchen analytisch-synthetischen pflanzensoziologischen Grundlagen ist groß und nimmt ständig zu, sodaß sie die Grenzen unserer Arbeitskapazität überschreitet.

Es wurden in den letzten 7–8 Jahren bereits 10 Schlüsselobjekte gründlich erforscht und kartographisch festgelegt. Ihre Oberfläche schwankt zwischen 2.000 und 5.000 ha, ihre Gesamtfläche beträgt rund 30.000 ha (300 km²).

Kehren wir zurück zur Standardkarte! Die Kartierung im Maßtab 1:50.000 erfaßte bis jetzt gegen 5.000 km² (500.000 ha), und zwar den ganzen Hoch- und Niederkarst, also das Dinarische und Submediterrane Gebiet zwischen dem Soča-Tal (Isonzo) im Westen bis zur slowenisch-kroatischen Grenze im Osten, und dazu noch einen Teil des Vordinarischen Gebietes, insgesamt ungefähr ein Viertel des ganzen Landes.

Die Kartierungsarbeit im Maßstab 1:50.000, gelegentlich auch 1:100.000, erfordert sehr gute Vegetationskenntnisse und methodisch-technische Erfahrungen, denn kleinflächig wechselnde, jedoch theoretisch interessante und praktisch nicht zu unterschätzende Vegetationseinheiten, die auf der Karte nicht eingezeichnet werden können, müssen einwandfrei in höhere systematische Einheiten eingeschlossen und die Grenzen dieser naturgerecht gezogen werden, was aber in einem Gebiet mit höchstbewegter Oberflächengestaltung und den daraus folgenden sehr wechselreichen ökologischen Verhältnissen ein buntes Mosaik von Vegetationseinheiten mit fließenden Übergängen und Durchdringungen hervorruft. Im Maßstab 1:50.000 kann z.B. eine natürliche Fläche von einem Hektar (10.000 m²) auf der Kartenunterlage als Fleckchen von kaum 4 mm² dargestellt werden, während dieselbe Fläche im Maßstab 1:10.000 auf der Karte 1 cm² groß ist. Um auch eine Vegetationskarte im Maßstab 1:50.000 auswertungsfähig zu gestalten, müssen die Legende und die dazu gehörigen Erläuterungen zweckmäßig ausgearbeitet werden.

Die Kartierungsergebnisse sind für die Vegetationskunde des Landes außerordentlich aufschlußreich. Man unterscheidet auf den Kartenblättern sehr leicht eine in dunklen Farbtönen gehaltene hochdinarische Wald- und eine mit hellen Farben dargestellte submediterrane Degradationszone. Die Vegetationseinheiten der hochdinarischen Waldzone besitzen einen mesophilen, ab und zu sogar hygrophilen Charakter, bedingt durch genügend hohe Luft- und Bodenfeuchtigkeit und insbesondere noch durch den natürlichen, von Degradationsprozessen verschont gebliebenen Waldboden, der üppige, im großen und ganzen noch naturnahe oder sogar urwaldähnliche Waldgesellschaften trägt, vor allem den Dinarischen Buchen-Tannenwald (Abieti–Fagetum dinaricum) in 12–15 verschiedenen, ökologisch bedingten Ausbildungen (Subassoziationen und Varianten). Extrazonal bzw. azonal treten hier Fichtengesellschaften des Vaccinio–Piceion–Verbandes (Abieti–Piceetum, Piceetum subalpinum, Calamagrosti–Piceetum) und der stellenweise zonal ausgebildete Dinarische Bergahorn-Buchenwald (Aceri–Fagetum dinaricum) auf, welcher Höhenlagen über 1200/1300 m einnimmt und gewöhnlich die Waldgrenze bildet.

Hingegen trägt der Niederkarst des adriatischen Küstenlandes mit seinem warm-trockenen Klima und seinem wasserdurchlässigen Karstboden nur noch buschwaldförmige und parkwaldartig gelichtete Bestände oder aufgeforstete Kiefernkulturen. Durch waldvernichtende Raubwirtschaft wurde der Wald und der Busch vielerorts in öde Steintriften umgewandelt, die zur Futtergewinnung dienen oder als Magerweiden genutzt werden (Carici–Centaureetum rupestris, Bromo–Chrysopogonetum grylli, Bromo–Seslerietum juncifoliae u.a.m.). Die potentielle Vegetation (im Sinne von R. TÜXEN) des größten Teils des Slowenischen Küstenlandes wäre schlechthin der thermo- xerophile Karstbuschwald der Hopfenbuche und des Herbst-Blaugrases (Seslerio autumnalis–Ostryetum carpinifoliae) mit seinen zahlreichen Ausbildungen, außerordentlich reich an Baum- und Straucharten, heutzutage noch in großen, zusammenhängenden Beständen erhalten. Die wärmsten und trockensten Uferteile bestockt die Orientalische Hainbuche mit ihrem dichten Buschwerk (Carpinetum orientalis). Eine echte wintergrüne Vegetation, das Orno–Quercetum ilicis, ist nur als schmaler Küstenstreifen am Triester Golf ausgebildet. An den südgelagerten Hängen des steil aufsteigenden Hochkarst-Massivs reicht die submediterrane Vegetation durchschnittlich bis 800/900 m hinauf, mancherorts sogar bis über 1000 m. Nach oben wird sie vom Submediterranen Buchenwald (Seslerio autumnalis–Fagetum) abgelöst. Dieser gehört aber nicht mehr zum küstenländischen Verband des Ostryo–Carpinion orientalis, sondern zum binnenländischen Verband der illyrischen Buchenwälder (Fagion illyricum).

Im Vordinarischen Gebiet herrschen Buchen- (Dentario–Fagetum) und Eichen-Hainbuchengesellschaften (Querco–Carpinetum s. latiss.) als klimatozonale Vegetationseinheiten vor, vielerorts von azonalen Vegetationsgebilden abgelöst (Ostryo–Fagetum, Querco–Ostryetum s. latiss., Aceri–Fraxinetum illyricum u.a.m.).

Auf Grund der durch eingehende Vegetationsforschungen und -kartierungen gewonnenen Ergebnisse konnte der erste Versuch einer pflanzengeographischen Gliederung Sloweniens gewagt werden (M. WRABER in Vegetatio 17: 176–199, Den Haag 1969.

EDAPHISCH UND ANTHROPOGEN BEDINGTES VEGETATIONSMOSAIK IN WÄLDERN

von

HANS ZEIDLER, Hannover

Bei vegetationskundlichen Geländearbeiten im Steigerwald und seinem westlichen Vorland ist es stellenweise außerordentlich schwer, „reine" Probeflächen für eine Aufnahme zu finden. Im Bergland findet dies seine Erklärung in geologischen und, von ihnen beeinflußt, pedologischen Erscheinungen. Im Vorland hat letzten Endes der Mensch das Entstehen eines solchen Mosaiks ausgelöst, wobei die unmittelbare Wirkung auf die Pflanzenwelt allerdings wiederum über den Boden ging.

Zum Verständnis der Erscheinungen ist ein kurzer Blick auf den geologischen Bau der Landschaft nötig. Der Teil des Vorlandes des Steigerwaldes, auf den wir uns hier beziehen, zwischen seinem Trauf und dem Main gelegen, ist das Kitzinger Becken in einer Höhe von rund 210–225 m ü.d.M. In seinem Westteil liegt der Klosterforst. Der triassische Untergrund wird teils von Kalken und (Ton-)Mergeln des Oberen Muschelkalks, teils von Sandsteinen und Tonmergeln des Unteren Keupers gebildet. Diese Gesteine treten jedoch kaum an der Oberfläche in Erscheinung, sondern sind fast auf ihre ganze Ausdehnung hin von einer Decke aus sandigen Terrassensedimenten und Flugsanden überzogen. Letztere sind stellenweise zu Strich- und Parabeldünen aufgehäuft.

Etwa 5 km se des Klosterforstes trifft man auf den Schwanberg (475 m), einen Ausliegerberg des Steigerwaldes. Besonders sein nach W blickender Steilabfall ist deutlich getreppt, eine Folge des Wechsels weicher Tonmergel oder Letten und härterer Sandsteine. Aus der vom Grenzdolomit gebildeten, fast ebenen Fußfläche steigt, zunächst allmählich, dann steiler, der Untere Gipskeuper mit den Tonmergeln der *Myophorien-* und *Estherien*-Schichten auf zu einer ersten Stufe, die in kleinen Felsen erscheinen kann, dem Schilfsandstein. Darüber wiederholt sich der Hangverlauf im Oberen Gipskeuper mit den Schiefertonen der Berggips- („Rote Wand") und Lehrbergschichten, denen der sehr harte Blasensandstein als Abschluß und Platte aufgesetzt ist, so daß im ganzen eine „Sargdeckel" -Form des Berges zustande kommt.

Erwartet man im flachen Vorland auf den Sanden eine einheitliche Pflanzendecke, oder an den Hängen des Schwanberges, der hier als Beispiel herausgegriffen sei, eine Folge von Gesellschaften in strenger Abhängigkeit von den Gesteinen, wie das etwa aus der Beschreibung von SCHERZER (1922) herausgelesen werden könnte, so wird man vergeblich danach suchen. Im Klosterforst sind es fast ausschließlich Kiefernbestände (Hochwald), am Schwanberg ist Laubholz nahezu allein vertreten, als Mittelwald bewirtschaftet, oder dieser in Überführung zum Hochwald begriffen.

1. *Schwanberg*

In dem steilen oberen Abschnitt des Anstiegs im Oberen Gipskeuper bis zur Blasensandsteinplatte ist auf der Nordseite ein z.T. sehr eng ineinandergreifendes Gesellschaftsmosaik ausgebildet. Die Baumschicht mit den großen und tiefgehenden Wurzelräumen ihrer Glieder offenbart dies noch nicht. Sie setzt sich hauptsächlich aus *Fagus silvatica* (meist vorherrschend), *Tilia platyphyllos, Acer pseudoplatanus* und *A. platanoides* zusammen, denen sich in geringer Zahl *Acer campestre, Prunus avium, Carpinus betulus, Fraxinus excelsior, Tilia cordata, Quercus petraea, Ulmus scabra* und *Sorbus torminalis* in abnehmender Menge anschließen – insgesamt ein Musterbeispiel für den „Edellaubholzwald" in forstlichem Sinn. Außer ab und zu *Corylus avellana, Lonicera xylosteum, Daphne mezereum, Sambucus nigra* und *S. racemosa,* und wenig, entsprechend hoch gewachsener Verjüngung der Bäume sind in diesen „Hallen"-Wäldern keine Sträucher zu finden. Höchstens an Lichtstellen schließen sie einmal zu kleinen Gruppen zusammen. Auch in ihrer Schicht ist aufs erste kein Unterschied in der Verteilung auf der Fläche, abgesehen von einem gewissen Zusammenhang mit der Lichtzufuhr im Stammraum, erkennbar.

Anders wird es in der Kraut- und der allerdings sehr dürftigen Bodenschicht. Angesichts der durch den beträchtlichen Neigungswinkel (25–30°) verursachten Beweglichkeit des Bodens kann sich die letztere nicht entwickeln. Vergleicht man die Wälder an den Schatthängen der „Sargdeckel"-Berge des Südsteigerwaldes, so ergeben sich zwei Assoziationen aus zwei verschiedenen Verbänden der Fagetalia. Gemeinsam sind ihnen, bei geringen Unterschieden in Artmächtigkeit und Stetigkeit, *Mercurialis perennis, Lamium galeobdolon, Milium effusum, Viola silvestris, Poa nemoralis, Scrophularia nodosa, Anemone nemorosa, Stachys silvatica, Vicia sepium, Fragaria vesca, Carex montana,* um nur die Pflanzen mit wenigstens mittlerer Stetigkeit zu nennen. Aufgrund absolut trennender oder deutlich eine der Gesellschaften bevorzugenden Arten können wir einem Aceri–Tilietum Fab. 36 ein Fagetum gegenüberstellen, das, wenn auch *Melica uniflora* aus klimatischen Gründen hier fehlt, ein Melico–Fagetum Knapp 42 darstellt. Aus den eben genannten Ursachen, noch verstärkt durch die Auslage gegen die mit ausgesprochen subkontinentalem Klima und davon zeugender reicher Pflanzenwelt ausgestattete Beckenlandschaft, ferner infolge der Höhenlage unter 450 m, vielleicht auch der früheren Mittelwaldwirtschaft, macht sich bei ihm eine nahe Verwandtschaft zum Carpinion bemerkbar.

Im Aceri–Tilietum kommen mit Stetigkeit über 50% vor:

a. ausschließlich: *Sorbus torminalis, Rosa arvensis, Lonicera xylosteum, Crataegus oxyacantha, Campanula trachelium, Anemone hepatica, Brachypodium silvaticum, Chrysanthemum corymbosum* (nur „r" oder

„+"), *Lilium martagon, Lathraea squamaria, Cephalanthera damasonium, Carex digitata;*

b. vorwiegend: *Prunus avium, Carpinus betulus, Acer campestre, Fraxinus excelsior, Daphne mezereum, Clematis vitalba, Dactylis polygama, Galium silvaticum, Stellaria holostea, Lathyrus vernus, Mercurialis perennis, Polygonatum multiflorum, Phyteuma spicatum, Ranunculus lanuginosus, Melica nutans, Ajuga reptans.*

Die auf Galio–Carpinetum hinweisenden Arten sind, wie aus der Zunahme ihrer Artmächtigkeit an lichteren, mittelwaldähnlichen Stellen geschlossen werden kann, auf diese früher ausgeübte Betriebsart zurückzuführen.

Demgegenüber ist das Melico–Fagetum hauptsächlich negativ, durch Zurücktreten, nicht aber völliges Fehlen der Carpinion–Arten charakterisiert. Bei ganz geringer Menge haben sie weit unter 50% Stetigkeit. Für Zugehörigkeit zum Fagion sprechen die seltenen Kennarten *Festuca altissima, Aruncus dioicus* und *Prenanthes purpurea,* ferner die Verbands-Trennarten *Dryopteris disjuncta* und *Senecio fuchsii.* Auf das Melico–Fagetum begrenzt sind ferner *Athyrium filix-femina* (Schwerpunkt im Fagion: OBERDORFER 1962), *Epilobium montanum* (dgl.), *Moehringia trinervia* und *Luzula luzuloides.* Außer *Milium effusum* und *Mycelis muralis* hat hier seine Hauptentwicklung *Dryopteris filix-mas,* der zusammen mit *Athyrium filix-femina* das Bild der Bodenschicht eines farnreichen Buchenwaldes (Melico–Fagetum dryopteridetosum) prägt. Für seine Natur als natürlicher Buchenwald mag noch das auf ihn (Lichtungen) begrenzte Vorkommen des im Gebiet seltenen *Sambucus racemosa,* dessen Verbreitung im wesentlichen im Bereich des Fagion liegt, angeführt werden.

Geht man den Gründen für das Nebeneinander von zwei floristisch deutlich verschiedenen Gesellschaften an den standörtlich als Einheit erscheinenden steilen Schatthängen im Südsteigerwald nach, so wird klar, daß dafür klimatische Faktoren ebenso wie solche, die sich aus der forstlichen Behandlung ergeben könnten, nicht in Frage kommen, die Ursache muß im Boden gesucht werden. Wasser- und Luftführung können es nicht sein, da in derart abschüssiger, dazu absonniger Relieflage dauernd lockere Struktur gewährleistet ist und nur unwesentliche Jahresschwankungen in der Feuchtigkeit auftreten. So wird der Grund in der Mineralstoffversorgung, und damit in Herkunft und Typ des Bodens liegen. Auf der Bodenkarte (1:25000) (BRUNNACKER 1959) sind zwar infolge des kleinen Maßstabes nahezu alle für unsere Betrachtung in Frage kommenden Hangteile mit „B 7 = Braunerde geringer Basensättigung" verzeichnet. Es läßt sich jedoch auch innerhalb dieser Flächen, wie am Nordosteck des Schwanberges und Nordwesteck des anschließenden Kugelspielberges auf der Karte geschehen, noch ein zweiter Bodentyp feststellen. Er ist als „B 3 = schwach entwickelte tonige Braunerde geringer Basensättigung" aufgeführt, nach der neueren Nomenklatur als Pelosol anzusprechen. In unserem vegetationskundlichen Beitrag (ZEIDLER u. STRAUB 1959, p. 109) haben wir das doppelte Gesicht der mit „B 7" ausgeschiedenen Hänge an Hand der Pflanzendecke zu zeigen versucht. Die beim Kartieren notwendige Zusammenfassung läßt schon einen Schluß darauf zu, welchem kleinflächigen Gewirr von Boden- und damit auch Vegetationseinheiten man gegenübersteht.

An vielen, oft sehr begrenzten Stellen läßt der Gehängeschutt, gewissermaßen in „Fenstern", das Tongestein zutage treten. Aus diesem ist ein geringmächtiger oder, bei kleinerem Neigungswinkel, typischer, schwach ausgeprägter Pelosol entstanden (MÜCKENHAUSEN 1962, p. 74). Ganz geringe Mengen eingearbeiteten Materials des Blasensandsteins äußern sich weder in der Bodendynamik noch in der Vegetation. Erst wenn die feinsandig-lehmige, von wenig Skelett durchsetzte Schuttdecke 15–20 cm Dicke überschritten hat, bahnt sich der Wandel vom Aceri-Tilietum zum Melico-Fagetum dryopteridetosum an. Der Boden geht in eine Pelosol-Braunerde über, deren Mineralstoffgehalt durch den beigemischten, hier sehr basenarmen Blasensandstein erheblich hinter dem Pelosol aus den tonigen Lehrbergschichten zurückbleibt.

Der als Beispiel gewählte Schwanberg hat seine Längsachse ziemlich genau E–W gerichtet, so daß man an seinem Südhang ähnliche Erscheinungen des Wechsels von Bodentyp und, damit gleichlaufend, Pflanzengesellschaft untersuchen kann. Sie haben ihren Grund in der Solifluktion des in seiner Zusammensetzung so unterschiedlichen Gesteinsmaterials während der Kaltzeiten im Pleistozän. Bei ähnlich steiler Hangneigung wie auf der Schattseite treffen wir hier Clematido-Quercetum OBERD. 57, Galio-Carpinetum typicum und luzuletosum (BUCK-FEUCHT 37) OBERD. 57 mit allen Übergängen zwischen den Gesellschaften an.

Auf reinen Flächen enthält das Clematido-Quercetum an Kennarten der wärmeliebenden Eichen-Mischwälder *Sorbus torminalis, Primula veris* ssp. *canescens, Chrysanthemum corymbosum, Lathyrus niger, Campanula persicifolia, Lithospermum purpureo-coeruleum, Melittis melissophyllum, Ranunculus polyanthemus*, dazu bei geringer Häufigkeit und mittlerer Stetigkeit *Dactylis polygama, Galium silvaticum, Rosa arvensis, Stellaria holostea, Carpinus betulus, Festuca heterophylla* (Carpinion), kaum Glieder der Fagetalia, dafür aber viele Arten der Prunetalia und Querco-Fagetea, z.B. *Ligustrum vulgare, Cornus sanguinea, Prunus spinosa, Crataegus monogyna, C. oxyacantha, Corylus avellana, Lonicera xylosteum, Pyrus pyraster, Acer campestre, Poa nemoralis, Anemone nemorosa, Brachypodium silvaticum, Anemone hepatica, Viola silvestris, Melica nutans, Campanula trachelium, Geum urbanum*, an häufigeren und steten Begleitern *Carex montana, Fragaria vesca, Vicia sepium, Brachypodium pinnatum, Fissidens taxifolius*, neben *Quercus petraea* und *Qu. robur*, letztere in geringerer Menge.

Die beträchtliche Zahl von Arten mit hohen Ansprüchen an die Ernährung weist auf den reichlichen Gehalt des Bodens an Mineralstoffen hin. Dieser kann am ersten einem Syrosem-Pelosol, im sehr seichten A_h kalkfrei, zugeordnet werden. Im C_v läßt sich etwas Karbonat nachweisen. Erklärlicherweise fehlen Magerkeitszeiger völlig, obwohl sich ganz zerstreut, aber mit Stetigkeit bis 50%, Wechselfeuchtigkeitszeiger, wie *Serratula tinctoria, Stachys officinalis* oder *Carex flacca* einstellen, wo örtlich die Bodenentwicklung etwas fortgeschritten ist. Im Profil finden sich für diese Schwankungen im Wassergehalt weder sichtbare noch mit chemischer Analyse erreichbare Hinweise. Die Nachlieferung aus dem basenreichen Untergrund erweist sich stärker als der Verlust. Dazu kommt als Folge der auch die Bodengenese beeinflussenden Mittelwaldwirtschaft (Umtriebszeit 30 Jahre) eine nicht zu unterschätzende Flächenabspülung, die immer wieder neues Gesteinsmaterial der Oberfläche näher bringt und so den Bodenentwicklungsprozessen zuführt.

Bei gleichem oder wenig vermindertem Neigungswinkel verschwindet ein Teil der Pflanzen mit höherem Wärmebedarf aus der Krautschicht. Die Artmächtigkeit der Kennarten des Carpinion steigt deutlich an, das gleiche ist der Fall bei denen der Fagetalia, die hier mittlere bis hohe Stetigkeit aufweisen. Das Clematido–Quercetum wird also von einem Galio–Carpinetum „typicum" mit Anemone hepatica, Campanula trachelium und einer Anzahl weiterer, in der Nährstoffversorgung anspruchsvoller Arten abgelöst. Nahezu allein in diesen Beständen trifft man am Südhang *Prunus avium*, *Fagus silvatica*, beide mit guter Verjüngung, *Daphne mezereum* und *Lathyrus vernus*. Sie alle sprechen für eine ständige, nur wenig schwankende Bodenfrische: das hat einen Rückgang der 3 oben genannten Wechselfeuchtigkeitszeiger und eine deutlich höhere Stetigkeit bei dem in gleicher Richtung weisenden Baldrian (*Valeriana collina*) zur Folge. Es entspricht durchaus dem Befund im Boden: wir haben eine Pelosol-Braunerde vor uns, die Hangdenudation ist hier also weniger wirksam, die Wasserkapazität höher.

Wenn Azidophyten, und dann meist mehrere Arten zugleich, erscheinen, läßt sich in jedem Falle eine Überdeckung mit sandig-lehmiger Fließerde feststellen. An einigen Hohlwegen am Hang kann man die räumliche Abgrenzung dieser für die Verteilung der Pflanzenwelt wesentlichen Auflagen gut verfolgen. Erreichen sie, bei einem gewissen Grad von Durchmischung mit dem Liegenden, nur wenige cm Dicke, so kommen als neue Pflanzen nur azidokline Moose, *Polytrichum attenuatun* und *Dicranum scoparium*, vereinzelt in kleinen Polstern dazu. Anspruchsvollere Arten, wie *Scleropodium purum*, *Eurhynchium striatum* oder *Thuidium tamariscinum*, und *Fissidens taxifolius* können noch wachsen. Je stärker die Fließerde wird, desto mehr nehmen Anzeiger für Abnahme des Mineralstoffgehaltes überhand. Neben *Festuca heterophylla* und *Luzula luzuloides* erscheinen *Calamagrostis arundinacea* und *Agrostis tenuis*, *Lathyrus montanus*, *Veronica officinalis*, schließlich auch von den Kennarten der Eichen-Birken-Wälder zerstreut *Hieracium sabaudum*, *H. lachenalii*, *H. laevigatum*, *H. umbellatum*. In ähnlicher Weise wie die chemischen Eigenschaften des Bodens ändern sich seine physikalischen: die besonderes thermophilen Pflanzen der wärmeliebenden Eichen-Mischwälder verschwinden, der Wald stellt ein bodensaures Galio–Carpinetum luzuletosum dar. Mit reichlich *Tilia cordata* neben *Fagus silvatica*, *Carpinus betulus* und *Sorbus torminalis* in der Baumschicht spiegelt es das subkontinental getönte Gebietsklima wider. Wo Fließerde in einer über 40 cm mächtigen Schicht alte Hohlformen des Hanges ausfüllt, sind mit viel *Melampyrum pratense*, *Anthoxanthum odoratum*, *Entodon schreberi*, *Hylocomium proliferum*, in geringer Menge sogar *Hypnum cupressiforme* oder *Leucobryum glaucum* die Anklänge an das Quercion robori-petraeae schon recht groß. Doch ist ein Luzulo-Quercetum petraeae KNAPP 42 em. OBERD., in dem die Arten der Buchen-Mischwälder (Querco-Fagetea) in den Hintergrund treten, nur unmittelbar auf Sandstein oder auf einer noch stärkeren, ½ m überschreitenden Solifluktionsdecke an weniger geneigten Abschnitten des sonnseitigen Hanges, wo das Clematido-Quercetum nicht mehr aufkommen kann, zu beobachten. In den Beständen des Galio-Carpinetum luzuletosum macht sich, auch noch bei Neigungswinkeln über 20°, allerdings in nur ganz geringem Maße, Wechselfeuchtigkeit bemerkbar, angezeigt durch das vereinzelte Erscheinen von *Genista tinctoria, Molinia arundinacea* und *Potentilla erecta.*

Der Bodentyp ist bei nur wenige cm starker sandig-lehmiger Überdeckung des Tonsteins noch ein Pelosol, in dem der P allerdings erst schwach ausgeprägt ist. Je stärker das Solifluktionsmaterial ist (40–70 cm), desto mehr liegt vor, was BRUNNACKER (1959) als „Braunerde geringer Basensättigung" bezeichnet hat, eine schwach bis mäßig entwickelte basenarme Braunerde aus sandigem Lehm bis lehmigem Sand. Der mitunter in der Pflanzendecke erkennbare Wechsel in der Feuchtigkeit findet im Profilbild kaum sichtbaren Ausdruck. Für Pflanzen mit einigermaßen Wurzeltiefgang sind die basenreichen Tonmergel noch erreichbar, so daß auch auf einer mächtigeren Fließerdeschicht das Gepräge der Waldgesellschaft als bodensaures Galio-Carpinetum luzuletosum erhalten bleibt. In seiner floristischen Zusammensetzung steht es oft den Eichen-Birken-Wäldern nicht mehr fern.

2. *Klosterforst*

Waren an dem Zustandekommen des Gesellschaftsmosaiks im Keuperbergland lediglich Kräfte und Ereignisse der Natur beteiligt, so soll im folgenden geschildert werden, wie der Mensch durch sein Eingreifen Vorgänge ausgelöst hat, die gleichfalls einen derartigen Vegetationskomplex haben entstehen lassen. Die syntaxonomischen Beziehungen sind allerdings wesentlich enger. Am Ende sind hier ebenfalls die edaphischen Bedingungen die Ursache. Wenn auch die Bodenart (Sand) gleich bleibt, so ändern sich aber Eigenschaften innerhalb des Bodentyps.

In dem eingangs genannten Klosterforst stellen die Kiefernbestände durchaus nicht immer Forstgesellschaften dar. Ein wesentlicher Teil davon gehört zu einem natürlichen Kiefernwald aus dem Dicrano-Pinion (LIBB. 33) MATUSZK. 62, zum Leucobryo-Pinetum MATUSZK. 62, wenn diese Assoziation auch, der grossen Entfernung vom geschlossenen Areal weiter im Osten wegen, erwartungsgemäß verarmt ist. Für das Vorkommen von *Pinus silvestris* in der Landschaft seit ihrem Einwandern in der Nacheiszeit liegen pollenanalytische Befunde vor (ZEIDLER 1939). In Übereinstimmung mit MATUSZKIEWICZ (1962) und anderen von ihm angeführten Autoren kann man vom Typischen noch ein Leucobryo-Pinetum cladonietosum unterscheiden. In ihm ist der Aspekt der Bodenschicht von Strauchflechten, die gegenüber den Moosen stark überwiegen, bestimmt.

Von den Trennarten der Assoziation sind *Leucobryum glaucum* und

Hypnum cupressiforme coll. recht stet und häufig, *Ptilidium ciliare*, bei deutlichem Bevorzugen der flechtenreichen Untereinheit, erreicht nur II. In den beiden Gesellschaften ist die einzige, die höchste Stetigkeitsstufe erreichende Kennart des Verbandes *Dicranum undulatum;* weitere von Verband und Ordnung, wie *Chimaphila umbellata, Pyrola*-Arten, *Goodyera repens, Viscum austriacum* sind sehr selten; *Vaccinium myrtillus* verhält sich als Trennart (wechsel-)feuchter Ausbildungen (warmes, lufttrockenes Gebietsklima!). Die Trennarten der flechtenreichen Subassoziation sind im wesentlichen *Cladonia furcata, Cl. gracilis, Cl. tenuis, Cl. silvatica* und *Cl. rangiferina*, dazu *Dicranum spurium*. Hochstete und das Bild der Feld- und Bodenschicht in der Typischen Subassoziation manchmal durch Fazies bestimmende Begleiter sind *Deschampsia flexuosa, Entodon schreberi* und *Dicranum scoparium;* von den übrigen kommen bei geringer Häufigkeit nur *Calluna* und *Dicranella heteromalla* auf III, alle anderen höchstens auf II.

Ist damit in groben Umrissen das Bild des Leucobryo-Pinetum und seiner beiden Untereinheiten am mittleren Main gezeichnet, so fällt innerhalb der Bestände der Typischen Subassoziation auf, daß sich stellenweise auch in ihr, auf einer oft nur wenige m² großen Fläche, die erwähnten *Cladonia*-Arten einfinden, wenn auch nicht im entferntesten in der Menge wie in der nach ihnen benannten Subassoziation. Auch erscheint gleichzeitig, mit „r" oder „+", ganz selten „1", Dicranum spurium. Das Leucobryo-Pinetum wird an allen Vorkommen als recht offener Wald geschildert, die Flechten brauchen zum Gedeihen viel Licht. Der Kronenschluß geht selten über 70% hinaus, auch in den Beständen der Typischen Subassoziation mit eingestreuten Flechten liegt er meist in dieser Höhe. Ein Vergleich mit ganz flechtenfreien Flächen zeigt dort keine dichtere Baumschicht, die man für das Fehlen verantwortlich machen könnte. Das Auftreten der *Cladonien* kann also bei lückiger Baumschicht nicht allein vom Lichteinfall abhängig sein. Zwar könnten reichlichere Taubildung als Folge größerer Ausstrahlung und daher tieferer Temperaturen in der bodennahen Luftschicht, oder stärkere Auswaschung des Sandes durch den frei und in voller Menge auftreffenden Niederschlag der Grund sein, doch spielt dies alles eine zweitrangige Rolle, die Hauptursache liegt im Boden selbst.

Unter dem Leucobryo-Pinetum cladonietosum trifft man in dem meist grobkörnigen Sand überwiegend einen schwach entwickelten Podsol, seltener eine Podsol-Bänder-Parabraunerde oder (stets unter der Myrtillus-Variante) einen Podsol-Pseudogley. Ganz allgemein hat die Podsolierung beträchtliche Ausmaße angenommen und einen A_e bis über 15 cm entstehen lassen. Soweit die Typische Subassoziation, frei von Flechten in der Bodenschicht ist, trifft man Podsol-Braunerde und, besonders in der Myrtillus-Variante, Pseudogley-Braunerde bis Braunerde-Pseudogley. Dabei hält sich die Podsolierung in mäßigen Grenzen, der A_e bleibt im allgemeinen bedeutend unter 10 cm. Wo jedoch der Bodenschicht Flechten, meist 2–3 Arten der Gattung *Cladonia*, beigemischt sind, überschreiten die Maße des Bleichhorizontes durchweg 10 cm, außerdem ist der Sand wesentlich gröber und zeigt in der Korngrößenzusammensetzung Ähnlichkeit mit der flechtenreichen Subassoziation. Es sind also offensichtlich die große Durchlässigkeit und damit Trockenheit, dazu die verminderte Wärmeleitfähigkeit (Taubildung!) des Oberbodens die Faktoren, die den Flechten das Gedeihen ermöglichen. Diese sind häufiger innerhalb der typischen, weniger in der Myrtillus-Variante, nur ganz ausnahmsweise in deren Hylocomium proliferum-Subvariante oder einer eigenen Hylocomium proliferum-Variante vertreten.

Geht man der Frage nach, wie diese Flächen und Flecken mit den Strauchflechten und dazu Dicranum spurium zustande gekommen sind, so ergeben sich Zusammenhänge mit menschlicher Tätigkeit in vorgeschichtlicher Zeit. Große Teile des Flugsandgebietes im Klosterforst waren in der Hallstatt-Periode (nach KOSSACK, in BRUNNACKER 1958, 1959: Hallstatt B = frühes Subatlantikum) gerodet worden und dienten für Siedlungen und zum Feldbau, wie entsprechende Funde von Scherben und Holzkohle (*Pinus*, *Quercus*) sowie begrabene Ackerböden zeigen. Schon während der Nutzung und nachdem man sie aufgegeben hatte (Erschöpfung der Nährstoffe?), wurde der Sand auf den freiliegenden Flächen aus- oder von ihnen fortgeblasen. Dabei trat eine Korngrößensonderung ein. Die feinen Anteile wurden in weitere Entfernung weggetragen, während die gröberen am Platz verblieben oder ganz in der Nähe, d.h. also in den angrenzenden Waldungen mit dem Leucobryo-Pinetum abgesetzt wurden. Das erfolgte, ähnlich wie beim Bodenfließen, nicht durchweg auf große und geschlossene Ausdehnung hin, sondern häufig in u.U. ganz kleinen Flecken, ohne daß es dabei zu merklichen Aufwölbungen, etwa in Form neuer Dünen gekommen wäre; manchmal wurden dabei offenbar flache Mulden ausgefüllt. Legt man in einem Kiefernwald quer durch eine Stelle, an der die sonst allein aus Moosen zusammengesetzte Bodenschicht unvermittelt in größerer Zahl Flechten enthält, ein Grabenprofil an, so ist zu erkennen, wie die *Cladonien* mit wachsender Mächtigkeit des A_e an Menge zunehmen, und gleichzeitig das Material des Horizontes einen höheren Prozentsatz an Grobsand enthält. Als Beispiel für die gegenüber dem pleistozänen veränderte Korngrößenverteilung des holozänen Flugsandes mag das von BRUNNACKER (1959 p. 52) beschriebene Profil eines schwach entwickelten Podsols aus dem Klosterforst dienen. In der hier 40 cm mächtigen jungen Überlagerung ist der Grobsandanteil im Durchschnitt 33%, in seinem Liegenden (70 cm aufgeschlossen) nur 27%. Eigene Untersuchungen an verschiedenen Stellen ergaben Werte von 35 bzw. höchstens 26% für Korngrößen über 0,6 mm Durchmesser.

Verwehungen wie Bodenfließen können zweifellos an vielen Stellen die Ursache des Auftretens von Pflanzengesellschaften in einem kleinflächigen Mosaik sein, besonders dann, wenn mit diesen Vorgängen eine deutliche Veränderung der chemischen und physikalischen Eigenschaften des Bodens und seiner Dynamik verbunden ist.

ZUSAMMENFASSUNG

Die angeführten Wälder liegen teils im Steigerwald, einem bis 500 m ü.d.M. sich erhebenden Bergland (1) zwischen Maindreieck und Regnitz, teils in seinem westlichen Vorland im Kitzinger Becken (±220 m ü.d.M.) im Klosterforst (2).

1. Die aus Tonmergeln und Sandsteinen in zweimaliger Wechsellagerung aufgebauten Höhen spiegeln diese Abfolge in der Vegetation nicht mit gleicher Genauigkeit wider. Durch Bodenverlagerung (Solifluktion) sind über die Tongesteine Decken aus basenärmerem, sandig-lehmigem Gehängeschutt von wechselnder Mächtigkeit und mit unterschiedlich großen Lücken darin, gebreitet. Auf der Schattseite der Berge sind, deutlich nur in der Feldschicht trennbar, ein Aceri–Tilietum Fab. 36 auf gering mächtigem Pelosol, und ein Melico–Fagetum dryopteridetosum Knapp 42 auf Pelosol-Braunerde, z.T. in sehr kleinen Flächen ineinander greifend und übergehend, vorhanden. Der geringe Basengehalt der Deckschicht wird durch Azidophyten angezeigt, während die anspruchsvollen Arten auf dem Pelosol wachsen. Die sonnseitigen Hänge tragen in noch engerer Verzahnung ein Clematido–Quercetum Oberd. 57 auf Syrosem-Pelosol und ein Galio–Carpinetum „typicum" (Buck-Feucht 37) Oberd. 57 auf Pelosol-Braunerde. Mit zunehmend mächtiger, sandig-lehmiger Fließerdedecke geht dieses in ein Galio–Carpinetum luzuletosum über, das über viel weniger thermophile Glieder, aber zahlreiche Versauerungszeiger verfügt und auf einer basenarmen Braunerde steht.

2. Im Vorland stocken auf einer Flugsandschicht wechselnder Mächtigkeit u.a. Bestände des Leucobryo–Pinetum Matuszk. 62; in der Typischen Subassoziation auf Podsol-Braunerde, Pseudogley-Braunerde und Braunerde-Pseudogley (podsoliert), und einer flechtenreichen (cladonietosum) auf schwach entwickeltem Podsol, Podsol-Braunerde und Podsol-Pseudogley. Die Podsolierung hat unter dem L.-P. typicum einen A_e von meist wesentlich unter 10 cm Breite erzeugt, beim L.-P. cladonietosum liegen seine Maße ebensoviel darüber, unter den Flecken mit Flechten innerhalb des L.-P. typicum mißt der Bleichhorizont um 10 cm. Die stärkere Bleichung ist in einem gröberen Flugsand entstanden. Dieser ist in oder nach der Hallstatt B-Zeit (Subatlantikum) aus (aufgelassenen) Kulturflächen innerhalb der Wälder in diese hinein verweht worden.

SUMMARY

The woods in question are situated partly in the Steigerwald (1), a highland (up to 500 m) between the Triangle of the river Main and the Rednitz eastern of ist, partly in the western foreland in the basin of Kitzingen (±220 m) in the „Klosterforst" (2).

1. The heights built up by clay marls and sandstones, following twice one another, do not reflect this sequence in the vegetation in the same way. By solifluction the argillaceous rocks have been covered by a layer

of sandy loam hillside waste poorer in bases and of changing thickness, with differently large breaks in it. On the shady side of the mountains there is, distinctly separable only in the stratum of herbs, Aceri–Tilietum FAB. 36 on a pelosol of small thickness, beside Melico–Fagetum dryopteridetosum KNAPP 42 on a pelosol-brown earth, in part meshing and changing one in another in very small areas. The low content in bases of the covering layer is indicated by acidophytes, whilst the pretentious plants are growing on the pelosol. On the sunny side, there is a complex still narrower in the areas of Clematido–Quercetum OBERD. 57 on a syrosem-pelosol, beside Galio–Carpinetum „typicum" (BUCK-FEUCHT 37) OBERD. 57 on pelosol-brown earth and Galio–Carpinetum luzuletosum where the mudflow cover is increasing in thickness. In the second and third plant communities there are by much fewer thermophilous plants, but, in the last, numerous indicators of acidification; the soil is a brown earth poor in bases.

2. In the foreland, on a layer different in thickness of blown sand amongst others woods of Leucobryo–Pinetum MATUSZK. 62 are growing: the typical subassociation on a podzol-brown earth, a pseudogley-brown earth or a brown earth-pseudogley (all of them podzolised), the subassociation cladonietosum on a slightly developed podzol, podzol-brown earth or podzol-pseudogley. In the Leucobryo–Pinetum typicum, podzolisation has formed an A_e mostly much thinner than 10 cm, in the L.-P. cladonietosum the thickness is broader by the same amount, in a spot with lichens within the L.-P. typicum the dimension of the A_e is close to 10 cm. The more effective leaching has been effectuated in a coarser blown sand originating in cultivated and later on abandoned plains within the woods, during or after Hallstatt B Period (subatlanticum).

LITERATUR

ARBEITSGEMEINSCHAFT BODENKUNDE: Die Bodenkarte 1 : 25 000. – Hannover 1965.

BRUNNACKER, K.: Über junge Bodenverlagerungen. – Geol. Bl. NO-Bayern **8**: 13–24. Erlangen 1958.

— Erläuterungen zur Bodenkarte von Bayern 1 : 25 000. Blatt Nr. 6227 Iphofen. – München 1959.

MATUSZKIEWICZ, W.: Zur Systematik der natürlichen Kiefernwälder des mittel- und osteuropäischen Flachlandes. – Mitt. Flor.-soz. Arbeitsgem. N.F. **9**: 135–186. Stolzenau/Weser 1962.

MÜCKENHAUSEN, E.: Entstehung, Eigenschaften und Systematik der Böden der Bundesrepublik Deutschland. – Frankfurt/Main 1962.

OBERDORFER, E.: Süddeutsche Pflanzengesellschaften. Pflanzensoziologie **10**. – Jena 1957.

— Pflanzensoziologische Exkursionsflora für Süddeutschland. 2. Aufl. – Stuttgart 1962.

RUTTE, E.: Einführung in die Geologie von Unterfranken. – Würzburg 1957.

SCHERZER, H.: Erd- und pflanzengeschichtliche Wanderungen durchs Frankenland. I. Trias- und Keuperlandschaft. – Nürnberg 1922.

TÜXEN, R.: Neue Methoden der Wald- und Forstkartierung (Vortragsreferat). – Mitt. Flor.-soz. Arbeitsgem. N.F. **2**: 217–219. Stolzenau/Weser 1950.

ZEIDLER, H.: Untersuchungen an Mooren im Gebiet des mittleren Mains. – Z. Bot. **34**: 1–66. Jena 1939.
— u. STRAUB, R.: Die Pflanzendecke. In: BRUNNACKER, K.: Erläuterungen zur Bodenkarte von Bayern 1:25000. Blatt Nr. 6227 Iphofen, p. 82–113. – München 1959.

D. RODI:
Ich wollte Herrn Prof. ZEIDLER fragen, ob im Galio-Carpinetum luzuletosum auch die Buche mit enthalten ist.

H. ZEIDLER:
Ja.

R. TÜXEN:
Wenn im Bereich des Pinetum eine prähistorische Besiedlung stattfand, so ist bemerkenswert, daß das gerade im allerärmsten Bereich der Fall war, und daß man offenbar gar keine Eutrophierung dieser alten Siedlungsflächen nachweisen kann oder nicht mehr gefunden hat. Vielleicht kann ich durch diese Bemerkung meinen Sohn JES zu einer Anregung von seiner Seite verlocken.

J. TÜXEN:
Ich habe seinerzeit, als ich ebensolche Untersuchungen gemacht habe, immer wieder gefunden, daß eine Anreicherung mit Nährstoffen, mit Humus, also eine Eutrophierung stattgefunden hat durch vor- oder frühgeschichtlichen Ackerbau oder Siedlungstätigkeit.

Ich möchte also dieselbe Frage an Herrn ZEIDLER richten: Wie deuten Sie diese Erscheinung? Daß also nicht nur keine Anreicherung, aber, wie ich verstanden habe, auch keine Verschlechterung dort stattgefunden hat?

H. ZEIDLER:
Die Frage der Eutrophierung der Böden im Bereich der in oder nach der Hallstatt-Periode aufgegebenen Ackerflächen: wir dachten, wo Scherben und Holzkohle zu finden sind, wo ein fossiler oder subfossiler Ap vorliegt, der etwa 30–40 cm unter der heutigen Bodenoberfläche liegt, da müßte man irgendwelche Spuren finden. Ganz im Gegenteil! Diese ganze Erscheinung ist offenbar eine Folge der Korngrößensonderung, die durch die Windbewegung bewirkt ist, die z.T. auch offenbar durch die Gußregen, die im Kontinentalklima ja kennzeichnend sind, verursacht wurde. Von den Dünen wurde in die Nähe der Grobsand einmal geschwemmt, andererseits aber auch geblasen. Infolgedessen sind diese alten Kulturflächen von ihrem Feinmaterial, und dazu gehören ja auch notwendigerweise organische Bestandteile, völlig entblößt worden. Dort, wo alte Kulturflächen überdeckt worden sind, ist das erfolgt mit diesen etwa 35% Grobmaterial enthaltenden Sand, der sehr steril ist. Er enthält keinerlei silikatische Anteile, wie Feldspat oder gar Glimmer oder sonst etwas, sondern es ist reiner Quarzsand mit geringer Wasserkapazität und auf der anderen Seite mit einer sehr schlechten Wärmeleitung, so daß da der Flechten-Föhrenwald in größeren Ausdehnung

entstehen kann. Dort, wo diese Einwehung in die Leucobryo-Pineten nur kleinflächig erfolgte, z.T. auf Flecken, die nicht größer sind als hier der Tisch, und dann einzelne Flechten auftreten, hat es natürlich nicht gereicht zu einer solchen vollständigen Umwandlung in ein cladonietosum, sondern da sind nur innerhalb der Moosdecke diese einzelnen kleinen Flechten-Gruppen mit höchstens Soziabilität 2 gegen sonst im cladonietosum mit 3 oder 4 festzustellen.

IONIZING RADIATION AND THE STRUCTURE AND FUNCTION OF FORESTS

by

G. M. WOODWELL and R. H. WHITTAKER

Biology Department, Brookhaven National Laboratory,
Upton, New York, U.S.A.

Certain considerations of information theory have suggested that forests, representing the later, more „mature'' stages of succession are intrinsically more stable than the less diverse communities of early stages. Experimental irradiation of a limited number of plant communities, including forests, indicates that with respect to ionizing radiation, forests are substantially more sensitive to disturbance than the communities of earlier stages of succession. The sensitivity of forests is attributable to several factors, among them the greater intrinsic sensitivity of trees in general to radiation damage (certain gymnosperm are killed by as little as 500 R, which is one-one hundredth the dose to kill certain herbs) and to the more complex structure of the forest with its concomitant reduction in the ratio of photosynthesis to total respiration. The difference in sensitivity between field and forest appears to span a factor of 10, whether the effect is measured in terms of total production, diversity, or by various other statistics of communities.

Ionizing radiation has proved most useful in these studies of natural communities because it can be applied and controlled conveniently, but more importantly, it has fundamental biological effects which appear to be related to the ecology of plants. Thus plants that survive environments characterized by extremes appear generally to be resistant to radiation damage. The best hypothesis explaining this somewhat surprising relationship is that susceptibility to radiation damage is an index of susceptibility to environmentally induced mutation and that patterns of radiosensitivity among natural communities reflect differing susceptibilities to mutation. Thus radiation appears to offer not only new insight into the structure and function of forests but possibly into the evolution of mutation rates as well. – Research carried out at Brookhaven National Laboratory under auspices of the U.S. Atomic Energy Commission.

OTTI WILMANNS:
Have you always watched the response in the same year or in the following one? The second question is a methodological one: Have all the plants got the same intensity? I think the lower plants, hemicryptophytes

and so on, are shadowed by the trees and therefore they have not such a great response. I could not see it from your scheme. I suggest the experimental situation is not so simple that every plant would get the same intensity at the same distance from the source of radiation. The last question: Is it possible that the lichens are for a long time in hypobiosis and therefore not sensitive?

R. WHITTAKER:
First as regards time: The study has been carried now to four years, and we have four years, observations on all these communities. Year to year the pattern changes in details but the broad picture is the same as that I have described using material from the first two years only. Second the matter of sensitivity: Those of you who may deal with this kind of research know the difficulties of dosimetery factors affecting the exact radiation doses to plants are very complicated. But this is controlled in two ways. First: radiation measuring devises can be put next to a plant which we are concerned with – as the first plant outward of the species to die – as the means of determining its actual dose.

Second: using the concentric circles outward from the source we average radiation intensity as it is altered from place to place by the shadows of tree trunks and the like, with measurements of many points along a given circle to determine what the average really is. By these two approaches we seek to control this problem which Dr. WILMANNS has quite correctly emphasized.

Third: on lichen sensitivities. It is not really easy to tell when a lichen dies, obviously. The people investigating this do their best to deal with the problem of lichen mortality by careful observation, by attempting to determine when the lichen is active and when it is in an inactive or resting phase and to observe it and determine when it has ceased to function and will in due course die. They simply have to observe the lichens closely and determine this as best they can.

[Dr. Whittaker chose to answer the following questions in a simple statement, published below. Editor]

H. SUKOPP:
Concerning weeds could you please tell us about species which are most sensitive and which are less sensitive, perhaps in terms of families or genera, and some connections between such taxa and sensitivity, or the connection of nuclear size and such problems in weeds especially?

G. LAWRENTIADES:
Is there any relationship between the density of vegetation and the influence of radiation? It is interesting that the oak-pine communities are more sensitive to the radiation than the weed communities. This may be due to the fact that the vegetation density is lower in the former than in the latter community.

Is there any relationship between the different stages of development of individual species and the level of radiation to which they are exposed?

S. SEGAL:
If I have understood the correlation between structure and radiation quite well it seems to be a fine demonstration of the general rule that the development of structure is dependent on limiting factors, whatever they might be, and the general rule that in more stable conditions the growth forms are most diverse.

Dr. SUKOPP asked for the most sensitive taxa, I should like also to know this of growth forms, which probably will follow such general rules.

During the symposium there were some examples of confusion between life forms and growth forms. I should like to emphasize the distinction. A life form is a type adapted to certain ecological features (e.g. RAUNKIAER's system), a growth form is a morphological type (which may also be adapted to certain ecological features).

E. VAN DER MAAREL:
There is a correlation between size of nucleus and polyploidy. It is often stated that polyploidy tends to increase from temperate to arctic regions. This seems to be in contradiction with the general line you exposed.

Is there anything known about the reaction to radiation in the tropical ecosystems, especially the tropical rainforest?

J. J. BARKMAN:
Have you observed in any plant species that they were „favoured" and increased in coverage as a result of the killing of more sensitive competitors by ionizing radiation?

The number of species in the non-affected forest quadrats (viz. 6) seems abnormally low. Is it possible that these quadrats are much too small in relation to the minimum area of this forest type?

In the arable field you have shown that the prostate weeds are less sensitive to radiation than the erect. Is it not feasible to suppose that the latter receive more radiation, since the source was not far above soil level so that the irradiation must have been essentially horizontal?

Have any experiments so far been carried out with tracers (radioactive isotopes) in whole vegetation stands in order to investigate the cycle of certain elements in complete phytocoenoses?

L. FENAROLI:
For how many days were the plants exposed to radiation?

R. WHITTAKER:
Every day (20 hours per day), for 4 years, so far.

CH. VAN LEEUWEN:
The results of WOODWELL's experiments seem quite in accordance with some of our observations on more general vegetational relationships.

Pioneer vegetations belong to the limes convergens (concentration), woodland communities to the limes divergens (dispersion).

Main types of structure: 1. Concentration. 2. Dispersion.

Concentration gives a high external difference ≈ isolation.

Dispersion results in a low external difference ≈ isolation.

R. WHITTAKER:
Let me answer as many of these questions as I can.

1. There is another way of interpreting the relation of plant stature to radiation sensitivity. A part of the condition of life for different plants is the differing balance between photosynthetic tissue and structural or supporting tissue. Plants differ in the proportion of above-ground tissue which is supportive, from a small fraction in lichens and herbs to a great preponderance of supporting wood over photosynthetic leaves in the above-ground mass of trees.

Now the photosynthetic tissue is mostly transitory; leaves are shed from year to year by deciduous plants, or after a few years in evergreen plants. The supporting wood and bark is, on the other hand, relatively permanent for the plant; it is, despite the activity of the cambium, more stable and longer-lived than the leaves.

When plants are exposed to irradiation, nuclei of leaf cells containing genetic damage from radiation hits are discarded with the leaves themselves. Because the leaves are shed, there is little accumulation of genetic damage in the foliage. Especially if the leaves are deciduous, their exposure to irradiation is relatively short, and any radiation damage the leaves have suffered is soon removed from the plant by the fall of the leaves. The more stable living wood and bark tissue, on the other hand, remains exposed to radiation damage throughout the year and for successive years of a long-term exposure like that at Brookhaven. There is thus a tendency for radiation effects – damage to the genetic material – to accumulate in the wood and bark tissue. There may thus be a tendency for plants to be more sensitive to irradiation, the greater the ratio of supportive to photosynthetic tissue.

Such an interpretation fits, you may notice, the relation of plant species to the radiation gradient at Brookhaven. From the radiation source outward, we encounter zones of plants of increasing sensitivity: (1) lichens, without vascular tissue and least sensitive, (2) an herb, *Carex*, with leaves only above ground, no woody tissue, (3) shrubs, with woody tissue but with a lower ratio by mass of that woody tissue to photosynthetic tissue than in trees, (4) oak trees, with a high ratio of supportive to photosynthetic tissue, but the leaves deciduous, and (5) pine trees, with a high ratio and with evergreen leaves, and with highest sensitivity to irradiation.

2. Now as regards the matter of density effects on radiation exposure. Gamma radiation is of course absorbed by plant tissue, and the intensity of irradiation exposure at a given point is consequently a function of the mass of plant tissue between that point and the radiation source, as well as distance from the source. The effect is most clearly shown by the

Carex „shadows" at Brookhaven. In a zone around the source with fairly high intensity of exposure, we observe „shadows" of living *Carex* extending away from the source behind tree trunks, whereas there may be no living *Carex* between these shadows in places not shielded by tree trunks.

The effect of plant density – in terms of mass of plant tissue absorbing radiation – on exposure levels is thus quite significant and must be controlled in an experiment like that at Brookhaven. The means of control involves, first, measurement of radiation intensity at many points, different distances from the radiation source and with different masses of plant tissue between them and the source. Actual radiation exposures of different points are thus known; and we know also average radiation intensities at different distances from the source, and hence the effect of absorption by plant tissue, as well as distance, in producing the decrease in irradiation intensity with increasing distance from the source. It is these averages, of course, on which our statements about radiation exposure of different zones of vegetation are based.

3. Third, the matter of developmental stages and their sensitivity – yes, there are wide differences in sensitivity between different developmental stages of a plant species. One must in the experiment allow for this and control it. The means of control involves the fact we are dealing not with individual plants at different life-cycle stages, but with populations exposed around the year. The sustained exposure of whole populations means that radiation effects are, in effect, averaged or summed around the year for all annual life-cycle stages of all populations exposed. We are thus observing average responses of whole plant populations to a gradient of averaged, measured irradiation intensities different distances from the source, and comparing the relative sensitivities of populations of different plant species to this gradient.

4. Fourth, the matter of life-form versus growth-form distinction that Dr. Segal mentioned. Yes, I fully agree with this point. I use the term „life-form" specifically in the sense of Raunkiaer, for plant types defined in terms of position of the meristematic tissue, and the term „growth-form" for other structural designs of plants for which we may find adaptive significance. It is of interest that the Raunkiaer system is based largely on position of the perennating tissues in relation to the ground surface, and hence is very closely related to this sequence in radiation sensitivities – lichen, herb, shrub, tree – that I have been talking about.

5. There is also the matter of polyploid nuclei. I have said that radiation sensitivity is strongly correlated with nuclear volume; more accurately it is correlated with mean chromosome volume as shown in work by Sparrow and his associates. Effects of polyploidy complicate the relation of radiation sensitivity to nuclear or chromosomal volume. A polyploid nucleus presumably decreases sensitivity to irradiation because the redundancy of information in a recently polyploid nucleus reduces the

effect on the plant of a given hit or item of nuclear damage. We are familiar with the generalization on the increase of relative frequency of polyploid nuclei in plants toward the Far North, as well as the dissent of other observers from this generalization. The relation is not directly involved in the Brookhaven study, but I think it not contradictory. There may well be decreased mean chromosomal volume, as well as possibly increased frequency of polyploidy, toward the Far North. Both nuclear characteristics and somatic characteristics – reduced ratio of supportive to photosynthetic tissue as I have discussed, „lowered profile" as the military would put it, of above-ground exposure to environmental adversities of all sorts – may contribute to the parallelism of response of major types of plants to the radiation gradient on the one hand, the climatic gradient into the Far North on the other hand. Woodwell has observed in this work many interesting linkages of radiation sensitivity with tolerance of environmental rigor and successional position, of nuclear characteristics affecting sensitivity with somatic characteristics, life-forms and growth-forms.

6. Finally, on the tropical rainforest. Dr. H. T. ODUM is carrying out a research project on radiation exposure of a mountain rainforest in Puerto Rico. Its basis is different from the Brookhaven study in that the exposure is short-term (three months, I believe), rather than long term chronic as at Brookhaven. We should in due course have information on the relative sensitivity to irradiation of this tropical forest, but it would be premature for me to comment on this as yet.

EINWIRKUNGEN VON INDUSTRIE-EXHALATIONEN AUF DIE STRUKTUR DER PHYTOCOENOSEN

von

J. HAJDÚK

Institut für Landschaftsbiologie der Slowakischen Akademie der Wissenschaften in Bratislava, CSSR

Bisher sind nur wenige Arbeiten vorhanden, die den Einfluß von Exhalationsprodukten auf die Struktur des Bewuchses behandeln. Die Arbeit von GORHAM und GORDON (1960) zur Erforschung des Einflusses von Exhalationsprodukten, vor allem des SO_2 im Gebiete der Brennöfen von Sudbury in Ontario berühren indirekt die morphologischen Änderungen der Phytocoenosen infolge des toxischen Einflusses von Exhalationen. Sie haben festgestellt, daß die Anzahl von Pflanzenarten bereits in 7 Meilen in der Richtung zur Exhalationsquelle im Abnehmen begriffen ist. Bis zu einer Entfernung von 1 Meile findet sich auf stichprobenweise angelegten quadratischen Probeflächen nur eine Pflanzenart und alle Pflanzen bis zu dieser Entfernung gehörten nur 10 Arten an; in Entfernung von 11 und mehr Meilen kamen nur 19–31 Pflanzenarten vor. LUX (1964) gibt im Gegensatz dazu an, daß bei Werken zwischen Dessau und Leipzig die Anzahl von Pflanzenarten in der Richtung zur Exhalationsquelle wächst. In diesem Falle steigt zwar die Anzahl von Pflanzenarten, anderseits aber werden einzelne Holzarten durch Gehalt von CaO und SO_2 in der Braunkohle beschädigt. Phytocoenosen mit erhöhter Anzahl von Pflanzenarten wiesen infolgedessen in kleinerer Entfernung vom Betrieb den Charakter der Eichen-Hainbuchen-Laubwälder auf, und in größerer Entfernung, wo der Einfluß von Exhalation die Strukturänderung der Phytocoenosen nicht hervorruft, befinden sich Kieferwälder mit *Deschampsia flexuosa, Vaccinium myrtillus, Entodon schreberi*. Die Erhöhung der Anzahl von Pflanzenarten und Dominanzänderungen einzelner Arten mit der Steigerung des Einflusses von Exhalationsprodukten schreibt LUX der Erhöhung der Bodenreaktion in der Richtung zum alkalischen Gebiet zu, da die gebrannte Braunkohle bis 20% CaO enthält.

In diesem Referat werde ich kurz die quantitativen und qualitativen Änderungen der Phytocoenosen erwähnen, welche durch Exhalationsprodukte des Magnesits beim Brennen des $MgCO_3$ verursacht werden. In die Luft und in den Boden gelangen außer Staub- und Gasverbindungen auch kaustisches MgO, das mit Wasser nach der Gleichung

$$MgO + H_2O = Mg(OH)_2$$

Magnesiumhydroxyd bildet. Dieses ruft alkalische Reaktion des Bodens, des Wassers kleinerer Seen oder Pfützen und sogar des Taues hervor. Falls jährlich 240 t/km² von Exhalationsprodukten des Magnesitstaubes anfallen, kommt es zur sichtbaren Änderung von Phytocoenosen der höheren Pflanzen. Diese entstehen durch

a. Absterben einiger Arten (vor allem im Stadium des Keimens),
b. Migration neuer widerstandsfähiger Arten auf kontaminiertes Gebiet,
c. Erhöhung der Dominanz und Abundanz einiger widerstandsfähiger Arten.

Dynamische Umwandlung der Phytocoenosen ist hauptsächlich vom Einfluß von Exhalationsprodukten Vf abhängig, den wir durch folgende Gleichung

$$Vf = m \cdot t$$

ausdrücken können, wobei

m = die Menge der Exhalationsprodukte
t = die Zeit ist

Falls die Konzentration der Exhalation von Magnesit steigt, wird die Sukzession der Phytocoenosen, und auch die Änderung ihrer Morphologie beschleunigt. Durch einen größeren Anfall als 50 g/m²/Monat wird die Beschleunigung der Änderungen nicht mehr gesteigert. Markant ist auch die Abhängigkeit zwischen Anzahl der Pflanzenarten und Konzentration der Exhalationsprodukte. Die Anzahl von Pflanzenarten in einzelnen Phytocoenosen an der Fläche der phytocoenologischen Aufnahme in der Richtung zur Exhalationsquelle sinkt in Abhängigkeit vom Anfall der kompakten Exhalationsprodukte (Fig. 1). Die Artenzahl

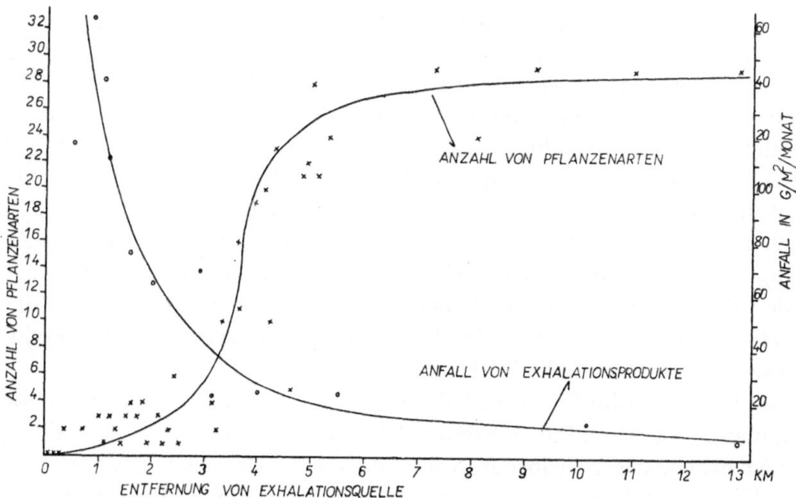

Fig. 1. Verhältnis zwischen Anzahl von Pflanzenarten und Staubanfall.

einzelner Phytocoenosen ändert sich gleichzeitig mit den Änderungen der physikalisch-chemischen Eigenschaften des Bodens. Bemerkenswert ist auch die Abhängigkeit zwischen Anzahl der Pflanzenarten und Bodenreaktion in der Nähe von Magnesitwerk in Radenthein in Österreich.

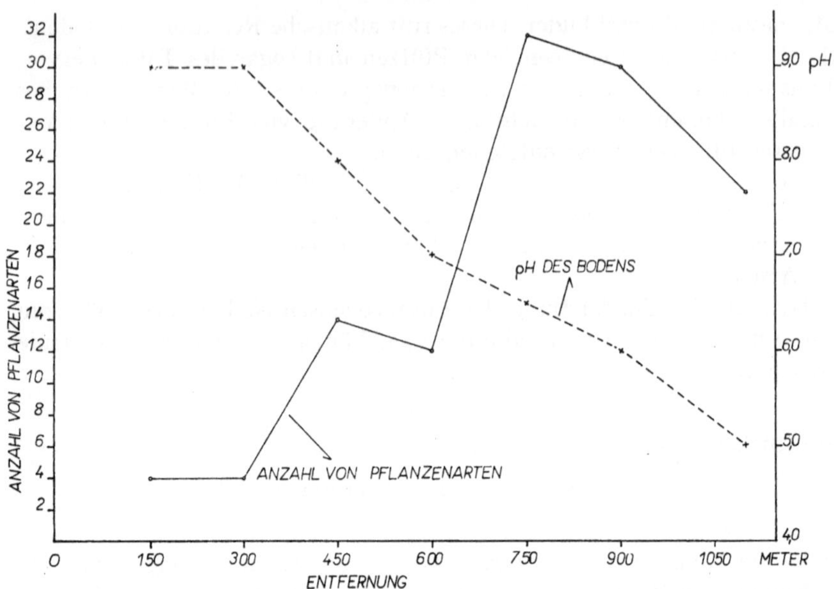

Fig. 2. Verhältnis zwischen Anzahl von Pflanzenarten und Bodenreaktion.

Aus Fig. 2 ist es ersichtlich, daß in einer Entfernung von 300 m von der Exhalationsquelle an den 400 m^2 großen Versuchsflächen bei Bodenreaktion von pH 9.0 durchschnittlich 4 Pflanzenarten vorkamen. Die Trasse, an der die Versuchsflächen angelegt waren, führte von der Exhalationsquelle an einer 20°-Böschung mit Fichtenwald entlang, und die Anzahl der Pflanzenarten steigt hier mit der Entfernung, mit der Meereshöhe und mit dem Sinken der Bodenreaktion. Die höchste Anzahl von Pflanzenarten befand sich in Entfernung von 750 m bei pH 6.5. Dann kommt es parallel mit dem Sinken der pH-Werte auch zur Abnahme von Pflanzenarten, da es sich hier bereits um ein Gebiet handelt, wo die Exhalationsprodukte des Magnesits die Grenze der Toxidität nicht übersteigen, und es kommen hier wieder Faktoren des gegebenen Ökotops zur Geltung. Die Böden in der Nähe von Magnesitwerken bilden Karbonat-Magnesit „Solontschak", welcher dem von Kugutschkow (1949) aus der Uzbekischen SSR beschriebenen sehr ähnlich ist. Die beiden Bodentypen bilden bei höheren Konzentrationen von MgO an der Oberfläche Krusten und „Schochs", zumal ihre Dynamik der Pedogenesis ganz unterschiedlich ist.

Durch den Einfluß von Exhalationen des Magnesits wird auch die Dominanz und Abundanz einzelner Pflanzenarten geändert. Aus Fig. 3 ist ersichtlich, wie sich in der Nähe von einem Magnesitwerk mit dem Anfall von Exhalationsprodukten die Dominanz von *Agropyrum repens* steigerte. *Agropyrum repens* bildet örtlich auf einigen recht großen Flächen vollständige Monocoenosen. Diese Art erreicht auf verschiedenen Ökotopen eine Dominanz bis 100%. Ähnlich benehmen sich auch *Agrostis stolonifera* und *Puccinellia distans*. In Fig. 4 kann man bemerken, daß *Puccinellia distans* in Entfernung von 150 m von der Exhalationsquelle in einem Birkenbestand eine Dominanz bis 70%

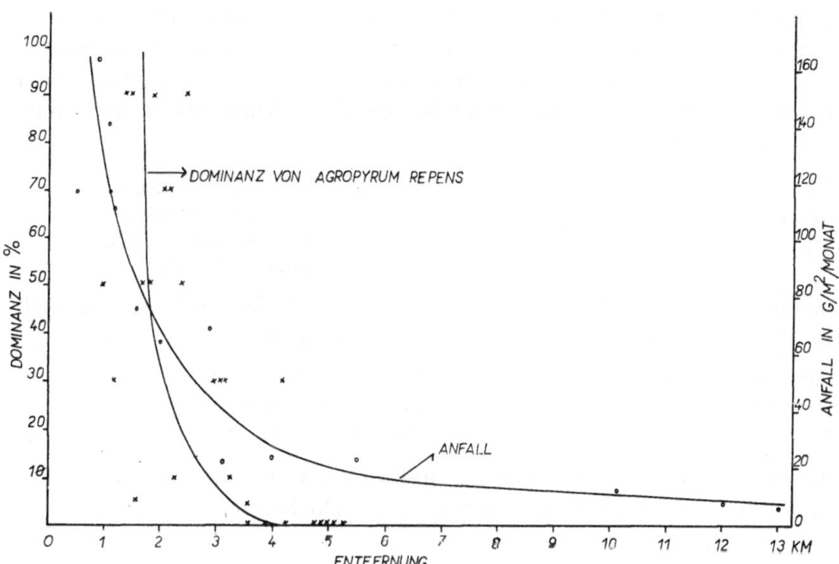

Fig. 3. Verhältnis zwischen Staubanfall und Dominanz von *Agropyrum repens.*

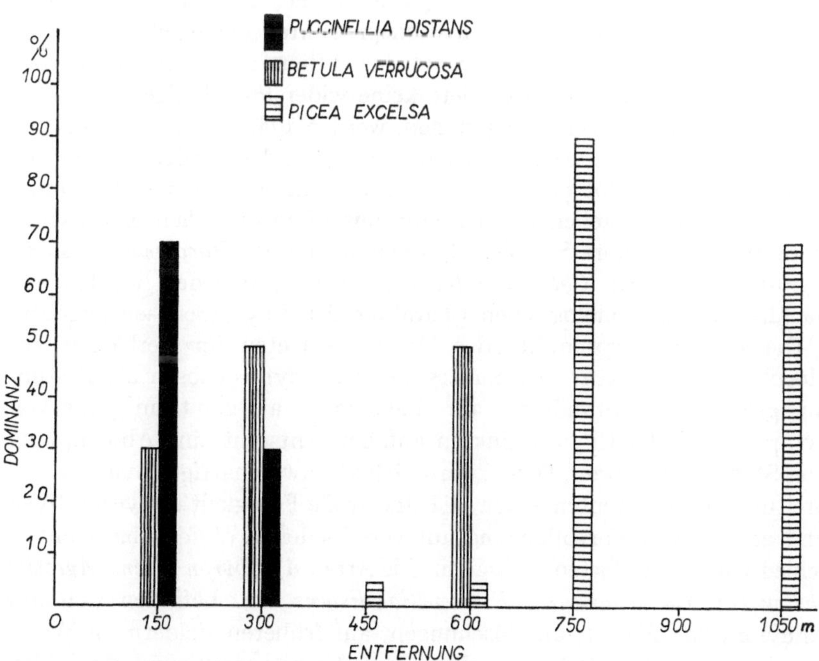

Fig. 4. Dominanz von drei Pflanzenarten in verschiedener Entfernung von Magnesitwerken.

erreicht. In 400 m Entfernung befindet sich im Bestand auch Fichte, hier kommt *Puccinellia distans* nur noch selten vor. An einigen Lokalitäten in der Umgebung von Magnesitwerken wird eine bemerkenswerte

Struktur und Morphologie der Phytocoenosen gebildet. Zum Beispiel in der Nähe von Breitenau in Österreich in einem künstlich angebauten Fichtenwald auf einer Fläche von 400 m^2 haben wir in Entfernung von 300 m von der Exhalationsquelle folgende phytocoenologische Aufnahme aufgezeichnet:

E_3	2.1	Picea excelsa	E_1	3.4	Puccinellia distans
E_2	2.1	Corylus avellana		+.2	Poa angustifolia
				+.2	Vaccinium myrtillus
				+	Sonchus arvensis

In der Nähe von dem ältesten Magnesitwerk in Veitsch befinden sich oft Pflanzengesellschaften folgender Zusammensetzung:

Sesleria calcarea	5.4	Silene cucubalus	1.2
Poa angustifolia	1.2	Sonchus arvensis	+
		Puccinellia distans	+

In der Slowakei verzeichneten wir in stark von Exhalationsprodukten des Magnesits kontaminierten Gebiet in einem Buchenwald folgende phytocoenologische Aufnahme:

E_3	3.1	Fagus silvatica	E_1	2.2	Puccinellia distans
	1.1	Quercus cerris		1.3	Carex distans
	+	Carpinus betulus		1.2	Agrostis stolonifera

In der Umgebung von neuen Magnesitwerken, die bald große Mengen (bis 150 g/m^2/Monat) von Exhalationsprodukten erzeugen, werden im Laufe von 2–3 Jahren die ursprünglichen Pflanzenarten im Aussterben begriffen sein und falls im Gebiete keine widerstandsfähige Arten oder ihre Diasporen zur Verfügung stehen, werden Flächen ohne Vegetation – ein quasi phytocoenologisches Vakuum – gebildet werden. An solchen Lokalitäten verbleibt der Boden ohne Vegetation auch mehrere Jahre hindurch. Diese Flächen werden dann mit Pflanzen hohen biologischen Potentials (wie zum Beispiel *Agropyrum repens, Puccinellia distans, Agrostis stolonifera, Calamagrostis epigeios* u.a.) besiedelt werden, die nachher den morphologischen Charakter der Phytocoenosen angeben.

Die Exhalationsprodukte des Magnesits treten im Verhältnis zur Morphologie, Struktur und Sukzession der Phytocoenosen als Bestimmungsfaktor des Standortes auf. Falls mehr als 240 t/km^2/Jahr von kompakten Exhalationsprodukten anfallen, entsteht eine Abdämpfung von Standortsfaktoren. Dies erweist sich als lawinenartige Invasionsverbreitung von resistenten Arten, die eine große Fähigkeit der vegetativen und generativen Fortpflanzung auf verschiedenen oft durchaus unterschiedlichen Standorten aufweisen. Die Arten *Agropyron repens, Agrostis stolonifera, Carex distans, Puccinellia distans* u.a. befinden sich auf Alluvium am Wasser, an Böschungen, auf früheren Feldern, in Waldgesellschaften des Verbandes Fagion, Carpinion und sie bilden auch synanthrope Phytocoenosen in der Nähe von menschlichen Siedlungen.

Das Aussehen und die Struktur der Phytocoenosen sind durch folgende Standortsfaktoren gegeben: das Klima (k), den Charakter des Geländes (n), Nachbar-Organismen (o), den Boden (p) und die Zeit (t). Auf Grund dessen können wir feststellen, daß die Struktur von Pflanzengesellschaften (Sv) die Funktion der angeführten Faktoren ist, und wir können diese Beziehung allgemein durch folgende Gleichung ausdrücken

$$Sv = f(p, k, n, o, t)$$

Nachdem sich der Einfluß von Exhalationen als ein wichtiger Faktor gestaltet (WENZEL 1959), der den Einfluß von Standortsfaktoren auf die Vegetationsstruktur abdämpft, können wir danach die Struktur – die Morphologie als die Funktion des Faktors des Einflusses von Exhalationsprodukten auffassen:

$$Sv = f(Vf) \text{ oder}$$
$$Sv = f(m.t)$$

Falls die Exhalationen des Magnesits den Einfluß von Standortsfaktoren auf die Morphologie der Phytocoenosen abdämpfen, ist es verständlich, daß die Sukzession von Phytocoenosen an Lokalitäten, wo der Anfall von Staub-Exhalationsprodukten größer als 240 t/km²/Jahr ist, konvergent zu einer Pflanzengesellschaft mit konstanten Arten wie *Agropyron repens*, *Agrostis stolonifera*, *Puccinellia distans*, *Sonchus arvensis*, *Chenopodium glaucum* führt.

Die erwähnten Beziehungen zwischen Morphologie der Pflanzengesellschaften und den industriellen Exhalationsprodukten des Magnesits haben wir in der Umgebung von Magnesitwerken in Österreich, in der ČSSR verfolgt und laut KULAGIN (1964) gelten dieselben auch im hohen Maße in der Umgebung von Magnesitwerken im Uralgebiet in UdSSR.

Unseren Kenntnissen nach werden wir die Pflanzengesellschaften, welche systematisch durch toxische Exhalationsprodukte beeinflußt werden, wahrscheinlich in neue Einheiten des phytocoenologischen Systems einreihen müssen.

ZUSAMMENFASSUNG

Der Boden und die Atmosphäre werden durch industrielle Exhalationsprodukte intoxiziert und dadurch werden neue morphologische Merkmale der Phytocoenosen gebildet. Der Charakter der Änderungen ist vor allem gegeben:

a. durch chemische Eigenschaften der Exhalationsprodukte,
b. durch Eigenschaften des Ökotops,
c. durch ökologische Eigenschaften einzelner Pflanzen.

Die Anzahl der Pflanzenarten wird von manchen Exhalationsprodukten in Abhängigkeit von der Konzentration in der Richtung zur Exhalationsquelle vermehrt oder reduziert.

Im Referat wird der Einfluß von Exhalationsprodukten des Magnesits auf die Struktur der Phytocoenosen behandelt. Die Exhalationsprodukte des Magnesits bilden basische Solontschake des Karbonat-Magnesits, die örtlich bis 9,2 pH erreichen. Der Grad der Einflusses der Exhalationsprodukte des Magnesits auf Phytocoenosen ist vom Faktor des Einflusses der Exhalationsprodukte (= Vf) abhängig, welcher durch folgende Gleichung dargestellt wird:

$$Vf = m.t$$

woin m = die Menge der Exhalationsprodukte
und t = die Zeit ist.
Durch den Einfluß von Exhalationsprodukten oder Immissionen des Magnesits wird die Anzahl der Pflanzenarten in einzelnen Phytocoenosen in der Richtung zur Exhalationsquelle reduziert. Außerdem ändert sich auch die Abundanz, Dominanz und die Verteilung einzelner Pflanzenarten.

Mit den quantitativen Änderungen kommt es parallel auch zu qualitativen Änderungen der Phytocoenosen. Manche Arten sterben ab und lassen die Phytocoenosen verarmen; andere migrieren im Gegenteil auf kontaminierte Lokalitäten und einige verleihen durch Vermehrung ihrer Dominanz und Abundanz den Phytocoenosen ein neues Aussehen.

Falls in Umgebung einzelner Magnesitwerke bei der Betriebseröffnung einige resistente Arten mit großem biologischen Potential fehlen, entstehen Lokalitäten ohne Vegetation, die ein quasi „phytocoenologisches Vakuum" darstellen.

Die Exhalationsprodukte des Magnesits verursachen im Verhältnis der morphologischen Unterschiede der Phytocoenosen eine Dämpfung von Standortsfaktoren. Infolgedessen bestehen keine qualitativen Unterschiede zwischen Vegetation der Felder, Wiesen und Wälder usw. Wenn die Struktur von Pflanzengesellschaften (Sv) durch die Funktion des Klimas, des Terrains, der Nebenorganismen, des Bodens, der Zeit gebildet wird, können wir diese Abhängigkeit allgemein durch folgende Gleichung ausdrücken:

$$Sv = f(p, k, n, o, t)$$

Wenn die Exhalationsprodukte des Magnesits die Standortsfaktoren dämpfen, können wir ein neues Verhältnis formulieren, und zwar in dem Sinne, daß eine größere Menge von Exhalationsprodukten (>24 g/m^2/Monat) die Funktion der Struktur von Phytocoenosen bildet:

$$Sv = f(m.t)$$

Die angeführten Verhältnisse zwischen Vegetation und industriellen Exhalationsprodukten des Magnesits haben wir in der Nähe zahlreicher Werke bei uns und in Österreich wahrgenommen.

EFFECT OF INDUSTRIAL AIR POLLUTION ON STRUCTURE OF PLANT COMMUNITIES

SUMMARY

Industrial air pollution intoxicates the soil and the air and thereby new morphological features of plant communities are shaped. Characteristic of these changes consists as follows in:
a. chemical properties of the industrial air pollution,

b. properties of the ecotope,
c. ecophysical properties of plants.

Some industrial air pollution products in dependence upon the concentration in the direction of the source of air pollution increase or reduce the quantity of plant species. The report deals with effect of magnesite air pollution on structure of plant communities. The magnesite exhalation products arise the basic carbonate-magnesite solontchaks which local come up to 9,2 of pH. The degree of effect of magnesite air pollution on plant communities depends on agent of the effect of air pollution (= V_f) which can be expressed by an equation

$$V_f = m.t$$

m = quantity of air pollution
t = time.

By the effect of magnesite air pollution the number of plant species in plant communities in the direction of the source of air pollution is reduced. Moreover the frequency, dominance and distribution of individual plant species alter. With quantitative changes of plant communities they parallel change qualitatively. Some species die off and so the plant communities become poorer, other ones on the contrary migrate to the contaminated localities and some ones give to the plant communities a new appearance by increase of their frequency and dominance.

If in the neighbourhood of some magnesite works at their opening the resistant species with a great biological potential are missing, localities without vegetation arise which demonstrate quasi a certain „phytocenological vacuum". The magnesite air pollution causes in the relation of morphological differences of plant communities a subduing of environmental factors. Consequently there are no qualitative differences between the field, meadow and forest vegetation. As the structure of plant communities (Sv) forms the function (f) of the climate (k), of the area (n), of the environments organisms (o), of the soil (p) and of the time (t) so we can express this dependence in general by an equation as follows

$$Sv = f(p, k, n, o, t)$$

And as the magnesite air pollution keeps down the site factors we can form a new relation in the sense that a greater quantity of air pollution (24,0 g/m^2/month) is the function of the structure of plant communities

$$Sv = f(m.t).$$

The said relations between vegetation and industrial air pollution of magnesite were observed in surroundings of many industrial works in Czechoslovakia, Austria and in accordance with KULAGIN (1964) they hold also behind the Ural in the USSR.

LITERATUR

GORHAM, E. u. GORDON, H.: Some effects of smelter pollution Northeast of Falcombridge, Ontario. – Canad. J. Bot. **38**: 307–312. Ottawa 1960.

Lux, H.: Beitrag zur Kenntnis des Einflusses der Industrie-Exhalationen auf die Bodenvegetationen in Kiefernforsten. – Archiv für Forstwesen **13** (11): 1215–1223. 1964.

Kugutschkow, D. M.: Procesy solenakoplenija v počvach nekotorych rajonov samarkandskoj oblasti i borba s nimi. – Trudy Uzb. selsko-chozj. inst. **6**: 11–23.

Kulagin, J. Z.: Vlijanie magnezitovoj pyli na drevesnyje rastenija. – Zapiski Sverdlovskogo oddelenija vsesojuznogo botaničeskogo obščestva, Vyp. **3**: 155–169. 1964.

Wenzel, K. F.: Luftverunreinigungen als Standortfaktor industrienaher Forstwirtschaft. – Grundlagen der Forstwirtschaft. Hannover 1959.

A. Montag:

Können Sie etwas sagen über den Entfernungsbereich von den Werken, in dem sich diese toxische Wirkung oder überhaupt eine Wirkung auf die Pflanzengesellschaften ablesen läßt?

S. Hejny:

Die Grenze ist ungefähr 600 m. Der meist kontaminierte Bereich liegt ungefähr zwischen 100–200 m. Es sind nicht nur diese Arten, die sich an diese Magnesit-Böden gewöhnt haben, aber im Bereich von alten Magnesit-Werken ist z.B. *Allium montanum* eine sehr verbreitete Pflanze. Das Problem, das Herr Kollege Hajduk zu studieren begann, ist nicht nur sehr interessant für die anthropogenen Pflanzengesellschaften, sondern auch von ganz theoretischen Gesichtspunkten her.

A. Montag:

Ich bin mit einer Arbeit beschäftigt über industrielle Immissionen, die sich in der Pflanzenwelt bemerkbar gemacht haben. Es handelt sich um Pflanzengesellschaften in der Nähe von Zementwerken. Dort hat sich in einer wesentlich größeren Entfernung – die Zementwerke liegen von meinem Arbeitsgebiet mindestens 2 km entfernt – in den Waldgesellschaften z.T. auch in den Moorgesellschaften eine beträchtliche Veränderung in der Vegetation ergeben. Z.B. wachsen auf einem trokkenen Sandhügel ein Asperulo–Fagetum, im Hochmoor über 3 oder 4 m starkem Schwarz- oder auch Weißtorf *Cladium mariscus*, auch *Carex elata* und ähnliche Flachmoorpflanzen. Hier reicht die Einwirkung dieser Immissionen wesentlich weiter, aber sie scheint auch längst nicht in dem Maße toxisch zu sein, zumal es sich vorwiegend um Kalzium- oder auch um Kali-Ausscheidungen handelt.

R. Tüxen:

Ich möchte kurz daran erinnern, daß in der Gegend von Bremen – ich weiß nicht ob noch – ein Zinkwerk war, in dessen unmittelbarer Umgebung auf den Weiden, dem Lolio–Cynusuretum anstelle der Gräser nur noch Reinbestände von *Cardaminopsis halleri* vorkamen, die dann in weiterer Entfernung allmählich schwächer wurden, aber noch die meisten Gesellschaften durchsetzten. *Cardaminopsis halleri* kommt u.a. im Armerietum halleri des Harzes auf Schwermetallbö den vor; ist allerdings nicht auf diese Gesellschaft beschränkt.

S. Hejny:
(zeigt Bilder von Pflanzengesellschaften in Beziehung zu verschiedenen Exhalationen).
Wir haben auch die Einflüsse der Radiation gesehen. Diese bewirkt, daß die Pflanzenkörper und damit die Struktur der Vegetation allmählich verschwinden werden. Es kann sein, daß verschiedene Arten auch bestimmte Isotope speichern können. Das ist besonders bei *Cetraria*-Arten bemerkbar, die sehr viel Strontium enthalten. Diese Erscheinung wurde auch bei Wasserpflanzen studiert, die ebenfalls sehr viel radioaktives Strontium aufnehmen. Das sind Resultate von Arbeiten der letzten 5 Jahre.

Eine andere Wirkung haben die Pestizide, also die selektiven Herbizide. Wir wissen, daß ungefähr eine Woche nach der Behandlung mit Herbiziden sich die strukturellen Merkmale der Gesellschaft sehr stark ändern. Besonders wenn wir die Dominante bespritzen. Dann erhalten wir ein pflanzenphysiologisches Vakuum. Nach etwa 6 Wochen entwickeln sich zwei Gruppen von Pflanzenarten.

Die weniger resistenten, die beschädigt sind durch ihre Empfindlichkeit in den Terminalen, verschwinden, oder man bemerkt sie kaum noch. Die zweite Gruppe sind die resistenten Arten. Wenn man sie z.B. mit Monoxyessigsäure spritzt, so kann man sehen, dass *Atriplex nitens* ganz verschwindet, aber die nicht empfindlichen Arten, das wären die resistenten Arten wie *Galium aparine, Asperugo procumbens* u.a., prostrate Formen erzeugen. Das ist die zweite Gruppe. Die dritte Gruppe sind die Keimlinge. Das bedeutet, daß, wenn der Bestand leer ist, nach 6–7 Wochen sich eine neue Welle von Keimlingen, aber von anderen Arten, in diesem Fall z.B. von *Chenopodium*-Arten entwickeln wird. Durch die Beeinflussung durch Pestizide erhalten wir also eine scharfe Kurve in der Struktur der Pflanzengesellschaft, die zeitlich etwas verschoben ist. Wenn therophytische Pflanzengruppen aus dem Sisymbrion officinalis-Verband, (Atriplicetum nitentis), gespritzt werden, ist die Wirkung besonders kraß. In weiter entwickelten Pflanzengesellschaften z.B. des Arction-Verbandes, wo *Artemisia vulgaris* und *Arctium* vorherrschen, wird die Struktur auch verändert. Aber weil in diesen Arction-Gesellschaften schon Gräser vorhanden sind, werden sich diese nach sehr kurzer Zeit rasch entwickeln und man kann auf diese Weise mit Herbiziden die Sukzession zeitlich etwas beschleunigen. Der dritte Fall von strukturellen Beeinflussungen sind die Exhalationen. Auch gegenüber diesen gibt es resistente und nicht resistente Arten. Aber es gibt einen Unterschied zu der vorhergehenden Gruppe: Diese Exhalationen wirken auch im Boden. Das bedeutet, daß direkt die Pflanzen getroffen werden, indirekt aber auch der Boden beeinflußt wird.

Von den Herbiziden werden nur die Pflanzen beeinflußt, wenn die Spritzung nicht wiederholt wird. Dies ist ein Bereich der experimentellen Pflanzensoziologie, indem hier ohne Eingriffe in die Böden die Struktur der Pflanzengesellschaften sich ändern kann.

Selbstverständlich wollen wir als Biologen nicht sehr gern mit dieser Ionisation und mit diesen Pestiziden arbeiten.

TRANSITUS-ERSCHEINUNGEN IN DER VEGETATIONSGEOGRAPHIE

von

A. O. HORVÁT

In der anorganischen wie auch in der organischen Welt gibt es gesetzmäßige Übergänge, Transitus-Erscheinungen. So finden wir z.B. im System der chemischen Elemente der B-W-Linie entlang solche Elemente, die zwischen den Metallen und den Nichtmetallen einen Übergang, einen Transitus, bilden.

In der lebenden Welt finden wir im Stamm der *Euglenophyten* solche Arten, die nach ihrer Ernährung zwischen den Pflanzen und Tieren einen Übergang darstellen. Auch schon die *Viri* sind von einem Übergangscharakter zwischen den Kristallen und den echten, höher entwickelten und größeren Lebewesen.

Wer sich mit der Determinierung von Pflanzen oder Tieren befaßt, begegnet von Schritt zu Schritt solchen Taxa, deren Einreihung in das System Schwierigkeiten bereitet, da sie Eigenheiten von zwei verwandten Arten gleichzeitig aufweisen, obwohl in vielen Fällen die Züge der einen Art in einem viel höheren Maß zur Geltung gelangen, während die Eigenschaften der anderen Art zurücktreten. In anderen Fällen nimmt das sich fragliche Taxon zwischen zwei Arten eine Mittelstellung ein, der Transitus ist daher intermediär.

Der Begriff Transitus wurde in die Taxonomie von dem früh verstorbenen ungarischen Botaniker KELLER in Zusammenhang mit seiner *Veronica*-Studien, eingeführt (KELLER, 1940).

Nach KELLER befaßte sich Z. KÁRPÁTI (1954) eingehend mit der taxonomischen Bedeutung des Transitus.

Es kommt vor, daß in Pflanzengesellschaften die mit einander im Kontakt stehen und ineinander übergehen, also in Assoziationen die sich im Transitus-Zustand befinden, Transitus-Arten vorkommen. So kommt z.B. in der Berührungszone der Quercetalia- und Fagetalia-Gesellschaften im Ungarischen Mittelgebirge *Mercurialis longistipes* (BORBÁS) BAKSAY, eine zwischen *Mercurialis perennis* und *M. ovata* stehende selbständige Art, die nach den zytotaxonomischen Untersuchungen von BAKSAY von den beiden obenerwähnten mit ihr in Verwandtschaft stehenden Arten auch in der Chromosomenzahl abweicht, ziemlich häufig vor. Diese Art kommt auch westlich von Ungarn vor. So fand ich sie am 14. Juni 1964 bei Trieste in der Gesellschaft der Forscher des botanischen Lehrstuhles der dortigen Universität im Quercetum petraeae seslerietosum autumnalis. Auch in Österreich wächst diese Pflanze in trockenen Waldgesellschaften. Ich selbst sah sie gemeinsam mit den Herren HÜBL und NEUMANN am 15. Juni im Leithaer Gebirge bei Großhöflein (JANCHEN 1956–1960). Anfang Juni 1965 sahen wir während der von Prof. GAUCKLER geleiteten botanischen Exkursion der Floristisch-soziologischen Arbeitsgemeinschaft in Nordbayern im Maingebiet *Mercurialis longistipes*, die von GAUCKLER aus dieser zu den wärmsten und trockensten Gebieten Deutschlands gehörenden Gegend, wo sie wahrscheinlich ihren westlichsten Standort erreicht, als *Mercurialis ovata* beschrieben worden ist.

Den anderen pannonischen, aber besonders für die mecseker Flora charakteristischen Transitus, *Fagus moesiaca*, die zwischen *Fagus silvatica* und *Fagus orientalis*, doch in den meisten Exemplaren viel näher bei *Fagus silvatica* steht, fand ich westlich von Ungarn ebenfalls an mehreren Orten. Anfang Juni 1962 hielt BORZA bei der Gelegenheit des 50-jährigen Jubiläums des Tschechoslowakischen Botanischen Gesellschaft in Prag über die rumänische Verbreitung der Gattung *Fagus* eine Vorlesung und zeigte auch eine Karte über die Verbreitung von *Fagus moesiaca*. In meinem Diskussionsbeitrag erwähnte ich, daß es mir ein-zwei Tage früher bei unserer gemeinsamen Exkursion gelungen ist, diese Art auch in der Tschechoslowakei aufzufinden. (Praha-Zdice Česky hras. 1962.7.4.). Später bezeichnete NEUHÄUSL diesen Transitus als eine Differentialart des slowakischen Carici pilosae–Carpinetum. In der Vorlesung von BORZA war seine Feststellung, daß sich das Vorkommen von *Fagus moesiaca* bis nach Frankreich erstreckt, auffallend. Bei dieser Gelegenheit dachte ich noch nicht daran, daß ich diese Art später weit im Nordwesten ebenfalls finden werde: (aus der Umgebung von Hamburg und aus Schweden auf Grund von Herbarmaterial in Hamburg bzw. in Helsinki), in Belgien und in Dänemark dagegen in Buchenwäldern.

1963 fand ich *Fagus moesiaca* in Österreich. Ich besitze ein Herbarexemplar aus meiner eigenen Sammlung aus dem Leitha-Gebirge (Kaisereichen-Donnerkirchen, 1963.4.8) und aus den Karawanken. In diesem

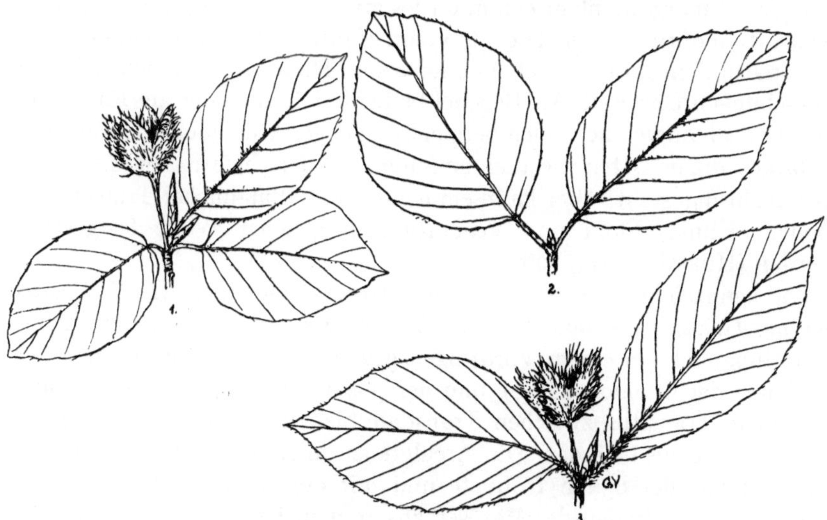

Fig. 1. 1. *Fagus sylvatica* 2. *Fagus moesiaca* 3. *Fagus orientalis*

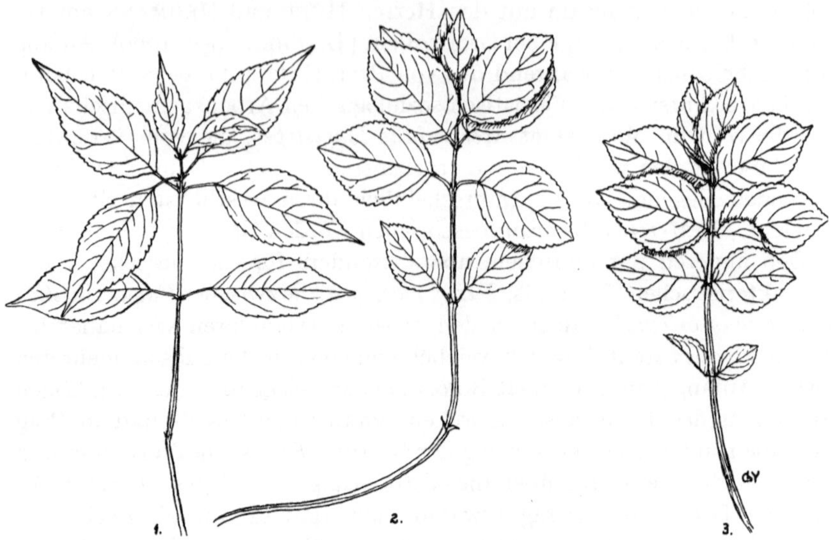

Fig. 2. 1. *Mercurialis perennis* 2. *Mercurialis longistipes* 3. *Mercurialis ovata.*

Gebiet unternahm ich Forschungen in der Gesellschaft von AICHINGER.

Am 30. Juli 1964 begegnete ich dieser Art in der Gesellschaft von NOIRFALISE in den gepflanzten Buchenwäldern bei Bruxelles (Fago-Quercetum- ursprünglich ist hier Betulo-Quercetum die potentielle Vegetation), 1965 dagegen bei Kopenhagen in Nivaa im Fagetum silvaticae poetosum nemoralis.

Am X. Internationalen Botanischen Kongreß berichtete ich am 11. August 1965 nach der die pflanzengeographischen Debatte einleitenden Vorlesung von MEUSEL über die Bedeutung des Transitus-Phänomens in der floristischen Pflanzengeographie. Ich ging aus von der These der am selben Tag gehaltenen Vorlesung von ZOHARY: „Phytogeographical analysis of marginal plant communities give additional data for physical delineation of the region. The admission of inter-regional transition areas is a natural necessity". Ich konnte seine These durch meine eigenen Forschungen beweisen. Als Beispiel bediente ich mich der am Rand von Ost-Transdanubien liegenden bergigen-hügeligen Umgebung des Mecsek-Gebirges, die im Osten wie auch im Süden mit der Ungarischen Tiefebene in Berührung steht. Hier kann ein echter und allmählicher Transitus in Boden, Klima, Flora und Vegetation in gleicher Weise festgestellt werden (HORVÁT, 1943, 1961).

Die kennzeichnenden Pflanzen der Mecsek-Umgebung wie *Helleborus odorus, Tamus communis, Knautia drymeia, Primula vulgaris* verschwinden allmählich bei einem Vordringen gegen das Gebiet zu, wo sich der im Sinne der Geomorphologie und der physikalischen Geographie angenommene Transitus zwischen Transdanubien und der großen Ungarischen Tiefebene befindet. Die Arealgrenze aller dieser Arten fällt annähernd mit der 650 m Isohyete und mit den Transitus-Grenzen des Überganges im Boden des Mezőség zusammen. Der Boden des Mezőség ist schon für die Tiefebene charakteristisch. Im südlichen Teil des Duna-

Tisza-Zwischenraumes am Südrand der Bácska gelangen infolge der reichlicheren Niederschläge die Leitpflanzen des südlichen Transdanubiens bis in die Tiefebene, während westlich der Duna im Mezőföld wegen der niedrigen Niederschlagsmenge das Transitus-Gebiet der Tiefebene in Boden, Klima, Flora und ebenso der Vegetation ganz bis zum Balaton reicht.

Wie wir gesehen haben, können also die Transitus-Arten auch Transitus-Zustände der Pflanzengesellschaften andeuten. So ist bei uns z.B. *Mercurialis longistipes* an der Berührungslinie der durch *Mercurialis ovata* (Südseite) ausgezeichneten Gesellschaften der Flaumeichen-Buschwälder und der durch *Mercurialis perennis* (Nordseite) gekennzeichneten Gesellschaften der Fagetalia-Ordnung, also im Transitus zwischen den beiden, verbreitet.

Ebenso entwickeln sich an der Berührungsstelle der Berg-Steppenwiesen und der trockenen Eichenwälder, also in ihrem Transitus jene Pflanzengesellschaften, die in der Vegetationsgeographie mit verschiedenen Namen bezeichnet werden (Flaumeichen-Buschwälder, Karstbuschwerk, Šibljak, Steppenheidewald, Waldsteppe). An der Grenzlinie des Karst-Buschwaldes und der Berg-Steppenwiese liegt der „Waldsteppensaum" von WENDELBERGER (1965, p. 105). Und was sollte er anderes sein als eine Transitus-Pflanzengesellschaft zwischen der Bergsteppe und dem Flaumeichenwald, gleich wie die Saum- und Mantelgesellschaften von THEO MÜLLER und TÜXEN Transitus-Gesellschaften darstellen. Natürlich kann die spezifische Zusammensetzung dieser Gesellschaften vom Klima abhängig einem Wechsel unterliegen. In der pannonischen Vegetation flüchten sich z.B. mehrere Arten infolge der höheren Temperatur und der gesteigerten Aridität in den Wald. Diese Arten finden dagegen ihre günstigen ökologischen Verhältnisse, wie die ihnen entsprechende Wärmemenge nur am Waldrand. Aber von diesen örtlichen Abweichungen abgesehen bestehen Übergänge, d.h. Transitus zwischen den warmen trockenen Wäldern und den mit ihnen in Berührung stehenden und mosaikartig sich mischenden Gras-Gesellschaften, im Westen ebenso gut wie im Osten.

In der Flora und ebenso im Klima können im Mecsek-Gebirge Übergangs-Erscheinungen beobachtet werden. Submediterrane, kontinentale und mitteleuropäische Einflüsse und ihre Transitus gelangen im Klima, in der Flora wie auch in der Vegetation zum Ausdruck. So sind in den Flaumeichen-Wäldern die submediterranen, im Diplachno-Festucetum die kontinentalen und in den Fagetalia-Gesellschaften die mitteleuropäischen Elemente von erster Bedeutung.

Zusammenfassend kann also festgestellt werden, daß die Übergänge, die Transitus in der anorganischen Welt, zwischen dem organischen und anorganischen Leben wie auch an der Grenzlinie der Tier- und Pflanzenwelt in gleicher Weise aufgefunden werden. Dieselbe Erscheinung zeigt sich in der Taxonomie und auch im Gebiet der Pflanzengeographie und der Pflanzensoziologie.

Es kann festgestellt werden, daß die Übergänge, Transitus in der anorganischen Welt auftreten. So finden wir in chemischen Elementensystem der B-W-Linie entlang solche Elemente, die zwischen den Metallen und den Nichtmetallen einen Transitus bilden.

Im Stamm der *Euglenophyten* finden wir solche Arten, die nach ihrer Ernährung zwischen den Pflanzen und Tieren einen Übergang darstellen. Die *Viri* haben einen Übergangscharakter zwischen den Kristallen und Lebewesen.

Wer sich mit der Determinierung von Pflanzen befaßt, begegnet solchen Taxa, welche Transitus-Erscheinungen zwischen den Arten beweisen. Der Begriff Transitus ist von dem ungarischen Botaniker KELLER 1940 aufgestellt worden.

In Kontakt-Pflanzengesellschaften gibt es Kontakt-, Transitus-Arten, z.B. im Kontakt zwischen der Quercion pubescentis- und der Carpinion/Fagetalia-Zone gibt es *Mercurialis longistipes* (BORBAS) BAKSAY (1957), Transitus-Art von *Mercurialis ovata* (in Quercion) und *Mercurialis perennis* (in Ungarn Fagetalia-Art) in Ungarn, aber dasselbe habe ich gefunden in Böhmen, Österreich und Bayern.

Etwas ähnliches gilt für *Fagus moesiaca*, die ein Transitus ist zwischen *Fagus silvatica* (Mittel-Europa) und *Fagus orientalis* (Ost-Europa). *Fagus moesiaca* habe ich außer in Österreich, Böhmen und Ungarn auch in Nordwest-Europa gefunden.

Es gibt Transitus auch in der floristischen Vegetationsgeographie. ZOHARY (1964) schreibt: „Phytogeographical analysis of marginal plant communities give additional data for physical delineation of the region. The admission of inter-regional transition areas is a natural necessity. „Das kann ich beweisen in Südost-Transdanubien, im Mecsek-Gebirge (HORVÁT 1945, 1961). Hier ist ein Transitus in Flora, Vegetation, Klima und Boden zwischen submontan-collin (Mecsek-Gebirge) mit Querco-Carpinetum-Klimax, mit seinen Differential-Arten (*Helleborus odorus, Tamus communis, Knautia drymeia, Primula vulgaris*) und der ungarischen Puszta, die eine Kultursteppe ist. (Ihre potentielle Vegetation ist ein mit Steppe gemischter Wald). Es gibt hier auch ein Transitus zwischen Braunerde-Region und Tschernosjom.

In dieser Transitus-Zone fallen etwa 600 mm Niederschläge, in den östlichen Kultursteppen weniger, westlich in der Carpinion-Zone Transdanubiens mehr als 600 mm.

Ebenso gibt es ein Transitus zwischen Quercetum pubescentis mecsekense (= Cotino-Quercetum und Orno-Quercetum pubescentis mecsekense HORV.) und Diplachno-Festucetum mecsekense HORV. ein Transitus, eine Saum-Gesellschaft im Sinne von TH. MÜLLER lokalklimatisch und synökologisch ausgebildet.

LITERATUR

BAKSAV, L.: The chromosome numbers and cytotaxonomical relations. – Ann. Hist. Nat. Mus. Nat. Hung. n.s. **8**: 169–174. Budapest 1957.

HORVÁT, A. O.: A Dunántúl növényföl drajzi határa keleten. – Die pflanzengeographische Grenze Transdanubiens im Osten. – Pannonia für 1941–1942. 1–4. Pécs 1943.

— Mecseki erdötipus-tanulmányok. – Waldtypen-Studien aus dem Mecsek. - Janus Pannonius Muzeum Evkönyve az 1960 évre: p. 39–51. (Deutsche Zusammenfassung) 1961.

JANCHEN, E.: Catalogus florae austriae. Wien 1956–1960.

KÁRPÁTI, Z.: Die phytozönologischen Beziehungen der Zwischenformen- Angew. Pflanzensoziologie. Aichinger-Festschrift I: 317–323. Wien 1954.

KELLER, J.: A történelmi Magyarországon vadon termö Veronica L. nemzetség Chamaedrys (KOCH) GRISEB. sectio fajainak áttekintése. Conspectus specierum sectionis „Chamaedrys" (KOCH) GRISEB. generis Veronica L. in Hungaria historica sponte crescentium. – Borbásia **2**: 65–71. Budapest 1940.

ZOHARY, M.: On the concept of the phytogeographical region, as exemplified by the floras of the Middle East. – Tenth International Botanical Congress. Abstracts. Edinburgh. p. 116–117. 1964.

R. TÜXEN:
Meine Damen und Herren! Wir nähern uns jetzt mit Riesenschritten dem Ende unserer schönen Tage, die wir miteinander verbracht haben. Das, was ich Ihnen sagen wollte, habe ich z.T. schon heute vormittag gesagt. Meine Rolle, die ich noch einmal ganz kurz zusammenfassen möchte, in unseren 10 Symposien, die wir gehabt haben – und ich hoffe noch in einigen weiteren – sollte immer sein und wird auch immer diese bleiben, daß ich nur und ausschließlich unserer Wissenschaft und Ihnen dienen möchte. Wenn vielleicht der Eindruck entstanden sein sollte, daß ich dieses oder jenes durchsetzen wollte, so wäre dieser Eindruck falsch. Ich habe manchmal schnell einen Entschluß fassen müssen, um keine Zeit zu verlieren. Aber ich möchte mich immer von Ihren Wünschen leiten lassen. Bitte also diese Wünsche nur zu äußern, und ich werde tun, was ich kann, um sie zu befriedigen.

Ich möchte Ihnen allen meinen allerherzlichsten Dank sagen, daß Sie so zahlreich wiedergekommen sind, daß auch manche neue Kollegen und Freunde zu uns gestoßen sind und möchte wünschen, daß Sie ebenso zahlreich oder noch zahlreicher in den nächsten Jahren wieder in unser schönes Rinteln kommen werden. Ich bin sicher, daß der Standort, the environment, hier von Jahr zu Jahr immer günstiger werden wird. Also kommen Sie wieder. Wir werden das Unsere tun. Und wir wollen zusammen unsere Wissenschaft und nicht zuletzt unsere Freundschaft fördern! Ich danke Ihnen herzlich!

S. HEJNY
Dieses Symposion war sehr inhaltsreich, obwohl einige Probleme mehr als eine Dominante oder mehr als ein Edifikator wirkten.

Ich meine, daß es sehr gut sein wird, wenn Kollege BARKMAN einen zusammenfassenden Überblick über all unsere Probleme, denen wir uns gewidmet haben, geben wird.

J. J. BARKMAN:
Meine Damen und Herren!
Als man mich heute morgen von verschiedenen Seiten gebeten hat, zu versuchen etwas Zusammenfassendes zu sagen, besonders über die mathematische Seite der Strukturforschung, habe ich das abgelehnt. Aber der Druck war sehr groß, diesmal nicht von TÜXEN. Sie werden verstehen, wenn man immer mit vielen Leuten zusammen ist und immer anregende Diskussionen über ganz verschiedene Themata hat – nicht nur biologische – dann hat man nicht die Zeit über das ganze Symposion nachzudenken. Ich muß also völlig improvisieren. Es wird darum sehr unbefriedigend sein, was ich sage.

Ich möchte zuerst etwas allgemeines sagen. Wir haben ein sehr schönes Symposium gehabt, wie Dr. HEJNY auch schon gesagt hat. Ich glaube, wir brauchen nicht zu fürchten, daß die Themata für unsere Symposia in kurzer Zeit erschöpft sein werden. Denn sogar dieses Thema der Strukturforschung ist ja hier nicht erschöpft worden. Wir haben z.B. über die Wurzelstruktur fast nichts gehört, nur eigentlich von Herrn CARBIENER. Auch über die Periodizität gab es zwei sehr schöne

Vorträge, aber darüber hätten wir gern etwas mehr gehört. Die Unterschiede zwischen Wuchs- und Lebensformen und auch die Unterschiede zwischen ökologischen und soziologischen Arten-Gruppen sind eigentlich nicht genug betont worden. Und was ich besonders bedauere – aber dafür kann keiner – das ist, daß wir bei einem Symposium über Vegetationsstruktur nichts erfahren haben über tropische Regenwälder, also den strukturell meist komplizierten Vegetationstyp der Welt.

Es ist mir aufgefallen, daß immer wieder auch in diesem Symposium gesprochen worden ist über die ökologische Unabhängigkeit der Synusien, die in verschiedenen Gebieten und unter anderen ökologischen Bedingungen auch in andere Phytozoenosen übergreifen können. Das wäre vielleicht ein Thema für ein nächstes Symposium. Auch das Thema, das heute zur Sprache kam, über das verschiedene Verhalten von Arten und Arten-Gruppen in verschiedenen Klimagebieten, also die geographische Variation der Gesellschaftszugehörigkeit von Arten und ganzen Arten-Gruppen.

Obwohl also nicht alle Themata berücksichtigt worden sind, bin ich persönlich sehr befriedigt. Ich habe viel gelernt. Aber es könnte vielleicht der Eindruck bei manchen entstehen, es gäbe in der Soziologie jetzt zwei verschiedene Strömungen, die einander gegenüber stehen: die mathematisch-theoretische und die nicht mathematisch-praktische Richtung. Das ist wohl auch der Hauptgrund, warum ich gebeten wurde, hier etwas dazu zu sagen.

Sie wissen, ein Holländer ist der letzte, der versucht, reelle Unterschiede zu verwischen, er mag sie betonen statt zu verwischen für die Diskussion. Er sagt die Dinge manchmal etwas schärfer, als er sie meint, um den Gegner herauszufordern. Damit meinen wir aber nie etwas Persönliches.

Ich habe mit Prof. WHITTAKER darüber gesprochen, und wir haben gesagt, das ist bei uns so, das ist in Amerika so. Man kann einen Gegner sogar vor einem ganzen Publikum wissenschaftlich vernichten, und dennoch gut Freund bleiben!

Ich kann vielleicht zu dieser Frage etwas sagen, weil ich nicht sehr mathematisch veranlagt bin und jetzt eigentlich gegen meinen Willen in die Mathematik hinein gezwungen werde.

Unsere Wissenschaft, die Pflanzensoziologie ist, wie schon GUINOCHET betont hat, ihrem Wesen nach statistisch, nicht eine statische. Wir gründen unsere Gesellschaften auf Tabellen. BRAUN-BLANQUET hat immer gesagt, die Tabelle soll entscheiden. Er hat auch gesagt, eine Tabelle soll nicht aus 3 oder 4 Aufnahmen bestehen. Damit impliziert er den Wert, den er auf die Statistik legt.

Ich glaube, wenn man über das Minimum-Areal und über die Homogenität spricht, was wir eigentlich fast alle tun, dann muß man auch die Konsequenz ziehen und wissen, was das ist und wie man diese Begriffe adäquat mit modernen wissenschaftlichen Methoden untersuchen muß. Es ist hier genau so, wie in der Physiologie: wenn man nicht in der modernen Biochemie auf der Höhe ist, dann geht die Pflanzenphysiologie nicht mehr mit ihrer Zeit mit, und dann gerät man in Rückstand. Dann wird sie eine Wissenschaft zweiten Ranges. So ist es auch mit der Soziologie, wenn man die Statistik nicht berücksichtigen wollte. Da spielt natürlich die Psychologie des Untersuchers eine wichtige Rolle.

Wir kennen auch einige Beispiele der Übertreibung. Besonders gibt es einige Untersucher in England, die, wenn sie in einer Wiese drei verschiedene Typen bemerken, die jedes Kind sehen kann, dann mit vielen random-Stichproben und ganz verwickelten Berechnungen mit „elektronischen Dummköpfen", wie Pater MOORE gesagt hat, nach mühseliger Arbeit zu dem Ergebnis kommen, daß es da tatsächlich drei Typen gibt! Besonders die Russen haben dagegen in sehr lesenswerter Weise Stellung genommen. Man kann alles übertreiben. Man sollte aber nur messen, was man messen kann und muß.

Wir haben aber doch gesehen, daß Homogenität und Minimumareal an der Basis unserer floristischen Analyse stehen. Sie kommen wieder zur Sprache bei der Synthese zu den Gesellschaften, und auf diesen Gesellschaften basieren ja auch alle unsere synökologischen- und syngenetischen Schlüsse. Auch in der Strukturforschung sind diese Begriffe wichtig.

Ein Mißverständnis sollte hier beseitigt werden. Manche Vorträge, z.B. von VAN DER MAAREL, gingen sehr ins Detail, und es gibt Leute, die fragen: ist das nun notwendig? Bei der normalen pflanzensoziologischen Arbeitsweise, in der es darum geht, rasch eine Übersicht über Gesellschaften in einer Gegend zu bekommen, natürlich nicht. Aber das war auch nicht sein und nicht das Ziel von anderen Rednern. Bei der Strukturforschung muß man aber tiefer in die Sache hineingehen. Ich glaube, Sie brauchen nicht zu fürchten, daß jetzt jeder Mathematik lernen muß, um noch ein guter Soziologe zu sein. Das hängt davon ab, mit welchen Problemen man sich in der Pflanzensoziologie beschäftigt, und welches die Ziele sind, die man zu erreichen gedenkt. Aber wir haben doch sehr klar gesehen, daß die Struktur und die Sache des Minimum-Areals schon bei den Arten anfängt. Schon die Arten haben ein Minimum-Areal, die Synusien haben wieder eines, die Gesellschaften ein noch größeres. Das ist ein Ausdruck für die Verwickeltheit der ganzen Natur: die Abstufung, die bei den Arten anfängt. Dann ist man Autökologe. Sie geht dann weiter bei den Synusien. Dann ist man Strukturforscher. Sie führt dann weiter zu den Gesellschaften. Dann ist man Pflanzensoziologe, Analytiker, Vegetationsbeschreiber im üblichen Sinne. Sie mündet bei den größeren Einheiten, wie den Landschaftseinheiten von SCHMITHÜSEN. So ist ein gleitender Übergang vorhanden zu der Vegetationsgeographie und zu der Synchorologie.

Dieses ganze Homogenitätproblem ist also zugleich nicht ein trennendes Glied, das uns spalten soll in zwei Gruppen, sondern ein verbindendes Glied, das die Autökologen, die Strukturforscher, die Pflanzensoziologen und die Chorologen und die Vegetationsgeographen zu einem gemeinsamen Standpunkt und zum gegenseitigen Verständnis bringen kann. Die Mathematik, ganz gleich in welcher Wissenschaft, mit Ausnahme der Mathematik selbst, bleibt in allen anderen Wissenschaften nur eine Hilfswissenschaft. Sie ist nicht unser Ziel, sie ist nur eine Hilfe, und wir wollen nie Sklaven der Mathematik werden. Wir wollen sie nur dort anwenden, wo wir sie wirklich brauchen. Ich glaube, auch diejenigen unter uns, die einen etwas mehr mathematisch ausgerichteten Vortrag gehalten haben, sind dieser Meinung. Wir sind nicht so weit voneinander entfernt, wie manche vielleicht denken. Und wenn dieser Eindruck doch entstanden wäre, dann hoffe ich, ihn etwas berichtigt zu haben. Es wäre natürlich bedauerlich, wenn manche Kollegen sich bei den mathematischen Auseinandersetzungen gelangweilt hätten. Aber ich glaube, das ist bei keinem Symposion ganz zu vermeiden, daß es immer einzelne Vorträge gibt, die nicht jeden Einzelnen so unmittelbar ansprechen.

R. Tüxen:
Wie groß ist das Minimum-Areal unserer Gesellschaft?

J. J. Barkman:
Unser Minimum-Areal ist nicht groß! Im vorigen Jahr waren wir beim Empfang unten im Ratskeller, und ich fand das noch gemütlicher als in dem großen Saal, in dem wir jetzt oben waren. Ich glaube, er war schon zu groß für das Minimum-Areal!

R. Tüxen:
Meine Damen und Herren! Als wir dieses Symposion begannen, habe ich gesagt: Ich hoffe, daß es fruchtbar, freundschaftlich und fröhlich werden möge. Ich glaube, alle drei Hoffnungen sind in Erfüllung gegangen: Es war, wie immer, fruchtbar, es war freundschaftlich, und es war fröhlich!

BIBLIOGRAPHIE

NEUHÄUSL, R. u. HEJNÝ, S.: Bericht über das 10. Internationale Symposion der Internationalen Vereinigung für Vegetationskunde über Fragen der Gesellschafts-Morphologie. – Folia Geobotanica et Phytotaxonomica **4** (1): 378–380. Praha 1966.

Dr. AUSTIN O'SULLIVAN, Wexford, danken wir herzlich für die Übersetzung mehrerer summaries ins Englische.